Haftungsrisiken des automatisierten und autonomen Fahrens

D1670543

Haftungsrisiken des automatisierten und autonomen Fahrens

von

Jonathan Hinze

Fachmedien Recht und Wirtschaft | dfv Mediengruppe | Frankfurt am Main

Dissertation der Christian-Albrechts-Universität zu Kiel.

Gefördert durch:

Bundesministerium
für Verkehr und
digitale Infrastruktur

Bibliografische Information Der Deutschen Nationalbibliothek

Die Deutsche Nationalbibliothek verzeichnet diese Publikation in der Deutschen National-
bibliografie; detaillierte bibliografische Daten sind im Internet über http: // dnb.de abrufbar.

9 7 8 - 3 - 8 0 0 5 - 1 7 8 3 - 1

dfv Mediengruppe

© 2021 Deutscher Fachverlag GmbH, Fachmedien Recht und Wirtschaft, Frankfurt am Main

Produktion: WIRmachenDRUCK GmbH, Mühlbachstr. 7, 71522 Backnang

Vorwort

Die vorliegende Arbeit wurde im Wintersemester 2020/2021 von der Rechtswissenschaftlichen Fakultät der Christian-Albrechts-Universität zu Kiel als Dissertation angenommen.

Das Thema der Arbeit ist aus dem Kooperationsprojekt zu Nachfragegesteuerten Autonom Fahrenden Bussen („NAF-Bus") hervorgegangen, welches von August 2017 bis Dezember 2020 mit dem Ziel durchgeführt worden ist, das innovative Konzept des „ÖPNV On Demand", eines öffentlichen Personennahverkehrs ohne feste Fahrpläne und gesteuert von der Nachfrage der Kunden, weiter voranzubringen. Das Bundesministerium für Verkehr und Infrastruktur hat das Projekt mit rund 2,38 Millionen Euro gefördert.

Mein besonderer Dank gilt Herrn Prof. Dr. Michael Stöber, der im Rahmen des obigen Projektes die rechtliche Realisierbarkeit des Einsatzes autonom fahrender Busse erforscht und der diese Arbeit mit höchstem Engagement betreut und mit konstruktiven Anmerkungen vorangebracht hat. Dabei wurde mir stets die Freiheit gewährt, die Arbeit nach eigenen Vorstellungen und Schwerpunkten auszurichten.

Ferner möchte ich mich bei Prof. Dr. Susanne Lilian Gössl, LL. M. (Tulane) für die schnelle Erstellung des Zweitgutachtens und die wertvollen Anregungen bedanken.

Dem dfv-Verlag danke ich für die Aufnahme meiner Arbeit in diese Schriftenreihe.

Phillip Benit danke ich für die unzähligen gemeinsamen Mittags- und Kaffeepausen und die sowohl erholsamen als auch fachlich hilfreichen Gespräche.

Schließlich gilt der größte Dank meiner Familie. Meinen Eltern, Kristin und Jörg Hinze, sowie meinem Bruder, Jakob Hinze, für ihre allzeitige, bedingungslose Unterstützung. Ohne sie wäre an diese Arbeit nicht zu denken; ihnen ist sie gewidmet.

Kiel, im Januar 2021
Jonathan Hinze

Abkürzungsverzeichnis

#

5G   fünfte Generation

A

a. A.	andere Ansicht
a. F.	alte Fassung
ABl.	Amtsblatt
ABS	Antiblockiersystem
Abs.	Absatz
AcP	Archiv für civilistische Praxis
AG	Aktiengesellschaft
AGB	Allgemeine Geschäftsbedingungen
AI	Artificial Intelligence
allg.	allgemein
Anm.	Anmerkung
Anh.	Anhang
ArchIngKG	Architekten- und Ingenieurskammergesetz
Art.	Artikel
ASR	Antriebsschlupfregelung
AT	Allgemeiner Teil
AtG	Atomgesetz
ATZ	Automobiltechnische Zeitschrift

B

BAG	Bundesarbeitsgericht
BAST	Bundesanstalt für Straßenwesen
BB	Betriebsberater
BBergG	Bundesberggesetz
BeckOGK	Beck-online.Großkommentar
BeckOK	Beck-online.Kommentar
BeckRS	Beck-Rechtsprechung
BGB	Bürgerliches Gesetzbuch
BGH	Bundesgerichtshof
BMU	Bundesministerium für Umwelt, Naturschutz und nukleare Sicherheit
BMVI	Bundesministerium für Verkehr und digitale Infrastruktur
BMW	Bayerische Motoren Werke

BRAO	Bundesrechtsanwaltsordnung
BR-Dr.	Bundesrat-Drucksache
BR-Plenarprotokoll	Bundesrat-Plenarprotokoll
bspw.	beispielsweise
BT-Dr.	Bundestag-Drucksache
BT-Plenarprotokoll	Bundestag-Plenarprotokoll
BVerfG	Bundesverfassungsgericht
bzgl.	bezüglich
bzw.	beziehungsweise

C

Calif. L. Rev.	California Law Review
Car-2-Car	Car-to-Car
CCZ	Corporate Compliance Zeitschrift
CR	Computerrecht

D

d. h.	das heißt
DAR	Deutsches Autorecht
DB	der Betrieb
ders.	derselbe
dies.	dieselbe
DIN	Deutsches Institut für Normung
DMV	Department of Motor Vehicles
DStR	Deutsches Steuerrecht
DVR	Deutscher Verkehrssicherheitsrat
Dwds	Digitales Wörterbuch der deutschen Sprache

E

ECE	Economic Commission Europe
EG	Europäische Gemeinschaften
Einf.	Einführung
Einl.	Einleitung
e-Person	elektronische Person
ESP	Elektronisches Stabilitätsprogramm
EU	Europäische Union
EuCML	Journal of European Consumer and Market Law
EuGH	Europäischer Gerichtshof
EUV	Vertrag über die Europäische Union
e. V.	eingetragener Verein
EuZW	Europäische Zeitschrift für Wirtschaftsrecht

EWG	Europäische Wirtschaftsgemeinschaft
F	
f.	folgende
FAZ	Frankfurter Allgemeine Zeitung
FCA	Fiat Chrysler Automobiles
ff.	fortfolgende
Fn.	Fußnote
G	
GDV	Gesamtverband der Deutschen Versicherungs-wirtschaft
gem.	gemäß
GG	Grundgesetz
ggf.	gegebenenfalls
GmbHR	GmbH-Rundschau
GPR	Zeitschrift für das Privatrecht der Europäischen Union
GPS	Global Positioning System
GPSG	Geräte- und Produktsicherheitsgesetz
GRUR	Gewerblicher Rechtschutz und Urheberrecht
GWR	Gesellschafts- und Wirtschaftsrecht
H	
HaftPflG	Haftpflichtgesetz
Harv. L. Rev	Harvard Law Review
HGB	Handelsgesetzbuch
I	
i. R. d.	im Rahmen des
i. V. m.	in Verbindung mit
i. S. d.	im Sinne des
i. S. v.	im Sinne von
IEC	International Electrotechnical Commission
InTeR	Zeitschrift zum Innovations- und Technikrecht
ISO	Internationale Organisation für Normung
Iss.	Issue
IT	Informationstechnik
ITRB	IT-Rechtsberater
IWRZ	Zeitschrift für Internationales Wirtschaftsrecht

J

JA	Juristische Arbeitsblätter
JBL	Juristische Blätter
JR	Juristische Rundschau
jurisPK	Juris-Praxiskommentar
JuS	Juristische Schulung
JZ	Juristenzeitung

K

K&R	Kommunikation und Recht
Kap.	Kapitel
KBA	Kraftfahrt-Bundesamt
Kfz	Kraftfahrzeug
KI	künstliche Intelligenz
KJ	Kritische Justiz
km/h	Kilometer pro Stunde
KriPoZ	Kriminalpolitische Zeitschrift
Kza.	Kennzahl

L

Lidar	light detection and ranging
LKV	Landes- und Kommunalverwaltung
LKW	Lastkraftwagen
LMRR	Lebensmittelrecht Rechtsprechung
LuftVG	Luftverkehrsgesetz
LSK	Leitsatzkartei

M

MBO-Ä	Musterberufsordnung für Ärzte
MMR	Multimedia und Recht
msec.	Millisekunden
MüKo	Münchener Kommentar

N

NHTSA	National Highway Traffic Safety Administration
NJOZ	Neue Juristische Online-Zeitschrift
NJW	Neue Juristische Wochenschrift
NJW-RR	Neue Juristische Wochenschrift – Rechtsprechungs-Report
Nr.	Nummer
NStZ	Neue Zeitschrift für Strafrecht

NVwZ	Neue Zeitschrift für Verwaltungsrecht
NZA	Neue Zeitschrift für Arbeitsrecht
NZBau	Neue Zeitschrift für Baurecht und Vergaberecht
NZV	Neue Zeitschrift für Verkehrsrecht

O

OECD	Organization for Economic Cooperation and Development
OEM	Original Equipment Manufacturer
OGH	Oberster Gerichtshof
OLG	Oberlandesgericht

P

PDC	Park-Distance-Control
PflVG	Pflichtversicherungsgesetz
PHI	Produkthaftpflicht international
PKW	Personenkraftwagen
ProdHaftG	Produkthaftungsgesetz
ProdSG	Produktsicherheitsgesetz

R

r+s	Recht und Schaden
RAW	Recht Automobil Wirtschaft
RdTW	Recht der Transportwirtschaft
RGRK	Reichsgerichtsrätekommentar
RL	Richtlinie
Rn.	Randnummer

S

S.	Satz/Seite
SchuldR	Schuldrecht
Sci. & Tech. L. Rev	Science and Technology Law Review
sog.	sogenannte/r
StGB	Strafgesetzbuch
StVG	Straßenverkehrsgesetz
StVO	Straßenverkehrsordnung
StVR	Straßenverkehrsrecht
StVZO	Straßenverkehrs-Zulassungs-Ordnung
SVR	Straßenverkehrsrecht
SZ	Süddeutsche Zeitung

T

TÜV	Technischer Überwachungsverein

U

U. III. J. L.Tech. & Pol'y	University of Illinois Journal of Law, Technology & Policy
u. a.	unter anderem
UN	United Nations
usw.	und so weiter

V

v.	von
V+T	Verkehr und Technik
VDE	Verband der Elektrotechnik, Elektronik und Informationstechnik
VersR	Versicherungsrecht
VG	Verwaltungsgericht
vgl.	vergleiche
VkBl.	Verkehrsblatt
VO	Verordnung
Vol.	Volume
VRS	Verkehrsrechts-Sammlung
VuR	Verbraucher und Recht
VVG	Versicherungsvertragsgesetz
VW	Volkswagen

W

WI	Wirtschaftsinformatik
WÜ	Wiener Übereinkommen

Z

z. B.	zum Beispiel
ZEuP	Zeitschrift für Europäisches Privatrecht
ZfPW	Zeitschrift für die gesamte Privatrechtswissenschaft
zfs	Zeitschrift für Schadensrecht
ZHR	Zeitschrift für das gesamte Handelsrecht und Wirtschaftsrecht
zit.	zitiert
ZIP	Zeitschrift für Wirtschaftsrecht
ZPO	Zivilprozessordnung

ZRP   Zeitschrift für Rechtspolitik
ZRSoz   Zeitschrift für Rechtssoziologie
ZVS   Zeitschrift für Verkehrssicherheit

Inhaltsverzeichnis

§ 1 Einleitung

Mit dem automatisierten und autonomen Fahren steht uns eine Verkehrsrevolution bevor. Die Automobilindustrie selbst, die Medien und auch die Politik prognostizieren uns einen tiefgreifenden technologischen, aber auch gesellschaftlichen und kulturellen Wandel. Die Chancen dieses Wandels sind bemerkenswert und liegen nicht immer gleich auf der Hand: Abgesehen von der Tatsache, dass uns das selbstfahrende Fahrzeug mit hoher Wahrscheinlichkeit sicherer durch den Verkehr führen wird, als wir es je könnten, und wir dabei gleichzeitig einen beachtlichen Zeitgewinn verzeichnen, ergeben sich völlig neue Möglichkeiten der Mobilität, wenn Eignungskriterien wie Alter oder körperliche Verfassung keine Rolle mehr spielen. Bis zur Realisierung dieser Vision ist indes noch ein weiter Weg zu gehen. Die sich dabei ergebenden Schwierigkeiten sind interdisziplinär und beziehen sich nicht nur auf das technisch Machbare, sondern in gleicher Weise auch auf Fragen nach ethischer Verantwortung, gesellschaftlicher Akzeptanz und rechtlicher Grundlage. Letztere ist Thema dieser Arbeit ist.

Recht und Technik müssen harmonisieren. Für die gesellschaftliche Akzeptanz automatisierter und autonomer Fahrzeuge ist es von großer Bedeutung, dass eine klare und durchdachte gesetzliche Grundlage besteht, deren zentrale Aufgabe der Opferschutz ist. Gleichzeitig haben wir zur Bewältigung dieser Aufgabe aber nicht unbegrenzt viel Zeit. Zum einen schreitet die Technik durch weltweite Forschung mit Elefantenschritten voran, zum anderen hat sich gerade die Bundesrepublik zum Vorreiter in Sachen „Mobilität 4.0" ernannt und will das „modernste Straßenverkehrsrecht der Welt".[1] Nicht zuletzt aus diesem Grund ist es daher notwendig, dass wir uns schon heute mit den Problemen von morgen beschäftigen. Die Ausgestaltung der zivilrechtlichen Haftung bildet dabei nur einen kleinen Teil ebendieser Probleme. Sie ist aber für Erfolg oder Misserfolg eines automatisierten Straßenverkehrs so entscheidend wie kaum eine andere rechtliche Fragestellung, weil der Straßenverkehr trotz aller positiver Sicherheitserwartungen ein Risikofaktor für Gesundheit und Vermögen bleiben wird. Erst wenn die Verantwortlichkeiten für eintretende Schäden geklärt sind, kann sich das selbstfahrende Fahrzeug in breiter Masse etablieren. Angesichts des enormen Potentials, das in ihm

---

1 *Dobrindt*, Rede im Deutschen Bundestag am 30.03.17, BT-Plenarprotokoll 18/228, 22914 C.

schlummert, ist eine rechtliche Auseinandersetzung schon heute geboten und lohnenswert.

Ziel dieser Arbeit ist deshalb eine Revision der haftungsrechtlichen Abwicklung von Straßenverkehrsunfällen mit Blick auf die Entwicklung autonomer Steuerungssysteme. Am Ende der Abhandlung soll eine fundierte Einschätzung darüber vorliegen, inwieweit sich die Verantwortlichkeiten zwischen den Akteuren neu austarieren und zu welchen konkreten Rückschlüssen dies hinsichtlich der Reformbedürftigkeit des Haftungsrechts führt.

Zu Beginn sollen dazu zunächst die terminologischen Grundlagen geschaffen werden (§ 2). Das betrifft einerseits Wesen und Eigenschaften künstlicher Intelligenz, andererseits die Differenzierung zwischen Automatisierung und (technischer) Autonomie. Innerhalb von § 3 werden die wesentlichen technischen Voraussetzungen autonomer Fahrzeuge dargelegt und abschließend die gesellschaftlichen Chancen und Gefahren einer Mobilitätswende skizziert.

Der haftungsrechtlichen Erörterung vorangestellt ist eine kurze Positionierung der im Haftungsgefüge befindlichen Parteien (§ 4). Dabei wird insbesondere die in der Praxis bedeutsame Rolle der Versicherungen und ihr Einfluss auf die Regresskette thematisiert.

Gegliedert nach den einzelnen Akteuren folgt anschließend die Analyse der Haftungslage de lege lata. Im Rahmen der Fahrer- und Halterhaftung (§ 5) erfolgt schwerpunktmäßig eine Bewertung der 2017 in Kraft getretenen Neuregelungen im Straßenverkehrsgesetz zum Verantwortungsbereich des Fahrzeugführers während des automatisierten Betriebs.

Die Herstellerhaftung wird in § 6 vornehmlich hinsichtlich der Problemstellungen im Produkthaftungsgesetz untersucht. Hier ist entscheidend, wann das Verhalten eines selbstfahrenden Fahrzeugs als „fehlerhaft" zu betrachten ist und mit welchen konstruktiven und instruktiven Mitteln der Hersteller das eigene Haftungsrisiko begrenzen kann. Bei der das europäische Produkthaftungsrecht ergänzenden nationalen Produzentenhaftung liegt das Hauptaugenmerk auf der herstellerseitigen Produktbeobachtungspflicht sowie auf den Grundzügen des Verschuldensprinzips, das angesichts selbstveränderlicher IT-Systeme mit Zurechnungsproblemen zu kämpfen hat. Die Ergebnisse aus den §§ 5 und 6 werden in § 7 kurz zusammengefasst und die Auswirkungen auf das Gesamtverhältnis im Haftungsgefüge dargestellt.

§ 8 beschäftigt sich mit dem legislativen Reformvorschlägen und fokussiert dabei eine Adaption der Produkthaftungsrichtlinie nach Maßgabe möglicher Haftungsdefizite. Aufgrund anhaltender Aktualität der Diskussion um das Modell „elektronische Person" wird abschließend auch diesbezüglich Stellung bezogen.

§ 2 Zur Terminologie

Eine zielführende Erörterung juristischer Fragestellungen erfordert zunächst einen terminologischen Konsens. Im Bereich der selbstfahrenden Fahrzeuge sind es insbesondere die Begrifflichkeiten der „Automatisierung" und „Autonomie", die ein gewisses Maß an Erklärungsbedürfnis hervorrufen und umgangssprachlich häufig vermischt und vereinheitlicht werden. Ergänzt durch relativ bedeutungsarme Zusätze wie „intelligent" oder „smart" ergibt sich dann häufig nur ein sehr vages Bild des technologischen Fortschritts, der aber gerade auch in der rechtlichen Aufarbeitung einen entscheidenden Unterschied bei der Bewertung einzelner juristischer Probleme darstellen kann. Das betrifft im Übrigen nicht nur den Bereich der selbstfahrenden Fahrzeuge, sondern durchzieht gleichermaßen die gesamte Industrie („Industrie 4.0") und Privathaushalte („Internet der Dinge").

A. Künstliche Intelligenz

Der wohl verbreitetste Ausdruck für das branchenübergreifende technologische Gesamtphänomen lautet „künstliche Intelligenz" (KI).[2] Der Begriff ist durch die ihm zuteil werdende wissenschaftliche und mediale Aufmerksamkeit mittlerweile so verbreitet, dass ein gänzlicher Verzicht, wie teilweise gefordert,[3] unmöglich erscheint.[4] Ein genaueres Verständnis von KI und seiner wesentlichen Kerneigenschaften kann deshalb helfen, die Technologie zu verstehen und ihr Potential zu erkennen.

I. Ansätze einer Definition

Der Begriff der „künstlichen Intelligenz"[5] ist schon durch seine Wortzusammensetzung sehr auslegungsbedürftig[6] und deshalb in der Wissen-

---

2 Erstmals wurde der Begriff 1956 von *John McCarthy* auf einer Konferenz in Hanover, New Hampshire, verwendet, *Konrad*, in: Siefkes/Eulenhöfer/Stach/Städler, Sozialgeschichte der Informatik, S. 287.

3 Für die juristische Literatur etwa *Herberger*, NJW 2018, 2825 (2826).

4 So auch *Jakl*, MMR 2019, 711 (712).

5 Aus dem Englischen „artificial intelligence"; teilweise wird eine zu ungenaue Übersetzung ins Deutsche kritisiert; vgl. *John*, Haftung für künstliche Intelligenz, S. 6; *Herberger*, NJW 2018, 2825 (2826).

6 Vgl. *Lohmann*, ZRP 2017, 169 (169); zur Terminologie im Einzelnen *Herberger*, NJW 2018, 2825 (2825); *Erhardt/Mona*, in: Gless/Seelmann, Intelligente Agenten und das Recht, S. 62, 65.

schaft nicht unumstritten.[7] Wir verbinden mit ihm üblicherweise eine ganze Fülle von (zukünftigen) technischen Errungenschaften, die Verhaltensweisen an den Tag legen können, die bis dato dem Menschen vorbehalten waren.[8] Die Definitionsversuche sind vielfältig und lassen erkennen, dass ein gemeinsamer Nenner wohl nur schwer zu finden sein wird.

So beschreiben *Erhardt* und *Mona* künstliche Intelligenz als einen nicht durch Evolution entstandenen, sondern künstlich erschaffenen intelligenten Akteur.[9] *Böhringer* versteht künstliche Intelligenz als einen Algorithmus, der in einem nichteindeutigen Umfeld eigenständig Entscheidungen trifft.[10] Nach *John* beschäftigt sich künstliche Intelligenz mit der Verarbeitung von Wissen, ohne dabei wie klassische informatische Systeme auf einen Lösungsalgorithmus zurückzugreifen, sondern Wissen neu zu akquirieren.[11] Die Liste der Definitionsversuche könnte noch sehr lange fortgeführt werden und soll durch diese Arbeit nicht um einen weiteren Eintrag ergänzt werden. Klar ist jedenfalls, dass es sich bei KI nicht um ein Lebewesen handeln kann, sie dem biologischen Vorbild aber insbesondere durch die Eigenschaft der Lernfähigkeit ähneln kann. Handelnder ist dabei eine Software, genauer ein Algorithmus, der vielerorts auch als „Agent" bezeichnet wird.[12]

II. Allgemeine und spezialisierte künstliche Intelligenz

Wichtiger als eine punktgenaue Definition ist, dass zwischen zwei völlig unterschiedlichen Zweckbestimmungen einer KI differenziert werden muss. Unterschieden wird zwischen der allgemeinen (oder auch „starken") und der spezialisierten (oder auch „schwachen") KI.[13] Die allgemeine KI ist dem Menschen in seiner gesamten intellektuellen Fertigkeit und Gefühlswelt nachempfunden; hier geht es um nicht weniger als das Schaffen einer Maschine mit einem Ich-Bewusstsein, auf Grundlage des-

---

7 Viele Kritiker bevorzugen die Bezeichnung „Maschinenlernen" (machine learning), vgl. *Stroh*, Markt&Technik 35/2019, 22 (24); *Ramge*, Mensch und Maschine, S. 18; *Zech*, in: Deutscher Juristentag, Verhandlungen des 73. Deutschen Juristentages, Band I, A 31.
8 Vgl. *Jakl*, MMR 2019, 711 (712).
9 *Erhardt/Mona*, in: Gless/Seelmann, Intelligente Agenten und das Recht, S. 65.
10 *Böhringer*, RAW 2019, 13 (13).
11 *John*, Haftung für künstliche Intelligenz, S. 62.
12 *Erhardt/Mona*, in: Gless/Seelmann, Intelligente Agenten und das Recht, S. 65; *Kirn*, WI 2002, 53 (53ff.); *Teubner*, AcP 2018, 155 (156); *Keßler*, MMR 2017, 589 (589).
13 *Stroh*, Markt&Technik 35/2019, 22 (24).

sen sie Entscheidungen treffen und reflektieren kann.[14] Sie ist Nährboden zahlreicher Science-Fiction-Visionen, die thematisieren, ob Maschinen eines Tages die Autorität des Menschen in Frage stellen könnten.[15] Mit der Realität hat das aber aktuell noch wenig zu tun. Die heutige Forschung beschäftigt vielmehr die spezialisierte KI, die einen anwendungsbezogenen Algorithmus beschreibt.[16] Anders als die starke ist die schwache KI lediglich in der Lage, nur ganz konkrete Anwendungsprobleme algorithmisch zu lösen.[17] Man findet diese Form spezialisierter KI bereits seit einigen Jahren etwa in der Sprach- und Bilderkennung[18] oder bei sog. Expertensystemen.[19] In naher Zukunft wird mit einer allmählichen Erweiterung der Anwendungsfelder auf größere Aufgabengebiete gerechnet; komplexe Robotik-Systeme sollen ehemals menschliche Tätigkeiten in Industrie und Haushalt teilweise in Gänze übernehmen können.[20]

III. Eigenschaften künstlicher Intelligenz

Der Versuch einer begrifflichen Konkretisierung führt also zunächst zu der Feststellung, dass die aktuelle wissenschaftliche Diskussion um die technische und rechtliche Realisierung einer KI – die auch Thema dieser Arbeit ist – eigentlich nur einen kleinen Teil des gesamten Phänomens betrifft. Nichtsdestotrotz nimmt der Aspekt der „Intelligenz" auch im Rahmen der „schwachen" Form einer KI eine Schlüsselrolle ein. Unter Intelligenz (lat.: intelligentia) wird für gewöhnlich die Fähigkeit verstanden, „abstrakte Beziehungen herzustellen und zu erfassen sowie neue Situationen durch problemlösendes Verhalten zu bewältigen."[21] In Bezug auf Intelligenz von Computern stellte *Alan Turing* bereits 1950 im Rahmen des berühmten „Turing-Tests" die These auf, dass sich das Verhalten

---

14 *Ramge*, Mensch und Maschine, S. 19; Fraunhofer-Allianz Big Data, Zukunftsmarkt künstliche Intelligenz – Potenziale und Anwendungen, S. 5; *Sesink*, Menschliche und künstliche Intelligenz, unter 8.1.
15 *Ramge*, Mensch und Maschine, S. 81 ff.
16 *Stroh*, Markt&Technik 35/2019, 22 (24).
17 *Scherk/Pöchhacker-Tröscher/Wagner*, Künstliche Intelligenz – Artificial Intelligence, S. 20.
18 *V. Bünau*, in: Breidenbach/Glatz, Rechtshandbuch Legal Tech, 47 (51); *Moeser*, Starke KI, schwache KI – was kann künstliche Intelligenz?, https://jaai.de/starke-ki-schwache-ki-was-kann-kuenstliche-intelligenz-261/.
19 Expertensysteme simulieren menschliches Expertenwissen auf einem eng begrenztem Aufgabengebiet, dazu *Puppe*, Einführung in Expertensysteme, S. 2.
20 Bundesregierung, Strategie künstliche Intelligenz der Bundesregierung, S. 4 f.
21 *Shala*, Die Autonomie des Menschen und der Maschine, S. 33; vgl. auch Duden, https://www.duden.de/rechtschreibung/Intelligenz.

intelligenter Computer durch ihre Ähnlichkeit zu menschlichem Verhalten auszeichnet.[22] 70 Jahre später erscheint dieser Befund angesichts intelligenter Softwaresysteme aktueller denn je; die Forschung hat sich im Wesentlichen auf drei charakteristische Kerneigenschaften verständigt:

Erstens müssen sie in der Lage sein, die Umwelt mittels geeigneter Hardware überhaupt wahrzunehmen, diese Wahrnehmungen zu interpretieren und bei Veränderungen das eigene Verhalten aktiv anzupassen (Reaktion).[23] Zweitens ist es erforderlich, dass der Agent in Kommunikation mit Mensch und Maschine treten kann, also „vernetzt" ist (Kooperation).[24] Drittens kann der Agent aus seinen Erfahrungen lernen, ohne dass dazu eine Anpassung der Software durch den Menschen notwendig ist (Proaktion).[25] Gerade letzterer Aspekt soll in den kommenden Jahren durch die Entwicklung sog. künstlicher neuronaler Netze möglich gemacht werden, die dem biologischen Vorbild nachempfunden sind[26] und durch die Systeme einen technischen Lernprozess durchlaufen können.

IV. Determinismus und Vorhersehbarkeit

Eigenständige Lernprozesse wecken nicht nur beim Laienanwender künstlicher Intelligenz das Bedürfnis, proaktive Lernmuster und die Ursache bestimmter maschineller Verhaltensweise zu verstehen.[27] Bei herkömmlichen Computerprogrammen ist der Zusammenhang von Ursache

---

22 Der Turing-Test besteht darin, dass ein menschlicher Fragensteller lediglich über Bildschirm und Tastatur mit zwei Gesprächspartnern kommuniziert, einem Menschen und einem Computer. Bestanden ist der Test, wenn der Fragensteller den Computer am Ende einer ausführlichen Befragung nicht eindeutig identifizieren kann, vgl. *Rimscha*, Algorithmen kompakt und verständlich, S. 129; *Graevenitz*, ZRP 2018, 238 (240); *Lämmel/Cleve*, Künstliche Intelligenz, S. 12.

23 *Sester/Nitschke*, CR 2004, 548 (548); *Wendt/Oberländer*, InTeR 2016, 58 (59); *Zech*, in: Gless/Seelmann, Intelligente Agenten und das Recht, S. 170; *Teubner*, AcP 2018, 155 (170); *Mayinger*, Die künstliche Person, S. 14.

24 *Sester/Nitschke*, CR 2004, 548 (549); *Teubner*, AcP 2018, S. 155 (169 f.); *Pieper*, InTeR 2016, S. 190; *Kirn/Müller-Hengstenberg*, MMR 2014, 225 (227); *v. Westphalen*, ZIP 2019, 889 (889).

25 *Kirn/Müller-Hengstenberg*, MMR 2014, 225 (226); *Specht/Herold*, MMR 2018, 40 (41); *Lohmann*, ZRP 2017, 168 (169); *Grapentin*, NJW 2019, 181 (183); *Paulus/Matzke*, ZfPW 2018, 431 (442); *Wachenfeld/Winner*, in: Maurer/Gerdes/Lenz/Winner, Autonomes Fahren, S. 468; *Zech*, in: Gless/Seelmann, Intelligente Agenten und das Recht, S. 170 f.

26 *Brause*, Neuronale Netze, S. 15; *Rimscha*, Algorithmen kompakt und verständlich, S. 157; *Lämmel/Cleve*, Künstliche Intelligenz, S. 190; *Grapentin*, NJW 2019, 181 (183); *Matthias*, Automaten als Träger von Rechten, S. 25.

27 *Biran/Cotton*, Explanation and Justification in Machine Learning: A Survey, unter 1.; *Miller*, Explanation in Artificial Intelligence: Insights from the Social Sciences, S. 14.

und Wirkung noch vergleichsweise einfach feststellbar, weil auf einen Befehl nur eine eindeutig feststellbare Anzahl möglicher Wirkungen folgen kann. Sie zeigen deshalb ein klar deterministisches Verhalten. Künstliche neuronale Netze haben demgegenüber keinen eindeutigen Output, sondern durchsuchen zunächst vorher antrainierte Datensätze in mehreren Schichten („Layers") nach vorher festgelegten Eigenschaften (daher „deep learning").[28] Zwischen den „Input"- und den „Output-Layers" kann auf die Funktionsweise der sog. „Hidden-Layers" Einfluss genommen werden, indem mathematische Funktionen die Gewichtung einzelner Informationen bestimmen.[29] Diese Algorithmen sind aber derart variabel, dass nach dem heutigen Stand der Technik der herausgegebene Output weder vorherzusehen noch ex post nachzuvollziehen ist.[30] Obwohl an technischen Methoden gearbeitet wird, um das Ergebnis eines Lernprozesses erklärbar zu machen und die möglichen Ursachen eines konkreten Resultats zumindest eingrenzen zu können (sog. „explainable AI"),[31] bleiben diese Möglichkeiten auf das nachträgliche Nachvollziehen eines bereits durchlaufenen Prozesses beschränkt.[32] Die „Unerklärbarkeit" der neuronalen Prozesse bedeutet indes nicht, dass diese nicht nur den Menschen mathematisch determiniert sind.

B. Automatisierung und Autonomie

Während sich die künstliche Intelligenz mit der Frage beschäftigt, welche Qualität das maschinelle Verhalten an den Tag legt und diese „Handlungsqualität" mit der des Menschen verglichen wird, fragt der Grad der Automatisierung nach dem Umfang des menschlichen Einflusses auf diese Handlungen.[33] Das höchste Maß an Automatisierung ist die Autonomie, wobei auch in der Wissenschaft nicht immer ganz trennscharf zwischen den Begrifflichkeiten differenziert wird. Die rechtswissenschaftliche Literatur jedenfalls nimmt die Begrifflichkeit des „autonomen Systems" bislang eher als selbstverständlich und wenig diskussionswürdig an. Wenn überhaupt wird sie mit der Frage nach der Rechtssubjektivität („e-

---

28 *Käde/v. Maltzan*, CR 2020, 66 (69); *Zech*, ZfPW 2019, 198 (201).
29 *Käde/v. Maltzan*, CR 2020, 66 (69); *Stiemerling*, CR 2015, 762 (764).
30 *Käde/v. Maltzan*, CR 2020, 66 (69); *Zech*, ZfPW 2019, 198 (202).
31 Dazu eingehend *Holzinger*, Informatik-Spektrum 2018 (Vol. 41 Iss. 2), 138 ff.; *Zech*, in: Deutscher Juristentag, Verhandlungen des 73. Deutschen Juristentages, Band I, A 33 f.
32 *Käde/v. Maltzan*, CR 2020, 66 (69).
33 *Voigt*, Automatisierung, https://wirtschaftslexikon.gabler.de/definition/automatisierung-27138/version-25080; vgl. *Simanski*, in: VDE, Biomedizinische Technik, S. 9.

Person") verknüpft.[34] Sie darf (und sollte) sich dabei der Erkenntnisse anderer wissenschaftlicher Disziplinen bedienen, weil sie schlichtweg auf diese Befunde angewiesen ist.[35] So wie sich geltendes Recht oftmals an wissenschaftlichen Tatsachen orientiert,[36] so muss auch hier der interdisziplinäre Diskurs berücksichtigt werden.

I. Automatisierung

Unter Automatisierung wird der Einsatz von Automaten verstanden.[37] Seinen begrifflichen Ursprung hat der „Automat" im altgriechischen Adjektiv „automatos", das „Dinge, die sich von selbst bewegen" bezeichnet.[38] Strenggenommen begann die Automatisierung des Straßenverkehrs damit bereits mit dem Umstieg vom Pferd auf den Verbrennungsmotor.[39] Heute verstehen wir unter „automatisch" für gewöhnlich einen meist computerbasierten Vorgang, der von selbst abläuft und der keine oder nur wenig Überwachung benötigt.[40] Die (softwarebasierten) Automaten befolgen dabei ein Computerprogramm und treffen anhand der Vorgaben dieser Software Entscheidungen.[41] Automatische Systeme sind daher streng durch den Menschen determiniert. Ihr Verhalten lässt sich jederzeit auf die Software zurückführen, sei es durch Funktion oder Fehlfunktion ebendieser.[42]

---

34 Siehe unter § 8 D.
35 *Teubner*, AcP 2018, 155 (171).
36 Etwa bei emissionsrechtlichen Grenzwertregelungen, *Teubner*, AcP 2018, 155 (171).
37 *Voigt*, Automatisierung, https://wirtschaftslexikon.gabler.de/definition/automatisierung-27138/version-250801.
38 Dwds, https://www.dwds.de/wb/Automat.
39 *Feldle*, Notstandsalgorithmen, S. 49.
40 Vgl. *Linke*, in: Heinrich/Linke/Glöckler, Grundlagen Automatisierung, S. 2.
41 *Voigt*, Automatisierung, https://wirtschaftslexikon.gabler.de/definition/automatisierung-27138/version-250801; *Kagermann*, in: 56. Deutscher Verkehrsgerichtstag, S. XXXIX.
42 Siehe oben unter § 2 A. IV.

II. Autonomie in Wissenschaft und Technik

„Autonomie"[43] assoziieren wir dagegen mit Selbständigkeit und Freiheit von äußerlicher Fremdeinwirkung,[44] wobei dieses Verständnis je nach wissenschaftlicher Disziplin ganz unterschiedliche Formen annehmen kann. Nach der Kant'schen Moralphilosophie ist Autonomie Ausdruck moralischer Freiheit, das „oberste Prinzip der Sittlichkeit."[45] Sie ist demzufolge das Handeln nach Maximen, die sich der Mensch selbst auferlegt und dadurch zum „Gesetz" erhebt. Dieser Selbstgesetzgebung durch moralische Vernunft, die Kant als den „kategorischen Imperativ" bezeichnet,[46] steht ein Zustand der Abhängigkeit von Naturgesetzen gegenüber, der einzig und allein auf dem Prinzip von Ursache und Wirkung basiert, mithin fremdgesteuert ist (Heteronomie).[47] Legt man diese Unterscheidung zugrunde, so ist die Existenz von autonomen Maschinen unmöglich. Zwar ist durchaus vorstellbar, dass selbstfahrende Kraftfahrzeuge in Dilemmasituationen zwangsweise zwischen mehreren Handlungsoptionen eine moralische bewertbare Entscheidung treffen müssen; allerdings basiert eine solche Entscheidung nicht auf einem freien Willensentschluss, sondern einzig und allein auf den Vorgaben des – wenn auch intransparenten – Algorithmus.[48] Die Reaktion des Fahrzeugs ist also lediglich die naturgesetzliche Folge einer mathematischen Formel, die zu keiner moralischen Abwägung imstande ist.

Von moralischer Wertung gänzlich entkoppelt ist der technische Autonomiebegriff. Autonomie zeichnet sich in der Informatik und den Ingenieurswissenschaften zunächst durch die Fähigkeit aus, hochkomplexe

---

43 Der ebenfalls aus dem altgriechischen stammende Begriff „autonomos" setzt sich zusammen aus „autos" (selbst) und „nomos" (Ordnung, Gesetz), Dwds, https://www.dwds.de/wb/autonom; *Müller-Hengstenberg/Kirn*, Rechtliche Risiken autonomer und vernetzter Systeme, S. 97.

44 Vgl. *Nitschke*, Verträge unter Beteiligung von Softwareagenten, S. 9; *Müller-Hengstenberg/Kirn*, Rechtliche Risiken autonomer und vernetzter Systeme, S. 97.

45 *Kant*, Grundlegung zur Metaphysik der Sitten, S. 68, „Autonomie des Willens ist die Beschaffenheit des Willens, dadurch derselbe ihm selbst (unabhängig von aller Beschaffenheit der Gegenstände des Wollens) ein Gesetz ist. Das Prinzip der Autonomie ist also: nicht anders zu wählen, als so, daß die Maximen seiner Wahl in demselben Wollen zugleich als allgemeines Gesetz mit begriffen sein."

46 Vgl. *Kant*, Grundlegung zur Metaphysik der Sitten, S. 69; *Hilgendorf*, in: 53. Deutscher Verkehrsgerichtstag, S. 56.

47 *Shala*, Die Autonomie des Menschen und der Maschine, S. 13; *Noller*, Die Bestimmung der Freiheit: Kant und das Autonomie-Problem, S. 3; *Erhardt/Mona*, in: Gless/Seelmann, Intelligente Agenten und das Recht, S. 71.

48 Vgl. *Grunwald*, SVR 2019, 81 (85).

Aufgaben ohne oder nur mit geringfügiger Hilfe durch den Menschen zu bewältigen.[49] Bei mobilen Robotern kommt der räumliche Aspekt der Bewegungsfreiheit hinzu, also das Navigieren auch in unbekannter Umgebung ohne menschliche Steuerung.[50] Auch das Europäische Parlament hat sich in seinen Empfehlungen an die Kommission zu zivilrechtlichen Regelungen im Bereich Robotik vom 27.01.2017 für ein technisches Verständnis ausgesprochen.[51] Danach ist Autonomie die Fähigkeit, „Entscheidungen zu treffen und diese in der äußeren Welt unabhängig von externer Steuerung oder Einflussnahme umzusetzen."[52]

Es zeigt sich, dass das technische Konzept von Autonomie graduell ist. Es fragt nicht im Sinne einer Ausschließlichkeitsentscheidung danach, ob eine Maschine entweder autonom ist oder nicht, sondern in welchem Abhängigkeitsverhältnis sie zur menschlichen Kontrolle steht. Ausgehend von diesem Grundverständnis ist es im Ergebnis durchaus denkbar, dass technische Systeme autonom handeln können. Die menschliche Beherrschbarkeit endet nämlich dort, wo maschinelle Verhaltensweisen ex ante nicht mehr vollständig vorhersehbar und ex post nicht mehr vollständig nachvollziehbar sind.

C. Zwischenergebnis

Nach alledem lässt sich folgender Zwischenstand festhalten: Die Maschine bleibt ein zweckgebundenes, „schwaches" Werkzeug des Menschen und kann nur innerhalb der engen Grenzen der ihr zugewiesenen Nutzung agieren. Streng genommen ist sie daher bereits aus diesem Grund

---

49 „Autonomous Robots are designed to perform high level tasks on their own, or with very limited external control.", *Bensalem/Gallien/Ingrand/Kahloul/Nguyen*, Toward a More Dependable Software Architecture for Autonomous Robots, S. 1; vgl. *Lämmel/Cleve*, Künstliche Intelligenz, S. 20; *Maier*, Grundlagen der Robotik, S. 50; *Bauer*, Elektronische Agenten in der virtuellen Welt, S. 6.
50 Vgl. *Maier*, Grundlagen der Robotik, S. 50.
51 Das Europäische Parlament weist sogar explizit darauf hin, dass die Autonomie „rein technischer Art" ist, Empfehlungen an die Kommission zu zivilrechtlichen Regelungen im Bereich Robotik (2015/2103 (INL)), http://www.europarl.europa.eu/doceo/document/A-8-2017-0005_DE.html, unter AA; vgl. auch *Teubner*, AcP 2018, 155 (174); *Matthias*, Automaten als Träger von Rechten, S. 35; *Lohmann*, ZRP 2017, 168 (169); *Spindler*, JZ 2016, 805 (816); *Zech*, in: Gless/ Seelmann, Intelligente Agenten und das Recht, S. 170; *Erhardt/Mona*, in: dies., Intelligente Agenten und das Recht, S. 68.
52 Europäisches Parlament, Empfehlungen an die Kommission zu zivilrechtlichen Regelungen im Bereich Robotik (2015/2103 (INL)), http://www.europarl.europa.eu/doceo/document/A-8-2017-0005_DE.html, unter AA.

nicht selbstständig;[53] jedenfalls nicht so, wie es der Mensch ist. Das schließt aber nicht unbedingt aus, dass sie – im Rahmen dieser Grenzen – eine von menschlicher Kontrolle freie Instanz sein kann. Ausgangspunkt und zentrale Voraussetzung dafür ist hochqualifizierte künstliche Intelligenz. Dennoch ist nicht jede KI gleichzeitig auch als autonom zu bezeichnen; hierfür muss zunächst unterschieden werden: Die Autonomie des Menschen wird vornehmlich unter philosophischen Gesichtspunkten diskutiert und erreicht weitaus vielfältigere Dimensionen als das technische Verständnis. Menschliche und maschinelle Autonomie sind daher niemals gleichzusetzten und somit nicht den gleichen Voraussetzungen unterworfen. Auch wenn sich durch jüngste technische Entwicklungen und den noch zu erwartenden Fortschritt Mensch und Maschine immer weiter annähern, ist (und bleibt) eine Unterscheidung von Autonomie im menschlichen und technischen Sinne unabdingbar.[54]

---

53 Vgl. *Freise*, VersR 2019, 65 (73); *Feldle*, Notstandsalgorithmen, S. 47 f.
54 A. A. *Mayinger*, Die künstliche Person, S. 15.

§ 3 Automatisierung und Autonomie im Straßenverkehr

Mediale und gesellschaftliche Aufmerksamkeit erhalten intelligente Systeme vor allem im Bereich des automatisierten und autonomen Fahrens. Das mag einerseits daran liegen, dass das Auto als Mobilitätsmittel unangefochten an der Spitze steht[55] und sich ein technologischer Wandel somit auf sämtliche Bevölkerungsschichten auswirkt. Andererseits ist gerade das Automobil schon seinem begrifflichen Ursprung nach[56] Sinnbild für eine „selbstständige" Maschine und die Technologie unserer Zeit. Kaum eine andere Erfindung der letzten Jahrhunderte lässt den Fortschritt der Technik so anschaulich erkennen wie das Automobil, vom ersten Benz Patent-Motorwagen Nr. 1[57] bis zum autonomen Fahrzeug. Die Automatisierung trägt seit etwa 30 Jahren ihren Teil zu dieser Entwicklung bei.

Im folgenden Abschnitt soll zunächst gezeigt werden, welche Stadien die Automatisierung von Fahrzeugen bereits in der Vergangenheit erreicht hat, wo wir heute stehen und was die Zukunft bringen könnte. Anschließend erfolgt eine Einschätzung darüber, welche Chancen die Technologien bieten, aber auch, welche Gefahren und Risiken mit ihnen einhergehen.

A. Entwicklungsstufen des automatisierten und autonomen Fahrens

Vor nicht allzu langer Zeit hatten Fachleute, Institutionen und Behörden noch ein sehr vielfältiges begriffliches Verständnis von den verschiedenen Ausprägungen automatisierter und autonomer Fahrfunktionen, was den wissenschaftlichen Diskurs deutlich erschwerte. Heute hat sich die internationale ingenieurs- und rechtswissenschaftliche Diskussion mitt-

---

55 58 Prozent der Bürger über 18 Jahren fahren täglich mit dem eigenen PKW, *Brandt*, Auto weiterhin Fortbewegungsmittel Nr. 1, https://de.statista.com/infografik/2836/die-belieb testen-verkehrsmittel-der-deutschen/.

56 „Automobil" setzt sich zusammen aus dem griechischen Wort „auto" (selbst) und dem lateinischen Wort „mobilis" (beweglich), Dwds, https://www.dwds.de/wb/Auto.

57 Der Benz Patent-Motorwagen Nr. 1 von 1886 gilt als das erste Automobil mit Verbrennungsmotor, dazu *Dietsche/Kuhlgatz/Reif*, in: Reif, Grundlagen Fahrzeug- und Motorentechnik, S. 2.

lerweile auf ein sechsstufiges Kategorisierungssystem[58] verständigt, das auch dieser Arbeit als Grundlage dienen soll. Dieses System geht ursprünglich auf das Stufenmodell der US-amerikanischen Behörde für Straßen- und Fahrzeugsicherheit NHTSA (National Highway Traffic Safety Administration)[59] zurück und wurde im Laufe der Zeit auch von nationalen europäischen Behörden wie der Bundesanstalt für Straßenwesen (Bast) übernommen.[60]

I. Stufe 0

Das Fahren ohne jegliche technische Unterstützung hinsichtlich Längs- oder Querführung des Fahrzeugs („no automation") wird der Stufe 0 zugeordnet. Da in Europa jedoch bereits seit der EU-Verordnung Nr. 661/2009 elektronische Fahrhilfen wie das elektronische Stabilitätsprogramm (ESP) in Serie verbaut werden müssen,[61] werden Neufahrzeuge der Stufe 0 heute nicht mehr zugelassen und nach und nach von der Bildfläche verschwinden.

II. Stufe 1

Das sogenannte „assistierte" Fahren der Stufe 1 bezeichnet den Einsatz von aktiven Fahrerassistenzsystemen, die dem Fahrer beim Gas geben, Bremsen oder Lenken behilflich sind.[62] Als Vorreiter gelten hier die bereits in den 1980er Jahren entwickelte Antriebsschlupfregelung (ASR)[63] sowie das 1995 erstmalig eingesetzte ESP.[64] Heute werden diese mittlerweile essentiell gewordenen (Brems-)Systeme insbesondere durch eine Vielzahl von Lenkassistenten wie den Spurhalte- und Spurwech-

---

58 *Balke,* SVR 2018, 5 (5); *Kaler/Wieser,* NVwZ 2018, 369 (369); *Lange,* NZV 2017, 345 (346); *Freise,* VersR 2019, 65 (66); *Bratzel/Thömmes,* Alternative Antriebe, autonomes Fahren, Mobilitätsdienstleistungen, S. 39.
59 NHTSA, Automated Vehicles for Safety, https://www.nhtsa.gov/technology-innovation/automated-vehicles-safety.
60 Bundesanstalt für Straßenwesen, Rechtsfolgen zunehmender Fahrzeugautomatisierung, https://www.bast.de/BASt_2017/DE/Publikationen/Foko/2013-2012/2012-11.html.
61 EG 611/2009, S. 8.
62 *Heißing,* in: Ersoy/Heißing/Gies, Fahrwerkshandbuch, S. 878; *Sander/Hollering,* NStZ 2017, 193 (194).
63 *May,* in: 53. Deutscher Verkehrsgerichtstag, S. 81.
64 *Klauder,* Meilensteine der Fahrzeugsicherheit, https://www.auto-motor-und-sport.de/reise/abs-esp-co-meilensteine-der-fahrzeugsicherheit/.

selassistenten oder Parklenkassistenten ergänzt. [65] Den Assistenzsystemen dieser Stufe ist gemein, dass sie nur kurzzeitig und punktuell in die Fahrzeugführung eingreifen; im Falle des ESP etwa durch gezielte Bremseingriffe an einzelnen Rädern zur Verhinderung des Ausbrechens des Fahrzeugs.[66] Dabei wird aber immer nur die Längs- oder die Querführung beeinflusst, eine Kombination aus Brems- und Lenkassistenten erfolgt auf diesem Level nicht.

III. Stufe 2

Das (teil-)automatisierte Fahren beginnt auf der zweiten Stufe, auf der sich Systeme befinden, bei denen Fahr- und Bremsautomatisierungen kombiniert werden und die in der Lage sind, die Fahrzeugsteuerung für eine gewisse Zeit zu übernehmen. Je nach Funktion des Systems kann der Fahrer in dieser Zeit bestimmte Fahraufgaben zwar vollständig dem System überlassen, er muss es dabei jedoch dauerhaft überwachen.[67]

IV. Stufe 3

Das als „hochautomatisiert" bezeichnete System der Stufe 3 eignet sich bereits zur Verwendung im Rahmen größerer „use-cases", also beispielsweise bei stop-and-go-Verkehr auf der Autobahn. Im Zuge der Gesetzgebungsinitiative[68] zum automatisierten Fahren hat der Gesetzgeber 2017 im neuen § 1a II StVG die wesentlichen Kerneigenschaften von Fahrzeugen der Stufe 3 und 4 formuliert. Das automatisierte Fahrsystem muss danach folgende Fähigkeiten besitzen:
- Es kann die spezifische Fahraufgabe durch Übernahme der Längs- und Querführung bewältigen.
- Es folgt den einschlägigen Verkehrsvorschriften.
- Der Fahrer kann es jederzeit deaktivieren oder übersteuern.
- Es erkennt die eigenen Funktionsgrenzen selbstständig.

---

65 Vgl. *Lenninger*, in: 53. Deutscher Verkehrsgerichtstag, S. 77.
66 *Heißing*, in: Ersoy/Heißing/Gies, Fahrwerkshandbuch, S. 886; *Hammer*, Automatisierte Steuerung im Straßenverkehr, S. 20.
67 *Balke*, SVR 2018, 5 (5); *Freise*, VersR 2019, 65 (66); *Oppermann*, in: Oppermann/Stender-Vorwachs, Autonomes Fahren, 1. Auflage, S. 177; *Hammer*, Automatisierte Steuerung im Straßenverkehr, S. 21; *Sander/Hollering*, NStZ 2017, 193 (194); *May*, in: 53. Deutscher Verkehrsgerichtstag, S. 83.
68 Dazu unter § 5 III A. 1. a.

- Es kann den Fahrer durch optische, akustische, taktile oder sonstige wahrnehmbare Hinweise mit ausreichender Zeitreserve auf das Erfordernis der manuellen Übernahme der Fahrzeugsteuerung aufmerksam machen.
- Es warnt den Fahrer bei nicht bestimmungsgemäßer Verwendung des Systems.

Im Unterschied zu Assistenzsystemen der Stufe 2 erkennt die Software nun also ohne Zutun des Fahrers, ob und wie lange die automatisierte Fahrfunktion verwendet werden kann. Das hat zur Folge, dass es dem Fahrer nun auch grundsätzlich gestattet ist, sich in gewissen Grenzen von der Fahrzeugsteuerung abzuwenden, wobei er aber dennoch geistig anwesend sein muss, wie § 1b I StVG klarstellt.[69]

V. Stufe 4

Zur vierten Stufe automatisierter Fahrzeuge zählen solche, die wiederum innerhalb spezieller use-cases[70] sämtliche denkbaren Fahraufgaben übernehmen können („vollautomatisiert").[71] Allerdings unterliegt auch diese Stufe noch dem Anwendungsbereich der §§ 1a und 1b StVG, sodass der Fahrer weiterhin Überwachungspflichten hinsichtlich des Funktionsumfangs und der Funktionsgrenzen des Systems hat. Durch § 1a II Nr. 3 StVG ist klargestellt, dass in einem Fahrzeug der Stufe 4 wegen der notwendigen Übersteuerungsmöglichkeit nach wie vor manuelle Steuerungsinstrumente verbaut sein müssen.[72] Technologisch setzt sich die Stufe 4 insofern vom hochautomatisierten Fahren ab, als vollautomatisierte Fahrzeuge bei systemkritischen Situationen zusätzlich zur bloßen Warnung an den Fahrer dazu in der Lage sind, das Fahrzeug selbständig in einen risikominimalen Zustand zu versetzen, also beispielsweise rechts heranzufahren und die Warnblicklichtanlage zu betätigen.[73]

---

69 Dazu unter § 5 A. III. 1. a. ee. ccc.
70 *Wachenfeld/Winner/Gerdes/Lenz/Maurer/Beiker/Fraedrich/Winkle*, in: Maurer/Gerdes/Lenz/Winner, Autonomes Fahren, S. 12 ff.
71 *Singler*, NZV 2017, 353 (353); *Oppermann*, in: Oppermann/Stender-Vorwachs, Autonomes Fahren, 1. Auflage, S. 178; *Hammer*, Automatisierte Steuerung im Straßenverkehr, S. 23; *Bratzel/Thömmes*, Alternative Antriebe, autonomes Fahren, Mobilitätsdienstleistungen, S. 41.
72 Vor dem achten StVG-Änderungsgesetz vom 16.06.2017 wurde in der Literatur teilweise diskutiert, ob eine manuelle Steuerungsmöglichkeit noch erforderlich ist, vgl. dazu *Oppermann*, in: Oppermann/Stender-Vorwachs, Autonomes Fahren, 1. Auflage, S. 178; *Hammer*, Automatisierte Steuerung im Straßenverkehr, S. 23.
73 *Jänich/Schrader/Reck*, NZV 2015, 313 (314); *Singler*, NZV 2017, 353 (353 f.); *Sander/Holle-*

VI. Stufe 5

Die letzte Stufe stellt schließlich das autonome Fahren dar. Anders als bei Fahrzeugen der Stufe 3 und 4 ist die Funktionsfähigkeit des Systems nicht mehr auf spezifische Anwendungsfelder beschränkt; das Fahrzeug beherrscht alle Fahraufgaben unabhängig vom Einsatzgebiet eigenständig.[74] Aus diesem Grund werden Lenkrad und Pedalerie in diesem Stadium nicht mehr erforderlich sein. Alle Insassen sind nunmehr nur noch Passagiere.[75]

B. Technologische Herausforderungen

Die technische Umsetzung von Reaktions-, Kooperations- und Proaktionsfähigkeit[76] stellt höchste Ansprüche an Hard- und Software der Fahrzeuge.[77] Der derzeitige technologische Fortschritt lässt sich dabei häufig nur an dem messen, was die Automobil- und Technologiekonzerne der Öffentlichkeit preisgeben, und läuft gerade in den letzten Jahren offensichtlich derart rasant, dass eine detaillierte Beschreibung technischer Spezifikationen morgen bereits veraltet sein könnte.[78] Die Ausführungen beschränken sich deshalb auf einige spezielle technische Funktionsweisen und ihre Besonderheiten.

Zunächst einmal muss das Fahrzeug dazu in der Lage sein, die gegebenen Umwelteinflüsse und Faktoren wahrzunehmen, um überhaupt die Software mit Informationen bedienen zu können. Dies erfolgt in erster Linie durch ein Zusammenspiel von Kameras und verschiedenen Sensoren.[79] Die Automobilindustrie macht sich dabei insbesondere sog. Lidar-Sensoren (Light Detection and Ranging) zu Nutze, die die Entfernung, Form und Größe von Objekten durch eine Laufzeitmessung des Lichts

---

ring, NStZ 2017, 193 (194); *König*, NZV 2017, 123 (124); *Schulz*, NZV 2017, 548 (549); *May*, 53. Deutscher Verkehrsgerichtstag, S. 82.

74 *Lange*, NZV 2017, 345 (346); *Balke*, SVR 2018, 5 (6); *Gasser*, in: Maurer/Gerdes/Lenz/Winner, Autonomes Fahren, S. 551.

75 *Bratzel/Thömmes*, Alternative Antriebe, autonomes Fahren, Mobilitätsdienstleistungen, S. 41; *Singler*, NZV 2017, 353 (354); *Lange*, NZV 2017, 345 (346).

76 Siehe oben unter § 2 A. III.

77 *Maurer* spricht sogar von den „komplexesten technischen Sicherheitssystemen, die für den Massenmarkt produziert werden", *Maurer*, in: 56. Deutscher Verkehrsgerichtstag, S. 48.

78 *Wagner*, in: Oppermann/Stender-Vorwachs, Autonomes Fahren, 1. Auflage, S. 18.

79 *Maier*, in: Grundlagen der Robotik, S. 52 f.; *Wagner*, in: Oppermann/Stender-Vorwachs, Autonomes Fahren, 1. Auflage, S. 19 ff.; *Maurer*, in: 56. Deutscher Verkehrsgerichtstag, S. 44 f.; *Lenninger*, in: 53. Deutscher Verkehrsgerichtstag, S. 74.

(Time of Flight) zum Objekt und wieder zurück wesentlich genauer bestimmen können als die bisher branchenüblichen Messsysteme.[80] Weil das Licht der Lidar-Sensoren auch von kleinsten Partikelteilchen reflektiert wird, leidet ihre Funktionsfähigkeit allerdings bei schlechten Witterungsbedingungen wie starkem Regen, Nebel oder Schneefall.[81] Sie werden deshalb durch Radar- und Ultraschallsensoren ergänzt, die zwar in Sachen Präzision und Reichweite Lidarsystemen unterlegen, dafür aber weniger störanfällig für äußere Umwelteinflüsse sind.

Im nächsten Schritt können die gewonnenen Daten dann durch die Betriebssoftware interpretiert und ausgewertet werden. Eine der größten Herausforderungen ist dabei die Reaktionsgeschwindigkeit der sog. Echtzeitsysteme.[82] Jedes Wahrnehmungsorgan – ob menschlich oder maschinell – braucht eine gewisse Zeit, bis es gesammelte Informationen zu verwertbaren Daten umgewandelt hat. Bei technischen Systemen hängt die Verarbeitungszeit maßgeblich von der Datenmenge und den technischen Spezifikationen bzw. den Leistungsgrenzen der Hardware ab. Weil auch die intelligenteste Software nutzlos ist, wenn das Zeitfenster zwischen Informationsaufnahme und Reaktion des Fahrzeugs zu groß ist, ist die Optimierung der maschinellen Reaktionsgeschwindigkeiten ein zentraler Aspekt auf dem Weg zum autonomen Fahren.

Zur finalen Routenplanung und lokalen Bewegungssteuerung muss eine geeignete Telekommunikationsinfrastruktur sichergestellt sein, um jederzeit die Position des Fahrzeugs bis auf wenige Zentimeter genau bestimmen zu können.[83] Diese Infrastruktur besteht zum einen aus einer „globalen" Lokalisierung des Fahrzeugs durch GPS, die bis auf wenige Meter genau möglich ist,[84] zum anderen aus einer Orientierung des Fahr-

---

80 *Stroh*, Markt&Technik 21/2019, Sonderheft Automotive Trend Guide 2019, S. 33; *Reeb*, Lidar auf dem Vormarsch, Markt&Technik 42/2019, 76 (76).

81 *Bratzel/Thömmes*, Alternative Antriebe, autonomes Fahren, Mobilitätsdienstleistungen. Neue Infrastrukturen für die Verkehrswende im Automobilsektor; S. 41; *Stroh*, Markt&Technik 21/2019, Sonderheft Automotive Trend Guide 2019, S. 34; *Harloff/Reek*, So weit ist das autonome Fahren, https://www.sueddeutsche.de/auto/verkehrssicherheit-so-weit-ist-das-autonome-fahren-1.3913983.

82 *Wagner*, in: Oppermann/Stender-Vorwachs, Autonomes Fahren, 1. Auflage, S. 24; *Lenninger*, in: 53. Deutscher Verkehrsgerichtstag, S. 74.

83 *Rauch/Aeberhard/Ardelt/Kämpchen*, Autonomes Fahren auf der Autobahn – Eine Potentialstudie für zukünftige Fahrerassistenzsysteme, https://mediatum.ub.tum.de/doc/1142101/file.pdf; *Wagner*, in: Oppermann/Stender-Vorwachs, Autonomes Fahren, 1. Auflage, S. 25; *Jansen/Grewe*, RAW 2019, 2 (2); *Bratzel/Thömmes*, Alternative Antriebe, autonomes Fahren, Mobilitätsdienstleistungen, S. 41.

84 *Wagner*, in: Oppermann/Stender-Vorwachs, Autonomes Fahren, 1. Auflage, S. 25.

zeugs im Raum, die durch ständig aktualisierbares, hochauflösendes Kartenmaterial[85] und die Kommunikation der Fahrzeuge untereinander (Car-2-Car) sowie mit vernetzten Verkehrseinrichtungen (Car-2-X)[86] sichergestellt ist.

C. Chancen und Risiken

Zahlreiche Unfälle mit tödlichen Folgen lassen zum jetzigen Zeitpunkt an der Vision des fahrerlosen Fahrens in absehbarer Zukunft zweifeln.[87] Die Vorstellung, sich im Straßenverkehr komplett in die Hände eines Roboters zu begeben, schürt mangels Vertrauens in das System berechtigte Ängste.[88] Furcht vor unbekannter Technologie ist immer schon ein fester Bestandteil in der Geschichte technischer Innovationen gewesen. So wurde beispielsweise die erste Eisenbahn, die „Puffing Billy", als „Teufelsding" bezeichnet und auch das erste Automobil war in seiner Anfangszeit nicht gerne auf den Straßen gesehen.[89] Trotzdem hat sich die Eisenbahn und später auch das Auto auf ganzer Linie durchgesetzt. Die Erklärung dafür ist dabei immer die gleiche: Die Technik bringt in Relation zu ihrem Risiko enorme Vorteile mit sich, die das Leben der breiten Öffentlichkeit erheblich erleichtert und Möglichkeiten eröffnet, die bis dato nicht vorstellbar waren. Das Potential, das sich aus der Automatisierung des Straßenverkehrs ergibt, ist vielschichtig und könnte deshalb ein wichtiger Bestandteil zur Lösung von vielen gesellschaftlichen Problemen sein, die sich teilweise schon heute, aber vor allem in naher Zukunft stellen werden.

---

85 Ob die erforderliche Dateninfrastruktur über den neuen Telekommunikationsstandard 5G erreicht werden kann, ist aktuell noch nicht abzuschätzen und umstritten, dazu Volkswagen, Car2X: die neue Ära intelligenter Fahrzeugvernetzung, https://www.volkswagenag.com/de/news/stories/2018/10/car2x-networked-driving-comes-to-real-life.html.

86 *Lenninger*, in: 53. Deutscher Verkehrsgerichtstag, S. 78; *Zech*, in: Gless/Seelmann, Intelligente Agenten und das Recht, S. 169 f.; *Weichert*, SVR 2016, 361 (361).

87 Vgl. etwa kürzlich *Hebermehl*, Zwei Personen im gerammten Honda Civic sterben, https://www.auto-motor-und-sport.de/elektroauto/tesla-autopilot-unfall-honda-civic/.

88 Dazu im Folgenden sowie *Fraedrich/Lenz*, in: Maurer/Gerdes/Lenz/Winner, Autonomes Fahren, S. 645 ff.

89 *Seher*, Die Angst vor neuer Technik ist so alt wie die Menschheit, https://www.nrz.de/wochenende/die-angst-vor-neuer-technik-ist-so-alt-wie-die-menschheit-id209190935.html.

I. Chancen

1. Verkehrssicherheit

Zentraler Aspekt und deshalb das wohl am häufigsten genannte Argument für einen autonomen Verkehr ist die Reduzierung der Unfallzahlen und damit die Minimierung der im Straßenverkehr verletzten oder getöteten Personen.[90] Auch die von der Bundesregierung eingesetzte Ethik-Kommission stellt klar, dass „der Schutz der Menschen Vorrang vor allen anderen Nützlichkeitserwägungen hat."[91] Aktuell sind etwa 90 Prozent der Unfälle auf menschliches Versagen zurückzuführen, nur ein Prozent dagegen haben ihre Ursache in einem technischen Defekt.[92] Natürlich wird sich der Anteil maschinell bedingter Unfälle mit zunehmender Automatisierung verhältnismäßig erhöhen, weil auch autonome Fahrzeuge nicht völlig unfallfrei fahren werden und die „Vision Zero", also die Reduzierung der Unfallopfer auf 0, wohl eine Vision bleiben wird. Die Technik macht aber berechtigterweise Hoffnung auf eine signifikante Verringerung der absoluten Opferzahlen, auch wenn dies aus heutiger Sicht nur sehr vage prognostiziert werden kann.[93] Das Meinungsbild der Öffentlichkeit zu diesem Thema ist zwiespältig: So ergaben internationale Studien, dass ca. 40 Prozent der Autofahrer glauben, dass autonome Fahrzeuge in Zukunft sicherer fahren werden als menschlich gesteuerte.[94] Es gibt allerdings große Differenzen bei Herkunft, Alter und Geschlecht der Befragten. Männer sind optimistischer als Frauen, junge Menschen optimistischer als ältere.[95] Die technische Umsetzung steht dabei vor der Herausforderung eines Spagates zwischen einer möglichst sicheren, also defensiven und vorausschauenden Fahrweise,[96] und einer dennoch praktikablen Lösung. In diesem Zusammenhang stellt sich auch die Frage, welchen Einfluss die Insassen autonomer Fahrzeuge auf Para-

---

90 2019 wurden allein in Deutschland 3046 Personen durch Unfälle im Straßenverkehr getötet und mehr als 384.000 Personen verletzt, Statistisches Bundesamt, https://www.destatis. de/DE/Themen/Gesellschaft-Umwelt/Verkehrsunfaelle/_inhalt.html#sprg230562.
91 Ethik-Kommission, Automatisiertes und vernetztes Fahren, S. 10.
92 BMVI, Strategie automatisiertes und vernetztes Fahren, S. 9.
93 Dazu *Winkle*, in: Maurer/Gerdes/Lenz/Winner, Autonomes Fahren, S. 366 f.; *Schulz*, NZV 2017, 548 (548); *Hilgendorf*, in: 53. Deutscher Verkehrsgerichtstag, S. 57; *Jourdan/Matschi*, NZV 2015, 26 (26); von dieser Prämisse geht auch die Europäische Kommission in ihrem Expertenbericht aus, Liability for Artificial Intelligence, S. 40.
94 *Cookson/Pishue*, Inrix Verbraucherstudie zu autonomen und vernetzten Fahrzeugen, S. 16.
95 *Cookson/Pishue*, Inrix Verbraucherstudie zu autonomen und vernetzten Fahrzeugen, S. 17.
96 So die Ethik-Kommission, automatisiertes und vernetztes Fahren, S. 10.

meter wie Geschwindigkeit oder Abstand zum vorausfahrenden Fahrzeug haben sollten.

Ebenfalls diskutiert wird eine Verpflichtung zur Nutzung automatisierter und autonomer Systeme im Straßenverkehr.[97] Technologische Voraussetzung dieser Debatte ist sicherlich, dass sich die Technik tatsächlich als wesentlich sicherer erweist und der Schutz der Verkehrsteilnehmer deshalb durch einen flächendeckenden Einsatz autonomer Systeme wesentlich besser gewährleistet werden kann. Es kommt dann zu einer Divergenz zwischen staatlichem Schutzauftrag und der Privatautonomie des Einzelnen (in diesem Fall also das Recht, kein autonomes Fahrzeug zu nutzen). Verfassungsrechtlich lässt sich strikt mit der allgemeinen Handlungsfreiheit argumentieren.[98] Problematisch ist allerdings, inwieweit nicht ein Eingriff in Art. 2 I GG verfassungsmäßig gerechtfertigt sein kann. Stender-Vorwachs und Steege führen hier die Vergleichbarkeit dieser Frage mit den Gurt- bzw. Helmpflicht-Entscheidungen des Bundesverfassungsgerichts an,[99] in denen den Belangen der Allgemeinheit der Vorrang gegenüber den Individualinteressen der Gurt- oder Helmgegner gewährt wurde.[100] Wenn der Schutz der Allgemeinheit sogar Vorrang gegenüber dem Bedürfnis hat, ohne Helm oder Gurt zu fahren, dann hat er erst Recht Vorrang gegenüber dem Bedürfnis, ein Fahrzeug mit manueller Steuerung zu führen; schließlich würde ein solches Verhalten die Allgemeinheit weitaus mehr gefährden als der Verzicht auf einen Helm oder Gurt.

Gesetzt den Fall, dass die Technik tatsächlich signifikant sicherer ist als der menschliche Fahrer, wäre die zulassungsrechtliche Beschränkung auf autonome Fahrzeuge in (ferner) Zukunft also durchaus ein zulässiges Mittel.

---

97 Bundeskanzlerin *Angela Merkel* prophezeit beispielsweise, dass wir in 20 Jahren eine Sondergenehmigung brauchen, wenn wir manuell fahren wollen, FAZ, Autos selbst steuern? In 20 Jahren nur mit Sondererlaubnis, https://www.faz.net/aktuell/wirtschaft/neue-mobilitaet/angela-merkel-autos-selbst-steuern-in-20-jahren-nur-mit-sondererlaubnis-15056398.html; zur Diskussion auch die Ethik-Kommission, Automatisiertes und vernetztes Fahren, S. 21; *Stender-Vorwachs/Steege*, in: Oppermann/Stender-Vorwachs, Autonomes Fahren, 1. Auflage, S. 260 ff.
98 So die Ethik-Kommission, Automatisiertes und vernetztes Fahren, S. 21.
99 *Stender-Vorwachs/Steege*, in: Oppermann/Stender-Vorwachs, Autonomes Fahren, 1. Auflage, S. 270.
100 BVerfG NJW 1987, 180 (180) (Gurtfälle); BVerfG NJW 1982, 1276 (1276) (Helmfälle).

2. Verkehrseffizienz

Viele Menschen, viele Staus, wenig Platz: Die Verstopfung der Städte hat in den vergangenen Jahren massiv zugenommen. In Deutschland kommen auf 1.000 Einwohner 692 Fahrzeuge, über 57 Millionen insgesamt.[101] Bauliche Maßnahmen wie die Erweiterung von Straßen und Parkflächen sind aus Platzgründen beschränkt und geraten in Konflikt mit Umweltbelangen und dem ebenfalls stetig wachsenden Bedürfnis nach städtischem Wohnraum. Vor allem unsere Großstädte tragen die Last eines Stadt- und Mobilitätskonzeptes, das längst nicht mehr im angemessenen Verhältnis zum Wachstum der Städte steht. Wir brauchen die „Mobilitätseffizienz-Revolution".[102] Weniger Fahrzeuge durch attraktive öffentliche Verkehrsmittel und ein intelligentes Car-Sharing Angebot, lautet hier der erste Ansatz. Gestaltet man etwa das Verkehrsaufkommen nachfrageorientiert, wären die Autos dort, wo sie gebraucht werden. Keine Wartezeiten, kein stundenlanges „Herumstehen" der Fahrzeuge mehr. Die Autonomisierung des Straßenverkehrs nimmt bei dieser Idee eine Schlüsselrolle ein. „Robo-Taxis" würden dabei ständig in Bewegung bleiben und wären nicht mehr an eine bestimmte Person oder Personengruppe gebunden, sondern dienten nur dem Zweck einer effektiven, punktgenauen Beförderung.[103]

Das Bild eines vollautonomen, rein zweckgebundenen Straßenverkehrs mag zwar als praktisch nicht umsetzbar erscheinen, der Grundgedanke lässt sich aber durchaus auf das Mobilitätskonzept von morgen übertragen. Autonome Fahrzeuge kennen die effektivste Route, können so Staus und anderen Verkehrsbehinderungen ausweichen, was zur Reduzierung ebendieser führt. Durch eine vernetzte Infrastruktur kommt es zu weniger Lücken zwischen den Fahrzeugen, wodurch der Straßenverkehr harmonisiert wird und so etwa mehr Fahrzeuge über eine grüne Ampel fahren können.[104] Durch die effizientere Nutzung von Verkehrsräumen ist

---

101 Kraftfahrt-Bundesamt, Jahresbilanz des Fahrzeugbestandes am 1. Januar 2019, https://www.kba.de/DE/Statistik/Fahrzeuge/Bestand/bestand_node.html.

102 *Bratzel/Thömmes*, Alternative Antriebe, autonomes Fahren, Mobilitätsdienstleistungen: Neue Infrastrukturen für die Verkehrswende im Automobilsektor, S. 39.

103 *Heinrichs* nennt diese Idee die „Hypermobile Stadt", in: Maurer/Gerdes/Lenz/Winner, Autonomes Fahren, S. 224.

104 Vgl. *Hucko*, „Selbstfahrende Autos sind eine Chance für die Stadt", http://www.spiegel.de/auto/aktuell/autonomes-fahren-chance-fuer-die-stadt-a-997393.html; *Heinrichs*, in: Maurer/Gerdes/Lenz/Winner, Autonomes Fahren, S. 231.

es ebenfalls denkbar, dass autonome Fahrzeuge weitaus weniger Fläche benötigen und so sogar ein Rückbau der Straßenflächen möglich wäre.[105]

3. Zeiteffizienz

Ein weiterer nicht zu unterschätzender Aspekt ist der durch den Wegfall der Fahraufgabe entstehende erhebliche Zeitgewinn für den Fahrer, nämlich einerseits die Zeit, die er zur Bewältigung der Fahraufgabe aufwendet, in der er also aktiv Gas gibt, bremst und lenkt, um an sein Ziel zu gelangen. Hinzukommt andererseits diejenige Zeit, in der der Fahrer diesen Aufgaben nicht nachkommt, die er aber trotzdem in seinem Auto verbringen muss, weil er etwa an der Ampel oder im Stau steht. Hierzulande verbringt ein Autofahrer durchschnittlich 36 Stunden pro Jahr im Stau.[106] Aber auch die Zeit, die wir nicht im Stau verbringen, wird nicht unbedingt effektiv zur Fortbewegung von A nach B genutzt: 41 Stunden im Jahr sind wir auf der Suche nach einem freien Parkplatz.[107] Dementsprechend viel Potential bietet das autonome Fahren auch in Hinblick auf ein effektiveres Zeitmanagement.

Natürlich sind die Möglichkeiten, die gewonnene Zeit anderweitig zu nutzen, limitiert. Trotzdem erscheint der neue Freiraum durchaus attraktiv: So könnte das autonome Fahrzeug als „mobile Office" oder als Erholungs- und Schlafmöglichkeit dienen. Die neuen Nutzungsmöglichkeiten könnten zudem auch einen positiven Effekt auf die räumliche Stadtentwicklung haben. So wäre es zum Beispiel nicht mehr zwingend erforderlich, in der näheren Umgebung des Arbeitsplatzes zu wohnen, wenn die Fahrtzeit bereits zur Erledigung der Arbeit genutzt werden könnte. Die Folge wäre eine Verbesserung der Wohnraumsituation in den Innenstädten und eine gleichzeitige Aufwertung ländlicher Regionen.[108]

4. Mobilität für alle

Durch niedrige Geburtenraten und steigende Lebenserwartungen wird die Anzahl älterer Menschen in den nächsten Jahrzehnten stark anwach-

---

105 *Heinrichs*, in: Maurer/Gerdes/Lenz/Winner, Autonomes Fahren, S. 232.
106 *Lenninger*, in: 53. Deutscher Verkehrsgerichtstag, S. 75.
107 *Cookson/Pishue*, Die Folgen der Parkplatzproblematik in den Vereinigten Staaten, Großbritannien und Deutschland, S. 4.
108 *Esser/Kurte*, Autonomes Fahren, S. 51; *Bratzel/Thömmes*, Alternative Antriebe, autonomes Fahren, Mobilitätsdienstleistungen: Neue Infrastrukturen für die Verkehrswende im Automobilsektor, S. 43 f.; *Heinrichs*, in: Maurer/Gerdes/Lenz/Winner, Autonomes Fahren, S. 231; *Kagermann*, in: 56. Deutscher Verkehrsgerichtstag, S. XLIV.

sen. Schon bis 2030 soll sich der Anteil der über 65-Jährigen um ein Drittel erhöhen und dann 28 Prozent der Gesamtbevölkerung ausmachen.[109] Viele dieser Menschen sind physisch nicht mehr in der Lage, ein Kraftfahrzeug zu führen. Eine schlechte Anbindung an den öffentlichen Nahverkehr gerade in den ländlichen Regionen reduziert zusätzlich die Mobilität und die Teilhabe am öffentlichen Leben insgesamt. Ein Großteil unserer Bevölkerung sieht das autonome Fahren als mögliche Lösung dieses Problems an.[110] Aber nicht nur ältere Menschen können profitieren. Jegliche Personengruppen, die heute aus physischen oder psychischen Gründen nicht am Straßenverkehr teilnehmen können, werden (wieder) mobil. Zu denken ist hier an Kinder und Jugendliche ebenso wie an Kranke oder Personen mit einer Behinderung.

5. Umweltschutz

Die Faktoren der verkehrsbedingten Umwelteinflüsse sind vielfältig. Als primäre Maßnahme gegen die fortschreitende Umweltverschmutzung durch Kraftfahrzeuge gilt in erster Linie der Umstieg auf die Elektromobilität.[111] Aber auch ein Elektrofahrzeug fährt nicht völlig klimaneutral, sondern ist nur so grün wie der Strom, der zum Betrieb, zur Produktion und zur Entsorgung des Fahrzeugs benötigt wird.[112] Elektromobilität ist deshalb zumindest in absehbarer Zeit nicht gleichbedeutend mit Klimaneutralität; sogar unter der Prämisse, dass wir in Zukunft vollständig auf Verbrennungsmotoren verzichten. Aus diesem Grund können und müssen auch andere Faktoren einen positiven Einfluss auf die Klimabilanz des Straßenverkehrs nehmen. Das automatisierte und insbesondere das autonome Fahren kann daran insofern teilhaben, als sich die Anzahl der auf der Straße befindlichen Fahrzeuge voraussichtlich reduzieren lässt.[113] Zusätzlich wird die effiziente Fahrweise den heutigen fahrerbedingten

---

109 Statistische Ämter des Bundes und der Länder, Demografischer Wandel in Deutschland, S. 8; *Grathwohl/Putzke/Hieke*, InTeR 2014, 98 (99).
110 In Deutschland glauben knapp 80 Prozent der Bürger, dass der verbesserte Zugang für ältere und behinderte Menschen zu Mobilität ein Vorteil des autonomen Fahrens ist, *Cookson/Pishue*, Inrix Verbraucherstudie zu autonomen und vernetzten Fahrzeugen, S. 25.
111 Bundesregierung, Regierungsprogramm Elektromobilität, S. 5.
112 Bundesministerium für Umwelt, wie klimafreundlich sind Elektroautos?, S. 1 f.; kritisch auch *Nehm*, in: 56. Deutscher Verkehrsgerichtstag, S. XXI.
113 Dazu *Bratzel/Thömmes*, Alternative Antriebe, autonomes Fahren, Mobilitätsdienstleistungen: Neue Infrastrukturen für die Verkehrswende im Automobilsektor, S. 41 f.

Schwankungen des Kraftstoffverbrauches[114] ein Ende bereiten. Auf der anderen Seite jedoch könnten der neue Komfortgewinn und der geringe Zeitverlust durch den Transport dazu führen, dass das Auto – mehr als ohnehin schon – vermehrt auch auf Kurzstrecken zum Einsatz kommt.[115] Hinzukommt die Nutzung derjenigen Personen, die heute alters- oder krankheitsbedingt auf ein Fahrzeug verzichten müssen. Im Zuge des demografischen Wandels wird sich dieser Personenkreis in Zukunft weiter vergrößern.

Der Einfluss des autonomen Fahrens ist im Ergebnis folglich schwer zu prognostizieren. Entscheidend wird die erfolgreiche Umsetzung der Energiewende sein, von der es letztlich abhängt, ob elektrische Fahrzeuge klimaneutral fahren können oder nicht. Werden weiterhin fossile Energien genutzt, so eröffnet sich zwar Energiesparpotential durch die Effizienz der Fahrzeuge und der gesamten Verkehrsinfrastruktur, die neue Bequemlichkeit des Fahrens und der erweiterte Nutzerkreis können die Bilanz aber stark trüben.

II. Risiken

1. Verlust an Fahrfertigkeiten

Der Feierabendverkehr zur Rush-Hour, Stop-and-Go auf der Autobahn, Fahrten bei dichtem Nebel oder Eisesglätte: Schön, wenn wir in Zukunft schwierige und stressige Verkehrssituationen nicht mehr selbst bewältigen müssen. Das kann über Monate oder sogar Jahre einwandfrei funktionieren. Bis wir aber wirklich autonom fahren, kann sie jederzeit kommen, die Aufforderung des Systems zur Übernahme der Steuerung. Und plötzlich werden uns in einer brenzligen Situation Fähigkeiten abverlangt, die wir irgendwo tief unter der großen Vielfalt des Infotainmentsystems vergraben haben. Die Gefahr besteht in dem Verlust der heute für viele selbstverständlichen Kompetenz des sicheren Autofahrens.[116] Wenn wir auf der einen Seite von einer Verbesserung der allgemeinen Verkehrssicherheit sprechen, wenn wir automatisiert oder autonom fahren, so

---

114 Ca. 20 Prozent des Verbrauches sind heute durch den Fahrer beeinflusst, *Lenninger*, in: 53. Deutscher Verkehrsgerichtstag, S. 75.

115 Vgl. *Bratzel/Thömmes*, Alternative Antriebe, autonomes Fahren, Mobilitätsdienstleistungen: Neue Infrastrukturen für die Verkehrswende im Automobilsektor, S. 43.

116 *Wolfangel*, „Zu viel Assistenz nimmt den Fahrspaß", https://www.stuttgarter-zeitung.de/ inhalt.interview-zum-autonomen-fahren-zu-viel-assistenz-nimmt-den-fahrspass. 4df56afa-eeed-4c0d-b92c-242ed16b9b78.html.

heißt dies auf der anderen Seite auch, dass die Gefährdung des Straßenverkehrs zunehmen kann, wenn wir plötzlich wieder selbst fahren müssen. Den Zusammenhang zwischen automatisierten Systemen und dem Verlernen von essentiellen Fahrfertigkeiten zeigt eine 2018 veröffentlichte OECD-Studie: Danach laufen sogar erfahrene und normalerweise eher defensive Fahrer erhöhte Gefahr, bei einer Übernahmesituation falsch zu reagieren.[117] Die Situation weist eine gewisse Vergleichbarkeit zum Autopiloten in Flugzeugen auf.[118] Piloten aber trainieren explizit den Gebrauch des Autopiloten und die Übernahmesituation.[119] Eine solche Vorgehensweise ließe sich auf das automatisierte Fahren übertragen.[120]

2. Verlust an Kontrolle

Das zunehmende Abhängigkeitsverhältnis des Menschen zur Technik und die im Falle eines Totalausfalls befürchteten Endzeitszenarien sind ein wesentlicher Kritikpunkt nicht nur der Automatisierung des Straßenverkehrs, sondern der Digitalisierung im Allgemeinen. Ob Wasserversorgung, Stromnetz oder Internet, alles scheint am seidenen Faden einer funktionierenden Dateninfrastruktur zu hängen.[121] Je mehr sich unser Alltag durch den fortwährenden Einsatz technologischer Errungenschaften vereinfachen lässt, desto komplizierter wird dabei das hinter dieser Einfachheit stehende Geflecht aus technischen Zusammenhängen, das wir zwar meistens positiv als „Vernetzung" bezeichnen, dessen Funktionsfähigkeit aber nur die Wenigsten wirklich verstehen und erklären können. So kommt es, dass wir die Kontrolle über lebensnotwendige Bestandteile unseres Alltags in Gänze in die Hände einer hochkomplexen Technik legen, deren Zusammenbruch mitunter einer nationalen Katastrophe gleichkommen würde.[122]

Das autonome Fahren kann diesbezüglich auch Anlass zur Sorge sein. Die Gefahr liegt insbesondere in der Anfälligkeit für Angriffe von außen,

---

117 OECD, safer roads with automated vehicles?, S. 18.
118 OECD, safer roads with automated vehicles?, S. 18.
119 *Trösterer/Meschtscherjakov/Mirnig/Lupp/Gärtner/McGee/McCall/Tescheligi/Engel*, What we can learn from pilots for handovers and (de)skilling in semi-autonomous driving: An interview study, S. 177.
120 *Trösterer/Meschtscherjakov/Mirnig/Lupp/Gärtner/McGee/McCall/Tescheligi/Engel*, What we can learn from pilots for handovers and (de)skilling in semi-autonomous driving: An interview study, S. 180.
121 *Grunwald*, Maurer/Gerdes/Lenz/Winner, Autonomes Fahren, S. 673 f.
122 So etwa beim Zusammenbruch des Stromnetzes, dazu *Petermann/Lüllmann/Bradke/Poetzsch/Riehm*, Was bei einem Blackout geschieht, S. 239.

die nicht nur einzelne Fahrzeuge, sondern den kompletten Verkehr zum Stillstand bringen könnten.[123] Ehe es aber tatsächlich zu einem solchen Szenario kommt, muss erst einmal die nötige Infrastruktur geschaffen werden, sodass eine tiefergreifende Diskussion zum jetzigen Zeitpunkt eher spekulativ wäre.[124]

3. Volkswirtschaftliches Risiko: Wandel des Arbeitsmarktes

Die weltweiten und nationalen wirtschaftlichen Folgen zunehmender Automatisierung hängen im Wesentlichen von Erfolg oder Misserfolg der Technologie ab und können hier nicht umfassend dargestellt werden.[125] Angesprochen sei hier nur der Wandel des Arbeitsmarktes als der in der Öffentlichkeit am heftigsten diskutierte Effekt einer erfolgreichen Implementierung des autonomen Fahrens. Allen voran steht die Befürchtung, tausende Arbeitsplätze von Bus-, Taxi- und LKW-Fahrern könnten wegfallen.[126] Der Arbeitsplatzwegfall auf der einen Seite bedeutet aber auch die Schaffung ganz neuer Berufsbilder auf der anderen Seite, die allerdings eine völlig andere Qualifizierung voraussetzen,[127] sodass eine einfache Umschulung, wie teilweise gefordert,[128] hier nur schwer möglich erscheint. Benötigt werden in Zukunft vor allem „hybride" IT-Spezialisten, die sowohl Informatiker als auch Fahrzeugtechniker sind.[129] Die gravierendsten Einschnitte werden sich vielleicht erst in vielen Jahren ergeben. Dennoch ist es notwendig, die Lösung dieses Problems heute anzugehen, um die betroffenen Berufsgruppen nicht eines Tages vor vollendete Tatsachen zu stellen.

---

123 *Grunwald*, Maurer/Gerdes/Lenz/Winner, Autonomes Fahren, S. 673; *Balser*, Wenn Computer Autofahrer ablösen, https://www.sueddeutsche.de/auto/autonomes-fahren-wenn-computer-den-menschen-abloesen-1.283 1833.
124 Vgl. *Grunwald*, Maurer/Gerdes/Lenz/Winner, Autonomes Fahren, S. 674.
125 Dazu im Detail *Kagermann*, in: 56. Deutscher Verkehrsgerichtstag, S. XLI ff.
126 *Grunwald*, Maurer/Gerdes/Lenz/Winner, Autonomes Fahren, S. 671; *ders.*, SVR 2019, 81 (83); *Mortsiefer*, Roboter-LKW bedrohen Millionen Jobs, https://www.tagesspiegel.de/wirtschaft/autonomes-fahren-roboter-lkw-bedrohen-millionen-jobs/1987 1754.html.
127 *Esser/Kurte*, Autonomes Fahren, S. 12.
128 So die Forderung von *Grunwald*, Maurer/Gerdes/Lenz/Winner, Autonomes Fahren, S. 671; *ders.*, SVR 2019, 81 (83).
129 *Lamparter*, „Wer ist schuld?", https://www.zeit.de/2016/38/autonomes-fahren-autos-industrie-gesetze-adac/seite-2.

§4 Haftungsrechtliche Vorüberlegungen

Als Basis für die sich in den folgenden Kapiteln anschließende materiell-rechtliche Untersuchung rechtlicher Verantwortlichkeit soll zunächst einmal eine rein abstrakte Betrachtung der grundlegenden haftungsrechtlichen Strukturen des Straßenverkehrsrechts unter Berücksichtigung des Herstellers als zusätzliche Haftungspartei dienen. Diese Strukturen betreffen zum einen das (Außen-)Verhältnis von Schädiger(n) und Geschädigtem, ebenso aber auch das (Innen-)Verhältnis mehrerer in Betracht kommender verantwortlicher natürlicher oder juristischer Personen. Entsprechend den allgemeinen Grundsätzen und seiner Zweckbestimmung ist es Aufgabe des zivilrechtlichen Haftungsrechts, innerhalb dieser Beziehungen einen gerechten Schadensausgleich zu finden.[130] Gemeint ist damit einerseits die Kompensation des Schadens im Außenverhältnis zum Primärgeschädigten, andererseits die Verteilung von Haftungsrisiken unter den Schädigern im Innenverhältnis.[131]

A. Fahrer- und Herstellerhaftung als Regressinstrument

Im Außenverhältnis stehen dem Geschädigten grundsätzlich alle Parteien des dreigliedrigen Haftungsgefüges, bestehend aus Halter, Fahrer und Hersteller, gleichermaßen für eine Inanspruchnahme zur Verfügung.[132] Sofern die jeweiligen tatbestandlichen Voraussetzungen dafür vorliegen, haften die drei Parteien dem Geschädigten gegenüber als Gesamtschuldner, §§ 840 I, 421 BGB.[133] In der Praxis hat dieser Umstand indes wenig Bedeutung, weil sich der Geschädigte berechtigterweise zuallererst an den Halter als denjenigen Haftungsgegner mit der niedrigsten Haftungsschwelle wenden wird.[134] Der Halter kann dann wiederum im Innenverhältnis zu Fahrer und Hersteller des Unfallfahrzeugs Regressansprüche

---

130 *Larenz/Canaris*, Schuldrecht BT Band II/2, §75 I S. 354; *Brüggemeier*, Haftungsrecht, S. 9; *Jansen*, Die Struktur des Haftungsrechts, S. 43; *Wagner*, in: MüKo BGB, vor §823 BGB Rn. 43.

131 *Brüggemeier*, Haftungsrecht, S. 9; *Jansen*, Die Struktur des Haftungsrechts, S. 43.

132 *Greger*, in: Greger/Zwickel, Haftungsrecht des Straßenverkehrs, §36 Rn. 3; *Heß*, in: Burmann/Heß/Hühnermann/Jahnke, StVR, §18 StVG Rn. 14; *Vieweg*, in: Staudinger BGB, §840 BGB Rn. 93.

133 Sog. Haftungseinheit, BGH, NJW 2006, 896 (896 f.); *Wagner*, in: MüKo BGB, §840 BGB Rn. 29; *Gehrlein*, in: Bamberger/Roth/Hau/Poseck, BeckOK BGB, §426 BGB Rn. 12; der Haftpflichtversicherer bildet gem. §115 I S. 4 VVG dagegen nur mit dem Versicherungsnehmer eine Haftungseinheit, dazu *Heinemeyer*, in: MüKo BGB, §421 BGB Rn. 47.

134 *Greger*, NZV 2018, 1 (4); *Pehm*, IWRZ 2018, 259 (264).

geltend machen. Die Frage nach der derzeitigen Fahrer- und Herstellerhaftung als einer der wesentlichen Aspekte dieser Arbeit berührt folglich weniger die Interessenlage des Geschädigten als das Interesse des Halters an einem gerechten Schadensausgleich. Es sei an dieser Stelle darauf hingewiesen, dass der Verständlichkeit halber hier dennoch das – rein rechtlich ja bestehende – Außenverhältnis von Geschädigtem zu Fahrer und Hersteller untersucht wird. Dabei muss dann nur im Hinterkopf behalten werden, dass etwaige Haftungsbeschränkungen auf das Innenverhältnis „durchschlagen" und in der Praxis regelmäßig erst hier ihre Wirkung entfalten.

B. Das Versicherungsprinzip

Die straßenverkehrsrechtliche Haftung ist in Deutschland traditionell an einen mittlerweile extrem ausgeprägten Haftpflichtversicherungsschutz gekoppelt.[135] Nach § 1 PflVG ist jeder Halter eines Kfz zum Abschluss einer Haftpflichtversicherung verpflichtet, die sämtliche durch den Gebrauch des Fahrzeugs verursachten Personen-, Sach- und Vermögensschäden abdeckt. Das Versicherungsprinzip wird durch automatisierte und autonome Fahrfunktionen nicht durchbrochen, ein „Gebrauch" liegt mithin auch dann vor, wenn das Fahrzeug systemisch, d.h. nicht menschlich, gesteuert wird.[136] Weil der Geschädigte die Versicherung des Halters gem. § 115 I VVG direkt in Anspruch nehmen kann, wird das eben dargestellte dreigliedrige Haftungssystem bei Vorliegen eines Versicherungsfalls um die Partei des Versicherungsträgers ergänzt. Im Innenverhältnis ist der Versicherer gegenüber dem Halter gem. § 116 I S. 1 VVG allein zur Schadenstragung verpflichtet; eine Regressmöglichkeit kann sich aber gleichwohl gegenüber dem Fahrer oder Hersteller aus § 86 I S. 1 VVG i.V.m. §§ 840 I, 426 BGB ergeben. Unter diesem Gesichtspunkt stellen sich die Fahrer- und Herstellerhaftung also eigentlich nicht einmal als Regressinstrument des Halters, sondern lediglich seiner Versicherung dar.[137]

---

135 Dazu ausführlich *Barner*, Die Einführung der Pflichtversicherung für Kraftfahrzeughalter.
136 *Notthoff*, r+s 2019, 496 (498); *Singler*, NZV 2017, 353 (354); *Greger*, NZV 2018, 1 (5); vgl. schon für Fahrerassistenzsysteme *Walter*, in: Gsell/Krüger/Lorenz/Reymann, BeckOGK, § 7 StVG Rn. 291; *Hammel*, Haftung und Versicherung bei Personenkraftwagen mit Fahrerassistenzsystemen, S. 242.
137 *Greger*, NZV 2018, 1 (5); *Kreutz*, in: Oppermann/Stender-Vorwachs, Autonomes Fahren, 2. Auflage, S. 192.

Genauso wie auf Seiten des Regressgläubigers eine Versicherung auftritt, wird auch auf Seiten des Regressschuldners nicht der Hersteller persönlich, sondern im Regelfall seine Betriebs- oder Produkthaftpflichtversicherung für einen Schaden aufkommen.[138] Schlussendlich wären in einem Haftpflichtprozess für fehlerhaft agierende Systeme weder der Halter noch der Hersteller direkt beteiligt. Soll ein Ausgleich zwischen zwei Versicherungsträgern stattfinden, ist es in der Praxis nicht unüblich, dass es überhaupt nicht zu einem Prozess kommt, sondern eine Einigung aufgrund eines sog. „Schadensteilungsabkommens" erzielt wird.[139] Dabei übernimmt die Haftpflichtversicherung einen vertraglich festgelegten, pauschalisierten Prozentsatz der Schadenskosten, der auf statistischen Erfahrungswerten basiert.[140] Wesentlicher Vorteil eines solchen Rahmenvertrages ist es, dass die Rechtslage für eine bestimmte Art von Schadensfällen nicht in jedem Einzelfall neu geprüft und langwierig gerichtlich festgestellt werden muss.[141] Da das automatisierte Fahren aber noch in den Kinderschuhen steckt und in Deutschland diesbezüglich noch keine gerichtliche Entscheidung, geschweige denn eine gefestigte gerichtliche Praxis zu einer relevanten Rechtsfrage existiert, anhand derer sich die Quoten eines Teilungsabkommens richten könnten, dürfte eine pauschalisierte Schadensabwicklung aktuell noch schwer durchzuführen sein.

Der Haftpflichtversicherungsschutz des Halters endet, sobald kein Versicherungsfall mehr vorliegt. Als Versicherung für Fremdschäden deckt eine Haftpflichtversicherung keine Schäden ab, die beim versicherten Kfz selbst eintreten.[142] In einem solchen Fall bleibt dem geschädigten Halter dann nur – vom eventuellen Bestehen einer freiwilligen Kaskoversicherung einmal abgesehen – die direkte Inanspruchnahme des Fahrers oder Herstellers.[143]

---

138 *Wagner*, AcP 2017, 707 (760).
139 *Wagner*, AcP 2017, 707 (761); *Grundmann*, in: MüKo BGB, § 276 BGB Rn. 148.
140 *Wandt*, Versicherungsrecht, Rn. 1034; *Kötz/Wagner*, Deliktsrecht, Rn. 786.
141 *Wandt*, Versicherungsrecht, Rn. 1034; *Schimikowski*, Versicherungsvertragsrecht, Rn. 367.
142 *Walter*, in: Gsell/Krüger/Lorenz/Reymann, BeckOGK, § 7 StVG Rn. 291.
143 *Wagner*, AcP 2017, 707 (761).

§5 Haftungsrisiken de lege lata für Halter und Fahrer

Beginnen soll die Untersuchung mit der derzeitigen Haftungssituation für Fahrer und Halter, die sich primär aus dem Straßenverkehrsrecht, sekundär aus dem allgemeinen Deliktsrecht ergibt.

A. Haftung von Fahrer und Halter nach dem StVG

I. Anwendbarkeit des StVG auf nicht-öffentlichen Flächen

Bedingt durch die vielfältigen Einsatzgebiete automatisierter und autonomer Systeme kann bereits fraglich sein, ob Fahrer und Halter überhaupt nach dem StVG zur Verantwortung gezogen werden können, wenn sich der Unfall etwa auf privaten Betriebsgeländen oder Parkplätzen ereignet. Gerade zum jetzigen Zeitpunkt werden autonome Fahrzeuge häufig noch innerhalb von geschlossenen Verkehrssystemen (z.B. in Parkhäusern oder an Flughäfen) getestet.[144] Auch in der Logistik gibt es Fahrzeuge, deren Anwendungsbereich offensichtlich nicht auf einem öffentlichen Verkehrsraum liegt, etwa bei autonomen Gabelstaplern auf geschlossenen Betriebsgeländen.[145]

Auch wenn Rechtsprechung und Literatur teilweise die Anwendbarkeit des StVG bei Fahrzeugen ablehnen, die auf privaten Geländen geparkt sind,[146] so kann daraus nicht pauschal die Unanwendbarkeit der straßenverkehrsrechtlichen Vorschriften geschlussfolgert werden.[147] Maßgebend ist allein, ob sich der Unfall i.S.d. §7 I StVG „bei dem Betrieb" des Kraftfahrzeugs ereignet hat; auf die Öffentlichkeit der Verkehrsflä-

---

144 Internationales Verkehrswesen, Autonomes Fahren im Praxistest am Flughafen Hamburg, https://www.internationales-verkehrswesen.de/autonomes-parken-im-praxistest/; Kieler Nachrichten, Autonom fahrender Bus für Enge-Sande, https://www.kn-online.de/Nachrichten/Schleswig-Holstein/Kreis-Nordfriesland-Autonom-fahrender-Bus-fuer-Enge-Sande; *Meinhardt,* Flughafen Weeze startet Testbetrieb mit selbstfahrendem Bus, https://www.wr.de/politik/landespolitik/flughafen-weeze-startet-testbetrieb-mit-selbstfahrendem-bus-id216494935.html.
145 Z.B. der von Still entwickelte „cubeXX", dazu *Wagner,* in: Oppermann/Stender-Vorwachs, Autonomes Fahren, 1. Auflage, S. 11.
146 OLG Karlsruhe, NJW 2005, 2318 (2318); OLG Nürnberg, NZV 1997, 482 (483); OLG München, NZV 1996, 199 (200); *Franke,* DAR 2016, 61 (62).
147 OLG Düsseldorf, NZV 2011, 195 (196); a.A. *Hötizsch/May,* in: Hilgendorf, Robotik im Kontext von Recht und Moral, S. 193.

che kommt es gerade nicht an.[148] Anders als die StVO oder die StVZO verweist das StVG nicht auf den öffentlichen Verkehrsraum.[149] Schutzzweck der Haftungsnormen des StVG ist die Kompensierung der den Fahrzeugen innewohnenden Betriebsgefahr,[150] die sich auf privaten und öffentlichen Geländen gleichermaßen realisieren kann.[151] Eine Haftungslücke für Unfälle auf nicht-öffentlichen Flächen besteht somit nicht.[152]

II. Halterhaftung, § 7 I StVG

Halter ist, wer das Kfz im eigenen Namen nicht nur ganz vorübergehend für eigene Rechnung gebraucht und die Verfügungsgewalt über das Kfz ausübt.[153] Die Verfügungsgewalt hat derjenige inne, der Anlass, Ziel und Zeit der Fahrt selbst bestimmen kann.[154] Auf Eigentum am Fahrzeug oder die Eintragung in der Zulassungsbescheinigung Teil 2 kommt es nicht an,[155] sodass etwa auch der Leasingnehmer Halter sein kann.[156]

Nach § 7 I StVG haftet der Halter während des Betriebs des Fahrzeugs für Unfälle, bei denen der Körper oder die Gesundheit eines Menschen verletzt oder eine Sache beschädigt wird. Zwischen Betrieb und Schaden muss dabei ein adäquater Kausalzusammenhang bestehen.[157] Ferner muss der Schaden dem Halter nach dem Schutzzweck der Norm zurechenbar sein.[158] Gem. § 7 II, III StVG ist die Haftung ausgeschlossen, wenn der Unfall durch höhere Gewalt verursacht oder das Fahrzeug ohne Wissen und Willen des Halters verwendet wurde und dieser die Verwen-

---

148 BGH, NJW-RR 1995, 215 (216); BGH, NJW 1981, 417 (423); OLG München, NJW-RR 2010, 1183 (1184).
149 OLG Düsseldorf, NZV 2011, 195 (196); *Stöber/Möller/Pieronczyk*, V+T 2019, 161 (162).
150 *Burmann*, in: Burmann/Heß/Hühnermann/Jahnke, StVR, § 7 StVG Rn. 1.
151 OLG München, NZV 1996, 199 (200); *Stöber/Möller/Pieronczyk*, V+T 2019, 161 (162).
152 Anders wohl *Franke*, DAR 2016, 61 (62).
153 Vgl. BGH, NJW 2007, 3120 (3210); BGH, NJW 1992, 900 (902); BGH, NJW 1983, 1492 (1493); BGH, VersR 1969, 907 (908); *Burmann,* in: Burmann/Heß/Hühnermann/Jahnke/ Janker, StVR, § 7 StVG Rn. 5; *König,* in: Hentschel/König/Dauer, StVR, § 7 Rn. 14.
154 *Fleck/Thomas*, NJOZ 2015, 1393 (1394); *König*, in: Hentschel/König/Dauer, StVR, § 7 Rn. 14; *Freise*, VersR 2019, 65 (68).
155 AG Zweibrücken, NZV 2019, 270 (270).
156 BGH, NJW 1983, 1492 (1493); *Burmann*, in: Burmann/Heß/Hühnermann/Jahnke/Janker, StVR, § 7 StVG Rn. 5; *König*, in: Hentschel/König/Dauer, StVR, § 7 Rn. 14; *Bachmeier*, in: Bachmeier/Müller/Rebler, VerkehrsR, § 7 Rn. 86.
157 *Burmann*, in: Burmann/Heß/Hühnermann/Jahnke/Janker, StVR, § 7 StVG Rn. 13; *Bachmeier*, in: Bachmeier/Müller/Rebler, VerkehrsR, § 7 Rn. 118; *Stöber/Möller/Pieronczyk*, V+T 2019, 161 (162).
158 *Burmann*, in: Burmann/Heß/Hühnermann/Jahnke/Janker, StVR, § 7 StVG Rn. 13.

dung nicht verschuldet hat. Gem. § 8 Nr. 1 StVG findet § 7 I StVG ferner keine Anwendung, wenn das unfallverursachende Fahrzeug bauartbedingt weniger als 20 km/h fahren kann.

1. Verantwortlichkeit des Halters

§ 7 I StVG ist als verschuldensunabhängiger Tatbestand konzipiert. Eine Haftung folgt allein aus der Inbetriebnahme eines – wenn auch nur potenziell – gefährlichen Fahrzeugs. Das Gefährdungsprinzip beruht dabei auf dem Gedanken, dass derjenige, der eine Gefahrenquelle schafft, zwangsläufig auch bei Einhaltung größter Sorgfalt für die dabei eintretenden Schädigungen einzustehen hat.[159] Wer das Fahrzeug zum Zeitpunkt des Unfalles steuert, ist für die Haftung des Halters daher irrelevant.[160] Gleiches gilt, wenn nicht ein Mensch, sondern ein System die Steuerung übernommen hat.[161] Für das automatisierte und autonome Fahren ergeben sich insofern keine Besonderheiten.[162]

2. Höhere Gewalt, § 7 II StVG

Die Haftung nach § 7 I StVG ist ausgeschlossen, wenn der Unfall auf höhere Gewalt zurückzuführen ist, § 7 II StVG. Unter höherer Gewalt wird in Anlehnung an § 1 II S. 1 HaftPflG ein außergewöhnliches, betriebsfremdes, von außen durch elementare Naturkräfte oder durch Handlungen Dritter (betriebsfremder Personen) herbeigeführtes Ereignis verstanden, das nach menschlicher Einsicht und Erfahrung unvorhersehbar ist, mit wirtschaftlich erträglichen Mitteln auch durch die äußerste nach der Sachlage zu erwartende Sorgfalt nicht verhütet oder unschädlich gemacht werden kann und auch nicht wegen seiner Häufigkeit in Kauf zu nehmen ist.[163] Im Wesentlichen lassen sich dieser Definition drei Kernelemente entnehmen. Notwendig sind ein von außen einwirkendem Er-

---

159 BGH NZV 1991, 387 (387); BGH NZV 1989, 18 (18); BGH NJW 1988, 2802 (2802); *Sprau*, in: Palandt BGB, Einf. § 823 BGB Rn. 11.
160 *Freise*, VersR 2019, 65 (68); *Buck-Heeb/Dieckmann*, in: Oppermann/Stender-Vorwachs, Autonomes Fahren, 2. Auflage, S. 146 f.
161 *Greger*, NZV 2018, 1 (1); *Hilgendorf*, RAW 2018, 85 (86); *Wolfers*, RAW 2018, 94 (99).
162 So auch *Bachmeier*, in: Bachmeier/Müller/Rebler, VerkehrsR, § 7 Rn. 199; *Borges*, CR 2016, 272 (274); *Armbrüster*, ZRP 2017, 83 (84); *Freise*, VersR 2019, 65 (69); *Wolfers*, RAW 2018, 94 (99); *Hilgendorf*, RAW 2018, 85 (86); *Fleck/Thomas*, NJOZ 2015, 1393 (1394); *Greger*, NZV 2018, 1 (1); *Franke*, DAR 2016, 61 (62); *Sosnitza*, CR 2016, 764 (768).
163 BT-Dr. 14/7752, S. 30; BGH NJW 1986, 2312 (2313); BGH NJW 1953, 184 (184); *König*, in: Hentschel/König/Dauer, StVR, § 7 Rn. 32; *Greger*, in: Greger/Zwickel, Haftungsrecht des Straßenverkehrs, § 3 Rn. 355.

eignis, die Unvorhersehbarkeit und die Unabwendbarkeit dieses Ereignisses.[164] Nach den Grundsätzen des BGH ist höhere Gewalt dennoch ein wertender Begriff, nach dem diejenigen Risiken von einer Haftung ausgeschlossen werden sollen, die bei einer rechtlichen Bewertung nicht mehr dem gefährlichen Unternehmen (hier: das Autofahren), sondern alleine dem Drittereignis zugerechnet werden können.[165]

Beim Versagen technischer Einrichtungen wurde das Vorliegen von höherer Gewalt bislang rigoros verneint.[166] Ob an dieser Linie unter Anbetracht neuer technischer Dimensionen festgehalten werden kann, muss diskutiert werden. Sowohl bei automatisierten als auch bei autonomen Fahrzeugen sind diesbezüglich zwei Unfallszenarien denkbar:

- die Unfallursache liegt im System selbst, also durch Programmierung oder selbstständige Aneignung fehlerhaften Verhaltens;
- die Unfallursache liegt in der Übernahme der Steuerung oder anderen Eingriffen von außen (insbesondere Hacker-Angriffe).

Im ersten Fall liegt keine höhere Gewalt vor. Wenn das System selbst Fehler begeht, dann mangelt es bereits an einem von außen einwirkenden Ereignis.[167] Ein solches liegt nämlich nur dann vor, wenn das Ereignis mit dem Fahrzeugbetrieb nicht in einem ursächlichen Zusammenhang steht.[168] Die Situation stellt sich bei fehlerhaft agierenden Systemen aber nicht anders da als bei menschlichen Fahrfehlern. Ursächlich für den Unfall ist jeweils derjenige, der das Fahrzeug von innen steuert. Des Weiteren wurde das Ereignis in diesem Fall nicht durch Naturkräfte oder durch Handlungen einer betriebsfremden Person herbeigeführt.

Problematischer ist der zweite Fall. Erfolgt ein externer Zugriff auf das fehlerfrei arbeitende System, so könnte ein von außen herbeigeführtes Ereignis vorliegen. Teilweise wird die Äußerlichkeit mit dem Argument verneint, dass auch bei Hackerangriffen der Unfall nicht durch einen außenstehenden Dritten, sondern immer noch durch das Fahrzeug selbst –

---

164 *Engel*, in: MüKo StVR, § 7 Rn. 42; *Kaufmann,* in: Geigel, Der Haftpflichtprozess, 25. Kapitel Rn. 94.

165 BGH NZV 2004, 395 (396); BGH NJW-RR 1988, 986 (986); diese § 1 HaftPflG betreffenden Grundsätze sind ebenso auf § 7 II StVG übertragbar, dazu LG Itzehoe NJW-RR 2003, 1465 (1465).

166 So ausdrücklich die Gesetzesbegründung, BT-Dr. 13/10435, S. 20; vgl. auch *Borges*, CR 2016, 272 (274).

167 *Greger*, NZV 2018, 1 (1); *Jänich/Schrader/Reck*, NZV 2015, 313 (315); *Borges*, CR 2016, 272 (274); *Sosnitza*, CR 2016, 764 (768); *Heeb/Diekmann*, in: Oppermann/Stender-Vorwachs, Autonomes Fahren, 1. Auflage, S. 78.

168 *Burmann*, in: Burmann/Heß/Hühnermann/Jahnke/Janker, StVR, § 7 StVG Rn. 19.

wenn auch durch Manipulation – verursacht worden ist.[169] Würde man aber dieser Argumentation konsequent folgen, wären kaum noch Fälle höherer Gewalt denkbar; schließlich ist es letztendlich immer das Fahrzeug, das den Unfall unmittelbar verursacht. Auch bei einem Erdbeben kommt es im Ergebnis zu einem Zusammenstoß zweier Fahrzeuge, entscheidend ist aber die Ursächlichkeit der Naturkraft. Ein Hackerangriff ist daher als externes Ereignis zu betrachten.[170]

Der von außen kommende Eingriff müsste nach menschlicher Einsicht und Erfahrung unvorhersehbar gewesen sein. Dies ist in der Regel bei extremen Ausnahmesituationen anzunehmen, auf die man sich nicht einstellen oder vorbereiten kann.[171] *Hammel* führt dazu an, dass mit Eingriffen Dritter gerechnet werden muss und ein erfolgreicher Hackerangriff insofern Beleg für eine unzureichende Vorbereitung sei.[172] Dem ist zwar insoweit zuzustimmen, als Sicherheitsmaßnahmen zur Abwehr von externen Angriffen erforderlich sind. Dennoch kann im Normalfall nicht mit einer Attacke gerechnet werden. Jedenfalls ist ein Cyberangriff nicht grundsätzlich als wahrscheinlicher zu betrachten als etwa der Wurf von Steinen von einer Autobahnbrücke, der unbestritten als höhere Gewalt zu qualifizieren ist.[173] Auch die Unabwendbarkeit des Angriffs kann nicht per se ausgeschlossen werden.

Grundsätzlich sind an den Halter zwar hohe Anforderungen bzgl. der Sicherung des Fahrzeugs zu stellen.[174] Trotzdem hat auch der Halter nur begrenzte Möglichkeiten, das System vor Cyberangriffen zu schützen; es kann lediglich von ihm verlangt werden, das System auf dem neuesten Stand zu halten. Auch der sorgfältigste Halter wird einen erfolgreichen Angriff dadurch nicht immer verhindern können.

Es bleibt im Ergebnis abzuwarten, welche Rolle Hackerangriffe tatsächlich für einen automatisierten oder autonomen Verkehr spielen. Aus heutiger Sicht jedenfalls sind die Parallelen zwischen dem auf einem Naturereignis und dem auf einem Hackerangriff beruhenden Straßenver-

---

169 *Freise*, VersR 2019, 65 (69).
170 So auch *Pütz/Maier*, r+s 2019, 444 (445).
171 *Kaufmann*, in: Geigel, Der Haftpflichtprozess, 25. Kapitel Rn. 96.
172 *Hammel*, Haftung und Versicherung bei Personenkraftwagen mit Fahrerassistenzsystemen, S. 207.
173 *Engel*, in: MüKo StVR, § 7 StVG Rn. 43.
174 OLG Oldenburg, NZV 1999, 294 (295); OLG Hamm, NJW-RR 1990, 289 (289); *Burmann*, in: Burmann/Heß/Hühnermann/Jahnke/Janker, StVR, § 7 Rn. 25; *König*, in: Hentschel/König/Dauer, StVR, § 7 StVG Rn. 55; vgl. *Berz/Dedy/Granich*, DAR 2000, 545 (546).

kehrsunfall unverkennbar. Bei äußeren Eingriffen in das System des Fahrzeugs ist der Haftungsausschluss des § 7 II StVG daher anzuwenden.[175]

3. Schwarzfahrt, § 7 III StVG

Die Übernahme der Steuerung durch Dritte oder anderweitiges Manipulieren der Systemsoftware könnte zudem auch einen Fall der Schwarzfahrt gem. § 7 III S. 1 StVG darstellen. Ob eine solche vorliegt, ist nach dem Gesamtcharakter der Fahrt zu beurteilen.[176] Wenn der Halter bereits mit dem Motorstart und dem Losfahren nicht einverstanden ist und sich das Fahrzeug dann etwa ohne Insassen (teleportiert) fortbewegt, dann liegt eine Fahrt ohne Wissen und Wollen des Halters vor.[177] Es ist dann eine Frage des Einzelfalls, inwieweit der Halter diese Fahrt schuldhaft ermöglicht hat. Die begrenzten technischen Sicherungsmöglichkeiten geben aber auch hier wiederum wenig Spielraum für eine Sorgfaltspflichtverletzung. Wenn der Halter alles ihm Zumutbare getan hat, wird seine Haftung in der Regel entfallen.[178]

Erfolgt die Übernahme der Steuerung dagegen erst während der Fahrt, muss differenziert werden: Bei „leichten" Eingriffen, die etwa die Lenkung oder die Bremse betreffen, liegt keine Schwarzfahrt vor, weil der Halter hier mit der Benutzung des Kfz grundsätzlich einverstanden ist, mithin mit seinem Wissen und Wollen erfolgt. Geringfügige Abweichungen von seinen Weisungen begründen dann noch keine Schwarzfahrt.[179] Problematisch wird es erst dann, wenn das Fahrzeug z. B. plötzlich ein völlig anderes Ziel anfährt.[180] In diesem Fall erfolgt die Nutzung nicht mehr mit dem Willen des Halters; es ist dann auch unerheblich, dass

---

175 So wohl auch *Ternig*, zfs 2016, S. 303 (306); *Koch,* VersR 2018, 901 (905); *Bewersdorf*, Zulassung und Haftung bei Fahrerassistenzsystemen im Straßenverkehr, S. 104; *Müller-Hengstenberg/Kirn*, Rechtliche Risiken autonomer und vernetzter Systeme, S. 328; *May*, in: 53. Deutscher Verkehrsgerichtstag, S. 95; vgl. zu § 7 II StVG a. F. *Berz/Dedy/Granich,* DAR 2000, 545 (546); a. A. *Pütz/Maier*, r+s 2019, 444 (445); *Freise*, VersR 2019, 65 (69).

176 *Engel*, MüKo StVR, § 7 Rn. 46; *Burmann*, in: Burmann/Heß/Hühnermann/Jahnke/Janker, StVR, § 7 StVG Rn. 24.

177 Vgl. *Hammel*, Haftung und Versicherung bei Personenkraftwagen mit Fahrerassistenzsystemen, S. 208.

178 Vgl. OLG Frankfurt, VersR 1983, 497 (497).

179 Vgl. *Engel*, MüKo StVR, § 7 Rn. 46; *Burmann*, in: Burmann/Heß/Hühnermann/Jahnke/Janker, StVR, § 7 StVG Rn. 24.

180 *Hammel*, Haftung und Versicherung bei Personenkraftwagen mit Fahrerassistenzsystemen, S. 208.

ihm der unbefugte Gebrauch bekannt ist.[181] Aus dem gleichen Grund ist der Haftungsausschluss des Benutzers gem. § 7 III S. 2 StVG nicht einschlägig. Für eine „Überlassung" des Fahrzeugs ist eine willentliche Einräumung der Benutzungsmöglichkeit seitens des Halters erforderlich.[182] Bei erheblichen externen Eingriffen, die die Fahrtwege des Fahrzeugs betreffen, könnte der Haftungsausschluss des Halters gem. § 7 III S. 1 StVG also durchaus Bedeutung haben.[183]

4. Langsame Fahrzeuge, § 8 Nr. 1 StVG

Die Gefährdungshaftung des Halters ist ferner nach § 8 Nr. 1 StVG bei Kraftfahrzeugen ausgeschlossen, die bauartbedingt oder durch technische Vorrichtungen eine Geschwindigkeit von 20 km/h nicht überschreiten können. Bereits seit vielen Jahren stößt die Vorschrift angesichts der hohen Gefährlichkeit auch von langsamen Fahrzeugen (etwa Baumaschinen oder Mähdrescher) auf Kritik.[184] Wegen der aber immer noch geltenden Gesetzeslage von 1909[185] bleibt auch der Halter von langsamen automatisierten und autonomen Fahrzeugen von der Haftung nach § 7 I StVG befreit,[186] obwohl die Fülle an möglichen Einsatzgebieten trotz der reduzierten Geschwindigkeit nicht zu unterschätzen ist[187] und sich das Gefahrenpotential somit mit zunehmender Automatisierung weiter erhöht. Die Vereinbarkeit von § 8 Nr. 1 StVG mit dem Sinn und Zweck von § 7 I StVG als Gefährdungshaftung ist daher erheblich in Frage gestellt. Aktuell verbleibt für die Opfer nur ein Rückgriff auf allgemeines Deliktsrecht nach §§ 823 ff. BGB, um gegen den Halter vorzugehen.

5. Zwischenergebnis: Rechtssicherheit für den Halter?

Automatisierte Fahrfunktionen ändern am Haftungsregime des Halters in Form der Gefährdungshaftung zunächst nichts. Der Gesetzgeber hat

---

181 Vergleichbar mit dem Fall, in dem das Fahrzeug vor den Augen des Halters entwendet wird, *Greger*, Haftungsrecht des Straßenverkehrs, § 3 Rn. 310.

182 *Greger*, Haftungsrecht des Straßenverkehrs, § 3 Rn. 322, 325.

183 A. A. *Pütz/Maier*, r+s 2019, 444 (446), die den Hacker bereits nicht als „Nutzer" i. S. v. § 7 III StVG betrachten.

184 Dazu *Schwab*, DAR 2011, 129 (129); *Medicus*, DAR 2000, 442 (442).

185 *Greger*, Haftungsrecht des Straßenverkehrs, § 19 Rn. 4.

186 Vgl. *Stöber/Möller/Pieronczyk*, V+T 2019, 217 (217).

187 So finden sich gerade in der Landwirtschaft schon heute zahlreiche Systeme, die ohne einen Fahrer auskommen, vgl. *Fuchs*, ATZheavy duty 02/2018, 3 (3).

diesen Bereich bislang nicht angetastet,[188] was in Anbetracht der unveränderten Stellung des Halters und des Sinns und Zwecks seiner Haftbarkeit für das Inverkehrbringen einer potenziellen Gefahr auch sinnvoll ist.[189] Dennoch ist im Rahmen des Haftungsausschlusses wegen höherer Gewalt nicht ganz von der Hand zu weisen, dass Angriffe von außen auf das technische System durchaus Parallelen zu Fällen aufweisen, die heute bereits als höhere Gewalt anerkannt sind. Für diesen begrenzten Risikobereich könnte die Halterhaftung in Zukunft entfallen. Der Haftungssauschluss der Schwarzfahrt dürfte dagegen nur dann Bedeutung erlangen, wenn die Fahrzeugbewegung selbst nicht mehr dem Willen des Halters entspricht, was wohl nur in den seltensten Fällen gegeben sein wird. Praktisch bedeutsamer dürften Unfälle mit langsamen, vornehmlich autonomen Fahrzeugen sein; weil ein Haftungsausschluss in solchen Fällen nicht gerechtfertigt ist, sollte § 8 Nr. 1 StVG gestrichen werden.

III. Fahrerhaftung, § 18 I StVG

Neben dem Halter haftet nach § 18 I StVG auch der Führer eines Kraftfahrzeugs für Personen- oder Sachschäden. Anders als die Halterhaftung ist die Fahrerhaftung eine Verschuldenshaftung, wenn auch mit umgekehrter Beweislast, wie sich aus § 18 I S. 2 StVG ergibt. Es liegt am Fahrer darzulegen, dass er die nach § 276 II BGB gewöhnliche verkehrserforderliche Sorgfalt angewandt hat.[190] Für den Fahrer eines Kraftfahrzeugs gelten dabei die besonders hohen, von der Rechtsprechung entwickelten Sorgfaltsanforderungen eines „besonnenen und gewissenhaften" Kraftfahrers.[191] Dabei muss er sich nicht an einem „Idealfahrer", sondern lediglich an einem durchschnittlich geübten Fahrer messen lassen.[192] Die Anforderungen können bei unterschiedlichen Menschen- und Berufsgruppen variieren,[193] sind aber grundsätzlich unabhängig von

---

188 *König*, NZV 2017, 249 (251); *Buck-Heeb/Dieckmann*, NZV 2019, 113 (119).
189 *Stöber/Pieronczyk/Möller*, DAR 2020, 609 (610); *Freise*, VersR 2019, 65 (77); *Spindler*, CR 2015, 766 (773); *Thöne*, Autonome Systeme und deliktische Haftung, S. 243; kritisch *Zech*, in: Deutscher Juristentag, Verhandlungen des 73. Deutschen Juristentages, Band I, A 62.
190 *König*, in: Hentschel/König/Dauer, StVR, § 18 Rn. 4.
191 OLG Hamm, NZV 2000, 376 (376); *Kaufmann*, in: Geigel, Der Haftpflichtprozess, Kap. 25 Rn. 321.
192 BGH, NJW 1976, 1504 (1505); OLG Celle, NJW-RR 2018, 1231 (1231).
193 Etwa für Jugendliche BGH, NJW 1970, 1038 (1038); für ältere Menschen BGH, NJW 1988, 909 (909).

persönlichen Fähigkeiten anhand eines objektiven Sorgfaltsmaßstabs zu beurteilen.[194]

1. Automatisiertes Fahren

Im Zusammenhang mit automatisierten Fahrfunktionen stellt sich allerdings die Frage, welchen Sorgfaltsanforderungen der Fahrer während der automatisierten Fahrt nachkommen muss. Ein klassischer Fahrfehler kann ihm schließlich nicht zur Last gelegt werden, wenn das System zum Zeitpunkt des Unfalls die Steuerung übernommen hat. Es verbleiben dann nur besondere Überwachungs- und Kontrollpflichten bezüglich der Funktionsweise des Systems und der Geschehnisse im Straßenverkehr. Bereits vor Verabschiedung des 8. StVG-Änderungsgesetzes hat die Rechtsprechung umfangreiche Überwachungspflichten bei der Nutzung technischer Hilfssysteme formuliert. Im Jahr 2007 entschied das AG München, dass sich der Nutzer einer elektronischen Einparkhilfe (PDC) nicht alleine auf die Signale und Anzeigen des Systems verlassen darf, sondern sich durch eigene Beobachtungen selbst vergewissern muss, ob sich ein Hindernis hinter dem Fahrzeug befindet.[195] Vergleichbar ist auch eine Entscheidung des OLG Hamm, nach der sich ein Fahrer bei Überschreiten der Höchstgeschwindigkeit nicht auf einen defekten Tempomaten berufen kann.[196]

Die Rechtsprechung bestätigt damit die für viele als selbstverständlich betrachteten Grenzen menschlichen Vertrauens in die Technik.[197] Auf der anderen Seite muss sich der erwartete Komfortgewinn aber auch in einer sukzessiven Reduzierung menschlicher Sorgfaltspflichten widerspiegeln. Der Gesetzgeber stand deshalb vor der Aufgabe, das Komfortbedürfnis und sicherheitsrelevante Überwachungspflichten bestmöglich miteinander zu vereinbaren.

---

194 BGH, NJW 1977, 1238 (1238); *König,* in: Hentschel/König/Dauer, StVR, Einl. Rn. 139; bei der Beurteilung von grober Fahrlässigkeit gilt der objektive Sorgfaltsmaßstab allerdings nicht, hier kommt es insbesondere auch auf das subjektive Fehlverhalten des Betroffenen an, dazu BGH, NJW 2003, 1118 (1119); BGH, NJW 1997, 1012 (1013); BGH, NJW 1989, 1354 (1355).
195 AG München, NZV 2008, 35 (35).
196 OLG Hamm, VRS 111 (2006), 65 (66).
197 Vgl. *Martschuk,* NJW-Spezial 2008, 10 (11).

a. Das 8. StVG-Änderungsgesetz

Das achte Gesetz zur Änderung des Straßenverkehrsgesetzes vom 16.06.2017 sieht u. a. die gesetzliche Normierung der an Fahrer und System zu stellenden Verhaltensanforderungen vor. Zur rechtlichen Umklammerung der Stufen 3 und 4 des automatisierten Fahrens wurden dazu fünf neue Paragrafen in das StVG eingefügt, die die Regelungsfelder Zulassung, Fahrerhaftung und Datenschutz betreffen. Das autonome Fahren der Stufe 5 ist ausdrücklich nicht Gegenstand des Änderungsgesetzes.[198] Seit seiner Verabschiedung (und teilweise auch schon vorher) sieht sich das Gesetz allerdings deutlicher Kritik bezüglich seines Umfangs und seiner Bestimmtheit ausgesetzt.[199] Ausgehend von den Anfängen des Gesetzesentwurfes soll dieser Kritik nachgegangen und untersucht werden, inwieweit die neuen Regelungen der vom Staat selbstauferlegten Vorreiterrolle bei der Mobilität 4.0[200] gerecht werden können.

aa. Gesetzgebungsverfahren

Bevor eine Änderung des StVG beschlossen werden konnte, musste auf europäischer Ebene das Wiener Übereinkommen (WÜ) über den Straßenverkehr von 1968 entsprechend angepasst werden. Das Wiener Übereinkommen ist ein völkerrechtlicher Vertrag zur Harmonisierung des internationalen Straßenverkehrs, der von der Bundesrepublik 1979 ratifiziert wurde und seither Grundlage vieler verkehrsrechtlicher Regelungen ist.[201] Den 2016 vorgenommenen Änderungen von Art. 8 und Art. 39 des Wiener Übereinkommens hat der Bundestag im September 2016 zugestimmt.[202] Damit war der Weg frei für neue nationale Regelungen.

Den ursprünglich vom Ministerium für Verkehr und Infrastruktur vorgelegten Gesetzesentwurf zur Änderung des Straßenverkehrsgesetzes seg-

---

198 *Rimkus*, Rede im Bundestag am 30.03.17, BT-Plenarprotokoll 18/228, 22919 D; *Laws/Lohmeyer/Vinke*, in: Freymann/Wellner, jurisPK-StVR, § 1a StVG Rn. 32.

199 So bezeichnet *Schirmer* die Novelle etwa als „Montagsstück", NZV 2017 253 (253); *Lüdemann/Sutter/Vogelpohl* halten sie für „rechtlich bedenklich", NZV 2018, 411 (416); *Jungbluth* sieht den Sinn und Zweck von hoch- und vollautomatisierten Fahrfunktion konterkariert, in: 56. Deutscher Verkehrsgerichtstag, S. 31.

200 So die Bundesregierung, Klare Ethik-Regeln für Fahrcomputer, https://www.bundesregierung.de/Content/DE/Artikel/2017/08/2017-08-23-ethik-kommission-regeln-fahrcomputer.html.

201 *Hammer*, Automatisierte Steuerung im Straßenverkehr, S. 32.

202 BT-Dr. 18/9780.

nete die Bundesregierung am 27.01.2017 ab.[203] Am 20.02.2017 wurde der Entwurf dann durch die Bundesregierung direkt dem Bundestag vorgelegt.[204] Der Bundesrat wurde wegen „besonderer Eilbedürftigkeit" nicht angehört (Art. 76 II S. 4 GG).[205] Begründet wurde die Eilbedürftigkeit mit dem dringenden Bedürfnis nach Rechtssicherheit aufgrund der bereits auf dem Markt verfügbaren technischen Systeme.[206] Der Bundestag kritisierte in einer Stellungnahme vom 10.03.2017 das Fehlen klarer Regelungen und das Abwälzen bestehender Risiken auf den Fahrzeugführer.[207] Erforderlich sei daher eine grundlegende Überarbeitung des Gesetzesentwurfes.[208] Daraufhin überwies der Bundestag den Gesetzesentwurf zur Beratung an den Ausschuss für Verkehr und digitale Infrastruktur, den Ausschuss für Recht und Verbraucherschutz und den Ausschuss Digitale Agenda.[209] Es erfolgten nunmehr eher geringfügige Änderungen hinsichtlich Datenschutz- und Straßenverkehrsrecht.[210] Am 30.03.2017 wurde das Änderungsgesetz schließlich gegen die Stimmen der Oppositionsfraktionen nach einer 38-minütigen Diskussion im Bundestag angenommen.[211] Der Bundesrat stimmte am 12.05.2017 zu.[212] Nach Unterzeichnung durch den Bundespräsidenten trat das 8. StVG-Änderungsgesetz gem. Art. 2 des Gesetzes am 21.06.2017 in Kraft.

Damit ist vom ersten Entwurf Mitte 2016 bis zum Inkrafttreten lediglich ein Jahr vergangen, was angesichts der Tragweite der neuen Vorschriften teilweise als übereilt angesehen wird.[213] Eine nicht unwesentliche Rolle dürfte dabei das Ende der Legislaturperiode des 18. Deutschen Bundestages am 24.10.2017[214] gespielt haben.

---

203 *Meyer-Seitz*, in: 56. Deutscher Verkehrsgerichtstag, S. 59.
204 BT-Dr. 18/11300.
205 Begleitschreiben der Bundeskanzlerin an die Präsidentin des Bundesrates, BR-Dr. 69/17.
206 Begleitschreiben der Bundeskanzlerin an die Präsidentin des Bundesrates, BR-Dr. 69/17.
207 BR-Dr. 69/17, S. 3.
208 BR-Dr. 69/17, S. 3.
209 BT-Dr. 18/11776, S. 5.
210 BT-Dr. 18/11776, S. 2 ff.; vgl. *Meyer-Seitz*, in: 56. Deutscher Verkehrsgerichtstag, S. 60.
211 BT-Plenarprotokoll 18/228, 22914 A, 22921 D.
212 BR-Plenarprotokoll 957, 233 D.
213 *Schirmer*, NZV 2017, 253 (254); *Reck*, ZD-Aktuell, 04271; Spiegel online, Dobrindts Schnellschuss, https://www.spiegel.de/auto/aktuell/alexander-dobrindt-kritik-an-gesetzentwurf-fuer-selbstfahrende-autos-a-1138153.html.
214 Deutscher Bundestag, Wahl zum 19. Deutschen Bundestag, https://www.bundestag.de/dokumente/textarchiv/2018/kw52-jahresrueckblick-534894.

bb. Anwendbarkeit der §§ 1a, 1b StVG

Haftungsrechtliche Bedeutung haben insbesondere die §§ 1a, 1b StVG, die allerdings nicht den Betrieb von automatisierten Fahrzeugen per se regeln. Erforderlich ist vielmehr, dass das System auch tatsächlich verwendet wird.[215] Die Fahrfunktionen müssen dabei zwingend dem Anforderungskatalog des § 1a II S. 1 StVG entsprechen. Zusätzlich muss der Hersteller gem. § 1a II S. 2 StVG erklären, dass das von ihm in den Verkehr gebrachte Fahrzeug diesen Anforderungen Genüge tut. Für die Anwendbarkeit der §§ 1a, 1b StVG ist auch § 1a III StVG von essenzieller Bedeutung. Nach § 1a III Var. 1 StVG muss das Fahrzeug – selbstverständlich – zunächst nach § 1 I StVG zugelassen sein.[216] Zudem müssen die Fahrfunktionen entweder in internationalen Vorschriften beschrieben sein und diesen entsprechen oder eine EG-Typengenehmigung nach Art. 20 der Rahmenrichtlinie 2007/46/EG ausgestellt sein. Liegt auch nur eine dieser Voraussetzungen nicht vor, so sind die §§ 1a, 1b StVG nicht anwendbar. Die Verhaltensanforderungen an den Fahrer richten sich dann wie gewohnt nach § 1 StVG mit dementsprechend erhöhten Sorgfaltspflichten.

cc. Keine Differenzierung der Automatisierungsstufen

Nach dem ausdrücklichen Willen des Gesetzgebers wurde regelungstechnisch nicht zwischen hochautomatisiertem Fahren der Stufe 3 und vollautomatisiertem Fahren der Stufe 4 unterschieden. Eine Differenzierung sei aufgrund des stetigen und kontinuierlichen Fortschritts „nicht notwendig und auch nicht zweckmäßig."[217] Gleichwohl bezieht sich der Gesetzgeber auf das oben beschriebene Stufenmodell,[218] was angesichts der technisch durchaus beachtlichen Unterscheidungen zwischen Stufe 3 und 4 einige Fragen aufwirft. Aufgrund fehlender Erfahrungswerte mit automatisierten Fahrzeugen ist es aber in Anbetracht der Verkehrssicherheit zu begrüßen, dass auch der Fahrer eines vollautomatisierten Fahrzeugs der Stufe 4 nicht von jeglichen Pflichten entbunden wird.[219]

---

215 BT-Dr. 18/11300, S. 20; *Will*, in: Dötsch/Koehl/Krenberger/Türpe, BeckOK StVR, § 1a StVG Rn. 42.

216 Im Gesetzgebungsverfahren wurde an dieser Klarstellung Kritik wegen Redundanz geübt, BT- Dr. 18/11534, S. 4.

217 BT-Dr. 18/11300, S. 21; ebenfalls *Laws/Lohmeyer/Vinke*, in: Freymann/Wellner, jurisPK-StVR, § 1a StVG Rn. 36.

218 BT-Dr. 18/11300, S. 13.

219 *Buck-Heeb/Dieckmann*, NZV 2019, 113 (116).

Eine Anpassung des Gesetzes kann erfolgen, wenn Systeme dieser Stufe tatsächlich existieren und sich bewährt haben.

dd. Fahrzeugführer

Im Vorfeld der Gesetzesänderung wurde auch immer wieder diskutiert, ob die sich auf dem Fahrersitz befindliche Person überhaupt noch als Fahrzeugführer zu qualifizieren ist.[220] Obgleich die Rechtsprechung mehrere Anforderungen an die Fahrereigenschaft stellt,[221] ist Fahrzeugführer zunächst einmal derjenige, der das Fahrzeug selbst unter eigener Allein- oder Mitverantwortung in Bewegung setzt, um es unter Handhabung essentieller technischer Vorrichtungen während der Fahrbewegung ganz oder wenigstens zum Teil durch den Verkehrsraum zu leiten.[222] Auch nach Art. 1 v) des WÜ ist Führer eines Kraftfahrzeuges derjenige, der es lenkt.

Weil gerade bei der Verwendung automatisierter Systeme offensichtlich nicht der Insasse das Fahrzeug „unter Handhabung technischer Vorrichtungen durch den Verkehrsraum leitet", betrachtete vor Inkrafttreten des Änderungsgesetzes die vorherrschende – aber keineswegs einhellige – Meinung diesen Insassen nicht mehr als Fahrzeugführer.[223] Der Gesetzgeber teilte diese Ansicht aus Opferschutzgründen nicht[224] und regelte die Fahrzeugführereigenschaft in hoch- und vollautomatisierten Fahrzeugen der Stufen 3 und 4 im neuen § 1a IV StVG. § 1a IV StVG hat dabei nicht den rechtlichen Charakter einer reinen Klarstellung, wie durch den

---

220 Etwa bei *Hötizsch/May*, in: Hilgendorf, Robotik im Kontext von Recht und Moral, S. 197; *v. Bodungen/Hoffmann*, NZV 2016, 449 (452); *Franke*, DAR 2016, 61 (63); *Fleck/Thomas*, NJOZ, 2015, 1393 (1395); *Müller-Hengstenberg/Kirn*, Rechtliche Risiken autonomer und vernetzter Systeme, S. 331; *Singler*, Freilaw 1/2017, S. 16; *Buck-Heeb/Dieckmann*, in: Oppermann/Stender-Vorwachs, Autonomes Fahren, 1. Auflage, S. 63.
221 Siehe dazu unter § 6 A. I.
222 BGH NJW 1990, 1245 (1245); BGH NJW 1962, 2069 (2069); *König*, in: Hentschel/König/Dauer, StVR, § 316 StGB Rn. 3; *Hecker*, in: Schönke/Schröder, StGB, § 316 Rn. 19.
223 *Hötizsch/May*, in: Hilgendorf, Robotik im Kontext von Recht und Moral, S. 197; *v. Bodungen/Hoffmann*, NZV 2016, 449 (452); *May*, in: 53. Deutscher Verkehrsgerichtstag, S. 95; *Nehm*, in: 56. Deutscher Verkehrsgerichtstag, S. XIX; *Franke*, DAR 2016, 61 (63); *Fleck/Thomas*, NJOZ, 2015, 1393 (1395); *Müller-Hengstenberg/Kirn*, Rechtliche Risiken autonomer und vernetzter Systeme, S. 331; *Singler*, Freilaw 1/2017, S. 16; a. A. *Buck-Heeb/Dieckmann*, in: Oppermann/Stender-Vorwachs, Autonomes Fahren, 1. Auflage, S. 63; *Schrader*, NJW 2015, 3537 (3542); Verbraucherzentrale Bundesverband e. V., Rechtssicher fahren mit automatisierten Fahrzeugen, S. 6; wohl auch *Jänich/Schrader/Reck*, NZV 2015, 313 (316); *Koch*, VersR 2018, 901 (909); *Bewersdorf*, Zulassung und Haftung bei Fahrerassistenzsystemen im Straßenverkehr, S. 106.
224 BT-Dr. 18/11300, S. 14.

Gesetzgeber formuliert,[225] sondern stellt vielmehr eine Fiktion der Fahrzeugführereigenschaft dar.[226] Eine reine Klarstellung liegt deshalb nicht vor, weil der Insasse während des automatisierten Betriebs die definitionsgemäß erforderlichen Merkmale eines Fahrzeugführers gerade nicht mehr erfüllt. Die Rolle des Insassen eines automatisierten Fahrzeugs ist insofern gut vergleichbar mit der eines Fahrlehrers. Auch er greift solange nicht in die Steuerung ein, wie das Fahrzeug sicher geführt wird. Richtigerweise qualifiziert der BGH den Fahrlehrer in dieser Zeit gerade nicht als Fahrzeugführer, weil er nicht einmal einen Teil der wesentlichen Fahreinrichtungen bedient hat.[227] Allein der Umstand, dass es ihm möglich ist, jederzeit einzugreifen, reicht noch nicht aus.[228] Würde man die bloße Möglichkeit der Intervention ausreichen lassen,[229] dann müssten auch jeder beliebige Beifahrer und ggf. sogar alle anderen Insassen (Mit-) Fahrer sein. Die tatsächliche Gewalt über ein Fahrzeug kann nur derjenige innehaben, der auch ein ursächliches Verhalten für eine bestimmte Fahrbewegung setzt.

Der Insasse kann daher in tatsächlicher Hinsicht kein Fahrzeugführer sein. Will man ihn dennoch aus rechtspolitischen Erwägungen weiterhin nach § 18 I StVG haften lassen, dann muss die Fahrereigenschaft fingiert werden.[230] So ist es geschehen: Nach § 1a IV StVG bleibt derjenige Fahrzeugführer, der eine hoch- oder vollautomatisierte Fahrfunktion nutzt, obwohl er das Fahrzeug nicht mehr eigenhändig durch den Verkehr leitet.[231]

---

225 BT-Dr. 18/11300, S. 21; so auch *Will*, in Dötsch/Koehl/Krenberger/Türpe, BeckOK StVR, § 1a StVG Rn. 52; *Laws/Lohmeyer/Vinke*, in: Freymann/Wellner, jurisPK-StVR, § 1a StVG Rn. 41; *Buck-Heeb/Dieckmann*, NZV 2019, 113 (114); *dies.*, in: Oppermann/Stender-Vorwachs, Autonomes Fahren, 2. Auflage, S. 147.
226 *Berndt*, SVR 2017, 121 (124); *König*, in: Hentschel/König/Dauer, StVR, § 1a StVG Rn. 14; anders *Lange*, NZV 2017, 345 (349).
227 BGH, NJW 2015, 1124 (1125); kritisch dazu *Buck-Heeb/Dieckmann*, in: Oppermann/Stender-Vorwachs, Autonomes Fahren, 1. Auflage, S. 66.
228 BGH, NJW 2015, 1124 (1125); BGH, NJW 1959, 1883 (1883); OLG Dresden, NJW 2006, 1013 (1014).
229 So *Buck-Heeb/Dieckmann*, NZV 2019, 113 (114); *dies.*, in: Oppermann/Stender-Vorwachs, Autonomes Fahren, 2. Auflage, S. 148 f.
230 Interessant ist, dass auch die Fahrzeugführereigenschaft des Fahrlehrers fingiert wird, vgl. § 2 XV S. 2 StVG.
231 An dieser Stelle sei schon einmal angemerkt, dass damit keineswegs klargestellt ist, dass der Hersteller nicht zusätzlich auch als Fahrzeugführer in Betracht kommt, dazu unter § 6 A. I.

Der Anwendungsbereich des § 1a IV StVG ist nach seinem Wortlaut in zweifacher Hinsicht begrenzt: Erstens auf solche Fahrzeuge, die auch tatsächlich den technischen Anforderungen des § 1a II StVG genügen, andernfalls ist auf die „herkömmliche" Definition des Fahrzeugführers zurückzugreifen.[232] Das hat zur Folge, dass sich bei Nichtvorliegen der Voraussetzungen des § 1a II StVG die Sorgfaltsanforderungen an den Fahrer nicht nach § 1b StVG, sondern nach allgemeinen Grundsätzen richtet. Des Weiteren ist für die Anwendbarkeit von § 1a IV StVG die „bestimmungsgemäße Verwendung" des Systems erforderlich. Auch wenn ein Fahrzeug also alle technischen Voraussetzungen erfüllt, gelangen die §§ 1a, 1b StVG dann nicht zur Anwendung, wenn das System entgegen seinem Zweck verwendet wird. Es kommt bei bestimmungswidriger Verwendung dann zu einem gesetzlich nicht lösbaren Widerspruch.[233] Einerseits ist der Insasse nicht nach § 1 IV StVG Fahrzeugführer, weil er das System nicht ordnungsgemäß einsetzt. Andererseits ist er aber auch nicht nach allgemeinen Grundsätzen als Fahrzeugführer zu betrachten, weil er das Fahrzeug nicht eigenhändig durch den Verkehrsraum führt, sodass er nicht nach § 18 I StVG haftbar wäre. Im Ergebnis würde folglich nur derjenige haften, der das System bestimmungsgemäß einsetzt, was der Gesetzgeber so nicht gewollt haben kann. Es ist eine gesetzliche Ergänzung dahingehend erforderlich, dass derjenige, der das System zweckwidrig nutzt, wie ein Fahrzeugführer ohne hoch- oder vollautomatisierte Fahrfunktionen zu behandeln ist.

ee. Neue Rechte und Pflichten des Fahrzeugführers

Wie die amtliche Überschrift von § 1b StVG bereits offenlegt, richten sich an den Fahrer automatisierter Fahrzeuge einerseits neue Rechte während der Fahrt, anderseits aber auch besondere Verhaltensanforderungen, die im Allgemeinen als „Übernahme- und Überwachungspflichten" bezeichnet werden können. § 1b I StVG berechtigt den Fahrer nunmehr dazu, sich während der Nutzung von automatisierten Fahrfunktionen „vom Verkehrsgeschehen und der Fahrzeugsteuerung abzuwenden". Dabei muss er aber derart wahrnehmungsbereit bleiben, dass er seinen Pflichten nach § 1b II StVG jederzeit nachkommen kann. § 1b II StVG verlangt vom Fahrer, die Fahrzeugsteuerung „unverzüglich wieder zu übernehmen, wenn ihn das System dazu auffordert oder wenn er erkennt oder auf Grund offensichtlicher Umstände erkennen muss, dass die Vor-

---

232 *König*, in: Hentschel/König/Dauer, StVR, § 1a StVG Rn. 14.
233 Vgl. *König*, in: Hentschel/König/Dauer, StVR, § 1a StVG Rn. 15.

aussetzungen für eine bestimmungsgemäße Verwendung der hoch- oder vollautomatisierten Fahrfunktionen nicht mehr vorliegen." Der Pflichtenkatalog aus § 1b II StVG stellt damit eine Konkretisierung der Pflicht zur Wahrnehmungsbereitschaft aus § 1b I StVG dar.

aaa. Die bestimmungsgemäße Verwendung

Grundvoraussetzung der Abwendungsbefugnis ist die bestimmungsgemäße Verwendung des hoch- oder vollautomatisierten Systems (§ 1a I StVG). So darf ein für die Autobahn konzipierter Staupilot nicht auf der Landstraße oder in der Stadt eingesetzt werden.[234] Sinn und Zweck der Vorschrift ist es, den aus einer Zweckentfremdung entstehenden Gefahren entgegenzuwirken.[235]

Für den Fahrer ergibt sich daraus die Pflicht, das System nur dann zu aktivieren, wenn ihm die entsprechende Systembeschreibung vertraut ist und der Einsatz des Systems in der jeweiligen Situation im Rahmen der Funktionsgrenzen liegt.[236] Durch den Wortlaut der Norm und ihre systematische Stellung als Ergänzung zu § 1 StVG könnte der Eindruck entstehen, das automatisierte Fahrzeug könnte seine straßenverkehrsrechtliche Zulassung verlieren, wenn es nicht entsprechend der Funktionsbeschreibung verwendet wird.[237] Gemeint sein dürfte vielmehr, dass sich die Verantwortlichkeit des Fahrers bei systemwidriger Verwendung nicht nach § 1b StVG, sondern nach allgemeinen Regeln richtet.

Die Systembeschreibung selbst ist Angelegenheit des Herstellers und soll dem Nutzer „unmissverständlich" über die Systemfunktionen und den Grad der Automatisierung Auskunft geben.[238] Man könnte kritisch anmerken, dass der Hersteller dadurch „stellvertretend" für den Gesetzgeber die Zulässigkeit automatisierter Systeme bestimmt.[239] Ganz so erheblich dürfte der Einfluss des Herstellers allerdings nicht sein. Zum

---

234 Vgl. BT-Dr. 18/11300, S. 20.

235 *Will*, in: Dötsch/Koehl/Krenberger/Türpe, BeckOK StVR, § 1a StVG Rn. 6.

236 Vgl. *Wagner/Goeble*, ZD 2017, 263 (265); *Lüdemann/Sutter/Vogelpohl*, NZV 2018, 411 (412); *Laws/Lohmeyer/Vinke*, in: Freymann/Wellner, jurisPK-StVR, § 1b StVG Rn. 39; *Buck-Heeb/Dieckmann*, NZV 2019, 113 (116).

237 So die Verbraucherzentrale Bundesverband e. V., Rechtssicher fahren mit automatisierten Fahrzeugen, S. 9.

238 BT-Dr. 18/11300, S. 20.

239 Teilweise wird hier sogar von einem „Ersatzgesetzgeber" gesprochen, *Grützmacher*, Drum prüfe, was der Hersteller findet, https://www.lto.de/recht/hintergruende/h/autonomes-fahren-gesetzentwurf-haftung-fahrer-hersteller/; vgl. auch *König*, NZV 2017, 123 (125); *Kütük-Markendorf*, CR 2017, 349 (351); *Lüdemann/Sutter/Vogelpohl*, NZV 2018, 411 (412); *Wagner/Goeble*, ZD 2017, 263 (265).

einen gibt der Gesetzgeber in § 1a II StVG verbindliche Mindestfunktionalitäten vor, die für den Hersteller nicht disponibel sind.[240] Zum anderen gibt es nach wie vor eine behördliche Zulassung, durch die dann eine Legitimierung der vom Hersteller gelieferten Systembeschreibung erfolgt.[241] Auch die Gefahr einer eher restriktiven Systembeschreibung zur Haftungsprävention seitens der Hersteller ist nicht allzu hoch.[242] Der Hersteller dürfte kein Interesse an der Beschränkung des eigenen Systems haben, schließlich greift der Kunde zu dem System, das seiner Ansicht nach den größten Mehrwert bietet. Eine „defensive" Systembeschreibung würde schnell auffallen und zum Fallstrick für den Hersteller werden, gerade auch im Hinblick auf den wachsenden Konkurrenzkampf mit Technologiekonzernen und die daraus zu erwartende offensive Vermarktung mit dementsprechenden Werbeversprechen, die dann auch einen Teil der Systembeschreibung darstellen.[243] Es erscheint daher zulässig, den Umfang der bestimmungsgemäßen Verwendung dem Hersteller zu überlassen.

Dagegen dürfte es zu Problemen führen, dass jeder Hersteller seine eigenen, ganz individuellen Systeme auf den Markt bringt und auf den Fahrer somit eine erhebliche Informationspflicht zukommt.[244] Vielfach wird daher gefordert, die bestimmungsgemäße Verwendung gesetzlich zu definieren.[245] Wie eine solche Definition aber konkret ausgestaltet sein soll, ist äußerst fraglich. Dem Gesetzgeber ist es schon vom technischen Kenntnisstand her unmöglich, die Spezifikationen der verschiedenen Systeme zu überblicken. Hinzukommt, dass gerade der Gesetzgeber in der Pflicht steht, Gesetze so verständlich wie möglich zu formulieren. Was aktuell von den Herstellern verlangt wird, würde erst recht für eine gesetzliche Definition gelten. Die Frage ist also, ob der Hersteller oder der Gesetzgeber eher in der Lage ist, eine hochkomplexe Technologie „unmissverständlich" zu erläutern. Es erscheint richtig, den Hersteller

---

240 *König*, in: Hentschel/König/Dauer, StVR, § 1a StVG Rn. 8; *v. Bodungen/Hoffmann*, NZV 2018, 97 (101).
241 *Ruttloff/Freytag*, CB 2017, 333 (337).
242 So aber *Kütük-Markendorf*, CR 2017, 349 (351); *v. Bodungen/Hoffmann*, NZV 2018, 97 (100).
243 Vgl. Verbraucherzentrale Bundesverband e. V., Rechtssicher fahren mit automatisierten Fahrzeugen, S. 9.
244 *Wolfers*, RAW 2018, 94 (97); *ders.*, RAW 2017, 86 (88).
245 So schon der Bundesrat, BT-Dr. 18/11534, S. 3; später auch Verbraucherzentrale Bundesverband e. V., Rechtssicher fahren mit automatisierten Fahrzeugen, S. 9; *Lüdemann/Sutter/Vogelpohl*, NZV 2018, 411 (412); *Jungbluth*, in: 56. Deutscher Verkehrsgerichtstag, S. 32.

mit dieser Aufgabe zu betrauen, schließlich wird dieser den Funktionsumfang des eigenen Werkes am besten beurteilen können.[246] Nicht zu unterschätzen ist außerdem die Flexibilität, die mit einer gesetzlichen Definition nicht hätte erreicht werden können. Über die stetig wachsenden Funktionalitäten der Systeme können die Hersteller über ihre Systembeschreibung wesentlich schneller informieren als der Gesetzgeber über eine Gesetzesänderung.[247] Hier kommt auch zum Tragen, dass sowohl das hoch- als auch das vollautomatisierte Fahren in einem Zug geregelt wurden. Aufgrund der technischen Unterschiede wird sich kaum eine allgemeingültige Definition finden lassen, die den bestimmungsgemäßen Gebrauch für beide Stufen gleichermaßen bestimmt.[248] So ist ein System der Stufe 4 ausweislich der Definition der Bundesanstalt für Straßenwesen dazu in der Lage, das Fahrzeug selbstständig in einen risikominimalen Zustand zu überführen,[249] was ein Fahrzeug der Stufe 3 eben noch nicht kann. Der bestimmungsgemäße Gebrauch wird sich zwischen den Stufen also erheblich unterscheiden.

Ein weiteres Problem ist der gesetzliche Widerspruch, der sich aus der bestimmungsgemäßen Verwendung nach § 1a I StVG und dem technischen Erfordernis der Einhaltung der Verkehrsvorschriften aus § 1a II S. 1 Nr. 2 StVG ergibt. Einerseits überträgt das Gesetz in § 1a I StVG die Bestimmung der Systemgrenzen (zu Recht) auf den Hersteller, andererseits muss das System nach § 1a II S. 1 Nr. 2 StVG den an die Fahrzeugführung gerichteten Verkehrsvorschriften entsprechen.[250] Fasst man diese Formulierung wörtlich auf, muss man zu dem Ergebnis gelangen, dass das System ausnahmslos alle straßenverkehrsrechtlichen Vorschriften einzuhalten hat.[251] Das wiederum wird gerade im Hinblick auf besondere Regelungen wie § 36 I StVO, der das Befolgen von polizeilichen Zeichen und Weisungen vorschreibt, aber kaum möglich sein. Der Hersteller kann diese indisponiblen Vorgaben nicht durch eine entsprechende System-

---

246 *Lüdemann/Sutter/Vogelpohl*, NZV 2018, 411 (412); *König*, NZV 2017, 123 (125); *Grützmacher*, Drum prüfe, was der Hersteller findet, https://www.lto.de/recht/hintergruende/h/autonomes-fahren-gesetzentwurf-haftung-fahrer-hersteller/; *Will*, in: Dötsch/Koehl/Krenberger/Türpe, BeckOK StVR, § 1a StVG Rn. 8.

247 Vgl. dazu BT-Dr. 18/11534, S. 14.

248 Vgl. *v. Bodungen/Hoffmann*, NZV 2018, 97 (99).

249 Bundesanstalt für Straßenwesen, Rechtsfolgen zunehmender Fahrzeugautomatisierung, https://www.bast.de/BASt_2017/DE/Publikationen/Foko/2013-2012/2012-11.html.

250 Gelungen ist die Formulierung, den Verkehrsvorschriften „zu entsprechen", dazu terminologisch *Meyer*, ZRP 2018, 233 (236).

251 Vgl. *Laws/Lohmeyer/Vinke*, in: Freymann/Wellner, jurisPK-StVR, § 1a StVG Rn. 34 f.; *Hilgendorf*, RAW 2018, 85 (86); *Lange*, NZV 2017, 345 (349).

beschreibung korrigieren und die automatisierte Fahrt wäre demzufolge unzulässig, weil das System die technischen Voraussetzungen des § 1a II StVG nicht erfüllt.[252] Eine derartig hohe gesetzliche Hürde kann vom Gesetzgeber so nicht beabsichtigt gewesen sein.[253] § 1a II S. 1 Nr. 2 StVG kann sich nur auf diejenigen Verkehrsvorschriften beziehen, die innerhalb der bestimmungsgemäßen Verwendung auch erkannt werden können. Ist das nicht der Fall, hat das lediglich zur Folge, dass in der spezifischen Situation eine Übernahmesituation vorliegt, nicht aber, dass das Fahren mittels des Systems gänzlich unzulässig ist.[254]

Insgesamt haben das viel diskutierte Erfordernis der bestimmungsgemäßen Verwendung und der damit implizierte Verweis auf die Herstellervorgaben ihre Berechtigung und sind unserem Rechtssystem auch nicht völlig neu.[255] Wünschenswert wäre allerdings, in § 1a II S. 1 Nr. 2 StVG noch einmal darauf hinzuweisen, dass die Verkehrsvorschriften durch das System nur insoweit einzuhalten sind, wie es nach der Art seiner Verwendung in der Lage ist.

bbb. Das Recht zur Abwendung

Der Gesetzgeber versteht die Befugnis zur Nichtbeachtung des Verkehrsgeschehens gem. § 1b I StVG als reine klarstellende Regelung.[256] In der Tat ergibt sich das Recht zur Abwendung bereits durch den Umkehrschluss aus der in § 1b II StVG formulierten Verpflichtung, die Steuerung unverzüglich wieder übernehmen zu können. Gleichzeitig schließt § 1b II StVG allerdings das Abwendungsrecht hinsichtlich bestimmter Tätigkeiten von vornherein aus.[257] So ist es nach wie vor nicht zulässig, zu schlafen oder den Fahrersitz zu verlassen.[258] Nach der gesetzgeberischen Intention soll es aber nunmehr möglich sein, „die Hände vom Lenkrad zu

---

252 *V. Bodungen/Hoffmann*, NZV 2018, 97 (100); vgl. *Hilgendorf*, KriPoZ 2017, 225 (226).
253 Die Gesetzesbegründung gibt diesbezüglich keinen Aufschluss, vgl. BT-Dr. 18/11300, S. 21.
254 So auch *Wolfers*, RAW 2018, 94 (96); *ders.*, RAW 2017, 86 (89).
255 So wird das „Ingebrauchnehmen" eines Fahrzeugs i. S. d. § 248b StGB definiert als die „bestimmungsgemäße Benutzung als Fortbewegungsmittel"; s. *Hilgendorf*, KriPoZ 2017, 225 (225).
256 BT-Dr. 18/11776, S. 10; in der ersten Fassung des § 1b StVG war dieser Absatz noch nicht enthalten und wurde erst später hinzugefügt, vgl. *Küttük-Markendorf*, CR 2017, 349 (350).
257 *Will*, in: Dötsch/Koehl/Krenberger/Türpe, BeckOK StVR, § 1b StVG Rn. 16.
258 *Stöber/Pieronczyk/Möller*, DAR 2020, 609 (611); *Jungbluth*, in: 56. Deutscher Verkehrsgerichtstag, S. 33; *Laws/Lohmeyer/Vinke*, in: Freymann/Wellner, jurisPK-StVR, § 1b StVG Rn. 46; schon vor Inkrafttreten des § 1b StVG *Buck-Heeb/Dieckmann*, in: Oppermann/Stender-Vorwachs, Autonomes Fahren, 1. Auflage, S. 73; vgl. *Franke*, Rechtsprobleme des automatisierten Fahrens, S. 62 f.

nehmen, den Blick von der Straße zu wenden oder E-Mails am Infotainmentsystem zu bearbeiten."[259] Abseits der Gesetzesbegründung lässt der Wortlaut der Norm jedoch noch viele Fragen offen. Die Unbestimmtheit des Tatbestandes führt zwangsläufig zu einem rechtlichen Graubereich von Tätigkeiten, die die Aufmerksamkeit des Fahrers zumindest zum Teil beanspruchen und einschränken. *Schirmer* verweist hier etwa auf das Schauen von Videos oder das Surfen im Internet.[260] Vor allem die Nutzung von elektronischen Geräten – allen voran des Mobiltelefons – steht in der Diskussion, weil § 1b I StVG in offensichtlicher Diskrepanz zum „Handheldverbot" des § 23 Ia StVO steht. So empfahl etwa der 56. Deutsche Verkehrsgerichtstag 2018 die gesetzliche Klarstellung, dass der § 23 Ia StVO bei der Nutzung automatisierter Fahrfunktionen nicht zur Geltung kommen soll.[261] § 23 Ia S. 5 StVO stellt allerdings bereits klar, dass § 1b StVG unberührt bleibt.[262] Da § 1b I StVG keine konkreten Tätigkeiten erlaubt oder für unzulässig erklärt, können die Regelbeispiele des § 23 Ia StVO schon wegen mangelnder Bestimmtheit des § 1b StVG nach Art. 103 II GG nicht auch als Nutzungsverbote während der automatisierten Fahrt betrachtet werden.[263] Eine Aufrechterhaltung des § 23 Ia StVG auch während des automatisierten Betriebs würde zudem den Sinn und Zweck des § 1b StVG unterlaufen, der ja gerade das Ausüben bestimmter (fahrfremder) Tätigkeiten ermöglichen soll.[264] Schon nach derzeitiger Gesetzeslage ist es dem Fahrer somit gestattet, elektronische Geräte während der automatisierten Fahrt zu benutzen.[265]

Damit ist in Sachen Rechtssicherheit allerdings noch nicht viel gewonnen, weil die eigentliche Schwierigkeit darin besteht zu beurteilen, in welchem Umfang diese Geräte genutzt werden dürfen. Aus diesem Grund ist es auch nicht sinnvoll, einen gesetzlich festgelegten Verhaltenska-

---

259 BT-Dr. 18/11776, S. 10.
260 *Schirmer*, NZV 2017, 253 (255).
261 Empfehlungen des 56. Deutschen Verkehrsgerichtstages, in: 56. Deutscher Verkehrsgerichtstag, S. XII.
262 BR-Dr. 556/17, S. 4; *Will*, in: Dötsch/Koehl/Krenberger/Türpe, BeckOK StVR, § 1b StVG Rn. 13; *Laws/Lohmeyer/Vinke*, in: Freymann/Wellner, jurisPK-StVR, § 1b StVG Rn. 55.
263 Vgl. *König*, in: Hentschel/König/Dauer, StVR, § 1b StVG Rn. 17; *Eckel*, NZV 2019, 336 (338).
264 Vgl. *Eggert*, in: Freymann/Wellner, jurisPK-StVR, § 23 StVO Rn. 36.
265 Dies war auch das gesetzgeberische Ziel, BR-Dr. 556/17, S. 4; ebenso *Will*, in: Dötsch/Koehl/Krenberger/Türpe, BeckOK StVR, § 1b StVG Rn. 13; *Schenke*, in: Dötsch/Koehl/Krenberger/Türpe, BeckOK StVR, § 23 StVO Rn. 32; *König*, in: Hentschel/König/Dauer, StVR, § 1b StVG Rn. 4; *Hey*, Die außervertragliche Haftung des Herstellers autonomer Fahrzeuge bei Unfällen im Straßenverkehr, S. 26; *Eckel*, NZV 2019, 336 (338); *Hilgendorf*, KriPoZ 2017, 225 (228); *Buck-Heeb/Dieckmann*, NZV 2019, 113 (117).

talog zu schaffen, der konkrete Tätigkeiten für zulässig oder unzulässig erklärt.[266] In sehr weiten Grenzen („schlafen") ist nämlich jede Tätigkeit gestattet, solange alle gesetzlichen Voraussetzungen erfüllt sind. Relevant sind vielmehr die Intensität der Ablenkung und die damit verbundenen geistigen Beeinträchtigungen des Fahrers. Diese Frage ist dem Straßenverkehrsrecht keineswegs neu. So ist auch das Tragen von Kopfhörern während der Fahrt grundsätzlich gestattet, jedoch nur solange, wie die Nutzung nicht zu Gehörbeeinträchtigungen führt, aufgrund derer der Fahrer nicht mehr in der Lage ist, akustische Eindrücke aus dem Verkehrsumfeld wahrzunehmen.[267]

ccc. Wahrnehmungsbereitschaft

Ebendiese „jederzeitige" Wahrnehmungsbereitschaft findet sich nun auch in § 1b I StVG wieder und ist ausschlaggebend für die Zulässigkeit jeglicher Nebentätigkeiten. Durch die sinngemäße und systematisch unmittelbare Verknüpfung zur Abwendungsbefugnis stellen sich bei der Frage nach konkreten Verhaltensregeln ähnliche Probleme. Rein wörtlich bietet die Wahrnehmungsbereitschaft sogar eher noch weniger Präzision als das Abwenden, weshalb die Pflicht zur Wahrnehmungsbereitschaft aus § 1b I StVG für sich genommen nur deklaratorische Wirkung entfaltet. Greifbar wird die Verpflichtung erst durch die in § 1b II StVG erfolgte Präzisierung der Wahrnehmungsbereitschaft als Übernahmeverpflichtung bei Überschreiten der Systemgrenzen.

ddd. Die unverzügliche Übernahme

Der Fahrer muss gem. § 1b II StVG derart wahrnehmungsbereit bleiben, dass er die Fahrzeugsteuerung „unverzüglich" wieder übernehmen kann. Entscheidend ist also die Reaktionsfähigkeit des Fahrers in zeitlicher Hinsicht. Nach der Legaldefinition des § 121 I S. 1 BGB ist „unverzüglich" zu verstehen als „ohne schuldhaftes Zögern",[268] wobei nach der Rechtsprechung des BGH eine nach den Umständen des Einzelfalls zu bemessende Prüfungs- und Überlegungszeit einzuräumen ist.[269] Ob diese für Willenserklärungen entwickelten Grundsätze auf die Übernahme der Fahrzeugsteuerung uneingeschränkt übertragbar sind, erscheint zweifelhaft. Der

---

266 So aber die Forderung des Bundesrat, BT-Dr. 18/11534, S. 4.
267 Dazu *Rebler*, SVR 2016, 102 (103).
268 Die Rechtsprechung weitet die Legaldefinition des § 121 I S. 1 BGB auf das gesamte BGB und sogar darüber hinaus aus, so etwa BAG, NZA 2013, 507 (507); BGH NJW-RR 1994, 1108 (1108).
269 BGH NJW 2008, 985 (986); BGH NJW 2005, 1869 (1869); BGH NJW-RR 1994, 1108 (1108).

Gesetzgeber jedenfalls scheint keine Bedenken zu haben; er betont sogar, dass „unverzüglich" ein feststehender Begriff sei.[270]

Auf eine reale Überlegungsfrist sollte im Sinne der Sicherheit des Straßenverkehrs verzichtet werden,[271] zumal der Fahrer anders als bei Willenserklärungen keine echte Handlungsalternative hat. Zwar kann ein sofortiges Handeln des Fahrers nicht verlangt werden,[272] er muss jedoch so schnell reagieren können, wie es ihm in der konkreten Situation möglich und zumutbar ist.[273] Welche Reaktionszeit „möglich und zumutbar" ist, hängt in erster Linie von der während der Fahrt ausgeübten Tätigkeit ab und ist eine verkehrspsychologische Frage.[274]

Dazu muss geklärt werden, was eigentlich unter der „Übernahme der Fahrzeugsteuerung" zu verstehen ist. Es macht schließlich einen großen Unterschied, ob damit lediglich das Ergreifen des Lenkrades und das Betätigen der Pedale gemeint ist oder ob zusätzlich auch das Erfassen der gegenwärtigen Verkehrssituation erforderlich ist.[275] Die Zeit bis zum Ergreifen des Lenkrades hinge nur von der menschlichen Reaktionszeit auf taktile, akustische und visuelle Reize ab. Abhängig von der Art des Reizes ist der Mensch in der Lage, in 130 bis 180 msec. auf einen einfachen Reiz zu reagieren.[276] Darauf allein kann aber kaum abgestellt werden; zur Bewältigung der Fahraufgabe muss sich der Fahrer zwangsläufig ein Bild der Verkehrssituation machen, um überhaupt einschätzen zu können, mit welchem Verhalten er auf die Übernahmeaufforderung reagieren soll. Die Übernahme der Fahrzeugsteuerung umfasst demzufolge die Zeit von der Wahrnehmung des Reizes bis zur vollständigen visuellen und kognitiven Erfassung der Lage.[277] Verschiedene nationale und internationale Studien haben diesbezüglich gezeigt, dass die Reaktionszeit hier je nach Grad der geistigen Abwesenheit und Komplexität der Verkehrssituation

---

270 BT-Dr. 18/11534, S. 15.
271 So auch *Greger*, NZV 2018, 1 (2); *Stöber/Möller/Pieronczyk*, V+T 2019, 217 (218).
272 *Will*, in Dötsch/Koehl/Krenberger/Türpe, BeckOK StVR, § 1b StVG Rn. 20; *Ellenberger*, in: Palandt BGB, § 121 BGB Rn. 3.
273 *König*, NZV 2017, 123 (125); *Grünvogel*, MDR 2017, 973 (974); *v. Bodungen/Hoffmann*, NZV 2018, 97 (101).
274 *Lüdemann/Sutter/Vogelpohl*, NZV 2018, 411 (415).
275 Die Literatur scheint aus diesem Grund teilweise aneinander vorbei zu diskutieren.
276 Spektrum, https://www.spektrum.de/lexikon/psychologie/reaktionszeit/12540.
277 Anders der Bundesrat, der in seiner Stellungnahme zum Gesetzesentwurf allein auf die Adaptions- oder Reaktionsgeschwindigkeit des Menschen abstellt, BT-Dr. 18/11534, S. 4.

bis zu 30 Sekunden betragen kann.[278] Haben sich automatisierte Fahrfunktionen in Zukunft etabliert, kann sich dieses Zeitfenster sogar noch weiter erhöhen, weil das blinde Vertrauen in die Technik nach und nach zu einem Verlust der manuellen und kognitiven Fähigkeiten führen kann und sich das Situationsbewusstsein des Menschen im Straßenverkehr merklich verschlechtert.[279]

Eine pauschale Festlegung einer Übernahmezeit macht jedenfalls keinen Sinn.[280] Bei der Auslegung des Merkmals „unverzüglich" sind letztendlich die Umstände des Einzelfalls wie Geschwindigkeit, Wetter oder Verkehrsaufkommen maßgebend.[281] Es ist dann eine Wertungsfrage, ob die vom Fahrer ausgeübte Tätigkeit noch mit den jeweiligen Verkehrs- und Wetterverhältnissen vereinbar ist. Jedenfalls reduziert sich die zulässige Intensität anderweitiger Beschäftigungen, je größer die Gefahr ist, die notwendige Fahraufgabe bei einer Übernahmesituation nicht mehr rechtzeitig einleiten zu können.[282]

(1) Bei Systemaufforderung

Der Übernahme der Fahrzeugsteuerung vorgelagert ist das gem. § 1a II S. 1 Nr. 5 StVG erforderliche optische, akustische, taktile oder sonst wahrnehmbare Warnsignal des Systems. Auch hier ist ungeklärt, mit welcher Vorlaufzeit das System dem Fahrer das Erreichen der Systemgrenzen mitteilen muss. In Anbetracht der relativ hohen Einfindungszeit des Fahrers in die Verkehrssituation müsste diese Mitteilung bis zu 30 Sekunden im Voraus erfolgen. Um die Anforderungen an das System nicht zu überdehnen, sollte man allerdings davon ausgehen dürfen, dass der Fahrer sich ordnungsgemäß auf dem Fahrersitz befindet und auch reaktionsfähig ist, sich mithin rechtmäßig verhält und nicht etwa schläft.[283] Welche konkreten zeitlichen Vorgaben Einzug in unsere nationalen Gesetze und Rechtsverordnungen erhalten, hängt maßgeblich von interna-

---

278 Zu den einzelnen Untersuchungen *Breitinger*, 26 Sekunden, bis der Fahrer übernimmt, https://www.zeit.de/mobilitaet/2017-02/autonomes-fahren-auto-fahrer-reaktionszeit; *Damböck/Farid/Tönert/Bengler*, Übernahmezeiten beim hochautomatisierten Fahren; *Lüdemann/Sutter/Vogelpohl*, NZV 2018, 411 (415); eine Übersicht findet sich bei GDV, Übergabe von hochautomatisiertem Fahren zu manueller Steuerung, S. 35 ff.

279 *Wolf*, in: Maurer/Gerdes/Lenz/Winner, Autonomes Fahren, S. 105.

280 Vgl. *Lühmann*, Rede im Deutschen Bundestag am 30.03.2017, BT-Plenarprotokoll 18/228, 22917 B.

281 *Buck-Heeb/Dieckmann*, NZV 2019, 113 (117).

282 Vgl. *Buck-Heeb/Dieckmann*, in: Oppermann/Stender-Vorwachs, Autonomes Fahren, 2. Auflage, S. 159.

283 *Buck-Heeb/Dieckmann*, NZV 2019, 113 (118).

tionalen Vorschriften ab.[284] So sieht der Entwurf der UN/ECE-Regelung 79 vor, dass Systeme mit automatisierter Lenkfunktion („automatically commanded steering function") eine Vorwarnzeit von mindestens vier Sekunden einhalten müssen.[285] Mit Blick auf die entsprechenden Studien zur tatsächlichen, kognitiven Übernahme erscheint die Vorgabe der UN noch stark verbesserungswürdig.[286]

Inwieweit ein System in der Lage sein kann, die Einhaltung einer wie auch immer angesetzten Frist zu gewährleisten, ist ohnehin noch offen. Gerade im Straßenverkehr sind urplötzlich auftretende Gefahrensituationen keine Seltenheit; in diesen Fällen eine vorausschauende Systemwarnung zu erwarten, wenn das System mit der Situation nicht umgehen kann, wäre wohl überzogen. Damit verbunden ist auch die Gefahr, den Fahrer mit der Übernahme in kritischen Situationen zu überfordern.[287]

(2) Bei offensichtlichen Umständen

Daher ist es grundsätzlich zu begrüßen, dass der Gesetzgeber das Erkennen von Übernahmesituationen nicht allein dem System anvertraut. Gem. § 1b II Nr. 2 StVG steht der Fahrer in der Pflicht, die Steuerung zu übernehmen, wenn er erkennt oder aufgrund von offensichtlichen Umständen erkennen muss, dass die Voraussetzungen für eine bestimmungsgemäße Verwendung des Systems nicht mehr vorliegen. Der vom Gesetzgeber gewählte Wortlaut ist aber in zweierlei Hinsicht nicht eindeutig und deshalb diskussionswürdig:

Erstens ist die gewählte Formulierung mehr als ungünstig, wenn es heißt: „Der Fahrzeugführer ist verpflichtet, die Fahrzeugsteuerung unverzüglich wieder zu übernehmen, (…) wenn er aufgrund von offensichtlichen Umständen erkennen muss (…)." Wenn der Fahrer die Übernahmesituation rein tatsächlich nicht erkannt hat, dann kann er die Fahrzeugsteuerung auch nicht übernehmen; folglich wird vom Fahrer Unmögliches

---

284 Eine EG-Typengenehmigung wird gem. Art. 9 I a) der RL 2007/46/EG erteilt, wenn das Fahrzeug den Anforderungen der in Anhang IV aufgeführten Rechtsakte entspricht. Nach Nr. 5a des Anhangs IV ist die UN/ECE-Regelung Nr. 79 für Lenkanlagen von Fahrzeugen der Klasse M1 anzuwenden (PKW mit höchstens acht Sitzplätzen).

285 Proposal to amend R79, unter 5.6.1.4.2.1., https://wiki.unece.org/download/attach ments/29884732/ACSF-06-05 %20-%20 %28D %29 %20Proposal %20to %20amend %20 R79.pdf?api=v2.

286 Ähnlich auch *v. Bodungen/Hoffmann*, NZV 2018, 97 (102).

287 *Kühn*, Rede im Deutschen Bundestag, BT-Plenarprotokoll 18/228, 22918 B.

verlangt.[288] Der Gesetzgeber wollte wohl vielmehr verdeutlichen, dass dem Fahrer in § 1b II Nr. 2 Alt. 2 StVG auch das fahrlässige Nichterkennen einer Übernahmesituation zur Last gelegt wird („erkennen muss").[289] Erkennt der Fahrer Unregelmäßigkeiten im Fahrverhalten, muss er von sich aus reagieren können.[290] Um eine Haftung aus diesem Grund zu vermeiden, liegt durchaus die Schlussfolgerung nahe, dass sich der Fahrer in regelmäßigen Abständen der Funktionsfähigkeit des Systems und des Nicht-Vorliegens von offensichtlichen Umständen vergewissern muss.[291] Hier liegt einer der größten Schwachpunkte der neuen Regelung,[292] denn in dieser Form läuft sie dem Sinn und Zweck des automatisierten Fahrens und der sich daraus ergebenden Abwendungsbefugnis zuwider.[293] Es ist ja gerade wesentlicher Mehrwert der Technologie, sich im regulären Betrieb nicht ständig auf die Technik oder die äußere Umwelt konzentrieren zu müssen. Insbesondere bei Fahrzeugen der Stufe 4 ist laut Beschreibung der Bundesanstalt für Straßenwesen eine Überwachung durch den Fahrer eigentlich überhaupt nicht mehr vorgesehen, weil das System das Fahrzeug eigenständig in einen sicheren Zustand versetzen kann.[294]

Zweitens fällt die Verwendung des unbestimmten Tatbestandsmerkmals der „offensichtlichen Umstände" auf. Das Merkmal der „Offensichtlichkeit" deutet berechtigterweise auf hohe Anforderungen hin[295] und ist auf solche Umstände beschränkt, die der Fahrer trotz Abwendens vom

---

288 *König*, NZV 2017, 123 (125); ders., NZV 2017, 249 (251); *Lüdemann/Sutter/Vogelpohl*, NZV 2018, 411 (416); *Will*, in: Dötsch/Koehl/Krenberger/Türpe, BeckOK StVR, § 1b StVG Rn. 27.
289 *Laws/Lohmeyer/Vinke*, in: Freymann/Wellner, jurisPK-StVR, § 1b StVG Rn. 43.
290 BR-Dr. 69/17, S. 16.
291 Dieser Ansicht sind *Berndt*, SVR 2017, 121 (125); *Wolfers*, RAW 2017, 86 (88); *Buck-Heeb/Dieckmann*, NZV 2019, 113 (119); *Jungbluth*, in: 56. Deutscher Verkehrsgerichtstag, S. 33; *Meyer-Seitz*, in: 56. Deutscher Verkehrsgerichtstag, S. 62; *Armbrüster*, ZRP 2017, 83 (83); wohl auch GDV, Stellungnahme zum Entwurf des Gesetzes zur Änderung des Straßenverkehrsgesetzes, S. 8 f.; *Stöber/Möller/Pieronczyk*, V+T 2019, 217 (219).
292 *Greger* bezeichnet die Formulierung zutreffend als Achillesferse des automatisierten Fahrens, NZV 2018, 1 (3).
293 Vgl. *Kütük-Markendorf*, CR 2017, 349 (353); *Schirmer*, NZV 2017, 253 (255); *Hey*, Die außervertragliche Haftung des Herstellers autonomer Fahrzeuge bei Unfällen im Straßenverkehr, S. 26; Verbraucherzentrale Bundesverband e. V., Rechtssicher fahren mit automatisierten Fahrzeugen, S. 12.
294 Bundesanstalt für Straßenwesen, https://www.bast.de/BASt_2017/DE/Publikationen/Foko/2013-2012/2012-11.html; so auch *Jungbluth*, in: 56. Deutscher Verkehrsgerichtstag, S. 34.
295 *Wagner/Goeble*, ZD 2017, 263 (265); *König*, in: Hentschel/König/Dauer, StVG, § 1b StVG Rn. 9.

System als Systemversagen erkennen kann.[296] Durch diese Auslegung wird auch der oben angesprochene Widerspruch zwischen Abwendungsbefugnis und der Pflicht, das System in regelmäßigen Abständen zu kontrollieren, zumindest teilweise aufgelöst. Nur wenn die Umstände derart offensichtlich sind, dass sie der Fahrer auch während einer anderweitigen Beschäftigung hätte erkennen können, ist ihm der Fahrlässigkeitsvorwurf des § 1b II Nr. 2 Alt. 2 StVG aufzuerlegen. Dazu gehören etwa das abrupte Bremsen, Beschleunigen oder akustische Signale wie das Hupen anderer Verkehrsteilnehmer oder das Martinshorn von Einsatzfahrzeugen.[297] Es besteht dann zumindest keine typische Überwachungspflicht mehr, sondern nur die Verantwortung, sich nicht völlig von der Außenwelt abzuschotten.

eee. Beweislast

Die Beweispflicht über das Einhalten der im Verkehr erforderlichen Sorgfalt obliegt gem. § 18 I 2 StVG dem Fahrer. Will er der Haftung entgehen, muss er darlegen können, dass zum Unfallzeitpunkt das System – und nicht er selbst – das Fahrzeug aktiv gesteuert hat und es während der automatisierten Steuerung keine Übernahmeaufforderung durch das System gab oder offensichtliche Umstände auf die Dringlichkeit einer Übernahme hingedeutet haben.[298]

(1) Datenspeicherung, § 63a StVG

Zur Bewältigung dieser doch erheblichen Beweislast kommt dem Fahrer in Zukunft § 63a StVG zugute, der die Speicherung von Positions- und Zeitangaben vorschreibt, wenn erstens ein Wechsel der Fahrzeugsteuerung erfolgt, zweitens der Fahrzeugführer vom System zur Übernahme aufgefordert wird oder drittens eine technische Störung des Systems auftritt.[299] Nicht gespeichert wird demgegenüber, wie schnell das Fahrzeug fährt, welche Personen sich darin befinden oder welche Strecke zurückgelegt wurde.[300] Der Halter des automatisierten Fahrzeugs muss

---

296 *Meyer-Seitz*, in: 56. Deutscher Verkehrsgerichtstag, S. 63; *König*, in: Hentschel/König/Dauer, StVG, § 1b StVG Rn. 9.
297 Vgl. BT-Dr. 18/11776, S. 10.
298 Vgl. BT-Dr. 18/11300, S. 24; *Greger,* NZV 2018, 1 (2); *Hey,* Die außervertragliche Haftung des Herstellers autonomer Fahrzeuge bei Unfällen im Straßenverkehr, S. 28.
299 Eine unmittelbare Verpflichtung zum Einbau der Blackbox enthält § 63a StVG nicht, allerdings setzt die Speicherung der relevanten Daten das Vorhandensein eines entsprechenden Speichermediums voraus, weshalb eine inzidente Verpflichtung besteht, vgl. *Schmidt/Wessels*, NZV 2017, 357 (359).
300 BT-Dr. 18/11776, S. 11; *Dauer*, in: Hentschel/König/Dauer, StVR, § 63a StVG Rn. 2.

die zur Beweisführung erforderlichen Daten gem. § 63a III StVG an die Unfallbeteiligten übermitteln.[301]

Die starke Beweiskraft der ermittelten Daten wird teilweise kritisiert. Es komme zu einer Verlagerung der Beweislast hin zum Geschädigten, weil dieser nun die Fehlerhaftigkeit der durch die Blackbox aufgezeichneten Daten beweisen müsse, von denen eine Richtigkeitsvermutung ausgehe.[302] Dem ist insoweit zuzustimmen, als es tatsächlich zu einer erheblichen Beweiserleichterung für den Fahrer kommt, wenn dieser nur noch auf die Daten der Blackbox verweisen muss. Warum das allerdings verwerflich sein soll, leuchtet nicht ein. § 18 I StVG ist und bleibt eine Verschuldenshaftung. Wenn eine Auswertung der Daten ergibt, dass der Fahrer keine Sorgfaltspflichtverletzung begangen hat, dann ist eine Haftung nicht gerechtfertigt. § 63a StVG sorgt damit für einen gerechten Schadensausgleich, indem die Daten unfallrelevante Tatsachen eindeutig und neutral belegen, und zwar zum Vor- oder Nachteil beider Streitparteien. Ohnehin verhelfen die Daten dem Fahrer nicht dazu, sämtliche Vorwürfe zu widerlegen. Nicht aufgezeichnet wird etwa, ob offensichtliche Umstände gem. § 1b II Nr. 2 StVG vorlagen, die der Fahrer nicht erkannt hat. Diesbezüglich muss der Fahrer den Vorwurf der Fahrlässigkeit also weiterhin ohne technische Hilfe entkräften.

Die Gefahr einer fehlerhaften Aufzeichnung der Blackbox, die teilweise befürchtet wird,[303] ist als äußerst gering einzuschätzen und steht in keinem Verhältnis zu den Vorteilen einer Datenaufzeichnung. Die Speicherung der Daten ist vielmehr zwingend notwendig, da die Verschuldenshaftung des § 18 I StVG ansonsten faktisch zu einer Gefährdungshaftung mutieren würde, weil die Einhaltung der Sorgfaltspflichten ohne diese Daten schlichtweg nicht beweisbar wäre.

---

301 Zu den datenschutzrechtlichen Bedenken *Lüdemann*, ZD-Aktuell 2017, 1 (1); *Klink-Straub/Straub*, NJW 2018, 3201 (3201 ff.); *Jungbluth*, in: 56. Deutscher Verkehrsgerichtstag, S. 40; *Gasser*, in: Maurer/Gerdes/Lenz/Winner, Autonomes Fahren, S. 569.
302 *Schirmer*, NZV 2017, 253 (256 f.).
303 *Schirmer*, NZV 2017, 253 (257); der Vergleich zu der Fehleranfälligkeit von Diagnoseprogrammen auf dem Computer hinkt doch gewaltig, es besteht eher eine Ähnlichkeit zur Blackbox in Flugzeugen, vgl. *Schmid*, IT- und Rechtssicherheit automatisierter und vernetzter cyber-physischer Systeme, S. 106 ff.

(2) Anscheinsbeweis

Bei Unfällen im Straßenverkehr kommt auch dem gewohnheitsrechtlich anerkannten[304] Beweis des ersten Anscheins eine große Bedeutung zu.[305] Der Anscheinsbeweis dient der Erleichterung der Beweisführung für entscheidungserhebliche Umstände.[306] Nach überwiegender Auffassung ist er dennoch keine Änderung der materiellen Beweislast, sondern Teil der freien Beweiswürdigung im Rahmen von § 286 I ZPO.[307] Erforderlich ist dazu das Vorliegen eines typischen Geschehensablaufes, bei dem nach den Regeln des Lebens und den Erfahrungen des Üblichen und Gewöhnlichen darauf geschlossen werden kann, dass entweder der Ursachenverlauf wie in vergleichbaren Fällen gegeben oder der Schaden auf ein schuldhaftes Verhalten zurückzuführen ist.[308] Hauptanwendungsfall des Anscheinsbeweises sind damit in erster Linie die Kausalität und das Verschulden.[309] Grundlage des „typischen Geschehensablaufes" ist das Bestehen eines Erfahrungsgrundsatzes, der dazu geeignet ist, das Gericht von der Wahrheit einer Tatsachenbehauptung gänzlich zu überzeugen.[310]

Gerade bei Verkehrsunfällen gibt es mittlerweile eine ganze Fülle von derartigen Erfahrungsgrundsätzen.[311] So beruht ein Auffahrunfall nach allgemeiner Lebenserfahrung darauf, dass der Auffahrende zu schnell

---

304 *Saenger*, ZPO, § 286 ZPO Rn. 38; *Baumbach/Lauterbach/Albers/Hartmann*, ZPO, Anh. § 286 Rn. 16; *Geipel*, NZV 2015, 1 (2); zur Rechtsnatur *Laumen*, in: Prütting/Gehrlein, ZPO, § 286 ZPO Rn. 29.

305 *Greger*, in: Greger/Zwickel, Haftungsrecht des Straßenverkehrs, § 38 Rn. 43; *Laumen*, in: Prütting/Gehrlein, ZPO, § 286 ZPO Rn. 28; *Geipel*, NZV 2015, 1 (2); vgl. *Schröder*, SVR 2017, 293 (293 ff.); *Doukoff*, SVR 2015, 245 (246).

306 *Doukoff*, SVR 2015, 245 (250); *Schilken*, Zivilprozessrecht, Rn. 494.

307 BGH, NJW 1998, 79 (81); *Reichold*, in: Thomas/Putzo, ZPO, § 286 ZPO Rn. 13; *Saenger*, ZPO, § 286 ZPO Rn. 39; *Laumen*, in: Prütting/Gehrlein, ZPO, § 286 ZPO Rn. 29; *Schilken*, Zivilprozessrecht, Rn. 494; *Pohlmann*, Zivilprozessrecht, Rn. 379; a. A. *Foerste*, in: Musielak/Voit, ZPO, § 286 ZPO Rn. 24; *Kollhosser*, AcP 1965, 46 (55 ff.).

308 BGH, NJW-RR 1988, 789 (790); BGH, NJW 1984, 432 (433); *Laumen*, in: Prütting/Gehrlein, ZPO, § 286 ZPO Rn. 30; *Foerste*, in: Musielak/Voit, ZPO, § 286 ZPO Rn. 23; *Baumbach/Lauterbach/Albers/Hartmann*, ZPO, Anh. § 286 Rn. 16; *Greger*, in: Greger/Zwickel, Haftungsrecht des Straßenverkehrs, § 38 Rn. 46 f.; *Budewig*, in: Budewig/Gehrlein/Leipold, der Unfall im Straßenverkehr, S. 204.

309 *Rosenberg/Schwab/Gottwald*, Zivilprozessrecht, § 114 Rn. 20; *Greger*, in: Greger/Zwickel, Haftungsrecht des Straßenverkehrs, § 38 Rn. 45; *Schilken*, Zivilprozessrecht, Rn. 496.

310 BGH, NJW-RR 2003, 1432 (1434); BGH, NJW 1998, 79 (81); *Rosenberg/Schwab/Gottwald*, Zivilprozessrecht, § 114 Rn. 16; *Saenger*, ZPO, § 286 ZPO Rn. 42; *Greger*, in: Greger/Zwickel, Haftungsrecht des Straßenverkehrs, § 38 Rn. 43 f.; *Pohlmann*, Zivilprozessrecht, Rn. 380.

311 Vgl. *Greger*, in: Greger/Zwickel, Haftungsrecht des Straßenverkehrs, § 38 Rn. 62 ff.; *Schröder*, SVR 2017, 293 (293 ff.); *Saenger*, ZPO, § 286 ZPO Rn. 46.

oder unaufmerksam gefahren ist (§§ 1 II, 3 StVO) oder den erforderlichen Sicherheitsabstand (§ 4 StVO) nicht eingehalten und damit fahrlässig i. S. v. § 276 II BGB gehandelt hat.[312] Bei technischen Fahrzeugmängeln kann auf ein Verschulden des Fahrers geschlossen werden, wenn der Mangel vor Fahrtantritt für ihn erkennbar war.[313] Auch für bestimmte Fahrerassistenzsysteme der Stufen 1 und 2 wie einem Abstandsregeltempomaten kann mittlerweile von dem gesicherten Erfahrungssatz gesprochen werden, dass ein plötzliches Bremsen wegen eines defekten Systems ursächlich für einen anschließenden Unfall ist.[314] Für hoch- und vollautomatisierte Fahrzeuge fehlt es bislang an einer solchen Lebenserfahrung.[315] Ob in Zukunft ein Unfall die Schlussfolgerung zulässt, dass dieser auf einem Systemfehler beruht,[316] ist auch abhängig von den denkbaren Alternativszenarien, die einen Anscheinsbeweis erschüttern würden.[317] Zum heutigen Zeitpunkt kommt ein Anscheinsbeweis schon aufgrund der umfangreichen Überwachungs- und Übernahmepflichten des Fahrers nicht in Betracht, deren Verletzung grundsätzlich eine ernsthafte Handlungsalternative darstellt.[318] Auch die aufgezeichneten Daten der Blackbox können dem Fahrer trotz ihrer starken Beweiskraft nicht zu einem Anscheinsbeweis verhelfen.[319] Diese zeichnen zwar auf, ob und wann das System zur Übernahme aufgefordert hat. Da das Verschulden des Fahrers aber gem. § 1b II Nr. 2 StVG auch an das pflichtwidrige Nichterkennen einer Übernahmesituation anknüpft, auch wenn keine entsprechende Warnung durch das System erfolgte, können die von der Blackbox erfassten Daten nicht „typischerweise" belegen, dass den Fahrer

---

312 *Budewig*, in: Budewig/Gehrlein/Leipold, der Unfall im Straßenverkehr, S. 101; *Schröder*, SVR 2017, 293 (294); vgl. BGH, NZV 2007, 254 (254); BGH, NJW-RR 1989, 670 (671); OLG Karlsruhe, NJW 2017, 2626 (2626); OLG Karlsruhe, NJW 2013, 1968 (1968); OLG Frankfurt, NZV 2001, 169 (169).

313 *Greger*, in: Greger/Zwickel, Haftungsrecht des Straßenverkehrs, § 38 Rn. 106; vgl. zum Fahren mit defekter Beleuchtung BGH, VersR 1962, 633 (633).

314 So schon *Bewersdorf*, Zulassung und Haftung bei Fahrerassistenzsystemen im Straßenverkehr, S. 126.

315 *Buck-Heeb/Dieckmann*, in: Oppermann/Stender-Vorwachs, Autonomes Fahren, 1. Auflage, S. 84.

316 So etwa die Überlegung von *Zech*, in: Deutscher Juristentag, Verhandlungen des 73. Deutschen Juristentages, Band I, A 60.

317 Dazu allgemein BGH, NJW 2004, 3623 (3624); BGH, NJW 1991, 230 (231); *Rosenberg/Schwab/Gottwald*, Zivilprozessrecht, § 114 Rn. 39; *Doukoff*, SVR 2015, 245 (252).

318 *Buck-Heeb/Dieckmann*, in: Oppermann/Stender-Vorwachs, Autonomes Fahren, 1. Auflage, S. 84.

319 So die Überlegung von *Schirmer*, NZV 2017, 253 (257).

kein Verschulden trifft. Eine den Fahrer begünstigende Beweiserleichterung in Form eines Anscheinsbeweises ist daher nicht zu erwarten.

b. Zwischenergebnis: Rechtssicherheit für den Fahrer?

Wie aufgezeigt liefert das 8. StVG-Änderungsgesetz eine Fülle von Diskussionsstoff. Dem Fahrer wird nun das für automatisierte Fahrfunktionen charakteristische Recht zugestanden, sich während der Fahrt in einem gewissen Umfang anderen Dingen als der Fahrzeugsteuerung zu widmen. Das Abwendungsrecht ist das Kernelement des rechtlichen Dürfens. Umso wichtiger ist es daher, dem Fahrer klare und unmissverständliche Verhaltensregeln an die Hand zu geben. Das wiederum ist nur bedingt gelungen. Der Einsatz zahlreicher unbestimmter Tatbestandsmerkmale lässt die notwendige Klarheit aus Sicht des Fahrzeugführers vermissen. Klar ist dagegen, dass dieser prinzipiell in der Lage sein muss, die Steuerung „unverzüglich" wieder übernehmen zu können. Und das richtigerweise auch dann, wenn es keine vorherige Systemwarnung gab. Eine damit (scheinbar) verbundene Verpflichtung zur ständigen Überwachung des Systems steht grundsätzlich im Widerspruch zum Abwendungsrecht und würde es in der Tat ad absurdum führen.[320] Wünschenswert wäre daher eine Klarstellung dahingehend, dass Umstände nur dann „offensichtlich" sind, wenn sie sich dem Fahrer trotz anderweitiger Beschäftigung geradezu aufdrängen. Welche konkreten Betätigungen danach gestattet sind, ist in einem Gesetzestext nicht abschließend normierbar, sondern ist eine Frage des Einzelfalls und damit Sache der Rechtsprechung.[321]

Bedenklich ist die fehlende Präzisierung der „Übernahme" durch den Fahrer. Ob wirklich alleine auf das Ergreifen des Lenkrades abgestellt werden sollte, wie es aktuell den Anschein macht, ist in Anbetracht aktueller wissenschaftlicher Erkenntnisse zur kognitiven Übernahmezeit noch einmal zu überdenken.

Es ist der gesetzgeberischen Lösung aber anzurechnen, dass die im hohen Maße sicherheitsrelevante Materie des Straßenverkehrsrechts trotz aller Innovationsbereitschaft und Euphorie dem technischen Fortschritt mit Vorsicht angepasst wird. Der vielerorts kritisierte restriktive Regelungsansatz[322] ist daher grundsätzlich nicht zu beanstanden. Dass die

---

320 *Kütük-Markendorf*, CR 2017, 349 (353).
321 Vgl. *Buck-Heeb/Dieckmann*, NZV 2019, 113 (119); *Wagner/Goeble*, ZD 2017, 263 (269); *Schirmer*, NZV 2017, 253 (255, 257); *Lüdemann/Sutter/Vogelpohl*, NZV 2018, 411 (416).
322 Vgl. *Greger*, NZV 2018, 1 (3); *Buck-Heeb/Dieckmann*, NZV 2019, 113 (116).

Übernahmepflicht auch für Fahrzeuge der Stufe 4 gilt, obwohl dies aus technischer Sicht vielleicht gar nicht mehr erforderlich ist, kann ebenfalls nicht als verwerflich angesehen werden, sondern ist nur eine (vorübergehende) Sicherheitsmaßnahme, bis klar ist, was die Technik tatsächlich im Stande ist zu leisten. Die Bereitschaft, das Gesetz auch in Zukunft der technischen Entwicklung anzupassen, verdeutlicht der Gesetzgeber durch die in § 1c StVG festgehaltene wissenschaftliche Evaluierung der Normen.

Insgesamt verschaffen die neuen Regelungen dem Fahrer durchaus ein Mehr an Rechtssicherheit, auch wenn das „modernste Straßenverkehrsrecht der Welt", wie es vom ehemaligen Bundesverkehrsminister *Alexander Dobrindt* gefordert wurde,[323] durch ein Gesetz in dieser Form wohl nicht zu erreichen ist.

2. Autonomes Fahren

Im Rahmen von steuerlosen autonomen Fahrzeugen der Stufe 5 ist bereits höchst fraglich, ob die Fahrerhaftung desjenigen, der sich auf dem Fahrersitz befindet, überhaupt noch seine Berechtigung hat.[324] An den oben formulierten Kriterien der Fahrzeugführereigenschaft[325] mangelt es bereits bei automatisierten Fahrzeugen, weshalb der Gesetzgeber die Fahrzeugführereigenschaft in § 1a IV StVG fingiert hat. Eine solche Fiktion ist für autonome Fahrzeuge – Stand heute – nicht vorgesehen.[326] Zwar ließe sich aus Opferschutzgesichtspunkten an eine Fiktion denken, um unser zweigliedriges straßenverkehrsrechtliches Haftungssystem aufrechtzuerhalten. Dann stellt sich aber unweigerlich die Frage, welchen Sorgfaltsanspruch man an einen Fahrer stellen kann, der wegen fehlender Steuerungsmöglichkeiten gar nicht mehr aktiv am Straßenverkehr teilnehmen kann. Vorstellbar wären nur minimale Überwachungspflichten, um etwa in Notfällen einen Not-Stopp herbeizuführen.[327] Ob und wie die Insassen Möglichkeiten haben, das autonome System noch zu beeinflussen, ist zu diesem Zeitpunkt jedoch noch spekulativ. Aller Vo-

---

323 Siehe oben unter § 1.
324 Zu der Frage, inwiefern der Hersteller als Fahrer qualifiziert werden kann, siehe unter § 6 A. I.
325 Siehe oben unter § 5 A. III. 1. dd.
326 Aus der Begründung zum Gesetzesentwurf zur Änderung des Straßenverkehrsgesetzes wird bereits deutlich, dass es beim autonomen Fahren keinen Fahrzeugführer mehr geben soll, BT-Dr. 18/11300, S. 14; ebenfalls in BR-Dr. 69/17, S. 8.
327 Vgl. *Freise*, VersR 2019, 65 (77).

raussicht nach wird die Fahrerhaftung bei Fahrzeugen der Stufe 5 somit keinen Platz mehr haben, der Fahrer wird zum Passagier.[328]

IV. Haftungsbegrenzung, § 12 I StVG

1. Haftungshöchstsummen für automatisierte Fahrzeuge

Sowohl die Haftung aus § 7 I StVG als auch die aus § 18 I StVG sind gem. § 12 I StVG summenmäßig begrenzt, um einerseits sicherzustellen, dass der verschuldensunabhängig haftende Halter nicht über die Deckungssumme seiner Haftpflichtversicherung hinaus in Anspruch genommen werden kann, andererseits sollen so die Versicherungsprämien im Zaum gehalten werden.[329]

Im Zuge des 8. StVG-Änderungsgesetzes wurden spezielle Haftungshöchstsummen für automatisierte Fahrzeuge festgelegt. Nach § 12 I Nr. 1 StVG haftet der ersatzpflichtige Halter oder Fahrer bei einem Schaden aufgrund von automatisierten Fahrfunktionen bei Personenschäden bis zu einer Höhe von 10 Millionen Euro, bei Sachschäden gem. § 12 I Nr. 2 StVG bis zu einer Höhe von zwei Millionen Euro. Im Vergleich zu Unfällen mit nicht automatisierten Fahrzeugen haben sich die Haftungshöchstbeträge somit pauschal verdoppelt.[330] Begründet wurde die deutliche Anhebung mit Opferschutzerwägungen und dem Verlust des Fahrers als Haftungssubjekt bei ordnungsgemäßer Verwendung des Systems.[331] Es ist zwar richtig, dass dem Geschädigten mangels Verschuldens des Fahrers nur der Rückgriff auf die Gefährdungshaftung des Halters nach

---

328 So auch *Buck-Heeb/Dieckmann*, in: Oppermann/Stender-Vorwachs, Autonomes Fahren, 1. Auflage, S. 65; *dies.*, NZV 2019, 113 (114); *Freise*, VersR 2019, 65 (77); *Balke*, SVR 2018, 5 (6); *v. Kaler/Wieser*, NVwZ 2018, 369 (369); *Armbrüster*, ZRP 2017, 83 (85); *Lange*, NZV 2017, 345 (349); *Franke*, DAR 2016, 61 (62); *Schrader*, NJW 2015, 3537 (3541); *Hey*, Die außervertragliche Haftung des Herstellers autonomer Fahrzeuge bei Unfällen im Straßenverkehr, S. 24; *Müller-Hengstenberg/Kirn*, Rechtliche Risiken autonomer und vernetzter Systeme, S. 331; *Schulz*, Verantwortlichkeit für autonom agierende Systeme, S. 150; a. A. *Ternig*, zfs 2016, 303 (308); *Bewersdorf*, Zulassung und Haftung bei Fahrerassistenzsystemen im Straßenverkehr, S. 106.
329 BGH, NJW 1964, 1898 (1898); *Greger*, in: Greger/Zwickel, Haftungsrecht des Straßenverkehrs, § 20 Rn. 1; *Jahnke*, in: Burmann/Heß/Hühnermann/Jahnke, StVR, § 12 StVG Rn. 1; *Doukoff*, in: Freymann/Wellner, jurisPK-StVR, § 12 StVG Rn. 10; *König*, in: König/Hentschel/Dauer, StVR, § 12 Rn. 1b.
330 BT-Dr. 69/17, S. 17; *v. Kaler/Wieser*, NVwZ 2018, 369 (371); *Wagner/Goeble*, ZD 2017, 263 (266 f.).
331 BT-Dr. 69/17, S. 17; befürwortend GDV, Stellungnahme zum Entwurf des Gesetzes zur Änderung des Straßenverkehrsgesetzes, S. 10; *Armbrüster*, ZRP 2018, 83 (84); *Lutz*, NJW 2015, 119 (120); wohl auch *Hilgendorf*, in: 53. Deutscher Verkehrsgerichtstag, S. 62.

§ 7 I StVG verbleibt. Zu beachten ist sicherlich auch, dass die der Höhe nach unbeschränkte deliktische Haftung aus § 823 I BGB nicht zur Anwendung kommt. Diese Konstellation ist dem Straßenverkehrsrecht aber nicht neu, auch bei Unfällen mit nicht automatisierten Fahrzeugen kann die (deliktische) Fahrerhaftung mangels Verschuldens entfallen, z. B. bei einem technischen Defekt. In diesem Fall ist der Halter (und ggf. der Hersteller) heranzuziehen, ohne dass dessen Haftungshöchstsumme erhöht wird.[332] Auch das Opferschutzargument vermag nicht wirklich zu überzeugen. Der Gesetzgeber hat durch die Differenzierung von Schäden mit und ohne Beteiligung automatisierter Fahrzeuge ein privilegiertes und ein nicht privilegiertes Opfer geschaffen. Aus Sicht des Unfallopfers ist diese Unterscheidung nicht nachzuvollziehen. Im Gegenteil, aus seiner Perspektive ist es völlig unerheblich, welche Art von Fahrzeug den Schaden verursacht hat.[333]

Ohnehin ist es wenig verständlich, wenn der Gesetzgeber auf der einen Seite das sicherheitstechnische Potential automatisierter Systeme hervorhebt, auf der anderen Seite aber denjenigen, der diese Technologie nutzt, der höheren Haftung aussetzt.[334] Auch wenn es grundsätzlich zu begrüßen ist, aufgrund fehlender Erprobung automatisierter Fahrfunktionen Vorsicht walten zu lassen, so dürfen die gesetzlichen Regelungen auf keinen Fall den Eindruck erwecken, als würde der Gesetzgeber die Nutzung automatisierter Fahrzeuge sanktionieren wollen. Eine Erhöhung der Haftungshöchstsummen steht somit im krassen Widerspruch zum Sinn und Zweck automatisierter Fahrzeuge als sicherheitsfördernd[335] und zu der Intention des Gesetzgebers, deren Einsatz flächendeckend zu ermöglichen.

---

332 Vgl. *König*, NZV 2017, 123 (126).

333 Dieses Argument wird vom GDV bizarrer Weise für die Privilegierung des Opfers automatisierter Fahrzeuge verwendet, s. GDV, Stellungnahme zum Entwurf des Gesetzes zur Änderung des Straßenverkehrsgesetzes, S. 10.

334 Vgl. Verbraucherzentrale Bundesverband e. V., Rechtsicher fahren mit automatisierten Fahrzeugen, S. 17; bereits im Gesetzgebungsverfahren *Hinz*, Rede im Deutschen Bundesrat am 12.05.2017, BR-Plenarprotokoll 957, 232 A.

335 *Grünvogel*, MDR 2017, 973 (974); *Greger*, NZV 2018, 1 (2); wohl auch *Schirmer*, NZV 2017, 253 (257).

2. Diskrepanz zum Luftverkehrsgesetz

In den Gesetzesmaterialien nicht erwähnt ist die Ähnlichkeit der Haftungstatbestände des StVG mit denen des Luftverkehrsgesetzes (LuftVG).[336] Auch der Halter eines Luftfahrzeugs haftet gem. § 33 I LuftVG verschuldensunabhängig für eintretende Schäden. Ebenso wie die Haftung des Kraftfahrzeughalters ist die des Luftfahrzeughalters summenmäßig begrenzt. Je nach Höchstabflugmasse[337] beträgt die Haftungshöchstsumme gem. § 37 I LuftVG zwischen 750.000 und 750 Millionen Rechnungseinheiten. Das LuftVG unterscheidet dabei nicht zwischen Schäden, die durch den Autopiloten verursacht wurden, und solchen, die auf einen menschlichen Flugfehler zurückzuführen sind. Weshalb für automatisierte Automobile eine Anhebung der Haftungsobergrenzen im Vergleich zu Flugzeugen gerechtfertigt ist, kann nicht beantwortet werden. Für derart ähnliche Sachverhalte unterschiedliche Rechtsfolgen zu schlussfolgern, ist nicht im Sinne einer einheitlichen Rechtsordnung.[338]

3. Haftungsrisiko durch fehlenden Versicherungsschutz

Die im Vorfeld der Gesetzesänderung häufig geäußerte Befürchtung, die Versicherungsbeiträge würden durch die Anhebung der Höchstsummen signifikant ansteigen,[339] ist unbegründet. Schon heute kalkulieren die Haftpflichtversicherer die ihrer Höhe nach unbegrenzten deliktische Haftung aus § 823 I BGB in ihre Beitragskalkulation ein.[340] Hinzukommt, dass die durchschnittliche Schadenshöhe zwar voraussichtlich ansteigen, die Unfallhäufigkeit dafür sinken wird.[341] Eine spürbare Verteuerung der Versicherungen bleibt den Haltern somit erspart.[342]

Aus der Erhöhung der Haftungsobergrenzen resultiert dafür allerdings eine gravierende Haftungslücke für den lediglich pflichthaftpflichtversi-

---

336 Dabei wurde in der Literatur früher schon auf die Vergleichbarkeit hingewiesen, vgl. *Grützmacher*, CR 2016, 695 (697); *Riehm*, ITRB 2014, 113 (114).

337 Höchstabflugmasse ist das für den Abflug zugelassene Höchstgewicht, § 37 I S. 2 LuftVG.

338 Verbraucherzentrale Bundesverband e. V., Rechtssicher fahren mit automatisierten Fahrzeugen, S. 17.

339 So *Kühn*, Rede im Deutschen Bundestag am 30.03.2017, 22918 A; *Hinz*, Rede im Deutschen Bundesrat am 12.05.2017, BR-Plenarprotokoll 957, 232 A; *Kütuk-Markendorf*, CR 2017, 349 (354); *Berndt,* SVR 2017, 121 (126); *Armbrüster*, ZRP 2017, 83 (85).

340 *Reck,* ZD-Aktuell, 2017, 04271.

341 Dazu *Stadler*, in: 56. Deutscher Verkehrsgerichtstag, S. 71; *Hilgendorf,* in: 53. Deutscher Verkehrsgerichtstag, S. 66; *Huber*, NZV 2017, 545 (547); vgl. *Wagner/Ruttloff/Freytag*, CB 2017, 386 (388).

342 So auch *Pataki,* DAR 2018, 133 (136).

cherten Halter: Die gem. § 114 I VVG gesetzlich erforderliche Mindestversicherungssumme beträgt für Kraftfahrzeuge gem. § 4 II PflVG i.V.m. der Anlage nach wie vor der Anhebung der Haftungsobergrenzen 7,5 Millionen Euro.[343] Unter Umständen ist der pflichthaftpflichtversicherte Halter also nur bis zu dieser Summe versichert, haftet aber für die Summe von 10 Millionen Euro. Die nicht abgedeckte Differenz von 2,5 Millionen Euro ist für Halter und Ersatzberechtigte gleichermaßen misslich. Der persönliche haftende Halter wird diese Summe meist kaum aufbringen können, weshalb der Ersatzberechtigte dann leer ausgeht.[344] Dieses Resultat ist nicht hinnehmbar. Auch wenn lediglich ca. 0,7 Prozent der Haftpflichtversicherten in Deutschland nur bis zur Mindestversicherungssumme versichert sind[345] und die überwältigende Mehrheit der Schadensfälle ohnehin nicht an diese Summe herankommt, so ist bereits die potentielle Gefahr – auch wenn sie noch so unwahrscheinlich sein mag – Grund genug, den simplen Schritt der Angleichung der Mindestversicherungssumme an die Haftungshöchstsummen des § 12 I StVG zu gehen.[346] Dass Deckungs- und Haftungshöchstsumme korrespondieren sollten, ist wesentlicher Grundsatz einer verschuldensunabhängigen Haftung.[347] Wenn es schon das Erfordernis einer Pflichtversicherung gibt, sollte auch sichergestellt sein, dass diese auch für ausnahmslos alle Versicherten hinreichenden Schutz bietet.

---

343 Ursache waren u. a. auch die geteilten Zuständigkeiten für die Änderung des StVG, für die das Bundesministerium für Verkehr und digitale Infrastruktur zuständig war, während die Anhebung der Kfz-Mindestversicherungssummen Sache des Bundesministeriums für Justiz und Verbraucherschutz war; vgl. *Huber*, NZV 2017, 545 (545); *Jahnke*, in: Burmann/Heß/Hühnermann/Jahnke, StVR, § 12 StVG Rn. 10e.

344 Als „letztes Mittel" besteht zwar immer noch die Möglichkeit, gem. § 12 PflVG auf den Entschädigungsfond für Schäden aus Kraftfahrzeugunfällen zurückzugreifen, die Voraussetzungen sind hier aber enorm hoch, vgl. Verbraucherzentrale Bundesverband e. V., Rechtssicher fahren mit automatisierten Fahrzeugen, S. 20.

345 *Huber*, NZV 2017, 545 (546); *Pataki*, DAR 2018, 133 (136).

346 So auch die Empfehlung des 56. Deutschen Verkehrsgerichtstags, in: 56. Deutscher Verkehrsgerichtstag, S. XII; *Pataki*, DAR 2018, 133 (136); wie hoch Schäden dennoch ausfallen können, zeigt der tragische Unfall auf der Wiehltalbrücke eindrucksvoll, dazu FAZ, Tatort Wiehltalbrücke: Unfallverursacher verurteilt, https://www.faz.net/aktuell/gesellschaft/kriminalitaet/prozess-tatort-wiehltalbruecke-unfallverursacher-verurteilt-1255628.html.

347 BGH, NJW-RR 2003, 1461 (1461); *Huber*, NZV 2017, 545 (547); im Ergebnis auch *Jungbluth*, in: 56. Deutscher Verkehrsgerichtstag, S. 39.

4. Zwischenergebnis

Die pauschale Verdoppelung der Haftungshöchstsummen für hoch- und vollautomatisierte Kfz erweist sich als unüberlegt. Sie führt zu einer Ungleichbehandlung zweier Parteien, zwischen denen auch bei näherer Betrachtung keine Differenzierung gerechtfertigt ist. Das Gesetz schafft so in mehrfacher Hinsicht Widersprüche: zum einen zu der auch vom Gesetzgeber vermittelten hohen Sicherheitserwartung, mit der eine gesteigerte Haftung nicht harmoniert; zum anderen scheint der Gesetzgeber aufgrund der Automatisierung urplötzlich gesetzlichen Handlungsbedarf gesehen zu haben, ohne dabei zu berücksichtigen, dass mit dem LuftVG bereits ein sehr ähnliches Haftungssystem existiert, dessen Haftungsbegrenzung ohne eine Differenzierung nach Automatisierungsstufen auskommt. Zuletzt passen Haftungshöchstsumme und Versicherungsschutz nicht mehr lückenlos zusammen. Auch wenn das Risiko gering sein mag: Zu einer Gefährdungshaftung gehört ausreichender Versicherungsschutz für den Fall der Fälle.

V. Erhöhte Betriebsgefahr durch Automatisierung?

Die jedem Kfz immanente Betriebsgefahr (abstrakte Betriebsgefahr) kann sich bei Hinzutreten besonderer unfallursächlicher Umstände (etwa Größe und Art des Fahrzeugs, gefährliche Fahrmanöver, Verschulden des Fahrers) erhöhen.[348] Diese nach den Gegebenheiten des Einzelfalls zu beurteilende besondere Betriebsgefahr wirkt sich für Halter und Fahrer bei der Bemessung der Haftungsquoten nach § 17 II StVG und im Rahmen des Mitverschuldens nach § 254 BGB aus.[349] Als besonderes Beschaffenheitsmerkmal könnten dementsprechend auch automatisierte Steuerungssysteme je nach Funktionsweise und Nutzen einen positiven oder auch negativen Einfluss auf die Betriebsgefahr nehmen.

1. Betriebsgefahr bei Fahrerassistenzsystemen der Stufe 1 und 2

Hinweise auf die Betriebsgefahr von Fahrzeugen der Stufe 3 und höher könnten die nun schon seit etlichen Jahren etablierten Fahrerassistenz-

---

348 *König*, in: Hentschel/König/Dauer, StVR, § 17 StVG Rn. 11; *Greger*, in: Greger/Zwickel, Haftungsrecht des Straßenverkehrs, § 3 Rn. 3; *Kanz/Marth/v. Coelln*, Haftung bei kooperativen Verkehrs- und Fahrerassistenzsystemen, Rn. 198; *v. Bodungen/Hoffmann*, NZV 2016, 449 (451).

349 *Greger*, in: Greger/Zwickel, Haftungsrecht des Straßenverkehrs, § 3 Rn. 3; *Heß*, in: Burmann/Heß/Hühnermann/Jahnke, StVR, § 17 StVG Rn. 14 f.

systeme der Stufen 1 und 2 liefern. Je nach Art des Assistenzsystems – reines Informations- und Überwachungssystem, übersteuerbares Interventionssystem oder nicht-übersteuerbares Interventionssystem – kann sich eine verringerte, erhöhte oder unveränderte Betriebsgefahr ergeben.[350]

Ohne Auswirkungen auf die Betriebsgefahr sind reine Informationssysteme wie Spurhalteassistenten oder Verkehrsschilderkennungen. Sie haben keinen Einfluss auf das Fahrverhalten und den Betrieb des Fahrzeugs.[351] Übersteuerbare Interventionssysteme wie Spurhalteassistenten oder adaptive Geschwindigkeitsregelanlagen können bei ordnungsgemäßer Verwendung zu einer Verringerung der Betriebsgefahr führen.[352] Demgegenüber kann sich aus einem defekten oder fehlerhaft arbeitenden Assistenzsystem auch eine erhöhte Betriebsgefahr ergeben, wenn der Defekt gerade die Ursache für den Unfall war.[353] Bei nicht übersteuerbaren Systemen wie ESP oder Notbremsassistenten[354] ist die Betriebsgefahr ebenfalls bei einer Fehlfunktion des Systems erhöht.[355]

2. Betriebsgefahr bei Fahrerassistenzsystemen der Stufe 3, 4 und 5

Der Verkehrsopferschutz als gesetzgeberischer Beweggrund für die Erhöhung der Haftungshöchstgrenzen legt die Vermutung nahe, dass der Gesetzgeber mit dem Einsatz von automatisierten Systemen zumindest in der Testphase eine gewisse Gefahr verbindet.[356] Das wiederum kann dazu führen, dass der Einsatz noch nicht vollständig bewährter Technik von der Rechtsprechung als erhöhte Betriebsgefahr eingestuft wird.[357]

---

350 *Kanz/Marth/v. Coelln*, Haftung bei kooperativen Verkehrs- und Fahrerassistenzsystemen, Rn. 199.

351 *Kanz/Marth/v. Coelln*, Haftung bei kooperativen Verkehrs- und Fahrerassistenzsystemen, Rn. 201; *Bewersdorf*, Zulassung und Haftung bei Fahrerassistenzsystemen im Straßenverkehr, S. 117.

352 *Janker*, DAR 1995, 472 (477 f.); wohl auch *Jänich/Schrader/Reck*, NZV 2015, 313 (315).

353 *Bewersdorf*, Zulassung und Haftung bei Fahrerassistenzsystemen im Straßenverkehr, S. 118, *Hammel*, Haftung und Versicherung bei Personenkraftwagen mit Fahrerassistenzsystemen, S. 96.

354 Eine Übersteuerung ist hier aus zeitlichen Gründen faktisch unmöglich; vgl. *Bewersdorf*, Zulassung und Haftung bei Fahrerassistenzsystemen im Straßenverkehr, S. 39.

355 *Hammel*, Haftung und Versicherung bei Personenkraftwagen mit Fahrerassistenzsystemen, S. 104.

356 Vgl. *Greger*, NZV 2018, 1 (2).

357 *Hammel*, Haftung und Versicherung bei Personenkraftwagen mit Fahrerassistenzsystemen, S. 96 f.; *Solmecke/Jokisch*, MMR 2016, 359 (363), *Greger*, NZV 2018, 1 (2).

Ob sich Fahrzeugautomatisierungen in ihrer Anfangszeit als besonders unfallursächlich erweisen, kann zwar aktuell mangels konkreter Zahlen weder bestätigt noch widerlegt werden, die sicherheitstechnischen Prognosen unterstützen diese Annahme allerdings nicht. Es ist vielmehr damit zu rechnen, dass der automatisierte Betrieb bereits in naher Zukunft eine spürbare Verbesserung der Verkehrssicherheit mit sich bringt,[358] die sich dann im Rahmen der Quotelung positiv bemerkbar macht.[359] Dem wird zwar entgegnet, dass die konkrete Betriebsgefahr nicht alleine deshalb verringert sein kann, weil das System dafür gemacht ist, die Sicherheit zu erhöhen. Wenn trotz des Sicherheitspotentials ein Unfall eintritt, sei es im Unfallzeitpunkt gerade nicht sicherheitserhöhend zum Tragen gekommen.[360] Dieses Argument verkennt jedoch, dass sich ein System trotz Unfalls sicherheitserhöhend auswirken kann. Maßgeblich ist bei Systemen der Stufe 3 und 4 insbesondere auch, wie sich ein menschlicher Fahrer in der konkreten Situation verhalten hätte, ob also die Betriebsgefahr deshalb gesteigert ist, weil eine Maschine und nicht ein Mensch in der jeweiligen Situation das Fahrzeug steuerte. Die Unerprobtheit der Technik führt daher nicht per se zu einer erhöhten Betriebsgefahr. Andersherum führt die gesteigerte Sicherheitserwartung aber auch nicht zwangsläufig zu einer verringerten Betriebsgefahr.

Eine Erhöhung der Betriebsgefahr liegt aber auch bei hoch- und vollautomatisierten Kfz vor, wenn die Systeme fehlerhaft arbeiten oder entgegen ihrer Bestimmung verwendet werden.[361] Bedeutung könnte auch die Fallgruppe der „ungewöhnlichen Fahrmanöver" erlangen.[362] Sollten sich automatisierte Systeme aus Sicht eines menschlichen Fahrers verkehrsuntypisch verhalten, ohne dass dabei eine Fehlfunktion vorliegt, dann kann sich dieses Verhalten gefahrerhöhend auswirken, wenn die anderen Verkehrsteilnehmer nicht mit diesem Verhalten rechnen konnten. Es

---

358 Siehe unter § 3 C. I. 1.
359 Dieser Auffassung sind ebenfalls *Winkle*, Sicherpotential automatisierter Fahrzeuge, in: Maurer/Gerdes/Lenz/Winner, Autonomes Fahren, S. 366 f.; *Schulz*, NZV 2017, 548 (553); *Hilgendorf*, in: 53. Deutscher Verkehrsgerichtstag, S. 57; *Jourdan/Matschi*, NZV 2015, 26 (26); *Freise*, VersR 2019, 65 (77).
360 *Kanz/Marth/v. Coelln*, Haftung bei kooperativen Verkehrs- und Fahrerassistenzsystemen, Rn. 201.
361 Dann läge ein Verschulden des Fahrers vor, dazu schon *Vogt*, NZV 2003, 153 (155); *Bewersdorf*, Zulassung und Haftung bei Fahrerassistenzsystemen im Straßenverkehr, S. 118; *Greger*, NZV 2018, 1 (2).
362 *Hammel*, Haftung und Versicherung bei Personenkraftwagen mit Fahrerassistenzsystemen, S. 97; zur Fallgruppe siehe bspw. OLG Saarbrücken, r+s 2018, 492 (494); OLG Hamm, NJW-RR 2016, 1043 (1046).

erscheint nicht zutreffend, diese Manöver von vorn herein nicht als „ungewöhnlich" zu betrachten, nur weil die Systeme darauf ausgelegt sind, sich wie menschliche Fahrer zu verhalten.[363]

Auch bei autonomen Fahrzeugen kann sich technisches Versagen gefahrerhöhend auswirken. Im Falle eines Unfalls, an dem die Unfallgegner nach bisherigen Kriterien gleichermaßen ein Verschulden trifft, wird eine 50:50-Quotelung bei Beteiligung eines autonomen Fahrzeugs nicht mehr sachgerecht sein.[364] Eine nicht funktionsfähige Technik wird im Vergleich zu einem menschlichen Versagen negativ zu berücksichtigen sein.

3. Zwischenergebnis

Nach wie vor ist die Frage der Betriebsgefahr eine Sache des Einzelfalls, eine Pauschalisierung werden wohl auch automatisierte und autonome Fahrzeuge nicht herbeiführen können. Dass eine gesteigerte Betriebsgefahr zumindest bei einer Funktionsstörung nicht ausgeschlossen ist, ist bereits für Fahrerassistenzsysteme der Stufe 1 und 2 anerkannt und ist auch bei den folgenden Automatisierungsstufen nicht anders zu beurteilen. Die vom Gesetzgeber implizierte Erhöhung der Betriebsgefahr aufgrund fehlender Erfahrungswerte ist dagegen nicht zu befürchten.[365] Welches Sicherheitsniveau tatsächlich erreicht werden kann, muss zwar abgewartet werden, nach derzeitigem Kenntnisstand ist aber bei ordnungsgemäßer Nutzung von Systemen der Stufe 3 und höher nicht von einem besonderen Haftungsrisiko aufgrund erhöhter Betriebsgefahr auszugehen.[366]

B. Haftung von Fahrer und Halter nach dem BGB

Zu der Verantwortlichkeit nach dem StVG tritt die Haftung des Fahrers und Halters nach § 823 I BGB und § 823 II BGB hinzu, wie § 16 StVG klarstellt. In der Praxis wird dem allgemeinen Deliktsrecht bei der haftungsrechtlichen Abwicklung von Straßenverkehrsunfällen keine große

---

363 So aber *Hammel*, Haftung und Versicherung bei Personenkraftwagen mit Fahrerassistenzsystemen, S. 100, wobei hier nur Bezug auf Fahrerassistenzsysteme der Stufe 1 und 2 genommen wird.
364 *Gail*, SVR 2019, 323 (326) plädiert für eine pauschale Quotelung im Verhältnis 40:60 zugunsten des konventionellen Fahrzeugs.
365 So auch *Greger*, NZV 2018, 1 (2).
366 Ebenso *v. Bodungen/Hoffmann*, NZV 2016, 449 (451).

praktische Rolle beigemessen.[367] Zur Anwendung gelangt es allerdings dann, wenn eine Haftung nach dem StVG aufgrund von straßenverkehrsrechtlichen Sonderregelungen wie den §§ 7 II, 12 oder 17 StVG ausscheidet oder begrenzt ist.[368] Für das allgemeine Deliktsrecht gelten die Spezialvorschriften des StVG nicht.[369] Anders als bisher gelangen durch die systemische Übernahme der Fahrzeugsteuerung zusätzlich die §§ 831 ff. BGB in den Fokus, deren Regelungsgehalt zum Teil Ähnlichkeiten mit der Situation des Fahrers oder Halters während der automatisierten Fahrt aufweist.

I. § 823 I BGB

Die Haftung aus § 823 I BGB erfordert eine durch eine Handlung oder ein pflichtwidriges Unterlassen schuldhaft herbeigeführte, rechtswidrige Rechts- oder Rechtsgutsverletzung und die Kausalität dieser Handlung oder des Unterlassens für die Rechts- oder Rechtsgutsverletzung. Darüber hinaus muss die Rechts- oder Rechtsgutsverletzung kausal für den eingetretenen Schaden sein.[370]

1. Das Nichtüberwachen des Systems als tatbestandsmäßiges Unterlassen

Die dem Fahrer oder Halter vorgeworfene Rechts- oder Rechtsgutsverletzung muss zunächst auf einem Verhalten des Schädigers, also einem aktiven Tun oder einem Unterlassen beruhen.[371] Dabei sind viele Verhaltensweisen denkbar, die grundsätzlich eine Rechts- oder Rechtsgutsverletzung hervorrufen können. In erster Linie sind es solche, die die Steuerung des Fahrzeugs oder des Systems während der Fahrt betreffen. Anknüpfungspunkt kann aber ebenso ein Verhalten sein, das bereits vor Fahrtantritt liegt. Zu diesem Zeitpunkt kann dem Fahrer oder Halter ein Unterlassen seiner Kontroll- und Überwachungspflichten zur Last gelegt

---

367 *Sosnitza*, CR 2016, 764 (768); *Borges*, CR 2016, 272 (273); *Lutz/Tang/Lienkamp*, NZV 2013, 57 (61); *Jänich/Schrader/Reck*, NZV 2015, 313 (316).

368 Vgl. *Buck-Heeb/Dieckmann*, in: Oppermann/Stender-Vorwachs, Autonomes Fahren, 1. Auflage, S. 74.

369 *Geiger*, in: MüKo StVR, § 823 BGB Rn. 6.

370 *Schaub*, in: Prütting/Wegen/Weinreich, BGB Kommentar, § 823 BGB Rn. 5 ff.; *Greger*, in: Greger/Zwickel, Haftungsrecht des Straßenverkehrs, § 10 Rn. 4; *Berz/Dedy/Granich*, DAR 2000, 545 (547).

371 *Buck-Heeb/Dieckmann*, in: Oppermann/Stender-Vorwachs, Autonomes Fahren, 1. Auflage, S. 74; *Sprau*, in: Palandt BGB, § 823 BGB Rn. 2; *Deutsch/Ahrens*, Deliktsrecht, § 4 Rn. 32; *König*, NZV 2017, 123 (126).

werden.[372] Bei automatisierter Steuerung ist der Beitrag des Fahrers jedenfalls nicht sofort eindeutig zu ermitteln; einerseits setzt er das Fahrzeug aktiv in Bewegung und bestimmt seine Zielrichtung, andererseits leistet er während der Fahrt keinen eigenen Beitrag zur Bewegungssteuerung im Straßenverkehr durch Lenken, Gas geben oder Bremsen. Relevant ist die Unterscheidung deshalb, weil der Vorwurf des Unterlassens zusätzlich an das Erfordernis einer Rechtspflicht zur Handlung geknüpft ist.[373]

Innerhalb der Zivilrechtslehre wird zwischen aktivem Tun und Unterlassen überwiegend anhand der Gefahrerhöhung differenziert.[374] Vergrößert ein Verhalten die Gefahr einer Rechtsgutverletzung, dann liegt eine Handlung vor.[375] Wird eine bereits bestehende Gefahr nicht durch aktives Tun abgewendet, so besteht das Verhalten in einem Unterlassen.[376] Teilweise wird allerdings auch in Anlehnung an die äquivalente strafrechtliche Diskussion auf den Schwerpunkt der Vorwerfbarkeit abgestellt.[377] Auch die im Strafrecht vertretene Energietheorie, nach der ein aktives Tun bei Muskeleinsatz vorliegt,[378] lässt sich prinzipiell auf das Haftungsrecht übertragen.

Nach der wohl vorherrschenden Meinung, die auf die Erhöhung oder Schaffung einer Gefahr abstellt, ist das automatisierte und auch das autonome Fahren als ein Unterlassen zu betrachten.[379] Der Fahrer bzw. Insasse erhöht nicht durch sein Zutun die durch den Hersteller geschaffene konkrete Gefahr in der jeweiligen Situation, sondern er unterlässt es, diese Gefahr durch rechtzeitige Übernahme der Fahrzeugsteuerung abzuwenden. Die Beibehaltung der Fahrzeugführereigenschaft in hoch-

---

372 Siehe unter § 5 B. I. 2.

373 *Deutsch/Ahrens*, Deliktsrecht, § 4 Rn. 38; *Fuchs/Pauker/Baumgärtner*, Delikts- und Schadensrecht, S. 84; *Greger*, in: Greger/Zwickel, Haftungsrecht des Straßenverkehrs, § 10 Rn. 7.

374 *Staudinger*, in: Schulze BGB, § 823 BGB Rn. 46.

375 *Deutsch/Ahrens*, Deliktsrecht, § 4 Rn. 40.

376 *Buck-Heeb/Dieckmann*, in: Oppermann/Stender-Vorwachs, Autonomes Fahren, 1. Auflage, S. 75.

377 *Bollacher*, in: Dötsch/Koehl/Krenberger/Türpe, BeckOK StVR, § 8 OWIG Rn. 5; vgl. zum Strafrecht BGH, NStZ-RR 2006, 10 (11); BGH, NStZ 2003, 657 (657); *Fischer*, StGB, § 13 Rn. 5; *Bosch*, in: Schönke/Schröder, StGB, Vorbemerkungen zu den §§ 13 ff. Rn. 158a; *Kühne*, NJW 1991, 3020 (3020).

378 So etwa *Gaede*, in: Kindhäuser/Neumann/Paeffgen, StGB, § 13 StGB Rn. 7.

379 *Buck-Heeb/Dieckmann*, in: Oppermann/Stender-Vorwachs, Autonomes Fahren, 1. Auflage, S. 75.

und vollautomatisierten Fahrzeugen ist kein Indiz für ein aktives Tun.[380] § 1a IV StVG ist keine gesetzliche Klarstellung, sondern lediglich eine Fiktion der Fahrzeugführereigenschaft.[381] Das Verhalten einer Person ist aber anhand der tatsächlichen Umstände zu ermitteln und insofern keiner Fiktion zugänglich. Dass es dem Insassen eines autonomen Kfz aus tatsächlichen Gründen unmöglich ist, diese Gefahr abzuwenden, weil ihm die entsprechende Interventionsmöglichkeit fehlt, ist an dieser Stelle noch nicht von Bedeutung. Auf die Frage nach der rechtlichen Bewertung seines Verhaltens kommt es erst im Rahmen der Handlungspflicht an.

Die Annahme eines Unterlassens bestätigt sich auch dann, wenn man nach dem Schwerpunkt der Vorwerfbarkeit oder nach einem willentlichen Energiefluss fragt. Es ist dem Fahrer nicht vorwerfbar, das System durch aktives Tun überhaupt aktiviert zu haben, denn das ist gem. § 1b I StVG ja sogar ausdrücklich erlaubt. Ebenso fehlt es an einem positiven Energieeinsatz, der zur Vermeidung einer Rechtsgutsverletzung gerade nötig gewesen wäre. Nach sämtlichen Ansichten ist bei Nutzung von automatisierten und autonomen Fahrfunktionen daher ein Unterlassen das haftungsrechtlich relevante Verhalten.[382]

2. Rechtspflicht zum Handeln

Zu einer Haftung nach § 823 I BGB führt nur ein pflichtwidriges Unterlassen. Die Pflicht zum Handeln ergibt sich für den Fahrer von automatisierten Fahrzeugen schon gesetzlich aus § 1b StVG. Während der autonomen Fahrt wirkt sich allerdings der Umstand aus, dass es keinen Fahrer und daher auch keinen Adressaten verhaltensbezogener Sorgfaltspflichten während der Fahrt gibt. Entsprechend dem Wegfall der Fahrerhaftung nach § 18 I StVG wird der Insasse dann auch von deliktischen (Überwachungs-)Pflichten während der Fahrt befreit.

Nach wie vor haben Fahrer und Halter präventive Verkehrssicherungspflichten. Derjenige, der eine Gefahrenlage schafft, ist dazu verpflichtet, die notwendigen und zumutbaren Vorkehrungen zu treffen, um eine Schädigung anderer zu verhindern.[383] Dazu müssen beide Parteien zunächst

---

380 So noch *Bewersdorf*, Zulassung und Haftung bei Fahrerassistenzsystemen im Straßenverkehr, S. 120.
381 Siehe oben unter § 5 A. III. 1. dd.
382 *Buck-Heeb/Dieckmann*, in: Oppermann/Stender-Vorwachs, Autonomes Fahren, 1. Auflage, S. 75; wohl auch schon *Berz/Dedy/Granisch*, DAR 2000, 545 (548); a. A. *Bewersdorf*, Zulassung und Haftung bei Fahrerassistenzsystemen im Straßenverkehr, S. 120.
383 BGH, NJW 2007, 1683 (1684); BGH, NJW 2006, 610 (611); BGH, NJW 1990, 1236 (1237).

dafür Sorge tragen, dass das Fahrzeug den zulassungsrechtlichen Anforderungen entspricht und insofern verkehrstauglich und sicher ist.[384] Das betrifft einerseits die Vorschriften der StVZO und Fahrzeug-ZulassungsVO, andererseits aber auch die Anforderungen des § 1a II StVG an Fahrzeuge mit hoch- und vollautomatisierten Fahrfunktionen. Fahrer und Halter müssen dabei die Funktionsfähigkeit der Technik vor Fahrtantritt zumindest augenscheinlich überprüfen.[385] Die Funktionsfähigkeit und Sicherheit wird bei softwarebasierter Steuerung des Fahrzeugs wesentlich von der Aktualität der Software abhängen, der Pflichtenkreis erstreckt sich deshalb auch auf die Durchführung von sicherheitsrelevanten Systemupdates.[386]

Speziell den Halter trifft insbesondere auch dann eine Verkehrssicherungspflicht, wenn er nicht zugleich auch Fahrer ist und das Kfz einem anderen zur Nutzung überlässt.[387] Gem. § 31 II StVZO ist er verpflichtet, die Inbetriebnahme des Fahrzeugs zu untersagen, wenn es nicht den gesetzlichen Vorschriften entspricht. Die Verpflichtung erstreckt sich auf die Auswahl und Überwachung der Person des Fahrers.[388] Für den Bereich der automatisierten Fahrzeuge wird diese Verantwortung um eine weitere Dimension ergänzt: An die sorgfältige Auswahl eines Fahrers schließt sich nun eine umfangreiche Instruktionspflicht bezüglich des Funktionsumfanges und der Funktionsgrenzen im Sinne der bestimmungsgemäßen Verwendung des Systems an.[389] Diese Pflichten entfallen erst dann, wenn es im Rahmen des autonomen Fahrens keine Systemgrenzen mehr gibt, die es zu beachten gilt.

II. § 823 II BGB

Eine Inanspruchnahme des Schädigers aus § 823 II BGB kommt insbesondere dann in Betracht, wenn der Geschädigte einen über einen Sach-

---

384 *Sprau*, in: Palandt BGB, § 823 BGB Rn. 233; *Greger*, NZV 2018, 1 (3); *ders.*, in: Greger/Zwickel, Haftungsrecht des Straßenverkehrs, § 10 Rn. 8; *Berz/Dedy/Granisch*, DAR 2000, 545 (548); *Singler*, Freilaw 1/2017, 14 (18).
385 *Wagner/Ruttloff/Freytag*, CB 2017, 386 (389); *Hey*, Die außervertragliche Haftung des Herstellers autonomer Fahrzeuge bei Unfällen im Straßenverkehr, S. 31.
386 Vgl. *Schulz*, Verantwortlichkeit bei autonom agierenden Systemen, S. 144.
387 *Kaufmann*, in: Geigel, Der Haftpflichtprozess, Kap. 25 Rn. 208.
388 *Kaufmann*, in: Geigel, Der Haftpflichtprozess, Kap. 25 Rn. 208; *Berz/Dedy/Granisch*, DAR 2000, 545 (548).
389 *Stöber/Pieronczyk/Möller*, DAR 2020, 609 (611); *Wolfers*, RAW 2018, 94 (100); *Greger*, NZV 2018, 1 (4); *Jänich/Schrader/Reck*, NZV 2015, 313 (316); *Stöber/Möller/Pieronczyk*, V+T 2019, 217 (217); früher schon *Vogt*, NZV 2003, 153 (156).

oder Personenschaden hinausgehenden Vermögensschaden erlitten hat. Dieser ist anders als im Rahmen des § 823 I BGB von der Haftung aus § 823 II BGB umfasst.[390] Voraussetzung ist die Verletzung eines Schutzgesetzes, das dem Geschädigten Individualschutz gewährt[391] und dessen gesetzlich gewollter Schutzzweck berührt ist.[392] Bei Straßenverkehrsunfällen dienen insbesondere die Normen der StVO als Schutzgesetze.[393]

1. Normadressat der StVO

Der Fahrer haftet nur dann aus § 823 II BGB, wenn ihn die StVO selbst verpflichtet, wenn er also Normadressat des Verhaltensrechts ist. Abstrakt betrachtet ist dies derjenige, „der am Verkehr teilnimmt" (vgl. § 1 II StVO). Verkehrsteilnehmer ist derjenige, der sich verkehrserheblich verhält, d. h. körperlich und unmittelbar auf den Ablauf eines Verkehrsvorganges einwirkt.[394] Der Begriff des Verkehrsteilnehmers ist damit deutlich weiter gefasst als der des Fahrzeugführers.

Während die StVO nach wie vor davon ausgeht, dass nur ein Mensch als Teilnehmer am Straßenverkehr in Betracht kommt,[395] könnte bei näherer Betrachtung auch das System heranzuziehen sein, weil es faktisch die Steuerung zumindest im Rahmen eines definierten Anwendungsbereiches in Gänze übernimmt und somit die in § 1 StVO festgelegten Grundregeln des Straßenverkehrs umsetzen muss, es also selbst aktiv auf den Verkehrsvorgang Einfluss nimmt. Für automatisierte Fahrzeuge unterstützt der Gesetzgeber diese Annahme (wohl unfreiwillig) durch die Regelung des § 1a II Nr. 2 StVG, die hoch- und vollautomatisierten Fahr-

---

390 *Sprau*, in: Palandt BGB, § 823 BGB Rn. 56; *Wagner*, in: MüKo BGB, § 823 BGB Rn. 542; *Geiger*, in: MüKo StVR, § 823 Rn. 168; *Fuchs/Pauker/Baumgärtner*, Delikts- und Schadensrecht, S. 153.

391 *Geiger*, in: MüKo StVR, § 823 Rn. 171; *Fuchs/Pauker/Baumgärtner*, Delikts- und Schadensrecht, S. 154; *Greger*, in: Greger/Zwickel, Haftungsrecht des Straßenverkehrs, § 11 Rn. 4; *Jänich/Schrader/Reck*, NZV 2015, 313 (316).

392 *Grüneberg*, in: Berz/Burmann, Handbuch des Straßenverkehrsrechts, Rn. 94; *Greger*, in: Greger/Zwickel, Haftungsrecht des Straßenverkehrs, § 11 Rn. 5.

393 Siehe die Übersichten bei *Grüneberg*, in: Berz/Burmann, Handbuch des Straßenverkehrsrechts, Rn. 95 ff.; *Sprau*, in: Palandt BGB, § 823 BGB Rn. 71; *Greger*, in: Greger/Zwickel, Haftungsrecht des Straßenverkehrs, § 11 Rn. 6 ff.; *Geiger*, in: MüKo StVR, § 823 Rn. 174.

394 BGH, NJW 1960, 924 (925); BayObLG, NZV 1992, 326 (327); OLG Düsseldorf, NJW 1956, 1768 (1768); vgl. *Heß*, in: Burmann/Heß/Hühnermann/Jahnke, StVR, § 1 StVO Rn. 16; *König*, in: Hentschel/König/Dauer, StVR, § 1 StVO Rn. 17; *Bender*, in: MüKo StVR, § 1 StVO Rn. 16; *Schröder*, in: Bachmeier/Müller/Rebler, VerkehrsR, § 1 StVO Rn. 10.

395 Vgl. die amtliche Begründung der StVO, VkBl. 1970, (797) 799; *Hötizsch/May*, in: Hilgendorf, Robotik im Kontext von Recht und Moral, S. 197.

zeugen abverlangt, den Verkehrsvorschriften zu entsprechen. Dennoch bleibt der Mensch zumindest aus rechtlicher Sicht Fahrzeugführer, sodass die Fiktion des § 1a IV StVG auf die Verkehrsteilnehmereigenschaft der StVO übertragen werden muss. Wer Fahrzeugführer ist, ist immer auch Verkehrsteilnehmer.[396] Für Fahrzeuge der Stufe 3 und 4 ist die Verkehrsteilnehmereigenschaft des Fahrers damit gesetzlich geklärt.[397]

Bei autonomen Kfz kann sich die Verkehrsteilnehmereigenschaft dagegen nicht unmittelbar aus der Fahrzeugführereigenschaft ergeben. Die Disqualifizierung des Insassen als Fahrer ist vielmehr Beleg für seine Passivität im Straßenverkehr. Zwar kann grundsätzlich auch ein Mitfahrer Verkehrsteilnehmer sein,[398] Voraussetzung ist dabei aber immer ein Eingriff in den Verkehrsablauf,[399] z. B. durch Ablenken des Fahrers[400] oder das Ergreifen des Lenkrades.[401] Eine solche Möglichkeit der Einflussnahme fehlt dem Insassen eines autonomen Fahrzeugs.[402] Er ist daher kein Verkehrsteilnehmer i. S. d. StVO.

2. Insbesondere: § 3 StVO

Der Fahrer hoch- und vollautomatisierter Fahrzeuge haftet somit grundsätzlich für Verstöße gegen die Verhaltensregeln der StVO. Dabei können immer dann erhöhte Sorgfaltsanforderungen an den Fahrer gestellt werden, wenn die Vorschriften ein Verhalten fordern, das typischerweise dem Menschen, nicht aber der Maschine vorbehalten ist. Das betrifft zum Beispiel das Gebot gegenseitiger Verständigung in besonderen Verkehrslagen (§ 11 III StVO) oder das Gebot, den Weisungen und Zeichen von Polizeibeamten Folge zu leisten (§ 36 I StVO).[403] Haftungsrechtliche Bedeutung könnte speziell § 3 StVO erlangen,[404] der in Abs. I S. 1

---

396 *Bender*, in: MüKo StVR, § 1 StVO Rn. 17.
397 Vgl. zur früheren Diskussion *Hammer*, Automatisierte Steuerung im Straßenverkehr, S. 135.
398 So etwa auch der Fahrlehrer, OLG Stuttgart, DAR 2015, 410 (411); oder der Begleiter i. R. d. begleiteten Fahrens, vgl. *König*, in: Hentschel/König/Dauer, StVR, § 1 StVO Rn. 17; *Lempp*, in: Haus/Krumm/Quarch, VerkehrsR, § 1 StVO Rn. 13.
399 *König*, in: Hentschel/König/Dauer, StVR, § 1 StVO Rn. 17; *Heß*, in: Burmann/Heß/Hühnermann/Jahnke, StVR, § 1 StVO Rn. 20.
400 OLG Düsseldorf, NJW 1956, 1768 (1768).
401 OLG Hamm, NJW 1969, 1975 (1976).
402 So auch schon *Hammer*, Automatisierte Steuerung im Straßenverkehr, S. 136.
403 Vgl. unter § 5 A. III. 1. a. ee. aaa.; eine deliktische Haftung wegen eines Verstoßes gegen § 11 II StVO oder § 36 I StVO scheitert aber an der fehlenden Schutzgesetzqualität der Vorschriften, vgl. *Freymann*, in: Geigel, Der Haftpflichtprozess, Kap. 15 Rn. 5.
404 *Buck-Heeb/Dieckmann*, in: Oppermann/Stender-Vorwachs, Autonomes Fahren, 1. Auflage, S. 77; *Hötizsch/May*, in: Hilgendorf, Robotik im Kontext von Recht und Moral, S. 198; zum

einerseits die richtige Geschwindigkeit an die Beherrschbarkeit des Fahrzeugs knüpft und dabei die Einbeziehung der Straßen-, Verkehrs-, Sicht- und Wetterverhältnisse sowie der persönlichen Fähigkeiten und der Eigenschaften des Fahrzeugs abverlangt. Zudem enthält Abs. IIa ein Rücksichtnahmegebot gegenüber Kindern, Hilfsbedürftigen und älteren Menschen. Klärungsbedürftig ist vor allem, welche Bedeutung das Erfordernis der Beherrschbarkeit des Fahrzeugs während der automatisierten Fahrt hat und welche konkreten Verhaltensanforderungen sich daraus ergeben.

a. Anforderungen an die Beherrschbarkeit

Beherrscht wird das Fahrzeug nach bisheriger Auffassung nur dann, wenn der Fahrer jedes nach der konkreten Verkehrssituation zu erwartende Fahrmanöver meistern kann.[405] Spätestens mit Inkrafttreten des § 1b StVG kann damit aber nicht nur die eigenhändige Kontrolle der Fahrzeugsteuerung gemeint sein. Unter „beherrschen" ist vielmehr die Fähigkeit zu verstehen, die Steuerung wieder übernehmen zu können und das Fahrzeug nach der Übernahme sicher zu führen.[406] Eine dauerhafte Überwachung ist aufgrund von § 1b I StVG nicht mehr notwendig und kann aus diesem Grund auch nicht Voraussetzung der Sorgfaltspflicht aus § 3 I S. 1 StVO sein.[407] Konkret ergibt sich daher aus § 3 StVO die Pflicht, das automatisierte Fahrzeug nur so schnell fahren zu lassen, dass es dem Fahrer unter Berücksichtigung der in § 3 I S. 2 StVO genannten Kriterien noch möglich ist, bei einer Übernahmesituation die volle Kontrolle zu erlangen.[408] Es ergeben sich also deutliche Parallelen zu den Anforderungen an eine „unverzügliche Übernahme" nach § 1b II StVG.[409] Auch nach § 3 StVO sind die an den Fahrer gerichteten Überwachungspflichten in Relation zu den Umstände des Einzelfalls gesetzt.

Schutzgesetzcharakter von § 3 StVO *Greger*, in: Greger/Zwickel, Haftungsrecht des Straßenverkehrs, § 11 Rn. 11 ff.

405 *Cramer*, StVR, § 3 StVO Rn. 31; vgl. *Hammer*, Automatisierte Steuerung im Straßenverkehr, S. 145; *Hötizsch/May*, in: Hilgendorf, Robotik im Kontext von Recht und Moral, S. 199.

406 *Hötizsch/May*, in: Hilgendorf, Robotik im Kontext von Recht und Moral, S. 199; auch schon *Bewersdorf*, Zulassung und Haftung bei Fahrerassistenzsystemen im Straßenverkehr, S. 83.

407 Zumindest nach alter Gesetzeslage anderer Ansicht ist *Hammer*, Automatisierte Steuerung im Straßenverkehr, S. 146.

408 Vgl. auch *Buck-Heeb/Dieckmann*, in: Oppermann/Stender-Vorwachs, Autonomes Fahren, 1. Auflage, S. 77.

409 Siehe oben unter § 5 A. III. 1. a. ee. ddd.

b. Rücksichtnahmegebot

Das in § 3 IIa StVO niedergelegte Rücksichtnahmegebot gegenüber im Straßenverkehr besonders gefährdeten Personengruppen fordert vom Fahrzeugführer ein Höchstmaß an Vorsicht, Umsicht und Sorgfalt.[410] Kinder, Hilfsbedürftige und ältere Menschen muss der Fahrer anhand von äußeren Merkmalen selbst identifizieren können.[411] Voraussetzung ist, dass der Fahrzeugführer die betreffende Person sieht oder nach den Umständen mit der Anwesenheit besonders schutzbedürftiger Personen rechnen konnte.[412] Dabei müssen konkrete Anhaltspukte für die Anwesenheit schutzbedürftiger Personen in der Nähe bestehen.[413]

Diese Pflicht zur Lokalisierung und Entschärfung einer drohenden Gefahr für schutzbedürftige Personen erfordert menschliche Urteilsfähigkeit und Einschätzungsvermögen und wird daher in besonderem Maße dem Fahrer zuteil.[414] Erhöhte Sorgfaltsanforderungen ergeben sich für den Fahrer eines automatisierten Fahrzeugs also auch dann, wenn die Umstände auf eine besondere Gefährdung der geschützten Personen hindeuten (etwa beim Fahren durch eine belebte Spielstraße). Hier tritt das Abwendungsrecht vollständig hinter die Pflicht zurück, die Schutzbedürftigkeit zu erkennen und sofort reaktionsbereit zu sein.

III. § 831 I BGB analog

Die bisher dargestellten deliktischen Sorgfaltspflichten von Fahrer und Halter für das von ihnen auf die Straße gebrachte System erinnern in ihrem Kern an den Rechtsgedanken des § 831 I BGB, nach dem der Geschäftsherr für das schädigende Verhalten der von ihm eingesetzten Hilfspersonen haften soll, wenn er bei der Auswahl, Instruktion oder Überwachung ebendieser nicht die notwendige Sorgfalt an den Tag gelegt hat.[415] Die Verantwortlichkeit des Geschäftsherrn für das Handeln Dritter ergibt sich dabei aus seiner Weisungshoheit und der damit ver-

---

410 *Freymann*, in: Geigel, Der Haftpflichtprozess, Kap. 27 Rn. 120.
411 *Gutt*, in: Haus/Krumm/Quarch, VerkehrsR, § 3 StVO Rn. 32; vgl. OLG Hamm, VersR 1992, 204 (204).
412 OLG Hamm, NZV 2006, 151 (151).
413 BGH, NJW 2001, 152 (152); BGH, NJW 1997, 2756 (2757); BGH, NZV 1990, 227 (228); OLG Hamm, NZV 2006, 151 (151); OLG Hamm, VersR 1992, 204 (204).
414 Anders wäre es nur dann, wenn es dem System zuverlässig gelingt, den Grad der Schutz- oder Hilfsbedürftigkeit einer Person zu erkennen und das Fahrverhalten dementsprechend anzupassen.
415 *Bernau*, in: Staudinger BGB, § 831 BGB Rn. 2; *Sprau*, in: Palandt BGB, § 831 BGB Rn. 1.

bundenen Beherrschbarkeit der Gefahr.[416] In diesem Sinne kann auch der Nutzer einer KI durch sorgfältige Auswahl über den Einsatz des Systems bestimmen und durch die Überwachung seine Funktionsfähigkeit kontrollieren.[417] Die Haftung der Benutzer automatisierter oder autonomer Fahrzeuge könnte sich deshalb auch aus einer entsprechenden Anwendung des § 831 I BGB ergeben. Nach allgemeinen Grundsätzen müssten dazu eine planwidrige Regelungslücke und eine vergleichbare Interessenlage bestehen.[418]

Im Bereich des automatisierten Fahrens liegt keine planwidrige Regelungslücke vor. Die Risikoverteilung beim Einsatz automatisierter Systeme im Straßenverkehr ist durch § 1b StVG bereits ausdrücklich festgelegt worden. Die sich aus § 1b StVG und § 823 I BGB ergebenden Auswahl- und Überwachungspflichten vor und während der Fahrt entsprechen denjenigen Anforderungen, die eine analoge Anwendung von § 831 BGB an den Fahrer stellen würde. Insofern besteht kein Bedarf, die bestehenden gesetzlichen Regelungen zu ergänzen.

Für den autonomen Straßenverkehr fehlt es bislang noch an gesetzlichen Regelungen im StVG, sodass der Übertragbarkeit der Grundsätze aus § 831 BGB zumindest nicht schon der ausdrückliche gesetzgeberische Wille entgegensteht.[419] Die bis dato unklaren bzw. nicht existierenden Sorgfaltspflichten des Nutzers autonomer Fahrzeuge ließen sich durch eine entsprechende Anwendung des § 831 BGB verschärfen, ohne dabei das bestehende Haftungssystem de lege ferenda durch gesetzliche Anpassungen oder spezielle Haftungsnormen für autonome Systeme erweitern zu müssen. Durch die so schon de lege lata zu begründende „Nutzerhaftung" könnte außerdem der Wegfall der Fahrerhaftung nach § 18 I StVG kompensiert werden.[420] Es besteht auch deshalb Regelungsbedarf, weil zwar grundsätzlich auch über § 823 I BGB Auswahl- und Überwachungspflichten entstehen können, eine Verletzung dieser Pflichten aber vom Geschädigten bewiesen werden muss. § 831 I S. 2 BGB enthält – wie

---

416 *Bernau*, in: Staudinger BGB, § 831 BGB Rn. 2; *Schaub*, in: Prütting/Wegen/Weinreich, BGB Kommentar, § 831 BGB Rn. 1.

417 *Denga*, CR 2018, 69 (75); *Wagner*, VersR 2020, 717 (730); Europäische Kommission, Liability for Artificial Intelligence, S. 25.

418 Zu den Voraussetzungen einer Analogie BGH, NJW 1988, 2734 (2734); *Danwerth*, ZfPW 2017, 230 (233).

419 *Hanisch*, in: Hilgendorf, Robotik im Kontext von Recht und Moral, S. 59.

420 Eine aus § 831 BGB abgeleitete „Betreiberhaftung" des Halters, wie sie für autonome Systeme im Allgemeinen teilweise diskutiert wird, ist dagegen nicht erforderlich; eine solche existiert mit § 7 StVG auch für den „Betreiber" autonomer Fahrzeuge fort.

auch schon § 18 I S. 2 StVG – eine Beweislastumkehr zugunsten des Geschädigten und erleichtert die Beweisführung somit erheblich.[421]

Es stellt sich indes die Frage, ob bei einer Schädigung durch autonome Systeme eine ähnliche Interessenlage besteht wie bei der Schädigung durch Verrichtungsgehilfen. Eine Vergleichbarkeit besteht zumindest insoweit, als sowohl autonome Systeme als auch Verrichtungsgehilfen im Rahmen ihrer zweckgebundenen Anweisungen tätig werden, dabei aber dennoch eine gewisse Selbstständigkeit und einigen Gestaltungsspielraum bei der Ausführung besitzen.[422] § 831 I S. 1 BGB erfordert dabei tatbestandlich, dass der Schaden „in Ausführung der Verrichtung" eingetreten ist. Die schädigende Handlung muss im Rahmen des Tätigkeitsumfanges liegen, welche die Verrichtung mit sich bringt, also in einem inneren Zusammenhang mit der ausgeübten Verrichtung stehen.[423] An einem solchen Zusammenhang würde es bei autonomen Systemen zumindest dann fehlen, wenn sich diese völlig außerhalb ihres Einsatzzwecks bewegen,[424] was bei autonomen Fahrzeugen und allen anderen Formen schwacher KI aber nur schwer vorstellbar ist, weil eine Erweiterung des Aktionsradius auf andere Tätigkeitsfelder technisch ausgeschlossen ist.[425]

Als problematisch erweist sich eine analoge Anwendung auch nicht durch den Umstand, dass das System nicht rechtsfähig und damit nicht verschuldensfähig ist. In der Literatur wird die Schuldfähigkeit des Gehilfen zwar vereinzelt als zwingende Voraussetzung des § 831 BGB angesehen,[426] mit Wortlaut und Sinn und Zweck der Vorschrift lässt sich diese Sichtweise allerdings nicht begründen. „Widerrechtlichkeit" meint lediglich Rechtswidrigkeit und umfasst somit gerade kein Verschulden.[427] Auch vor dem Hintergrund, dass § 831 I BGB dem Geschädigten mit dem

---

421 *Zech*, ZfPW 2019, 198 (211); *Müller-Hengstenberg/Kirn*, CR 2018, 682 (686).
422 *Denga*, CR 2018, 69 (75); *Kluge/Müller*, InTeR 2017, 24 (28); *Horner/Kaulartz*, CR 2016, 7 (8); *Wagner*, VersR 2020, 717 (730).
423 BGH, VersR 1966, 1074 (1075); BGH, VersR 1955, 205 (205), BGH, VersR 1955, 214 (214).
424 *Denga* spricht in diesem Zusammenhang von „Total-Ausbrüchen", CR 2018, 69 (75).
425 Siehe oben unter § 2 A. II.; vgl. auch *Kluge/Müller*, InTeR 2017, 24 (28).
426 *Müller-Hengstenberg/Kirn*, CR 2018, 682 (687), die von einem „Gehilfenvorsatz" sprechen; *Kupisch*, JuS 1984, 250 (253); *Stoll*, JZ 1958, 137 (138); vgl. *Bauer*, Elektronische Agenten in der virtuellen Welt, S. 233.
427 *Förster*, in: Bamberger/Roth/Hau/Poseck, BeckOK BGB, § 831 BGB Rn. 35; *Sprau*, in: Palandt BGB, § 831 BGB Rn. 8; *Bernau*, in: Staudinger BGB, § 831 BGB Rn. 115; *Staudinger*, in: Schulze BGB, § 831 BGB Rn. 1; *Medicus/Lorenz*, Schuldrecht II, § 80 Rn. 11; *Deutsch/Ahrens*, Deliktsrecht, Rn. 445.

Geschäftsherren einen regelmäßig solventen Anspruchsgegner zur Verfügung stellen soll,[428] kann es auf die Schuldfähigkeit des Gehilfen nicht ankommen. Denn gerade dann, wenn der Gehilfe nicht schuldhaft gehandelt hat und somit nicht als Ersatzpflichtiger in Frage kommt, ist ein Rückgriff auf den Geschäftsherren von Nöten. Andernfalls könnte sich der Geschäftsherr eines schuldunfähigen Gehilfen bedienen und sich bei einer Inanspruchnahme auf diesen Umstand berufen.[429] Für die Haftung des Nutzers ist es somit unerheblich, dass das System als „Verrichtungsgehilfe" selbst weder delikts- noch verschuldensfähig ist.[430]

Trotz der Entbehrlichkeit einer Prüfung rechtlicher Kriterien in Form einer Rechts-, Delikts- oder Schuldfähigkeit beim Verrichtungsgehilfen bleibt noch ungeklärt, inwiefern der Gehilfe menschliche Fähigkeiten aufweisen muss, ob also nur ein Mensch als Verrichtungsgehilfe in Frage kommt. Verständlicherweise gingen Gesetzgeber, Rechtsprechung und Literatur bisher wie selbstverständlich von einer natürlichen Hilfsperson aus. So wird davon gesprochen, der Geschäftsherr müsse bei der Auswahl seiner Gehilfen deren persönliche Merkmale wie Moralvorstellungen, Charakterstärke oder Verantwortungsgefühl mitberücksichtigen.[431] Demzufolge wäre der Einsatz nicht menschlicher Systeme – sogar, wenn man sie als „Gehilfen" betrachten mag – immer mit einem Auswahlverschulden behaftet, weil eine Maschine keines dieser Kriterien erfüllen kann.[432] Dieser Schlussfolgerung steht allerdings entgegen, dass eine rechtliche Tatbestandsauslegung anhand subjektiver Moralvorstellungen des Einzelnen nicht gewollt ist;[433] die Konkretisierung einer Rechtsnorm darf also nicht anhand der subjektiven Moral des Normadressaten erfolgen, sondern bedarf heteronomer, also fremdgesetzter Moral.[434] Die Auswahl des Verrichtungsgehilfen kann dann nicht an moralischen Kriterien des Geschäftsherren gemessen werden, sodass typisch menschliche Eigen-

---

428 *Förster*, in: Bamberger / Roth / Hau / Poseck, BeckOK BGB, § 831 BGB Rn. 1.
429 *Bernau*, in: Staudinger BGB, § 831 BGB Rn. 115; *Wieacker*, JZ 1957, 535 (535).
430 *Denga*, CR 2018, 69 (75); *Kluge / Müller*, InTeR 2017, 24 (28); *John*, Haftung für künstliche Intelligenz, S. 273; a. A. *Müller-Hengstenberg / Kirn*, CR 2018, 682 (686); *Bauer*, Elektronische Agenten in der virtuellen Welt, S. 233 f.
431 *Sprau*, in: Palandt BGB, § 831 BGB Rn. 12; *Schaub*, in: Prütting / Wegen / Weinreich, BGB Kommentar, § 831 BGB Rn. 17; der BGH spricht von der Feststellung „persönlicher Eignung", NJW 2003, 288 (290).
432 *Keßler*, MMR 2017, 589 (593).
433 *Keßler*, MMR 2017, 589 (593); *Sack*, NJW 1985, 761 (767).
434 *Sack*, NJW 1985, 761 (767); zur begrifflichen Unterscheidung zwischen autonomer und heteronomer Moral auch *Sack*, GRUR 1970, 493 (495 f.).

schaften nicht zwangsläufig Grundvoraussetzung eines sorgfältig ausgewählten Gehilfen sein müssen.

Nach alledem scheinen die Tatbestandsvoraussetzungen des § 831 I S. 1 BGB bei einem schädigenden Verhalten autonomer Systeme vorzuliegen. Die in § 831 I S. 2 BGB festgelegten Exkulpationsmöglichkeiten des Geschäftsherrn umfassen indes nicht nur die eben skizzierte Auswahl des Gehilfen, sondern auch seine Überwachung, „sofern er die Ausführung der Verrichtung zu leiten hat."[435] Bringt die Verrichtung schon ihrer Art nach eine Gefahr für Leib oder Leben Dritter mit sich, dann ist der Gehilfe besonders aufmerksam zu überwachen.[436] Gerade bei der Überwachung von Kfz-Führern wurden schon zu Zeiten des Reichsgerichts höchste Anforderungen gestellt,[437] die in den nachfolgenden Jahrzehnten durch den BGH nicht wesentlich abgemildert wurden, auch wenn später vor einer Pauschalisierung der Sorgfaltspflichten gewarnt und auf die jeweiligen Umstände des Einzelfalls verwiesen wurde.[438] Jedenfalls ergibt sich aus der höchstrichterlichen Rechtsprechung zweifelsohne, dass zumindest eine gelegentliche Kontrolle durch den Geschäftsherrn erforderlich ist.[439] Es stellt sich bei autonomen Systemen dann aber unweigerlich die Frage, inwieweit eine Überwachungspflicht, ganz gleich in welcher Intensität, überhaupt noch gerechtfertigt sein kann. Für den Nutzer ist die Entbindung von weitreichenden Kontrollmaßnahmen ja gerade wesentlicher Vorteil selbstfahrender Fahrzeuge.[440] Die Interessenlage eines Nutzers autonomer Fahrzeuge ist daher nicht mit der Interessenlage eines Geschäftsherrn vergleichbar, weil die in § 831 I BGB angelegte, weitreichende Haftung zu einer unbilligen Belastung des Nutzers führen würde. Während die Überwachungspflicht des Geschäftsherrn darin begründet ist, bei einer unzulänglichen Ausführung der Verrichtung einschreiten zu können, läuft dieser Zweck bei der Überwachung autonomer Fahrzeuge ins Leere, wenn die Eingriffsmöglichkeit des Insassen aufgrund fehlender

---

435 Eine Überwachungspflicht ist zwar nicht explizit im Gesetzestext verankert, ist aber als „Auswahl in der Zeit" allgemein anerkannt, so schon RGZ 78, 107 (109); vgl. *Bernau*, in: Staudinger BGB, § 831 BGB Rn. 140.
436 BGH, NJW 2003, 288 (290); *Sprau*, in: Palandt BGB, § 831 BGB Rn. 13.
437 RGZ 142, 356 (362); RGZ 136, 4 (11); RGZ 120, 154 (161).
438 BGH, NJW 1997, 2756 (2757); BGH, VersR 1984, 67 (67); BGH, BeckRS 1962, 31183967.
439 Vgl. BGH, NJW-RR 2002, 1678 (1679).
440 *Pieper*, InTeR 2016, 188 (194); *Horner/Kaulartz*, InTeR 2016, 22 (25); *dies.*, in: Taeger, Internet der Dinge: Digitalisierung von Wirtschaft und Gesellschaft, S. 509; *Grützmacher*, CR 2016, 695 (698); vgl. für Software-Agenten im Allgemeinen *Bauer*, Elektronische Agenten in der virtuellen Welt, S. 234.

Steuerungsmöglichkeiten allenfalls noch darin liegt, einen Nothalt herbeizuführen. Eine Überwachungspflicht ist dann in tatsächlicher Hinsicht sinnlos.[441] Über § 831 I S. 2 BGB eine derartige Pflicht des Nutzers während des Betriebs zu statuieren, würde der technischen Errungenschaft im Ergebnis daher nicht gerecht werden und ist abzulehnen.

Die Gerichte könnten nach den „Umständen des Einzelfalls" in Zukunft zwar zu der Ansicht gelangen, dass eine Überwachung autonomer Systeme nicht mehr erforderlich ist. Dann würde sich der Anwendungsfall des § 831 I S. 1 BGB aber auf die Fälle sorgfaltswidriger Auswahl des Systems vor Fahrtantritt reduzieren, was letztendlich zur Bedeutungslosigkeit der Vorschrift für autonome Systeme führen könnte, denn diesbezüglich erscheint eine Exkulpation des Nutzers – so pauschal man das heute überhaupt sagen kann – vergleichsweise einfach.[442] In diesem Fall würde eine Analogie nur das bestätigen, was sich nach der übrigen Rechtslage de lege lata ohnehin abzeichnet, nämlich die haftungsrechtliche Freizeichnung des Nutzers autonomer Systeme für technisch bedingte Fahrfehler. Insgesamt ist eine Übertragung der Grundsätze aus § 831 I BGB deshalb weder möglich noch erforderlich.

IV. § 832 I BGB analog

Eine Analogie zur Haftung aufsichtspflichtiger Personen nach § 832 I BGB ist ebenso abzulehnen. Die Aufsichtspflichten richten sich im Allgemeinen nach der „Eigenart" des Aufsichtsbedürftigen, der konkreten Situation und der Zumutbarkeit einer Aufsichtsmaßnahme.[443] Wenn dem Nutzer autonomer Fahrzeuge nicht einmal partielle Überwachungspflichten während der Fahrt obliegen, dann kann es sich nicht anders mit etwaigen Aufsichtspflichten verhalten.[444]

V. § 833 I BGB analog

Der Vergleich von Tier und System liegt durchaus nahe. So wie der Lernprozess des Algorithmus unvorhersehbar verläuft, resultiert auch die Haftung des Tierhalters aus dem unberechenbaren, instinktgetriebenen Ver-

---

441 Zum Vergleich folgendes Beispiel: Soll der Fahrgast eines Zuges mit einer Überwachungspflicht belastet werden, weil er die Möglichkeit hat, im Notfall die Notbremse zu ziehen?
442 Vgl. *Grützmacher*, CR 2016, 695 (698).
443 *Sprau*, in: Palandt BGB, § 832 BGB Rn. 8; *Teichmann*, in: Jauernig BGB, § 832 BGB Rn. 6.
444 Ebenso *Grützmacher*, CR 2016, 695 (698).

halten des Tieres, das sich in bestimmten Situationen der Kontrolle des Menschen entziehen kann.[445] § 833 BGB ist als Gefährdungshaftungstatbestand aber einer Analogie unzugänglich. Grundsätzlich liegt unserem Rechtssystem das Verschuldensprinzip zu Grunde, das nur in bestimmten, gesetzlich angeordneten Fällen durchbrochen werden darf.[446] Eine Gefährdungshaftung muss mangels Generalklausel[447] – entsprechend dem Enumerationsprinzip – ausdrücklich angeordnet werden;[448] die analoge Anwendung auf vergleichbare Fälle ist deshalb rechtswidrig.[449] Nur, wenn ein bestimmter Sachverhalt jahrelange Rechtsunsicherheit schafft, kann nach richterlicher Würdigung im Einzelfall eine derartige Rechtsfortbildung in Betracht gezogen werden.[450] Eine Haftung ist deshalb schon aus prinzipiellen Erwägungen auszuschließen.[451]

Unabhängig von diesen grundsätzlichen Einwänden ist § 833 BGB auch von seiner Rechtsfolge her nicht auf technische Systeme übertragbar. Die Privilegierung des professionellen Halters aus § 833 S. 2 BGB wäre bei autonomen Fahrzeugen nicht zu rechtfertigen und liefe der Intention der stärkeren Einbindung professioneller Akteure in das Haftungssystem zuwider.[452]

VI. § 836 I BGB analog

Die Verantwortlichkeit des Benutzers autonomer Fahrzeuge wird vereinzelt auch dem Rechtsgedanken der Gebäudehaftung aus § 836 I BGB entnommen.[453] Nach der Verschuldensvermutung des § 836 I S. 2 BGB ist es

---

445 *Sprau*, in: Palandt BGB, § 833 BGB Rn. 1; *Eberl-Borges*, in: Staudinger BGB, § 833 BGB Rn. 5.

446 BGH, NJW 1971, 32 (33); BGH, NJW 1971, 607 (608); *Ballhausen*, in: Gsell/Krüger/Lorenz/ Reymann, BeckOGK, § 2 HPflG Rn. 8; *Medicus*, Jura 1996, 561 (561).

447 *Wagner*, in: MüKo BGB, vor § 823 BGB Rn. 25; *Sprau*, in: Palandt BGB, Einf. § 823 BGB Rn. 11; für die Schaffung einer solchen Generalklausel *Kötz/Wagner*, Deliktsrecht, Rn. 514.

448 *Wagner*, in: MüKo BGB, vor § 823 BGB Rn. 25; *Teichmann*, in: Jauernig BGB, vor § 823 BGB Rn. 11; *Medicus*, Jura 1996, 561 (562).

449 In der Literatur finden sich nur sehr vereinzelt andere Stimmen, etwa *Zech*, JZ 2013, 21 (27); in anderen Rechtsordnungen wird eine Analogie aber durchaus für möglich erachtet, etwa in Österreich, OGH, JBL 1971, 493 (493); vgl. dazu auch Europäische Kommission, Liability for Artificial Intelligence, S. 26.

450 BGH, NJW 1971, 32 (33).

451 Ebenso *Bräutigam/Klindt*, NJW 2015, 1137 (1139); *Brunotte*, CR 2017, 583 (586); *Horner/ Kaulartz*, InTeR 2016, 22 (24); a. A. *Zech*, ZfPW 2019, 198 (215).

452 *Zech*, in: Deutscher Juristentag, Verhandlungen des 73. Deutschen Juristentages, Band I, A 66; *Wagner*, VersR 2020, 717 (731).

453 *Grützmacher*, CR 2016, 695 (698); *Zech*, in: Deutscher Juristentag, Verhandlungen des 73. Deutschen Juristentages, Band I, A 59.

Sache des Besitzers, die Einhaltung der zur Abwehr der Gefahr notwendigen Sorgfalt zu beweisen. Der Grund für diese Beweislastumkehr liegt in dem Umstand, dass die schadensauslösende Gefahr aus einer für den Geschädigten unzugänglichen Risikosphäre stammt, die alleine für den Besitzer überschaubar und beherrschbar ist.[454] Der Geschädigte sähe sich mit erheblichen Beweisschwierigkeiten konfrontiert, wenn er eine Sorgfaltspflichtverletzung bei einer für ihn undurchsichtigen Gefahrenquelle beweisen müsste.[455] Die Differenzierung verschiedener Sphären lässt sich grundsätzlich auch auf den Einsatz autonomer Kfz übertragen. Es ist denkbar, dass der Geschädigte bei der Darlegung einer Pflichtverletzung auch hier in Beweisnöte geraten könnte, weil er etwa in den Updateverlauf der Software oder die Wartungsintervalle nicht involviert ist. Jedenfalls wäre eine Inanspruchnahme des Nutzers auch im Rahmen einer analogen Anwendung von § 836 I BGB ausgeschlossen, wenn ein technischer Mangel in der Steuerungssoftware unfallursächlich war und sich der Nutzer keine anderweitige Sorgfaltspflichtverletzung vorzuwerfen hat. Für ihn ist das Verhalten des Fahrzeugs auf der Straße eben keine beherrschbare Gefahr mehr, weil es für ihn weder vorhersehbar noch vermeidbar ist.[456]

VII. Zwischenergebnis

Für die deliktische Haftung von Fahrer und Halter ergibt sich folgendes Gesamtbild: Die aus § 823 I BGB resultierenden Verkehrssicherungspflichten des Fahrers entsprechen während der automatisierten Fahrt den in § 1b StVG formulierten Sorgfaltspflichten. Daneben ist er dazu angehalten, die Verkehrstüchtigkeit des Fahrzeugs insbesondere hinsichtlich offensichtlich erkennbarer Mängel sicherzustellen. § 823 II BGB i. V. m. § 3 StVO liefert neben einem eigenständigen Haftungstatbestand auch weitere Erkenntnisse zur Unterfütterung der Sorgfaltsanforderungen an den Fahrer automatisierter Fahrzeuge nach § 1b StVG. Dem Nutzer eines autonomen Fahrzeugs obliegen auch zukünftig die herkömmlichen Kontrollpflichten zur Sicherstellung der Verkehrstüchtigkeit des Kfz. Eine darüber hinausgehende Verantwortlichkeit für systembedingte Fahrfehler lässt sich aber deliktsrechtlich weder aus § 823 BGB noch aus

---

454 *Bernau*, in: Staudinger BGB, § 836 BGB Rn. 2; *Wagner*, in: MüKo BGB, § 836 BGB Rn. 2.
455 *Bernau*, in: Staudinger BGB, § 836 BGB Rn. 2.
456 *Riehm*, ITRB 2014, 113 (114).

einer analogen Anwendung vergleichbarer Verschuldens- oder Gefährdungshaftungstatbestände begründen.

Den Halter treffen zwar während der Fahrt keine besonderen Sorgfaltspflichten, dafür hat er aber vor Fahrtantritt in gesteigertem Maße dafür Sorge zu tragen, dass der Fahrer mit dem System und seinen Grenzen vertraut ist. Erst das autonome Fahren wird ihn von dieser Verantwortung größtenteils freizeichnen. Gleiches gilt für eine Haftung aus § 823 II BGB i. V. m. den Schutznormen der StVO.

Die deliktische Haftung bleibt im Ergebnis eine adäquate Ergänzung zu den Haftungsvorschriften des StVG. Ihr Versinken in die völlige Bedeutungslosigkeit ist, entgegen einigen Stimmen in der Literatur,[457] zumindest so lange nicht zu erwarten, wie auch eine Haftung nach § 18 StVG noch in Betracht kommt. Mit der in Zukunft zu erwartenden stetigen Reduzierung der an den Nutzer zu stellenden Sorgfaltspflichten schränkt sich das Anwendungsfeld einer deliktischen Haftung aber tatsächlich stark ein.

---

457 Teilweise wird eine deliktische Haftung nur an einen menschlichen Fahrfehler angeknüpft, so etwa *Hey*, Die außervertragliche Haftung des Herstellers autonomer Fahrzeuge bei Unfällen im Straßenverkehr, S. 29; *Fleck/Thomas*, NJOZ 2015, 1393 (1396); *Schrader*, NJW 2015, 3537 (3541).

§ 6 Haftungsrisiken de lege lata für den Hersteller

Die herkömmliche Unfallhaftung könnte tiefgreifende Änderungen erfahren. Die Übernahme menschlicher Tätigkeiten durch Maschinen führt dazu, dass völlig neue Akteure in den Kreis derjenigen gelangen, die als Verantwortliche für Schäden materieller oder immaterieller Art in Betracht kommen. Bisher wurde die Verantwortlichkeit in den allermeisten Fällen bei Fahrer und Halter eines Fahrzeugs gesucht; so, wie es das Straßenverkehrsgesetz auch vorsieht. Wenn das Fahrzeug allerdings nicht mehr menschlich gesteuert ist, drängt sich schnell die Frage auf, wer eigentlich für maschinell verursachte Schäden in die Pflicht genommen werden soll. Naheliegend ist zunächst derjenige, der die Maschine gebaut hat. In der Tat sind die Hersteller und deren Zulieferer zentrale Hauptfiguren im Haftungsgefüge des modernen Straßenverkehrs; ihre Verantwortlichkeit könnte sich de lege lata entweder schon aus einer (analogen) Anwendung des Straßenverkehrsgesetzes oder aus Produkt- und Produzentenhaftung ergeben. Nicht selten wird daher bereits seit einigen Jahren eine Haftungsverschiebung von Halter und Fahrer hin zum Hersteller automatisierter und autonomer Fahrzeuge prognostiziert.[458]

A. Haftung des Herstellers nach dem StVG

I. Der Hersteller als Fahrer

Beginnen soll dieses Kapitel mit der Idee, den Hersteller als Fahrzeugführer zu qualifizieren und seine Haftung bereits aus § 18 I StVG zu rechtfertigen.[459] Nimmt man dies an, bräuchte es einen Rückgriff auf Produkt- und Produzentenhaftung in den meisten Fällen gar nicht; die Herstellerhaftung würde sich nahtlos in das Straßenverkehrsrecht ein-

---

458 V. *Bodungen/Hoffmann*, NZV 2018, 97 (97); *Grünvogel*, MDR 2017, 973 (974); *Gomille, JZ* 2016, 76 (81); *Hilgendorf*, JA 2018, 801 (802); *Lutz*, NJW 2015, 119 (120); *Ebers*, in: Oppermann/Stender-Vorwachs, Autonomes Fahren, 1. Auflage, S. 96; *Meyer-Seitz*, in: 56. Deutscher Verkehrsgerichtstag, S. 66; *Wagner*, AcP 2018, 707 (708); a. A. *Hey*, Die außervertragliche Haftung des Herstellers autonomer Fahrzeuge bei Unfällen im Straßenverkehr, S. 139.
459 Auf europäischer Ebene wurde die rechtliche Gleichstellung von menschlichem Fahrer und Hersteller erstmals 2015 in einem informellen Diskussionspapier der Mitgliedstaaten Schweden und Belgien in Spiel gebracht, Economic Commission for Europe, Autonomous Driving, Submitted by the Governments of Belgium and Sweden.

fügen. Der Gesetzgeber hat diese Frage jedenfalls auf den ersten Blick unbeantwortet gelassen. Insbesondere § 1a IV StVG begründet für sich genommen noch nicht die Schlussfolgerung, dass neben dem Fahrer nicht auch der Hersteller Fahrzeugführer sein kann.[460] Der Gesetzesbegründung lässt sich diesbezüglich lediglich entnehmen, der jetzige Fahrer sei beim autonomen Fahren nur noch Passagier.[461] Über die Rolle des Herstellers wird (beabsichtigt oder nicht) geschwiegen. Für den Bereich des automatisierten Fahrens ist damit erst recht noch keine Aussage getroffen; eine doppelte Fahrzeugführereigenschaft ist jedenfalls nicht zwangsläufig ausgeschlossen.[462]

1. Kriterien der Rechtsprechung zur Fahrzeugführereigenschaft

Die Rechtsprechung formuliert in mehreren Entscheidungen im Wesentlichen zwei kumulative Voraussetzungen:[463]

a. Tatsächliche Gewalt über essenzielle technische Vorrichtungen

Fahrzeugführer kann nur derjenige sein, der das Fahrzeug unter Handhabung essenzieller technischer Vorrichtungen während der Fahrbewegung ganz oder wenigstens zum Teil durch den Verkehrsraum leitet.[464] Entscheidend ist die tatsächliche Steuerung zum Unfallzeitpunkt.[465] Fahrer ist also auch derjenige, der zwar nur einen Teil der technischen Einrichtungen bedient (z. B. nur das Lenkrad), aber doch so viel Einfluss nimmt, dass die Bewegung des Fahrzeugs maßgebend bestimmt wird.[466] Die Einflussnahme muss für eine gewisse Dauer bestehen,[467] ein punktuelles Eingreifen ist nicht ausreichend.[468]

Anders als der (fingierte) menschliche Fahrer erfüllt der Hersteller dieses Kriterium. Das System bedient sämtliche für die Bewegung des Fahrzeugs erforderlichen technischen Vorrichtungen und leitet das Fahrzeug

---

460 Entgegen der Ansicht von *König*, in: König/Hentschel/Dauer, StVR, § 1a StVG Rn. 14.
461 BT-Dr. 18/11300, S. 14.
462 Vgl. BGH, NJW 2015, 1124 (1125); *Schrader*, DAR 2016, 242 (245); *ders.*, NJW 2015, 3537 (3539); *Full/Möhl/Rüth*, in: Müller, StVR, § 2 StVG Rn. 15.
463 In Anlehnung an die Ausführungen von *Schrader*, NJW 2015, 3537 (3538 f.); *ders.*, DAR 2016, 242 (245).
464 Dazu schon unter § 5 A. III. 1. a. dd.
465 BGH, NJW 1963, 43 (43); *Full/Möhl/Rüth*, in: Müller, StVR, § 2 StVG Rn. 8.
466 BGH, NJW 1990, 1245 (1245); OLG Köln, DAR 1982, 30 (30); vgl. BGH, NJW 2015, 1124 (1125); *Hecker*, in: Schönke/Schröder, StGB, § 316 StGB Rn. 20.
467 OLG Köln, DAR 1982, 30 (30).
468 OLG Köln, NJW 1971, 670 (670); OLG Hamm, NJW 1969, 1975 (1976).

durch den Verkehrsraum, es übernimmt somit alle Tätigkeiten, die einst der menschliche Fahrer ausgeübt hat.[469] Das gilt für das automatisierte System für den Zeitraum seiner Verwendung und für das autonome Systeme während der kompletten Fahrzeit. Betrachtet man nur den Umfang der ausgeübten Tätigkeiten, erscheint es somit inkonsequent, dem Hersteller schon mangels tatsächlicher Steuerung die Fahrereigenschaft zu versagen.[470]

b. Eigener Entscheidungsspielraum

Wer das Fahrzeug zwar faktisch lenkt, allerdings nur bloße Hilfsdienste leistet, ist demgegenüber kein Fahrzeugführer.[471] Das ist etwa dann der Fall, wenn der Insasse nur nach den Weisungen einer anderen Person handelt und aus diesem Grund keinen Entscheidungsspielraum in Bezug auf die Bewegung und Fahrtrichtung hat.[472]

Maßgeblich ist demzufolge das Maß an Gestaltungsfreiheit des Systems während der Fahrt. Die Entscheidung über das Fahrtziel liegt selbstverständlich weiterhin beim Insassen und dieser wird eventuell auch einzelne Parameter der Fahrt festlegen und verändern können (etwa die Geschwindigkeit oder den Abstand zum vorausfahrenden Kfz). Zudem wird angeführt, dem System fehle die für einen Fahrer typische Wahrnehmung der äußeren Umwelt und die Fähigkeit, diese Umstände durch einen Willensbildungsprozess zu verarbeiten, weil es lediglich einem vorprogrammierten Algorithmus folge.[473]

Dass aber nur einem Menschen ein Entscheidungsspielraum zwischen mehreren Handlungsoptionen zustehen soll, ist nicht nachzuvollziehen. Der Algorithmus führt ja gerade zur Auswahl der sichersten Fahrbewegung. Grundlage dieser Entscheidung sind zwar keine Eindrücke, die durch menschliche Sinnesorgane gewonnen wurden, es ist aber nicht ersichtlich, weshalb die „Wahrnehmungsorgane" des Fahrzeugs keine fundierte Grundlage für eine Entscheidung zwischen verschiedenen Optionen liefern können. Die wesentlichen Lenk- und insbesondere auch

---

469 Vgl. Economic Commission for Europe, Autonomous Driving, Submitted by the Governments of Belgium and Sweden, Anm. 28.

470 Vgl. *Koch*, VersR 2018, 901 (908).

471 BGH, VRS 52 (1977), 408 (409); *Greger*, in: Greger/Zwickel, Haftungsrecht des Straßenverkehrs, § 4 Rn. 12; *Full/Möhl/Rüth*, in: Müller, StVR, § 2 StVG Rn. 11.

472 BGH, VRS 52 (1977), 408 (409).

473 *V. Bodungen/Hoffmann.*, NZV 2015, 521 (523); *Hammer*, Automatisierte Steuerung im Straßenverkehr, S. 146; ähnlich auch *Franke*, DAR 2016, 61 (64); *Singler*, Freilaw 2017, 14 (17).

Bremsentscheidungen trifft nun das System durch den herstellerseitig vorgegebenen Algorithmus und die während der Fahrt gesammelten Daten selbst.[474] Ein menschlicher Willensakt ist hierfür nicht erforderlich.[475] Die freien Gestaltungsmöglichkeiten des Systems finden ihren Höhenpunkt im Rahmen des autonomen Fahrens, bei dem der Einfluss des Insassen wegen fehlender Steuerungsmöglichkeiten auf ein Minimum reduziert ist.

c. Zwischenergebnis

Legt man die über viele Jahre von der Rechtsprechung entwickelten Voraussetzungen der Fahrereigenschaft zugrunde, muss der Hersteller bereits bei automatisierten Fahrzeugen als (Mit-)Fahrer betrachtet werden. Es gilt aber zu berücksichtigen, dass diese Rechtsprechung auf der Annahme beruht, der Mitfahrer sei ein Mensch und im Fahrzeug anwesend.[476] Eine unmittelbare Übertragung der Grundsätze kommt deswegen nicht in Betracht. Es fragt sich, ob sich durch die Abwesenheit einer menschlichen Person etwas am Sinn und Zweck der Fahrerhaftung ändern würde. Konkret ist zu untersuchen, ob die Verhaltenszurechnung aus § 18 I StVG zwingend einen physisch anwesenden Menschen als Fahrer erfordert und ob ein System in das verhaltensbezogene Straßenverkehrsrecht einbezogen werden kann.

2. Sinn und Zweck des § 18 I StVG

Die Fahrerhaftung soll dem Verkehrsopfer neben dem Halter einen zusätzlichen Haftungsgegner zur Verfügung stellen.[477] Der menschliche Fahrer haftet im Rahmen des automatisierten Fahrens aufgrund von § 1b StVG lediglich aufgrund von pflichtwidriger Überwachung des Systems. Die heute noch typische Haftung für Fahrfehler fällt damit weg, sodass dem Geschädigten (zumindest im Rahmen der Möglichkeiten des StVG) nur ein Rückgriff auf den Halter verbleibt. Die Qualifizierung des Herstellers als Fahrer würde dem Geschädigten wieder einen Fahrer als Haftungsgegner zur Verfügung stellen und damit zur Erhaltung der bekannten und bewährten zweigliedrigen straßenverkehrsrechtlichen Haf-

---

474 Vgl. *Koch*, VersR 2018, 901 (908); *Schrader*, NJW 2015, 3537 (3541); *ders.*, DAR 2016, 242 (245).
475 Anders *Hammer*, Automatisierte Steuerung im Straßenverkehr, S. 140.
476 *Koch*, VersR 2018, 901 (908).
477 *Walter*, in: Dötsch/Koehl/Krenberger/Türpe, BeckOK StVR, § 18 StVG Rn. 2; *Koch*, VersR 2018, 901 (908).

tung führen. Die Gesetzesbegründung zu § 1b StVG führt zwar an, eine Fahrerhaftung sei wegen der weitreichenden Verantwortung des Halters nach § 7 I StVG nicht zwingend erforderlich.[478] Daraus lässt sich aber nicht schlussfolgern, dass deswegen eine Einbeziehung des Herstellers als Fahrer unmöglich oder unnötig ist.[479] Mit diesem Argument wäre die komplette Fahrerhaftung überflüssig, weil insofern immer die Möglichkeit des Rückgriffs auf den Halter besteht. Dem Hersteller die Fahrereigenschaft zu verleihen, fördert vielmehr den Anspruch des straßenverkehrsrechtlichen Haftungssystems, die Schadenskompensation durch mehrere Pflichtige sicherzustellen.

Der Schadensausgleich selbst erfordert auch nicht die physische Anwesenheit einer natürlichen Person im Fahrzeug. Ein Rückgriff auf den Hersteller als juristische Person dürfte wenig Nachteile mit sich bringen. Sinn und Zweck von § 18 I StVG stehen der Haftung des Herstellers als Fahrzeugführer somit nicht entgegen.

3. Die Maschine als Adressat von Verhaltensvorschriften?

Als substantieller Einwand gegen die Qualifizierung des Herstellers als Fahrzeugführer kann die sich in der Konsequenz ergebende Einbeziehung in die weiteren Rechte und Pflichten eines Fahrers im Straßenverkehr eingebracht werden. So wäre der Hersteller als Verkehrsteilnehmer Adressat sämtlicher verhaltensbezogener Vorschriften. Hier kommt erstmals auch zum Tragen, dass der Hersteller als Fahrer physisch abwesend wäre. Bestimmte Anforderungen des Straßenverkehrsrechts setzten aber zwingend die Anwesenheit des Fahrers im Fahrzeug voraus.[480] So verpflichtet § 31b StVZO den Fahrer, bei einer Kontrolle Warndreieck und Verbandskasten vorzeigen zu können. Nach § 15 S. 2 StVO muss bei Liegenbleiben des Fahrzeugs das Warndreieck gut sichtbar aufgestellt werden.[481]

Während man die genannten Vorschriften der StVO und StVZO für physisch abwesende Fahrer ggf. gesetzlich anpassen oder auslegen könnte, ergibt sich aus den neuen Anforderungen des StVG allerdings ein

---

478 BT-Dr. 18/11300, S. 14.
479 So aber *Koch*, VersR 2018, 901 (909).
480 Vgl. *Hötizsch/May*, in: Hilgendorf, Robotik im Kontext von Recht und Moral, S. 197; vgl. *Hammer*, Automatische Steuerung im Straßenverkehr, S. 139f.
481 Vergleichbar zu der Situation beim teleoperierten Fahren, dazu *Lutz/Tang/Lienkamp*, NZV 2013, 57 (60).

unüberwindbares Paradoxon, das der Personenidentität von Hersteller und Fahrer immanent ist: Dem Hersteller wäre es in der Rolle des Fahrers gestattet, sich gem. § 1b I StVG vom Verkehrsgeschehen und der Fahrzeugsteuerung abzuwenden, in der Rolle als Produzent des Systems muss er aber gem. § 1a II StVG die Längs- und die Querführung übernehmen und den Verkehrsvorschriften entsprechen. Zudem würde der Hersteller als Fahrer dann absurderweise auch bei nicht bestimmungsgemäßer Verwendung des Systems haften. Im Ergebnis würde die Verschuldenshaftung des § 18 I StVG zumindest für den Hersteller zu einer reinen Gefährdungshaftung mutieren.[482]

Auch wenn der Gesetzgeber die Fahrereigenschaft des Herstellers bei automatisierten Fahrzeugen nicht explizit ausgeschlossen hat, so verdeutlicht die Divergenz der gesetzlichen Anforderungen an System und (menschlichen) Fahrer die Unvereinbarkeit dieser beiden Aufgabenbereiche.[483]

Spätestens im Rahmen des autonomen Fahrens muss die Grundkonzeption des Straßenverkehrsrechts bezüglich der Verhaltensanforderungen an einen Fahrer in Gänze modifiziert werden. Für eine Haftung des menschlichen Insassen aus § 18 I StVG verbleibt kein Raum mehr, weil eine Fiktion der Fahrereigenschaft hier nicht mehr gerechtfertigt ist.[484] Solange das Gesetz aber von einer Personenverschiedenheit von Fahrer und Hersteller ausgeht und Personenidentität zu eklatanten gesetzlichen Widersprüchen führt, kann der Hersteller auch in autonomen Kfz nicht Fahrzeugführer sein.[485] Will man dies ändern, muss der Mensch als alleiniger Bezugspunkt der Handlungspflichten aufgegeben werden.[486] Ansonsten wäre die Konsequenz der vollständige Wegfall der Fahrerhaftung.

---

482 So auch *Borges*, CR 2016, 272 (277).
483 Im Ergebnis auch *Buck-Heeb/Dieckmann*, in: Oppermann/Stender-Vorwachs, Autonomes Fahren, 1. Auflage, S. 66; *König*, in: Hentschel/König/Dauer, StVR, § 1b StVG Rn. 14; *Koch*, VersR 2018, 901 (909); *Borges*, CR 2016, 272 (277); *v. Bodungen/Hoffmann*, NZV 2016, 503 (504); *Singler*, Freilaw 1/2017, 14 (17).
484 Siehe oben unter § 5 A. III. 2.
485 A. A. *Buck-Heeb/Dieckmann*, in: Oppermann/Stender-Vorwachs, Autonomes Fahren, 1. Auflage, S. 65; *Schrader*, DAR 2016, 242 (245); *ders.*; NJW 2015, 3537 (3541).
486 *Hammer* geht nicht davon aus, dass ein solcher Wandel tatsächlich vollzogen wird, *Hammer*, automatisierte Steuerung im Straßenverkehr, S. 146; mit Bezugnahme zu *Berz*, ZVS 2002, 2 (3).

II. Gefährdungshaftung, 7 I StVG analog

Anders als die Fahrerhaftung knüpft die Gefährdungshaftung des Halters nicht an konkrete Verhaltensvorschriften an, weshalb die soeben eingebrachten Bedenken gegen die Einbeziehung des Herstellers in das straßenverkehrsrechtliche Haftungssystem hier nicht zum Tragen kommen. Sofern der Hersteller nicht auch selbst Halter ist, kommt freilich nur eine analoge Anwendung von § 7 I StVG in Betracht.[487] Diese Idee beruht auf dem Gedanken, dass der Hersteller – ähnlich wie der Halter – eine Gefahrenquelle eröffnet und betreibt.[488] Entsprechend der ratio legis von § 7 I StVG[489] ist es daher gerechtfertigt, ihn bei der Realisierung ebendieser Gefahr verschuldensunabhängig haften zu lassen. Zudem profitiert der Hersteller auch von den Vorteilen des automatisierten Verkehrs und ist mithin – genauso wie der Halter – Nutznießer der Inbetriebnahme.[490] Insbesondere die Abwendungsbefugnis des Fahrers eröffnet dem Hersteller die Möglichkeit, während der Fahrt kommerzielle Dienste im Infotainmentsystem bereitzustellen.[491] Diese wiederum können bei intensiver Nutzung durch den Fahrer für personalisierte Werbung genutzt werden.[492] Die Interessenlagen von Halter und Hersteller sind also durchaus vergleichbar. Dem steht auch nicht der gesetzliche Rahmen des § 7 I StVG – insbesondere die Ausschlusstatbestände der §§ 7 II, III, 8 StVG und die Höchstsummenbegrenzung des § 12 StVG – entgegen.[493] § 7 II und § 12 StVG lassen sich ebenso gut auch auf automatisierte und autonome Fahrzeuge übertragen und sollten in analoger Anwendung auch den Hersteller entlasten können. Einzig § 7 III StVG scheint nicht auf den Hersteller übertragbar zu sein, weil dieser anders als der Halter die Kontroll- und Einflussmöglichkeiten auf das Fahrzeug beibehält.[494]

---

487 *Borges*, CR 2016, 272 (279).
488 Vgl. *Borges*, CR 2016, 272 (279); allgemein *Sprau*, in: Palandt BGB, Einf. § 823 BGB Rn. 11.
489 Siehe oben unter § 5 A. II. 1.
490 *V. Bodungen/Hoffmann*, NZV 2016, 503 (508); a. A. *Borges*, CR 2016, 272 (280).
491 *Hornung/Goeble*, CR 2015, 265 (266); *Hey*, Die außervertragliche Haftung des Herstellers autonomer Fahrzeuge bei Unfällen im Straßenverkehr, S. 193 f.
492 *Hornung/Goeble*, CR 2015, 265 (266).
493 Dieser Ansicht ist *Hey*, Die außervertragliche Haftung des Herstellers autonomer Fahrzeuge bei Unfällen im Straßenverkehr, S. 229.
494 *Hey*, Die außervertragliche Haftung des Herstellers autonomer Fahrzeuge bei Unfällen im Straßenverkehr, S. 229 f.

Neben der vergleichbaren Interessenlage muss allerdings auch eine planwidrige Regelungslücke bestehen.[495] Wie oben bereits angedeutet[496] wurde die Herstellerhaftung bei der gesetzgeberischen Konzeption der §§ 1a, 1b StVG nicht berücksichtigt. Gleichwohl ist davon auszugehen, dass dies mit Bedacht geschehen ist. In der Gesetzesbegründung heißt es, die Versicherungen von Halter und Hersteller würden untereinander einen Ausgleich finden.[497] Diese zumindest punktuelle Erwähnung des Herstellers und die Offensichtlichkeit der Relevanz der Herstellerhaftung sprechen insgesamt dafür, dass der Gesetzgeber sie nicht einfach übersehen, sondern ganz bewusst unangetastet belassen wollte.[498] Die Planwidrigkeit der Regelungslücke ist schon aus diesem Grund zu bezweifeln. Ohnehin ist die entsprechende Anwendung des § 7 I StVG wegen Verstoßes gegen das Enumerationsprinzip keine sachgerechte Lösung,[499] sodass sowohl die Einbeziehung des Herstellers automatisierter als auch des Herstellers autonomer Fahrzeuge in dieser Form unzulässig ist.[500]

III. Zwischenergebnis

De lege lata liefert das StVG weder in direkter noch in analoger Anwendung einen Anhaltspunkt für die Haftung des Herstellers. Das liegt zum einen an der traditionellen Verknüpfung der straßenverkehrsrechtlichen Pflichten mit menschlichem (und nicht maschinellem) Verhalten und zum anderen an der mangelnden Planwidrigkeit einer fehlenden Haftungsnorm für den Hersteller im StVG. Eine analoge Anwendung des § 7 I StVG würde zwar grundsätzlich den Interessenlagen der Parteien entsprechen, scheitert aber – außer am Fehlen einer planwidrigen Regelungslücke – am Analogieverbot für Gefährdungshaftungstatbestände.

---

495 Zu den Voraussetzungen einer Analogie siehe oben unter § 5 B. III.
496 Siehe unter § 6 A. I.
497 BT-Dr. 18/11300, S. 14.
498 So auch *Schrader*, DAR 2018, 314 (316).
499 Zum Enumerationsprinzip siehe oben unter § 5 B. V.
500 Ebenso *Borges*, CR 2016, 272 (280); *Hey*, Die außervertragliche Haftung des Herstellers autonomer Fahrzeuge bei Unfällen im Straßenverkehr, S. 228; a. A. *Schulz*, Verantwortlichkeit bei autonom agierenden Systemen, S. 155; wohl auch *Zech*, ZfPW 2019, 198 (214 f.).

B. Haftung des Herstellers nach dem ProdHaftG

§ 1 I S. 1 ProdHaftG verleiht dem Geschädigten einen Direktanspruch gegen den Hersteller eines Produkts für körperliche und sachliche Schäden, wenn hierfür ein Fehler des Produktes ursächlich war. Tatbestandliche Grundvoraussetzungen sind die Verletzung eines qualifizierten Rechtsgutes, das Vorliegen eines Produktes (§ 2 ProdHaftG) des Herstellers (§ 4 ProdHaftG), die Fehlerhaftigkeit dieses Produktes (§ 3 ProdHaftG) sowie Kausalität zwischen Produktfehler und eingetretenem Schaden.[501] Darüber hinaus verbergen sich in den genannten Vorschriften teilweise erhebliche Einschränkungen hinsichtlich der generellen Ersatzfähigkeit und des Haftungsumfanges.

Automatisierte und autonome Fahrzeuge bergen bei praktisch jeder dieser Voraussetzungen besondere Herausforderungen und Probleme,[502] weshalb nunmehr immer öfter eine Reform der Produkthaftungsrichtlinie diskutiert wird.[503] Die europäische Kommission hat sich erstmals bereits 1999 mit einer Evaluierung auseinandergesetzt[504] und hat diesen Gedanken vor einigen Jahren u. a. im Hinblick auf intelligente Systeme forciert.[505] In diesem Kapitel wird der Frage nachgegangen, inwieweit die Produkthaftung mit den rechtlichen Anforderungen der neuen Technologie vereinbar ist und welche grundlegenden Schwierigkeiten den Ruf nach Reformen berechtigen könnten.

I. Haftungskonzept

1. Leitmotiv Gefährdungshaftung

Das nationale Produkthaftungsgesetz ist Transformationsgesetz der Richtlinie 85/374/EWG[506] des Rates vom 25.07.1985. Leitgedanken

---

501 Vgl. *Fuchs/Pauker/Baumgärtner,* Delikts- und Schadensrecht, S. 333 ff.
502 Vgl. *Wagner,* AcP 2018, 707 (708).
503 Etwa bei *v. Westphalen,* ZIP 2019, 889 (889); *Rott,* Rechtspolitischer Handlungsbedarf im Haftungsrecht, S. 78 ff.; Verbraucherzentrale Bundesverband e. V., „Safety by Design" – Produkthaftungsrecht für das Internet der Dinge, S. 12 ff.
504 EU-Kommission, Grünbuch, die zivilrechtliche Haftung für fehlerhafte Produkte.
505 EU-Kommission, Bericht der Kommission an das Europäische Parlament, den Rat und den Europäischen Wirtschafts- und Sozialausschuss über die Anwendung der Richtlinie des Rates zur Angleichung der Rechts- und Verwaltungsvorschriften der Mitgliedstaaten über die Haftung für fehlerhafte Produkte.
506 EG-Richtlinie zur Angleichung der Rechts- und Verwaltungsvorschriften der Mitgliedstaaten über die Haftung für fehlerhafte Produkte.

waren einerseits die Schaffung von fairen und einheitlichen Wettbe-
werbsbedingungen für Unternehmen und andererseits der weitreichende und flächendeckende Verbraucherschutz innerhalb der EU durch die
Schaffung einer verschuldensunabhängigen Haftung der Hersteller für
fehlerhafte Produkte.[507] Die Konzeption als Gefährdungshaftung ist allerdings entgegen dem eindeutigen Willen des Rates nicht unumstritten
und wird hier noch zu thematisieren sein.[508]

Ungeachtet der umstrittenen konzeptionellen Einordung der Produkthaftung knüpft § 1 I ProdHaftG tatbestandlich jedenfalls einzig und
allein an einen Fehler des Produkts an. Im Unterschied zu nationalen
Verschuldenshaftungstatbeständen – allen voran § 823 I BGB und § 18
Abs. 1 StVG – kommt es daher nicht auf ein individuelles menschliches
Versagen an.[509] Ein Vergleich zu § 7 I StVG zeigt aber, dass die Produkthaftung auch keine (echte) Gefährdungshaftung ist. Während der Halter
schon für die Inbetriebnahme des Fahrzeugs als Risikoquelle haftet,[510]
wird die Haftung des Herstellers erst mit der Inverkehrgabe eines fehlerhaften Produktes ausgelöst. Sanktionierte Risikoquelle ist hier also nicht
das Fahrzeug selbst, sondern seine Fehlerhaftigkeit. Schon aus diesem
Grund ergibt sich, dass Halter und Hersteller automatisierter Fahrzeuge – obwohl sie beide dem Konzept einer Gefährdungshaftung unterliegen – nicht das gleiche Haftungsrisiko tragen.[511]

2. Die geschützten Personen und Rechtsgüter

Die Begriffe der Tötung, Körper- und Gesundheitsverletzung entsprechen
denen des § 823 I BGB.[512] Unerheblich ist, ob der Träger des geschützten Rechtsgutes Eigentümer oder nur sonstiger Nutzer des Produktes
ist.[513] Die in § 1 I ProdHaftG genannten Schadensarten (Personen- und
Sachschäden) wurden mit der Schadensreform 2002 um den Ersatz des
immateriellen Schadens gem. § 8 S. 2 ProdHaftG i. V. m. § 253 II BGB ergänzt.[514] Im Übrigen ist die im Gesetz vorgenommene Aufzählung aber

---

507 RL 85/374/EWG, Nr. L 210/29; im Folgenden „Produkthaftungsrichtlinie".
508 Siehe unten unter § 8 A. I.
509 *Wagner*, in: MüKo BGB, Einl. ProdHaftG Rn. 18.
510 Siehe oben unter § 5 A. II. 1.
511 Siehe unten unter § 8 A. I.
512 *V. Westphalen*, in: Foerste/v. Westphalen, Produkthaftungshandbuch, § 45 Rn. 13; *Lenz*,
Produkthaftung, § 3 Rn. 358.
513 *Oechsler*, in: Staudinger BGB, § 1 ProdHaftG Rn. 8; *Wagner*, in: MüKo BGB, § 1 ProdHaftG
Rn. 5.
514 BT-Dr. 14/7752, S. 14.

aufgrund des Vollharmonisierungscharakters der Richtlinie abschließend.[515]

II. Das Produkt und sein(e) Hersteller

§ 2 S. 1 ProdHaftG definiert ein „Produkt" als eine bewegliche Sache, auch wenn sie Teil einer anderen beweglichen Sache oder einer unbeweglichen Sache ist. Die Kombination von Teilprodukten verschiedener Zulieferer zu einem Gesamtwerk ist grundsätzlich als ein einheitliches Endprodukt zu betrachten,[516] bei dessen Fehlerhaftigkeit der Endprodukthersteller haftet. § 2 S. 1 ProdHaftG stellt allerdings klar, dass der Zulieferer für das von ihm hergestellte Teilprodukt in der Verantwortung bleibt.[517] Bei softwarebasierten Kfz kommt deshalb neben dem Automobilhersteller (sog. OEM, „Original Equipment Manufacturer") ggf. auch der Zulieferer der Software als Haftungsadressat in Frage.[518]

Im Rahmen von „Kombinationsprodukten" aus Hard- und Software (sog. „embedded systems") stellt sich allerdings die Frage, ob die in das Fahrzeug integrierte Steuerungssoftware überhaupt als Produkt – also als bewegliche Sache – zu qualifizieren ist.[519] Während das Fahrzeug selbst und alle seine materiellen Teile zweifellos bewegliche Sachen darstellen, ist dies bei isolierter Betrachtung der Software zumindest auf den ersten Blick alles andere als eindeutig.[520] Die nähere Untersuchung dieser Frage verläuft in drei Schritten: Zunächst ist festzustellen, inwiefern Software Sacheigenschaft nach deutschem Recht besitzt. Im Anschluss erfolgt die Auseinandersetzung mit den Besonderheiten des europäischen Produkt-

---

515 *Oechsler*, in: Staudinger BGB, § 1 ProdHaftG Rn. 5; *Rott*, Rechtspolitischer Handlungsbedarf im Haftungsrecht, S. 40; *Wagner*, AcP 2018, 707 (708); *v. Westphalen*, in: Foerste/v. Westphalen, Produkthaftungshandbuch, § 44 Rn. 2.

516 Vgl. § 4 I S. 1 ProdHaftG.

517 Vgl. *Wagner*, in: MüKo BGB, § 2 ProdHaftG Rn. 7; *Lenz*, Produkthaftung, § 3 Rn. 337; *Rolland*, Produkthaftungsrecht, § 4 ProdHaftG Rn. 17.

518 *Stöber/Pieronczyk/Möller*, DAR 2020, 609 (612 f.); *Hey*, Die außervertragliche Haftung des Herstellers autonomer Fahrzeuge bei Unfällen im Straßenverkehr, S. 118; *Jänich/Schrader/Reck*, NZV 2015, 313 (317); *v. Bodungen/Hoffmann*, NZV 2016, 449 (449); *Wagner*, AcP 2017, 707 (720).

519 Es wird davon ausgegangen, dass diese Software Standard-Software ist; die gesonderte Problematik bezüglich der Sachqualität von Individualsoftware wird daher nicht berücksichtigt, vgl. dazu *Rolland*, Produkthaftungsrecht, § 2 ProdHaftG Rn. 18 f.; *Sodtalbers*, Softwarehaftung im Internet, S. 121.

520 Vgl. *Oechsler*, in: Staudinger BGB, § 2 ProdHaftG Rn. 11; *Schulz*, Verantwortlichkeit für autonom agierende Systeme, S. 163.

begriffs, ehe drittens die Ergebnisse auf das Endprodukt intelligentes Automobil übertragen werden.

1. Software als Sache

Hierzulande wird die Frage der Sachqualität von Software insbesondere im Rahmen des Mängelgewährleistungsrechts bereits seit Jahrzehnten diskutiert.[521] § 90 BGB definiert eine Sache als körperlichen Gegenstand. „Körperlichkeit" zeichnet sich im Wesentlichen durch das Vorhandensein von Materie aus, gleichgültig in welcher Größe oder in welchem Aggregatzustand.[522] Entscheidend ist die sinnliche oder auch nur technische Wahrnehmbarkeit der Sache[523] und ihre Abgrenzbarkeit zu anderer Materie.[524] Der Sachbegriff ist im Rahmen dieser Vorgaben aber zeitlos und entsprechend dem technischen Fortschritt auslegungsfähig.[525]

Unter Software wird eine Folge von Befehlen verstanden, die fähig sind zu bewirken, dass eine Maschine mit informationsverarbeitenden Fähigkeiten eine bestimmte Funktion oder Aufgabe oder ein bestimmtes Ergebnis anzeigt, ausführt oder erzielt.[526] Der Leistungserfolg besteht folglich in der Verknüpfung verschiedener Steuerungsbefehle, die den Computer zum gewünschten Verhalten veranlassen.[527] Das Programmieren von Software ist deshalb ein schöpferischer Akt und somit eine immaterielle geistige Leistung.[528] Isoliert betrachtet ist dieser Akt schöpferischer Gestaltung daher nicht unter den Sachbegriff subsumierbar.

Indes vermag diese Einordnung nicht auszuschließen, dass das Resultat dieser schöpferischen Leistung dennoch eine materielle Form annehmen kann und sich dadurch als Sache qualifiziert. Die notwendige materielle

---

521 Siehe schon *König*, NJW 1990, 1584 (1584 ff.); *ders.*, NJW 1989, 2604 (2604 ff.).

522 *Marly*, Praxishandbuch Softwarerecht, Rn. 712; *Stresemann*, MüKo BGB, § 90 BGB Rn. 8.

523 *Stresemann*, MüKo BGB, § 90 BGB Rn. 8; *Fritzsche*, in: Bamberger/Roth/Hau/Poseck, BeckOK BGB, § 90 BGB Rn. 6.

524 *Marly*, Praxishandbuch Softwarerecht, Rn. 712; *Dörner*, in: Schulze BGB, § 90 BGB Rn. 2; *Mansel*, in: Jauernig BGB, § 90 BGB Rn. 4; *Fritzsche*, in: Bamberger/Roth/Hau/Poseck, BeckOK BGB, § 90 BGB Rn. 6.

525 *Bydlinski*, AcP 1998, 287 (328); *Marly*, Praxishandbuch Softwarerecht, Rn. 712.

526 *Mössner*, in: Gsell/Krüger/Lorenz/Reymann, BeckOGK, § 90 BGB Rn. 79; *Marly*, Praxishandbuch Softwarerecht, Rn. 8 ff.

527 Vgl. *Ulmer/Hoppen*, CR 2008, 681 (681); *Müller-Hengstenberg*, NJW 1994, 3128 (3129); *Sodtalbers*, Softwarehaftung im Internet, S. 114.

528 *Wagner*, AcP 2017, 707 (717); *Mössner*, in: Gsell/Krüger/Lorenz/Reymann, BeckOGK, § 90 BGB Rn. 81; *Redeker*, IT-Recht, Rn. 830; *Hey*, Die außervertragliche Haftung des Herstellers autonomer Fahrzeuge bei Unfällen im Straßenverkehr, S. 119; *Hoeren*, Softwareüberlassung als Sachkauf, Rn. 72; *Kullmann*, ProdHaftG, § 2 ProdHaftG Rn. 17.

Verkörperung könnte bei Computerprogrammen nämlich in der Speicherung auf einem Datenträger gesehen werden.[529] Es lässt sich nicht leugnen, dass der eben beschriebene Leistungserfolg ausschließlich dann herbeizuführen ist, wenn der Programmcode auf einem Speichermedium zur Verfügung steht.[530] Denn alleine das geistige Wissen reicht zur Erreichung des gewünschten Ziels noch nicht aus, es bedarf vielmehr der Umsetzung dieses Wissens durch den Computer, der das Programm zwingend in gespeicherter Form benötigt.[531] Die Verkörperung ist deshalb nicht nur bloß ein wirtschaftlich wertloses Mittel, um die Software zu ihrem Nutzer zu bringen.[532]

Daran ändern auch neuartige Softwarenutzungsmöglichkeiten wie „Streaming" oder „Cloud-Computing" nichts.[533] Beim Streamen werden die Inhalte zwar nicht in klassischer Weise auf die Festplatte heruntergeladen, eine Speicherung erfolgt aber – wenn auch nur temporär – im Zwischenspeicher des Computers (Cache).[534] Aber auch wenn dem nicht so wäre: An irgendeinem Ort liegt die Software in gespeicherter Form vor, sonst könnte sie nicht übertragen werden. Das Streamen oder Cloud-Computing kann dementsprechend als Fernnutzung dieser gespeicherten Programme verstanden werden. Für die isolierte Frage, ob Software eine materielle Sache ist, kommt es nicht darauf an, ob sich das Speichermedium beim Nutzer befindet.[535] Im Ergebnis ist die Körperlichkeit von Software daher aufgrund ihrer untrennbaren Verbundenheit mit einem

---

529 *Lenz*, Produkthaftung, § 3 Rn. 298; *Bydlinski*, AcP 1998, 287 (307); vgl. *Wagner*, in: MüKo BGB, § 2 ProdHaftG Rn. 15; *Müller-Hengstenberg/Kirn*, Rechtliche Risiken autonomer und vernetzter Systeme, S. 313; *Oechsler*, in: Staudinger BGB, § 2 ProdHaftG Rn. 64; *König*, NJW 1989, 2604 (2605); *Cahn*, NJW 1996, 2899 (2904).

530 *Mössner*, in: Gsell/Krüger/Lorenz/Reymann, BeckOGK, § 90 BGB Rn. 84.

531 So auch BGH, NJW 2007, 2394 (2394 f.); in diesem Urteil und auch in der Literatur wird in diesem Zusammenhang häufig auch der Vergleich zum Buch gezogen, das seinen geistigen Inhalt durch die körperliche Form erst verwertbar macht, vgl. dazu *Hoeren*, Softwareüberlassung als Sachkauf, Rn. 77.

532 So aber *Müller-Hengstenberg*, NJW 1994, 3128 (3130 f.); *Hey*, Die außervertragliche Haftung des Herstellers autonomer Fahrzeuge bei Unfällen im Straßenverkehr, S. 119; *Schneider*, Softwarenutzungsverträge im Spannungsfeld von Urheber- und Kartellrecht, S. 67; vgl. *Hoeren*, Softwareüberlassung als Sachkauf, Rn. 73.

533 *Mössner*, in: Gsell/Krüger/Lorenz/Reymann, BeckOGK, § 90 BGB Rn. 84; a.A. *Wagner*, in: MüKo BGB, § 2 ProdHaftG Rn. 17.

534 Diesen technischen Aspekt hat der EuGH bereits anerkannt, NJW 2014, 2562 (2562).

535 Dagegen könnte dadurch sehr wohl die für das Mängelgewährleistungsrecht relevante Übergabe der Sache und die Anwendbarkeit des ProdHaftG problematisch werden, zu letzterem siehe unten.

(wenn auch nicht immer dem selben) Speichermedium zu bejahen.[536] Das gilt sowohl für Software, die auf herkömmlichen Datenträgern wie Festplatten, DVDs oder USB-Sticks gespeichert ist, als auch für heruntergeladene[537] oder nur gestreamte Anwendungen.

2. Software als Produkt

Der Produktbegriff des § 2 ProdHaftG orientiert sich am Sachbegriff des § 90 BGB, was schon die Bezeichnung als „bewegliche Sache" zeigt.[538] Da die Produkthaftungsrichtlinie aber nicht etwa auf den Sachbegriff des § 90 BGB verweist, sondern vielmehr zu diesem Thema schweigt, muss das nationale Verständnis nicht zwangsläufig übertragen werden. Der europäische Sachbegriff kann sich zwar mit dem des § 90 BGB überschneiden, ist darüber hinaus aber anpassbar und auslegungsfähig, mithin autonom.[539] Die nationalen Vorschriften müssen im Einklang mit Art. 4 III EUV so ausgelegt werden, dass sie der Zielsetzung der Richtlinie so gut wie möglich entsprechen.[540]

Wenn man allerdings der hier vertretenen Ansicht folgt und die Sacheigenschaft von Computerprogrammen nach deutschem Recht befürwortet, dann ist die einzig logische Konsequenz, diese auch als Produkt i. S. v. § 2 ProdHaftG zu betrachten.[541] Lehnt man die Sachqualität nach

---

536 Im Ergebnis ebenso BGH, NJW 2007, 2394 (2394 f.); BGH, NJW 1990, 320 (321); BGH, NJW 1988, 406 (408); *Schweinoch*, CR 2010, 1 (2); *Bydlinski*, AcP 1998, 287 (306); *Marly*, Praxishandbuch Softwarerecht, Rn. 730; *Mössner*, in: Gsell/Krüger/Lorenz/Reymann, BeckOGK, § 90 BGB Rn. 84 f.; *Taeger*, Ausservertragliche Haftung für fehlerhafte Computerprogramme, S. 132; a. A. *Wagner*, AcP 2017, 707 (717); *Heydn*, in: Kilian/Heussen, Computerrechts-Handbuch, 32.13 Rn. 28; *Stöber/Möller/Pieronczyk*, V+T 2019, 217 (220); *Mayinger*, Die künstliche Person, S. 42; *Oechsler*, in: Staudinger BGB, § 2 ProdHaftG Rn. 66.

537 Speziell hinsichtlich heruntergeladener Software a. A. *Mehrings*, NJW 1988, 2438 (2439); *Wagner*, in: MüKo BGB, § 2 ProdHaftG Rn. 17; *Kullmann*, ProdHaftG, § 2 ProdHaftG Rn. 19; *Haberstumpf*, CR 2012, 561 (564); *Diedrich*, CR 2002, 473 (475); *Wagner*, AcP 2017, 707 (717).

538 *Oechsler*, in: Staudinger BGB, § 2 ProdHaftG Rn. 11; *v. Westphalen*, in: Foerste/v. Westphalen, Produkthaftungshandbuch, § 47 Rn. 4; *Rolland*, Produkthaftungsrecht, § 2 ProdHaftG Rn. 5 f.; *Förster*, in: Bamberger/Roth/Hau/Poseck, BeckOK BGB, § 2 ProdHaftG Rn. 4.

539 Vgl. *Rolland*, Produkthaftungsrecht, § 2 ProdHaftG Rn. 5; *v. Westphalen*, in: Foerste/v. Westphalen, Produkthaftungshandbuch, § 44 Rn. 8; *Lenz*, Produkthaftung, § 3 Rn. 291; vgl. *v. Westphalen*, ZIP 2019, 889 (990).

540 *Wagner*, in: MüKo BGB, Einl. ProdHaftG Rn. 8; *Seibl*, in: Gsell/Krüger/Lorenz/Reymann, BeckOGK, § 1 ProdHaftG Rn. 6; *Mayer*, VersR 1990, 691 (700); *Lenz*, Produkthaftung, § 3 Rn. 277; *Schulz*, Verantwortlichkeit für autonom agierende Systeme, S. 162; allgemein EuGH, NJW 2006, 2465 (2465); *Unberath*, ZEuP 2005, 5 (6).

541 *Marly*, Praxishandbuch Softwarerecht, Rn. 1822; ähnlich *v. Westphalen*, in: Foerste/v. Westphalen, Produkthaftungshandbuch, § 47 Rn. 42.

§ 90 BGB dagegen ab, muss ein Blick auf den Sinn und Zweck der Produkthaftungsrichtlinie[542] geworfen werden, um im Sinne einer richtlinienkonformen Auslegung die Produkteigenschaft von immateriellen Gütern beurteilen zu können. Der Verbraucherschutz vor fehlerhaften und damit gefährlichen Produkten spricht gerade vor dem Hintergrund der fortschreitenden Digitalisierung[543] und der Verknüpfung von Software mit allen möglichen haushaltsüblichen Gegenständen für eine Einbeziehung in den Schutzbereich des ProdHaftG. Wie bei herkömmlichen Produkten auch ist es für den Verbraucher außerdem kaum möglich, in die internen Betriebsvorgänge der Softwareentwickler zu blicken und ein etwaiges Verschulden zu beweisen.[544] Deshalb ist die Konzeption als verschuldensunabhängige Haftung auch für Softwarefehler gerechtfertigt.[545]

Auf der anderen Seite könnte dagegen argumentiert werden, der europäische Gesetzgeber habe sich bewusst gegen die Einbeziehung von Software als Produkt entschieden. Die Problematik dürfte ihm seinerseits schon bekannt gewesen sein; dennoch wird neben beweglichen Sachen lediglich Elektrizität ausdrücklich in Art. 2 der Produkthaftungsrichtlinie genannt.[546] Die Bedeutung der in der Richtlinie explizit genannten Elektrizität wird aber kontrovers diskutiert. Das geht mitunter so weit, dass Software und Elektrizität verglichen oder sogar gleichgestellt werden: Aus physikalischer Sicht sei Software – wie Elektrizität auch – nichts anderes als Elektronenbewegung, weshalb Software implizit in den Anwendungsbereich der Richtlinie fallen würde.[547] Letztlich braucht es derartig spitzfindige Auslegungen aber gar nicht: Die Kommission der Europäischen Gemeinschaften hat bereits 1989 auf eine Anfrage hin bestätigt, dass Software ebenso wie künstlerische Erzeugnisse von der Richtlinie erfasst sei.[548] Der Zweck der Richtlinie und auch der gesetzgeberische

---

542 Dazu schon oben unter § 6 B.

543 Vgl. *Stöber/Möller/Pieronczyk*, V+T 2019, 217 (220); *Förster*, in: Bamberger/Roth/Hau/Poseck, BeckOK BGB, § 2 ProdHaftG Rn. 24; *Wagner*, in: MüKo BGB, § 2 ProdHaftG Rn. 20.

544 *Wagner*, AcP 2017, 707 (718); vgl. *Marly*, Softwareüberlassungsverträge, Rn. 86; *Rott*, Rechtspolitischer Handlungsbedarf im Haftungsrecht, S. 16.

545 *Wagner*, AcP 2017, 707 (718).

546 Vgl. *Redeker*, IT-Recht, Rn. 830; *Förster*, in: Bamberger/Roth/Hau/Poseck, BeckOK BGB, § 2 ProdHaftG Rn. 4; *Wagner*, in: MüKo BGB, § 2 ProdHaftG Rn. 20; *Kullmann*, ProdHaftG, § 2 ProdHaftG Rn. 19.

547 Vgl. *Reese*, DStR 1994, 1121 (1124); ähnlich auch *Spindler*, MMR 1998, 119 (120); *Meyer/Wehlau*, CR 1990, 95 (99); vgl. *Kullmann*, ProdHaftG, § 2 ProdHaftG Rn. 19.

548 Stellungnahme der Kommission der europäischen Gemeinschaften auf Anfrage Nr. 706/88 von Gijs de Vries vom 05.07.1988, Produkthaftung für Computerprogramme, ABl. EG Nr. C 114, S. 42.

Wille sprechen nunmehr klar für die Anwendbarkeit der Richtlinie auf Computersoftware.[549] Das sorgt nicht nur für eine Harmonisierung des europäischen Rechtsrahmens, sondern steht auch im Einklang mit UN-Kaufrecht, das Software als „Ware" qualifiziert.[550]

3. Das Endprodukt Automobil

Für Hardware-Softwarekombinationen bedeuten die vorstehenden Ausführungen im Wesentlichen Folgendes: Das samt Datenträger und aufgespielter Steuerungssoftware ausgelieferte Fahrzeug ist ein Produkt i. S. v. § 2 ProdHaftG.[551] Die europäische Kommission bestätigte diese bisher weit verbreitete Auffassung in ihrem vorläufigen Konzeptpapier zu den künftigen Leitlinien zur Produkthaftungsrichtlinie.[552] Nach der hier vertretenen Auffassung gilt das auch für „over-the-air"-Softwareupdates,[553] die zwar herstellerseitig keine materielle Verkörperung erfahren, aber dennoch dauerhaft auf der Festplatte des Fahrzeugs gespeichert werden und somit ihre Sach- und Produkteigenschaft entfalten.[554]

---

549 Im Ergebnis auch *Rebin*, in: Gsell/Krüger/Lorenz/Reymann, BeckOGK, § 2 ProdHaftG Rn. 54; *Oechsler*, in: Staudinger BGB, § 2 ProdHaftG Rn. 69; *Rolland*, Produkthaftungsrecht, § 2 ProdHaftG Rn. 17; *Marly*, Produkthaftungshandbuch, Rn. 1822; *Wagner*, in: MüKo BGB, § 2 ProdHaftG Rn. 20; *ders.*, AcP 2017, 707 (718); *Müller-Hengstenberg/Kirn*, Rechtliche Risiken autonomer und vernetzter Systeme, S. 313; *Redeker*, IT-Recht, Rn. 830; *v. Westphalen*, in: Foerste/v. Westphalen, Produkthaftungshandbuch, § 47 Rn. 42; *Lenz*, Produkthaftung, § 3 Rn. 291; *Stöber/Möller/Pieronczyk*, V+T 2019, 217 (220); *Zech*, ZfPW 2019, 198 (212); *Reese*, DStR 1994, 1121 (1125); *Hohmann*, NJW 1999, 521 (524); *Meyer/Harland*, CR 2007, 689 (693); *Vogt*, NZV 2003, 153 (158); *Lutter*, RdTW 2017, 281 (282); differenzierend *Spindler*, Verantwortlichkeiten von IT-Herstellern, Nutzern und Intermediären, S. 87; *ders.*, Rechtsfragen der Open Source Software, S. 88; *Kullmann*, ProdHaftG, § 2 ProdHaftG Rn. 18; *Kort*, CR 1990, 171 (175); ablehnend *Moritz/Tybusseck*, Computersoftware, Rechtschutz und Vertragsgestaltung, Rn. 920; *Müller-Hengstenberg*, NJW 1994, 3128 (3131); früher auch noch *v. Westphalen*, NJW 1990, 83 (87).

550 Vgl. *Piltz*, NJW 2015, 2548 (2549); *Magnus*, ZEuP 2017, 140 (148).

551 *Oechsler*, in: Staudinger BGB, § 2 ProdHaftG Rn. 67; *Schrader*, NZV 2018, 489 (491); *Hey*, Die außervertragliche Haftung des Herstellers autonomer Fahrzeuge bei Unfällen im Straßenverkehr, S. 121; *Wagner*, AcP 2017, 707 (715); *Rott*, Rechtspolitischer Handlungsbedarf im Haftungsrecht, S. 15; *Frenz*, zfs 2003, 381 (385); *Meyer/Harland*, CR 2007, 689 (693); vgl. *Spindler*, Verantwortlichkeiten von IT-Herstellers, Nutzern und Intermediären, S. 97; *Runte/Potinecke*, CR 2004, 725 (726); *Kullmann*, ProdHaftG, § 2 ProdHaftG Rn. 18.

552 EU-Kommission, Preliminary concept paper for the future guidance on the Product Liability Directive 85/374/EEC (18.09.2018), Rn. 13.

553 Vgl. *Hey*, Die außervertragliche Haftung des Herstellers autonomer Fahrzeuge bei Unfällen im Straßenverkehr, S. 121; *Rott*, Rechtspolitischer Handlungsbedarf im Haftungsrecht, S. 18.

554 Vgl. *Rott*, Rechtspolitischer Handlungsbedarf im Haftungsrecht, S. 17.

III. Der Produktfehler

Zentrales Element der Produkthaftung ist die Fehlerhaftigkeit des Produktes.[555] Nach Art. 6 der Produkthaftungsrichtlinie bzw. § 3 I ProdHaftG liegt ein solcher Fehler dann vor, wenn das Produkt unter Berücksichtigung der Umstände nicht die erwartete Sicherheit bietet. Anknüpfungspunkt der Haftung ist demzufolge die mangelnde Produktsicherheit, die zu einer Verletzung des Integritätsinteresses führt.[556] Reine Gebrauchsbeeinträchtigungen sind dagegen nur über das Mängelgewährleistungsrecht ersetzbar.[557]

1. Die berechtigte Sicherheitserwartung

Vom Schutzbereich des § 3 ProdHaftG ist nur ein solches Sicherheitsniveau umfasst, das „berechtigterweise" erwartet werden durfte.[558] Abzustellen ist dabei aber nicht auf die subjektiven Erwartungen des Geschädigten, sondern auf die der Allgemeinheit; es handelt sich also um einen objektiven Fehlerbegriff.[559] Die berechtigte Sicherheitserwartung ist von dem bloßen empirisch festgestellten Sicherheitswunsch der Allgemeinheit zu unterscheiden.[560] Ihre „Berechtigung" erhält eine Erwartung erst durch eine Beurteilung von vielfältigen objektiven Kriterien.[561]

„Allgemeinheit" bezeichnet den Personenkreis der durchschnittlichen Produktnutzer[562] und derjenigen, die zwar nicht unmittelbar Benutzer sind, mit dem Produkt aber dennoch in Berührung kommen und an die sich der Hersteller mit seinem Produkt wendet.[563] Bei Fahrzeugen ist

---

555 *Förster*, in: Bamberger/Roth/Hau/Poseck, BeckOK BGB, § 3 ProdHaftG Rn. 1; *v. Westphalen*, in: Foerste/v. Westphalen, Produkthaftungshandbuch, § 48 Rn. 1; *Wolfers*, RAW 2018, 94 (100).

556 BT-Dr. 11/2447, S. 17 f.; BGH, NJW 2009, 1080 (1081); *Lenz*, Produkthaftung, § 3 Rn. 303; *Wagner*, MüKo BGB, § 3 ProdHaftG Rn. 4.

557 *Kullmann*, ProdHaftG, § 3 ProdHaftG Rn. 3; *Sprau*, in: Palandt BGB, § 3 ProdHaftG Rn. 1; *Lenz*, Produkthaftung, § 3 Rn. 303; *Förster*, in: Bamberger/Roth/Hau/Poseck, BeckOK BGB, § 3 ProdHaftG Rn. 5; *Taschner*, NJW 1986, 611 (614).

558 *Lenz*, Produkthaftung, § 3 Rn. 306.

559 BT-Dr. 11/2447, S. 18; *v. Westphalen*, in: Foerste/v. Westphalen, Produkthaftungshandbuch, § 48 Rn. 13; *Oechsler*, in: Staudinger BGB, § 3 ProdHaftG Rn. 15; *Sprau*, in: Palandt BGB, § 3 ProdHaftG Rn. 3; *Kullmann*, ProdHaftG, § 3 ProdHaftG Rn. 4.

560 Dazu zählen etwa die unter § 3 C. I. 1. zusammengefassten Umfragen.

561 Ähnlich *Wagner*, AcP 2017, 707 (732).

562 *Kullmann*, ProdHaftG, § 3 ProdHaftG Rn. 6; *ders.*, NJW 1991, 675 (677); *Lenz*, Produkthaftung, § 3 Rn. 307; *Freise*, VersR 2019, 65 (69).

563 BGH, NJW 2009, 1669 (1670); OLG Schleswig, NJW-RR 2008, 691 (692); *Kullmann*, ProdHaftG, § 3 ProdHaftG Rn. 6.

auf die Sicherheitserwartung aller Verkehrsteilnehmer abzustellen, unabhängig davon, ob diese ein Fahrzeug steuern oder in sonstiger Weise am Straßenverkehr teilnehmen.[564]

a. Zu berücksichtigende Umstände

Das Gesetz nennt in § 3 I a) und b) ProdHaftG wesentliche Umstände, die für die Beurteilung der berechtigten Sicherheitserwartung maßgebend sind. Zu berücksichtigen sind danach die Darbietung, der zu erwartende Gebrauch des Produktes und der Zeitpunkt der Inverkehrgabe. Schon der Gesetzeswortlaut lässt aber erkennen, dass diese Aufzählung nicht abschließend ist.[565] Maßgeblich sind auch alle weiteren Umstände, die die Sicherheitserwartung beeinflussen können; dazu zählen insbesondere der Preis des Produktes, technische Standards und eine Risiko-Nutzen-Analyse.[566]

aa. Die Darbietung automatisierter Fahrzeuge

Die Darbietung eines Produktes umfasst alle Tätigkeiten, durch die das Produkt der Allgemeinheit oder dem konkreten Benutzer vom Hersteller vorgestellt und damit in der Öffentlichkeit präsentiert wird.[567] Neben den Produktbeschreibungen in Form von Bedienungs- und Gebrauchsanweisungen zählen hierzu auch sicherheitsrelevante Werbeaussagen des Herstellers,[568] wenn diese über eine allgemeine Darstellung hinausgehen und konkrete Produkteigenschaften zusichern.[569] Viele der heute getätigten Aussagen und „Versprechen" der Hersteller in Bezug auf den Funktionsumfang automatisierter Kfz erreichen das notwendige Maß an Konkretisierung sicherlich noch nicht. Nicht zuletzt aufgrund der wachsenden Konkurrenzsituation der Automobilbauer, zu der nun auch Technologieunternehmen wie Alphabet oder Apple hinzutreten, ist in Zukunft aber mit einer offensiven Vermarktung mit entsprechenden Werbever-

---

564 *Freise*, VersR 2019, 65 (69); *Gless/Janal*, JR 2016, 561 (567); *Arzt/Ruth-Schuhmacher*, RAW 2017, 89 (94).

565 *Kullmann*, ProdHaftG, § 3 ProdHaftG Rn. 21; *Wagner*, in: MüKo BGB, § 3 ProdHaftG Rn. 14.

566 *Goehl*, in: Gsell/Krüger/Lorenz/Reymann, BeckOGK, § 3 ProdHaftG Rn. 52 ff.; *Bartl*, Produkthaftung nach neuem EG-Recht, § 3 ProdHaftG Rn. 40; *Kullmann*, ProdHaftG, § 3 ProdHaftG Rn. 38 ff.; *Rolland*, Produkthaftungsrecht, § 3 ProdHaftG Rn. 41 ff.; *Greger*, in: Greger/Zwickel, Haftungsrecht des Straßenverkehrs, § 6 Rn. 3.

567 BT-Dr. 11/2447, S. 18.

568 BT-Dr. 11/2447, S. 18; *Lenz*, Produkthaftung, § 3 Rn. 314; *v. Westphalen,* in: Foerste/v. Westphalen, Produkthaftungshandbuch, § 48 Rn. 39; *Rolland*, Produkthaftungsrecht, § 3 ProdHaftG Rn. 22; *Greger*, in: Greger/Zwickel, Haftungsrecht des Straßenverkehrs, § 6 Rn. 3.

569 *Rolland*, Produkthaftungsrecht, § 3 ProdHaftG Rn. 22; *v. Westphalen,* in: Foerste/v. Westphalen, Produkthaftungshandbuch, § 48 Rn. 43; *Wagner*, in: MüKo BGB, § 3 ProdHaftG Rn. 18.

sprechen zu rechnen. Tesla etwa wirbt bereits heute damit, jedes ausgelieferte Fahrzeug sei in der Lage, „souverän durch den Stadtverkehr zu navigieren (auch ohne Fahrbahnmarkierungen)" und „Kreisverkehre und komplexe Kreuzungen mit Ampeln und Stoppschildern zu meistern".[570] Derartige Aussagen betreffen konkrete Fahrzeugeigenschaften und suggerieren ein hohes Sicherheitsniveau während der betreffenden Verkehrssituationen. Bemerkenswerterweise hat sich das Landgericht München I bereits mit der Frage beschäftigt, ob der von Tesla als „Autopilot" bezeichnete Fahrmodus dem Nutzer suggeriert, dass eine autonome Fahrt möglich und rechtlich zulässig ist.[571] Das Gericht bewertete Werbeversprechen wie „Autopilot inklusive" und „volles Potential für autonomes Fahren" als irreführend und verbot Tesla, weiterhin mit diesen Aussagen zu werben.[572]

Während der Inhalt von Werbeversprechen noch in der Hand des Herstellers liegt, sieht das Straßenverkehrsrecht in § 1a II S. 2 StVG die verbindliche und zwingend erforderliche Erklärung des Herstellers vor, dass die Fahrzeuge sämtliche in § 1a II S. 1 StVG aufgezählten Fähigkeiten beherrschen. Diese Erklärung ist gleichzeitig eine Produktbeschreibung und damit Teil der nach außen übermittelten Darbietung des Produktes i. S. v. § 3 I a) ProdHaftG.[573] § 1a II S. 2 StVG ist im Ergebnis die Manifestierung der zu erwartenden Basissicherheit automatisierter Kfz.[574] Kennzeichnend für diese Minimalanforderungen ist das in § 1a II S. 1 Nr. 2 StVG festgelegte Erfordernis, den Verkehrsvorschriften zu entsprechen und die Kommunikationsfähigkeit des Systems bei Übernahmesituationen gem. § 1a II S. 2 Nr. 5 StVG sicherzustellen.[575] Die berechtigterweise zu erwartende Basissicherheit kann aber nicht soweit reichen, dass sie das Beherrschen sämtlicher Verkehrssituationen umfasst. Im Rahmen des automatisierten Fahrens der Stufe 3 ist ebenso die rechtzeitige Aufforderung des Systems zur Steuerungsübernahme erfasst.[576] Bei Systemen der Stufe 4 ist die berechtigte Erwartung auch dann noch erfüllt, wenn das Fahrzeug in einen risikominimalen Zustand versetzt wird. § 1a II S. 1 StVG liefert somit einerseits die Anforderungen an die Basissicherheit

---

570 Tesla, Fahren in der Zukunft, https://www.tesla.com/de_DE/autopilot.
571 LG München, LSK 2020, 22849.
572 Zur Entscheidung auch *Gramespacher*, Irreführende Werbung mit Tesla-Autopilot, https://medien-internet-und-recht.de/volltext.php?mir_dok_id=3002.
573 *Schrader*, DAR 2018, 314 (318); *v. Bodungen/Hoffmann*, NZV 2018, 97 (99).
574 Vgl. *Schrader*, DAR 2018, 314 (318).
575 Vgl. *v. Bodungen/Hoffmann*, NZV 2018, 97 (99).
576 *Schrader*, DAR 2018, 314 (319).

der Fahrzeuge, beschränkt gleichzeitig aber die gesetzlichen Anforderungen dahingehend, dass die Aufforderung zur Übernahme oder das sichere Anhalten ausreichen und noch keine Fehlerhaftigkeit begründen. Wenn also ein für die Autobahn konzipierter Autopilot ohne ersichtlichen Grund die Übernahme durch den Fahrer fordert, obwohl sich das Fahrzeug innerhalb des Anwendungsbereichs auf der Autobahn bewegt, dann genügt für die Einhaltung der Sicherheitserwartung grundsätzlich die rechtzeitige Systemwarnung. Nichtsdestotrotz muss aber berücksichtigt werden, dass die Darbietung des Produktes nur eines von vielen Kriterien zur Bestimmung der allgemeinen Sicherheitserwartung ist.[577] Dementsprechend kann unter Berücksichtigung der Gesamtumstände eine im Vergleich zu den gesetzlichen Anforderungen höhere Erwartung bestehen.

Für vollständig autonome Fahrzeuge fehlt es bislang an gesetzlichen Vorschriften, verbindlichen Produktbeschreibungen oder Werbeaussagen seitens der Hersteller. Dass das sicherheitstechnische Potential in der Bevölkerung noch auf Skepsis trifft,[578] spricht zum gegenwärtigen Zeitpunkt zumindest für keine allzu hohe Erwartungshaltung, wobei hier die technische Entwicklung aber sicherlich abgewartet werden muss.

bb. Der zu erwartende Gebrauch

Bei der Beurteilung der berechtigten allgemeinen Sicherheitserwartung ebenfalls zu berücksichtigen ist der Gebrauch des Produktes, mit dem billigerweise gerechnet werden kann. Grundsätzlich ist der zu erwartende Gebrauch aus Sicht eines objektiven Dritten zu ermitteln und nicht nur allein anhand der Gebrauchswidmung des Herstellers.[579] Umfasst ist daher auch der vorhersehbare Fehlgebrauch.[580] Vom Produktfehlgebrauch ist der Produktmissbrauch zu unterscheiden, für den der Hersteller nicht mehr zur Verantwortung gezogen werden kann.[581]

---

577 *Schrader*, DAR 2018, 314 (319).
578 Siehe dazu schon unter § 3 C. I. 1.
579 *Kullmann*, in: Kullmann/Pfister/Stöhr/Spindler, Produzentenhaftung, Kza. 3604 S. 14; *Oechsler*, in: Staudinger BGB, § 3 ProdHaftG Rn. 58; *Goehl*, in: Gsell/Krüger/Lorenz/Reymann, BeckOGK, § 3 ProdHaftG Rn. 57; *Rolland*, Produkthaftungsrecht, § 3 ProdHaftG Rn. 36; *Wieckhorst*, VersR 1995, 1005 (1012).
580 BT-Dr. 11/2447, S. 18; BGH, NJW 2013, 1302 (1303); OLG Bamberg, VersR 2010, 403 (404); *Wagner*, in: MüKo BGB, § 3 ProdHaftG Rn. 24; *Goehl*, in: Gsell/Krüger/Lorenz/Reymann, BeckOGK, § 3 ProdHaftG Rn. 57; *Rolland*, Produkthaftungsrecht, § 3 ProdHaftG Rn. 34.
581 Vgl. *Oechsler*, in: Staudinger BGB, § 3 ProdHaftG Rn. 59; *Kullmann*, in: Kullmann/Pfister/Stöhr/Spindler, Produzentenhaftung, Kza. 3604 S. 15f.; *Wagner*, in: MüKo BGB, § 3 Prod-

aaa. Bestimmungsgemäßer Gebrauch

Zu erwarten ist in erster Linie die vom Hersteller vorgesehene Verwendung, die sich aus der Darbietung des Produktes in der Öffentlichkeit ergibt.[582] Selbstverständlich wird darauf vertraut, dass der Hersteller durch geeignete Konstruktion und Instruktion die Sicherheit gewährleistet, die eine ordnungsgemäße Verwendung verlangt.[583] In konstruktiver Hinsicht bedeutet das die Einhaltung der gesetzlichen Vorgaben aus § 1a II S. 1 StVG.[584]

„Bestimmungsgemäß" ist ferner der Gebrauch, der zwar nicht unmittelbar vom Hersteller beabsichtigt ist, der nach der Verkehrsanschauung aber dennoch eine übliche Nutzung darstellt,[585] weil der Einsatz des Produktes in dieser Weise nach sachgemäßer Betrachtung in Frage kommt.[586] Bei automatisierten Fahrfunktionen dürfte eine verkehrsübliche Erweiterung des bestimmungsgemäßen Gebrauchs indes weniger bedeutsam sein. Es ist kaum vorstellbar, wie etwa ein für die Autobahn konzipierter Staupilot üblicherweise – im Sinne einer allgemeinen Gewohnheit – auch für andere Verkehrssituationen genutzt werden könnte, zumal eine solche Verwendung nach § 1a I StVG rechtswidrig wäre und der Hersteller nicht mit der Vergesellschaftung rechtswidriger Verhaltensweisen rechnen muss. Durch die gesetzliche Bezugnahme auf die bestimmungsgemäße Verwendung in § 1a I StVG obliegt es einzig dem Hersteller, den Anwendungsbereich des eigenen Systems einzuschränken oder zu erweitern.

bbb. Benutzungsfehler und Produktmissbrauch

Anders als im Rahmen der Fahrerhaftung[587] vermag die Möglichkeit der Einflussnahme auf den Anwendungsbereich die Haftung des Herstellers nach dem ProdHaftG aber nicht zu beeinflussen. Im Gegensatz zu § 1a I StVG umfasst die berechtigte Sicherheitserwartung i. S. v. § 3 I b) Prod-

---

HaftG Rn. 24; *Hollmann*, DB 1985, 2389 (2393), der als Beispiel den Einsatz eines normalen Pkw für Geländefahrten nennt.

582 BGH, NJW 2013, 1302; *Foerste*, in: Foerste/v. Westphalen, Produkthaftungshandbuch, § 24 Rn. 81; vgl. *Bewersdorf*, Zulassung und Haftung bei Fahrerassistenzsystemen im Straßenverkehr, S. 159.

583 Vgl. *Lenz*, Produkthaftung, Rn. 317.

584 *Freise*, VersR 2019, 65 (70); *v. Bodungen/Hoffmann*, NZV 2018, 97 (99).

585 *Wieckhorst*, VersR 1995, 1003 (1012); *Foerste*, in: Foerste/v. Westphalen, Produkthaftungshandbuch, § 24 Rn. 74; *Lenz*, Produkthaftung, Rn. 317.

586 BGH, NJW 1996, 2224 (2225).

587 Siehe dazu schon unter § 5 A. III. 1. a. ee. aaa.

HaftG nämlich auch Bedienungsfehler des Fahrers. Als maßgebliches Differenzierungskriterium zur missbräuchlichen Verwendung dient zunächst die objektive Vorhersehbarkeit des zweckwidrigen Gebrauchs.[588] Zusätzlich spielt aber auch der Grad des Verschuldens eine Rolle.[589] Der Produktmissbrauch verlangt einen vorsätzlichen Umgang entgegen der Zweckbestimmung unter Inkaufnahme des damit einhergehenden Risikos,[590] wohingegen der Fehlgebrauch eher die unbewusste Überschreitung des bestimmungsgemäßen Gebrauchs bezeichnet.[591]

Der vorsätzliche Missbrauch von automatisierten Fahrzeugen wird nur eine untergeordnete Rolle spielen. Es ist im Allgemeinen davon auszugehen, dass Fahrzeuge entsprechend den gesetzlichen Vorschriften der StVO und des StVG genutzt werden (Vertrauensgrundsatz).[592] Auch hier endet der Verantwortungsbereich des Herstellers an der in § 1a I StVG gesetzlich festgelegten Grenze. Der Hersteller muss den Nutzer also nicht vor Gefahren schützen, die aus einer bewussten zweckwidrigen Verwendung resultieren.

Es liegt dagegen nicht fern anzunehmen, dass die Systeme aus Unwissenheit oder Unachtsamkeit über den herstellerseitig festgelegten Nutzungsrahmen hinaus verwendet werden.[593] Im Hinblick auf Fahrerassistenzsysteme wird teilweise angemerkt, der Fahrer könne vergessen, ob das System eingeschaltet ist, womit der Hersteller rechnen müsse.[594] Gemeint sind wohl solche Systeme, die während der normalen Fahrt nicht spürbar in Erscheinung treten, wie etwa das ABS oder ESP. Dass der Fahrer die Nutzung von automatisierten Fahrfunktionen vergessen könnte, erscheint nunmehr aber unwahrscheinlich und wenig vorhersehbar. Das liegt schon daran, dass der Fahrer das System selbst aktivieren

588 *Kullmann*, ProdHaftG, § 3 ProdHaftG Rn. 31; *v. Westphalen*, in: Foerste/v. Westphalen, Produkthaftungshandbuch, § 48 Rn. 58; *Schmidt-Salzer*, BB 1988, 349 (353).
589 *V. Westphalen*, NJW 1990, 83 (88).
590 *V. Westphalen*, NJW 1990, 83 (88); vgl. *Oechsler*, in: Staudinger BGB, § 3 ProdHaftG Rn. 64; *Schmidt-Salzer*, BB 1988, 349 (354); *Lutter*, RdTW 2017, 281 (283).
591 Vgl. *Hey*, Die außervertragliche Haftung des Herstellers autonomer Fahrzeuge bei Unfällen im Straßenverkehr, S. 61.
592 Vgl. BGH, NJW-RR 2012, 157 (157); BGH, VersR 1967, 283 (283); BGH, NJW 1961, 266 (266); BGH, NJW 1954, 1493 (1493); *Greger*, in: Greger/Zwickel, Haftungsrecht des Straßenverkehrs, § 14 Rn. 12.
593 *Ebers*, in: Oppermann/Stender-Vorwachs, Autonomes Fahren, 1. Auflage, S. 112; *Hey*, Die außervertragliche Haftung des Herstellers autonomer Fahrzeuge bei Unfällen im Straßenverkehr, S. 62.
594 *Frenz*, zfs 2003, 381 (385); zustimmend *Oechsler*, in: Staudinger BGB, § 3 ProdHaftG Rn. 67a.

muss und es sich nicht von selbst einschaltet, wenn die Voraussetzungen der bestimmungsgemäßen Verwendung vorliegen.

Das wirkliche Problem liegt hingegen bei der Bestimmung des erlaubten Nutzungsrahmens. Die unpräzisen gesetzlichen Vorgaben in § 1b StVG führen zur Ungewissheit über konkrete erlaubte Tätigkeiten während der Fahrt.[595] Wenn also die Fahrer nicht genau wissen, wie sie sich verhalten können, ist die Gefahr einer fahrlässigen Überschreitung des bestimmungsgemäßen Gebrauchs (des gesetzlichen Rahmens) immanent und für den Hersteller vorhersehbar. Der Hersteller wäre aus diesem Grund dazu angehalten, den Fahrer nicht nur dann zu warnen, wenn das System entgegen der Systembeschreibung des Herstellers genutzt wird (§ 1a II Nr. 6 StVG), sondern auch dann, wenn der Fahrer die gesetzlichen Vorgaben nicht mehr erfüllt, weil die gesetzlichen Vorgaben das Mindestmaß des bestimmungsgemäßen Gebrauchs darstellen und ihre Einhaltung daher zwangläufig erwartet werden kann. Dass einer solchen Verpflichtung unmöglich nachzukommen ist, liegt auf der Hand. Bei gesetzlich grenzwertigen Verhaltensweisen des Fahrers kann der Hersteller bzw. das System keine rechtliche Würdigung der Tätigkeit des Fahrers vornehmen. Die Verantwortlichkeit des Herstellers kann daher nur soweit reichen, wie es ihm konstruktiv und instruktiv möglich und zumutbar ist, den Nutzer vor Schäden zu bewahren.[596] Im Ergebnis wird den Hersteller daher zwar eine allgemeine instruktive Warn- und Hinweispflicht in Bezug auf das Bestehen von gesetzlichen Schranken treffen, die Einhaltung dieser Schranken in der konkreten Situation obliegt aber dem Fahrer und nur ihm.

Bei autonomen Kfz wird eine zweckwidrige Verwendung – gleich ob vorsätzlich oder fahrlässig – voraussichtlich keine nennenswerte Rolle mehr spielen. Die Bedeutung entsprechender Sicherheitsvorkehrungen zur Vermeidung fehlerhafter Anwendung wird dann abnehmen, wenn die Einflussmöglichkeiten der Insassen insgesamt auf ein Minimum reduziert sind.

cc. Technischer Standard

Die Bedeutung technischer und wissenschaftlicher Standards für die Sicherheitserwartung ist vielfach diskutiert worden. Obwohl sich der

---

595 Siehe oben unter § 5 A. III. 1. a. ee. bbb.
596 BGH, NJW 2009, 2952 (2954); BGH, NJW 2009, 1669 (1670); v. *Westphalen*, ZIP 2019, 889 (893); *ders.*, NJW 1990, 83 (87); *Kullmann*, in: Kullmann/Pfister/Stöhr/Spindler, Produzentenhaftung, Kza. 1515 S. 7.

europäische Gesetzgeber gegen eine explizite Nennung in Art. 6 der Produkthaftungsrichtlinie entschieden hat, kann der Einfluss wissenschaftlicher Erkenntnisse auf die Produkthaftung insgesamt nicht von der Hand gewiesen werden.[597] Der technische Standard umfasst einerseits die Einhaltung normativer Schutzvorschriften, darüber hinaus aber auch die Berücksichtigung von aktuellen Erkenntnissen aus Wissenschaft und Technik.

aaa. Normative Standards – ISO 26262 und IEC 61508

Das Befolgen normativer Standards (DIN, IEC, ISO, VDE usw.) entspricht der minimalen allgemeinen Sicherheitserwartung.[598] Zu berücksichtigen ist, dass die Einhaltung normativer Sicherheitsvorschriften grundsätzlich vom Kraftfahrt-Bundesamt überprüft wird, von der allgemeinen behördlichen Betriebserlaubnis aber dennoch nicht zwangsläufig auch auf die Fehlerfreiheit des Produktes geschlossen werden kann.[599] Der Hersteller ist verpflichtet, selbst nach Gefahren zu forschen und diese durch technische Maßnahmen zu verringern oder zu beseitigen.[600]

Die Normierung erfolgt nicht im Gleichschritt mit den aktuellsten und neuesten Erkenntnissen der Technik, sondern erst dann, wenn sie sich etabliert und bewährt haben.[601] Die allgemeine Sicherheitserwartung kann aus diesem Grund wesentlich höher liegen als die reine Einhaltung der Sicherheitsnormen.[602] Andersherum begründet die Missachtung von Normen in jedem Fall einen Produktfehler. Der Hersteller kann die erforderliche Produktsicherheit nicht auch auf anderem Wege sicherstel-

---

597 Vgl. *Goehl*, in: Gsell/Krüger/Lorenz/Reymann, BeckOGK, § 3 ProdHaftG Rn. 62; *Kullmann*, ProdHaftG, § 3 ProdHaftG Rn. 43.

598 BGH, NJW 1994, 3349 (3350); OLG Hamm, NJW-RR 2011, 893 (893); OLG Koblenz, BeckRS 2005, 14109; OLG Düsseldorf, NJW 1997, 2333 (2333); *Foerste*, in: Foerste/v. Westphalen, Produkthaftungshandbuch, § 24 Rn. 22; *Oechsler*, in: Staudinger BGB, § 3 ProdHaftG Rn. 95.

599 *Kullmann*, ProdHaftG, § 3 ProdHaftG Rn. 44; *Foerste*, in: Foerste/v. Westphalen, Produkthaftungshandbuch, § 24 Rn. 16.

600 BGH, NJW 1987, 1009 (1011); *Ebers*, in: Oppermann/Stender-Vorwachs, Autonomes Fahren, 1. Auflage, S. 103; vgl. *Spindler*, CR 2015, 766 (771); *ders.*, ITRB 2017, 87 (88); *Bewersdorf*, Zulassung und Haftung bei Fahrerassistenzsystemen im Straßenverkehr, S. 144.

601 *Hey*, Die außervertragliche Haftung des Herstellers autonomer Fahrzeuge bei Unfällen im Straßenverkehr, S. 53.

602 BGH, NJW 1994, 3349 (3349); OLG Hamm, NJW-RR 2011, 893 (893); *Goehl*, in: Gsell/Krüger/Lorenz/Reymann, BeckOGK, § 3 ProdHaftG Rn. 62; *Förster*, in: Bamberger/Roth/Hau/ Poseck, BeckOK BGB, § 3 ProdHaftG Rn. 25; *Sprau*, in: Palandt BGB, § 3 ProdHaftG Rn. 4; *Kort*, VersR 1989, 1113 (1115).

len.[603] Insgesamt hat die Einhaltung oder Nichteinhaltung der einschlägigen Schutznormen somit zumindest eine Indizwirkung für die Bestimmung der berechtigten Sicherheitserwartung.[604]

Für die sicherheitsrelevante Softwareentwicklung in der Automobilindustrie könnten insbesondere ISO 26262 und IEC 61508 eine solche Indizwirkung entfalten.[605] IEC 61508 ist die branchenübergreifende Grundlage für die Verwendung sicherheitskritischer Systeme.[606] Darauf aufbauend definiert ISO 26262 die Anforderungen an die funktionale Sicherheit von elektrischen und elektronischen Systemen speziell in Fahrzeugen.[607] Unter funktionaler Sicherheit ist das korrekte Ausführen notwendiger Aktionen zu verstehen, um den sicheren Zustand einer Einrichtung zu erreichen oder zu erhalten.[608] Heute schon greifen zahlreiche softwarebasierte Systeme in sicherheitsrelevante Fahrzeugeinrichtungen wie Lenkung und Bremse ein; für automatisierte und autonome Steuerungssysteme sind die Vorschriften zur funktionalen Sicherheit daher erst recht von Bedeutung.[609]

Nichtsdestotrotz sind diese Normen nicht konkret für die Verwendung automatisierter Funktionen und künstlicher Intelligenz konzipiert.[610] Sie formulieren lediglich allgemeine Grundsätze, nennen aber keine spezifi-

---

603 *Kullmann*, ProdHaftG, § 3 ProdHaftG Rn. 46; *Sprau*, in: Palandt BGB, § 3 ProdHaftG Rn. 4; wohl auch *Schmidt-Salzer*, Kommentar EG-Richtlinie Produkthaftung, Art. 6 Rn. 201; a. A. *Wagner*, in: MüKo BGB, § 3 ProdHaftG Rn. 27; *Schulz*, Verantwortlichkeit für autonom agierende Systeme, S. 164.

604 *Zech*, in: Deutscher Juristentag, Verhandlungen des 73. Deutschen Juristentages, Band I, A 69; häufig wird auch von einer Anscheinswirkung gesprochen, vgl. *Förster*, in: Bamberger/Roth/Hau/Poseck, BeckOK BGB, § 3 ProdHaftG Rn. 26; *Goehl*, in: Gsell/Krüger/Lorenz/Reymann, BeckOGK, § 3 ProdHaftG Rn. 62; kritisch dazu *Oechsler*, in: Staudinger BGB, § 3 ProdHaftG Rn. 94 f.; *Sprau*, in: Palandt BGB, § 3 ProdHaftG Rn. 4.

605 *Helmig*, IWRZ 2019, 200 (205 Rn. 49); für den gesamten Bereich künstliche Intelligenz wird zudem an neuen ISO-Standards gearbeitet, etwa ISO/IEC JTC 1/SC 42.

606 *Reif*, Automobilelektronik, S. 254.

607 TÜV Nord, „Funktionale Sicherheit" in der Mobilität – ISO 26262, https://www.tuev-nord.de/de/funktionale-sicherheit/automotive/.

608 *Winne/Hafner*, Die IEC 61508 im Überblick, https://www.elektronikpraxis.vogel.de/die-iec-61508-im-ueberblick-a-752790/; vgl. *Wolf*, Fahrzeuginformatik, S. 103; *Reif*, Automobilelektronik, S. 253.

609 *Kurutas*, in: Proff/Pascha/Schönharting/Schramm, Schritte in die künftige Mobilität, S. 8; *Lutz/Tang/Lienkamp*, NZV 2013, 57 (61); *Jänich/Schrader/Reck*, NZV 2015, 313 (317); *Spindler*, CR 2015, 766 (771); *Gomille*, JZ 2016, 76 (79); *Sander/Hollering*, NStZ 2017, 193 (198).

610 *Ebers*, in: Oppermann/Stender-Vorwachs, Autonomes Fahren, 1. Auflage, S. 104; Verbraucherzentrale Bundesverband e. V., „Safety by Design" – Produkthaftungsrecht für das Internet der Dinge, S. 13; *Wagner*, AcP 2017, 707 (730); vgl. *v. Westphalen*, ZIP 2019, 889 (894).

schen Anforderungen an die sicherheitstechnische Konzeption der Hard- und Software.[611] Überhaupt ist fraglich, welchen Grad an Konkretisierung Normen in Bezug auf selbstlernende Systeme überhaupt erreichen können. Wie bereits erörtert, werden neue technische Erkenntnisse erst nach hinreichender fachlicher Etablierung und somit erst mit zeitlicher Verzögerung in normierten Standards festgehalten. Intelligente Software wird das Fortschrittsintervall aber durch ständige Weiterentwicklung auf ein Minimum verkürzen können. Ein normierter Standard würde also noch schneller als ohnehin bereits Gefahr laufen, nach kürzester Zeit weit hinter dem Stand von Wissenschaft und Technik zu liegen.[612] Trotz fehlender konkreter technischer Vorschriften ist eine teilweise befürchtete Reduzierung des Haftungsrisikos der Hersteller aber nicht zu erwarten.[613] Das Fehlen von Sicherheitsnormen hat schließlich nicht zur Folge, dass es überhaupt keinen Sicherheitsstandard gibt. Die Hersteller wären schlecht beraten, wenn sie sich allein an normierten Standards orientieren würden. Der einzuhaltende Sicherheitsstandard ergibt sich ausweislich von § 3 I ProdHaftG aus einer Gesamtbetrachtung aller maßgeblichen Umstände; ein Produkt kann also auch ohne normierte Standards der allgemeinen Sicherheitserwartung widersprechen und somit eine Haftung des Herstellers auslösen. Zudem hat der Hersteller schon aus wirtschaftlichen Gesichtspunkten ein Interesse daran, das Sicherheitsniveau des eigenen Fahrzeugs möglichst optimal zu gestalten. Technische Normen als einzigen Anreiz für die Konstruktion eines sicheren Produktes zu betrachten, erscheint zu kurz gegriffen.[614]

bbb. Stand von Wissenschaft und Technik
(1) Grundsätze

Den Stand von Wissenschaft und Technik umschreibt der europäische Gesetzgeber als den Inbegriff der Sachkunde, die im wissenschaftlichen und technischen Bereich vorhanden ist, also die Summe an Wissen

---

611 *Wagner*, AcP 2017, 707 (731); *Wilhelm/Ebel/Weitzel*, in: Winner/Hakuli/Lotz/Singer, Handbuch Fahrerassistenzsysteme, S. 87.

612 Verbraucherzentrale Bundesverband e. V., „Safety by Design" – Produkthaftungsrecht für das Internet der Dinge, S. 13; *Hanisch*, in: Hilgendorf, Robotik im Kontext von Recht und Moral, S. 35; *Ebers*, in: Oppermann/Stender-Vorwachs, Autonomes Fahren, 1. Auflage, S. 104; *v. Westphalen*, ZIP 2019, 889 (894); ähnlich *Thöne*, Autonome Systeme und deliktische Haftung, S. 248; vgl. Europäische Kommission, Liability for Artificial Intelligence, S. 23.

613 So aber Bundesverband Verbraucherschutz e. V., „Safety by Design" – Produkthaftungsrecht für das Internet der Dinge, S. 13.

614 So aber die Argumentation des Bundesverbandes Verbraucherschutz e. V., „Safety by Design" – Produkthaftungsrecht für das Internet der Dinge, S. 13.

und Technik, die allgemein anerkannt ist und allgemein zur Verfügung steht.[615] In Abgrenzung zu solchen Erkenntnissen, die bereits in Normen festgehalten sind, umfasst der Stand von Wissenschaft und Technik auch die jüngsten Entwicklungen der Forschung, wenn sie realisierbar und hinreichend gesichert sind.[616] Eine Akzeptanz durch eine Mehrheit der Fachleute muss aber gerade noch nicht gegeben sein.[617] Zur Berücksichtigung eines darüber hinausgehenden Standards ist der Hersteller nicht verpflichtet; der Stand von Wissenschaft und Technik stellt grundsätzlich die Obergrenze der berechtigten Sicherheitserwartung dar.[618] Jedoch muss der Hersteller bei besonders komplexen und risikoreichen Produkten vor Inverkehrbringen eigene Risikoforschung betreiben[619] und diejenige Vorsorge treffen, die nach neuesten wissenschaftlichen Erkenntnissen für erforderlich gehalten wird.[620] Verfügen einzelne Hersteller durch ihre betriebsinterne Entwicklung über erhebliches Sonderwissen, muss dieses Wissen bei der Beurteilung der Sicherheitserwartung an die Produkte dieses Herstellers berücksichtigt werden. Alle anderen Hersteller, die keinen Zugang zu diesen Spezialkenntnissen haben, müssen sich dagegen nicht an diesem Maßstab messen lassen.[621]

(2) Sicherheit von (intelligenter) Software

Dass der Eintritt eines Schadens früher oder später unvermeidlich ist, ist wohl unbestritten.[622] Gerade bei der Softwareentwicklung wird immer wieder darauf hingewiesen, komplexe Software könne niemals zu einhundert Prozent fehlerfrei sein.[623] Aufgrund der relativ hohen Fehlerquote könnte eine allgemein reduzierte Erwartung zumindest bei

---

615 BT-Dr. 11/2447, S. 15; vgl. *Wagner*, in: MüKo BGB, § 1 ProdHaftG Rn. 54; *Oechsler*, in: Staudinger BGB, § 1 ProdHaftG Rn. 124.

616 BVerfG, NJW 1979, 359 (362); *Foerste*, in: Foerste/v. Westphalen, Produkthaftungshandbuch, § 24 Rn. 18; *Kullmann*, ProdHaftG, § 3 ProdHaftG Rn. 48.

617 BGH, NJW-RR 1991, 1077 (1079); *Reese*, DStR 1994, 1121 (1126).

618 *Foerste*, in: Foerste/v. Westphalen, Produkthaftungshandbuch, § 24 Rn. 20.

619 *Foerste*, in: Foerste/v. Westphalen, Produkthaftungshandbuch, § 24 Rn. 21.

620 BVerfG, NJW 1979, 359 (362).

621 *Wagner*, in: MüKo BGB, § 1 ProdHaftG Rn. 56; *Stöber/Möller/Pieronczyk*, V+T 2019, 217 (222).

622 *Matthias*, Automaten als Träger von Rechten, S. 28; *Ebers*, in: Oppermann/Stender-Vorwachs, Autonomes Fahren, 1. Auflage, S. 107; *Lutz*, NJW 2015, 119 (119); *Hartmann*, PHi 2017, 2 (3).

623 *Lehmann*, NJW 1992, 1721 (1725); *Spindler*, CR 2015, 766 (770); *Gomille*, JZ 2016, 76 (81); *Grützmacher*, CR 2016, 695 (695); *Tiling*, CR 1987, 80 (82); *Bartsch*, BB 1986, 1500 (1501); *Taeger*, Außervertragliche Haftung für fehlerhafte Computerprogramme, S. 186; häufig findet sich eine derartige Formulierung sogar in AGB wieder, dazu *Schneider*, Handbuch des EDV-Rechts, A Rn. 39.

sachkundigen Abnehmern angenommen werden.[624] Teilweise wird sogar angeführt, dass sich aufgrund der Fehlerhaftigkeit von Software gar keine Sicherheitserwartung bilden könne und die Produkthaftung daher in Gänze ausgeschlossen sei.[625] Es fragt sich daher, in welchem Maß die latente Fehlerhaftigkeit von Software die berechtigte Sicherheitserwartung beeinflusst.

Von der Fehlerträchtigkeit auf eine stark verminderte oder gar auf eine nicht existierende Sicherheitserwartung zu schließen, erscheint jedoch nicht ganz konsequent. Auch von Software ist eine gewisse Basissicherheit zu erwarten.[626] Diese Mindestsicherheit äußert sich zunächst immer auf die gleiche Weise: Jeder Nutzer, egal ob Laienanwender oder Fachmann, kann berechtigterweise davon ausgehen, bei der Benutzung des Produktes nicht persönlich zu Schaden zu kommen.[627] Wenn die Software sogar eigens für die Schadensprävention konstruiert ist (z. B. in der Medizintechnik) oder die Integrität eines Rechtsguts unmittelbar von einer Software abhängt (z. B. Steuerungssoftware), kann von ihr erst recht erwartet werden, dass schwerwiegende Fehler, die zu einer Rechtsgutsverletzung des Integritätsinteresses führen, nahezu ausgeschlossen sind.[628] Je bedeutsamer die gefährdeten Rechtsgüter dabei sind, umso höher muss auch der zumutbare Sicherungsaufwand sein.[629]

Trotzdem kann eine einhundertprozentige Sicherheit, wie teilweise verlangt,[630] nicht erwartet werden.[631] Das muss für völlig harmlose wie

---

624 *Foerste*, in: Foerste/v. Westphalen, Produkthaftungshandbuch, § 24 Rn. 173; *Welser*, Produkthaftungsgesetz, § 5 Rn. 5; *Lehmann*, NJW 1992, 1721 (1725); *Spindler/Klöhn*, VersR 2003, 410 (412).

625 *Bauer*, PHi 1989, 38 (38); vgl. auch *Sodtalbers*, Softwarehaftung im Internet, S. 145.

626 *Rott*, Rechtspolitischer Handlungsbedarf im Haftungsrecht, S. 25; Vgl. *Oechsler*, in: Staudinger BGB, § 3 ProdHaftG Rn. 39; *Engel*, CR 1986, 702 (708).

627 *Wagner*, AcP 2017, 889 (893); *Sodtalbers*, Softwarehaftung im Internet, S. 146.

628 Vgl. *Taeger*, Außervertragliche Haftung für fehlerhafte Computerprogramme, S. 189; *Foerste*, in: Foerste/v. Westphalen, Produkthaftungshandbuch, § 24 Rn. 173; *Rott*, Rechtspolitischer Handlungsbedarf im Haftungsrecht, S. 25; *Zech*, ZfPW 2019, 198 (210); für Fahrerassistenzsysteme bereits *Bewersdorf*, Zulassung und Haftung bei Fahrerassistenzsystemen im Straßenverkehr, S. 225.

629 *Gomille*, JZ 2016, 76 (77); *v. Bodungen/Hoffmann*, NZV 2016, 503 (504); *Wagner/Goeble*, ZD 2017, 263 (266); vgl. BGH NJW 1981, 1603 (1604); *Hager*, in: Staudinger BGB, § 823 BGB Rn. F8; *Zech*, in: Gless/Seelmann, Intelligente Agenten und das Recht, S. 181.

630 *Kullmann*, ProdHaftG, § 3 Rn. 42; *Meyer/Harland*, CR 2007, 689 (694); *Taeger*, CR 1996, 257 (266); *Spindler/Klöhn*, VersR 2003, 410 (412); vgl. *Engel*, CR 1986, 702 (707).

631 *V. Bodungen/Hoffmann*, NZV 2018, 97 (98); *Ebers*, in: Oppermann/Stender-Vorwachs, Autonomes Fahren, 1. Auflage, S. 107; *Weisser/Färber*, MMR 2015, 506 (511); *Wagner*, AcP 2017, 707 (728).

auch für besonders risikoreiche Computerprogramme gelten,[632] denn der Grund für die Fehlerhaftigkeit liegt in der Komplexität der Software und nicht in ihrer Gefährlichkeit. Auch wenn es in technischer Hinsicht theoretisch möglich wäre, ein fehlerfreies Programm zu konstruieren,[633] so scheitert dieser Versuch – wenn schon nicht am menschlichen Versagen – spätestens an der Wirtschaftlichkeit eines solchen Unterfangens.[634] Dass absolute Perfektion nicht Maßstab einer berechtigten Sicherheitserwartung sein kann, entspricht auch den Grundsätzen des Deliktsrechts[635] und gilt daher auch für das Produkthaftungsgesetz.[636] Ein allgemeines Verbot, andere nicht zu gefährden, existiert nicht.[637] Die deliktsrechtliche Verantwortlichkeit endet an der Grenze des Zumutbaren.[638] Erforderlich ist diejenige Sorgfalt, die notwendig und ausreichend ist, um andere vor Schäden zu bewahren.[639] Die Unzumutbarkeitsschwelle ist insbesondere dann überschritten, wenn der Nutzen theoretisch denkbarer Sicherheitsmaßnahmen in keinem Verhältnis zu ihren Kosten steht.[640] Warum für Software von diesen Grundsätzen abgewichen werden sollte, ist nicht zu erkennen.[641]

Die Grenzen der Fähigkeiten, die von intelligenter Software berechtigterweise abverlangt werden dürfen, sind somit umrissen und führen zu zwei wesentlichen Feststellungen:

1) Der Nutzer intelligenter Software kann berechtigterweise darauf vertrauen, dass die Systemsicherheit angesichts ihrer Be-

---

632 A.A. *Lehmann*, NJW 1992, 1721 (1725); wohl auch *Taeger*, Außervertragliche Haftung für fehlerhafte Computerprogramme, S. 188.

633 *Sodtalbers*, Softwarehaftung im Internet, S. 147.

634 *Sodtalbers*, Softwarehaftung im Internet, S. 147; vgl. auch *Ebers*, in: Oppermann/Stender-Vorwachs, Autonomes Fahren, 1. Auflage, S. 110.

635 *Wagner*, AcP 2017, 707 (728); *Hager*, in: Staudinger BGB, § 823 BGB Rn. F 8.

636 BGH, NJW 2009, 1669 (1670); *Wagner*, AcP 2017, 707 (728); *Schulz*, Verantwortlichkeit für autonom agierende Systeme, S. 164; *Hartmann*, PHi 2017, 2 (3); *Thöne*, Autonome Systeme und deliktische Haftung, S. 127.

637 BGH, VersR 2014, 78 (79); BGH, NJW 2013, 48 (48); BGH, NJW 2010, 1967 (1967); *Wagner*, in: MüKo BGB, § 823 BGB Rn. 422; *Müller-Hengstenberg/Kirn*, Rechtliche Risiken autonomer und vernetzter Systeme, S. 318.

638 BGH, NJW 1972, 724 (726); *Wagner*, in: MüKo BGB, § 823 BGB Rn. 422; *Oechsler*, in: Staudinger BGB, § 3 ProdHaftG Rn. 87a; *Ebers*, in: Oppermann/Stender-Vorwachs, Autonomes Fahren, 1. Auflage, S. 110; *Wendt/Oberländer*, InTeR 2016, 58 (60).

639 BGH, VersR 2014, 642 (642); BGH, NJW 2014, 1588 (1589); *Wagner*, AcP 2017, 707 (728).

640 *Wagner*, in: MüKo BGB, § 3 ProdHaftG Rn. 7, 39; *Oechsler*, in: Staudinger BGB, § 3 ProdHaftG Rn. 87; vgl. BGH, NJW 2009, 2952 (2954).

641 Vgl. *Lutter*, RdTW 2017, 281 (283 f.).

deutung für die Gesundheit der Systemnutzer besonders hoch ist und Schäden nahezu ausgeschlossen sind.[642]

2) Andererseits kann von einem Steuerungssystem aber nicht erwartet werden, dass Fehler konstruktiv völlig ausgeschlossen sind.

Auf den ersten Blick scheint es sich zu widersprechen, dass der Nutzer zwar auf Schadensfreiheit, nicht aber auf Fehlerfreiheit vertrauen darf. Der Umstand der immanenten Fehleranfälligkeit von Software rechtfertigt indes keine reduzierte Systemsicherheit. Mit anderen Worten: Ein System kann zwar fehlerhaft, aber gleichwohl unschädlich sein.[643] Bei automatisierten Fahrzeugen äußert sich das in der Fähigkeit, den Nutzer zur Übernahme der Steuerung aufzufordern oder sich selbst in einen risikominimalen Zustand zu überführen.

(3) Der menschliche Fahrer als Sicherheitsmaßstab

Wie ein menschlicher Fahrer muss auch das System die im Straßenverkehr erforderliche Sorgfalt an den Tag legen können. Dies folgt bereits aus dem straßenverkehrsrechtlichen Vertrauensgrundsatz, nach dem jeder Verkehrsteilnehmer vom anderen ein pflichtgemäßes Verhalten erwarten kann.[644] Um die eben statuierte Anforderung einer „besonders hohen Systemsicherheit" ein wenig mehr mit Leben zu füllen, könnte daher der menschliche Fahrer als Referenzmaß für die Sicherheit automatisierter und autonomer Fahrzeuge herangezogen werden. Gegen einen solchen Mensch-Maschinen-Vergleich wird angeführt, dass bei der Beurteilung der Fehlerhaftigkeit nicht das einzelne Fahrzeug, sondern die gesamte Fahrzeugflotte betrachtet werden müsse, weil diese immer in ihrer Gesamtheit fehlerhaft sei.[645] Nach diesem systembezogenen Sorgfaltsmaßstab müsse ein Vergleich zu einem „sorgfältigen" Algorithmus angestrengt werden; es komme darauf an, ob das vom Hersteller programmierte System Unfälle verursacht, die ein sorgfaltsgemäß programmierter Algorithmus verhindert hätte.[646]

---

642 *Schrader*, DAR 2016, 242 (243); *Meyer-Seitz*, in: 56. Deutscher Verkehrsgerichtstag, S. 66.

643 *Wagner*, in: Lohsse/Schulze/Staudenmayer, Liability for Artificial Intelligence and the Internet of Things, S. 43.

644 *V. Bodungen/Hoffmann*, NZV 2016, 503 (504); *Freise*, VersR 2019, 65 (70).

645 *Wagner*, AcP 2017, 707 (733); *ders.*, VersR 2020, 717 (728).

646 *Wagner*, AcP 2017, 707 (736); *ders.*, in: Lohsse/Schulze/Staudenmayer, Liability for Artificial Intelligence and the Internet of Things, S. 44; *ders.*, in: Faust/Schäfer, Zivilrechtliche und rechtsökonomische Probleme des Internet und der künstlichen Intelligenz, S. 16; *ders.*, VersR 2020, 717 (728); sich anschließend *Kreutz*, in: Oppermann/Stender-Vorwachs, Au-

Dieser Ansicht ist zwar zuzubilligen, dass sich die Anforderungen an ein technisches System grundsätzlich nicht nach der Leistungsfähigkeit des Menschen richten.[647] Das Produkthaftungsrecht fragt also eigentlich nicht danach, ob das Produkt fähiger oder unfähiger als der Mensch ist, sondern ob es so sicher ist, wie der Mensch es erwarten darf. Ein Vergleich zu anderen Systemen entspricht daher dem Fehlerbegriff des § 3 ProdHaftG besser.[648] Die Besonderheit liegt bei Produkten, die am Straßenverkehr teilnehmen sollen, aber beim gesetzlichen Rahmen, der sie umgibt: Wenn der in § 1a II S. 1 Nr. 2 StVG gesetzlich intendierte Sicherheitsmaßstab voraussetzt, dass das System den Verkehrsvorschriften entsprechen muss, dann kann der anzulegende Vergleichsmaßstab nur das menschliche Verhalten sein.[649] Denn die damit angesprochenen Vorschriften des Straßenverkehrsrechts sind mehrheitlich auf die menschlichen Fähigkeiten im Verkehr zugeschnitten.[650] Anders formuliert besagt § 1a II S. 1 Nr. 2 StVG also: „Kraftfahrzeuge mit hoch- und vollautomatisierte Fahrfunktionen sind solche, die über eine technische Ausrüstung verfügen, die in der Lage ist, die gleiche Sorgfalt wie der Mensch im Straßenverkehr an den Tag zu legen." Der Referenzmaßstab Mensch ist somit bereits im Gesetz angelegt.[651]

Folgt man diesem anthropozentrischen Ansatz, dann ergibt sich daraus zunächst die Erkenntnis, dass das System mindestens ebenso sicher sein muss wie der menschliche Fahrer.[652] In dieser Form erscheint der Mensch-Maschine-Vergleich jedoch noch nicht konkret genug. Das Gesetz kennt schließlich nicht nur den einen „sorgfältigen" Fahrer, son-

---

tonomes Fahren, 2. Auflage, S. 181f., 194; *Zech*, in: Deutscher Juristentag, Verhandlungen des 73. Deutschen Juristentages, Band I, A 69f.; vgl. Ministerium der Justiz des Landes Nordrhein-Westfalen, Bericht der Arbeitsgruppe „digitaler Neustart" der Konferenz der Justizministerinnen und Justizminister der Länder vom 15.04.2019, S. 86f.

647 *Borges*, CR 2016, 272 (276, Fn. 48); *Wagner*, AcP 2017, 707 (733f.).

648 So auch Ministerium der Justiz des Landes Nordrhein-Westfalen, Bericht der Arbeitsgruppe „digitaler Neustart" der Konferenz der Justizministerinnen und Justizminister der Länder vom 15.04.2019, S. 86f.

649 Vgl. *Greger*, NZV 2018, 1 (4); Ministerium der Justiz des Landes Nordrhein-Westfalen, Bericht der Arbeitsgruppe „digitaler Neustart" der Konferenz der Justizministerinnen und Justizminister der Länder vom 15.04.2019, S. 88f.

650 Siehe oben unter § 6 A. I. 3.

651 Vgl. *Freise*, VersR 2019, 65 (70, 73), der allerdings auf zukünftige Vorschriften der StVZO Bezug nimmt und diese dann als gesetzlichen Maßstab betrachtet.

652 *Gomille*, JZ 2016, 76 (77, 82); *Greger*, NZV 2018, 1 (4); *Wagner/Goeble*, ZD 2017, 263 (266); *v. Bodungen/Hoffmann*, NZV 2016, 503 (505); *Schrader*, DAR 2016, 242 (246); *Borges*, CR 2016, 272 (276); *Rott*, Rechtspolitischer Handlungsbedarf im Haftungsrecht, S. 25f.; *Schulz*, Verantwortlichkeit für autonom agierende Systeme, S. 166.

dern unterscheidet mehrere Fahrerkategorien.[653] Während sich für die Frage der Haftung nach § 18 I StVG die Sorgfaltspflichten nach § 276 II BGB richten, also die gewöhnliche, verkehrserforderliche Sorgfalt eines „Durchschnittsfahrers" einzuhalten ist,[654] so ist im Rahmen des Haftungsausschlusstatbestandes des § 17 III StVG maßgeblich, ob ein Idealfahrer den Unfall hätte verhindern können oder nicht.[655] Ein Idealfahrer ist dabei jemand, der alle erkennbaren Gefahren überblicken und anhand der Gesamtlage das bestmögliche Verhalten wählen kann.[656] Im Ergebnis sind die Anforderungen an den Idealfahrer damit sehr viel strenger.[657] Es fragt sich daher, an welche dieser Fahrerkategorien die allgemeine Sicherheitserwartung anknüpfen sollte.

Der Grund dafür, weshalb nicht schon im Rahmen von § 18 I StVG der Idealfahrer den Verschuldensmaßstab bildet, liegt in dem Umstand, dass Menschen von Natur aus nicht die gleichen körperlichen, kognitiven und charakterlichen Eigenschaften aufweisen. Zudem kann er ungeübt, übermüdet, abgelenkt oder aus anderen Gründen unkonzentriert sein.[658] Solange er dabei aber in der Lage ist, die Verkehrsvorschriften zu befolgen und das Fahrzeug so zu führen, dass andere nicht gefährdet werden, kommt er seinen Verkehrspflichten nach. Für technische Systeme jedoch kann das eben Gesagte nicht als Rechtfertigung für eine „verminderte" Sorgfaltspflicht herhalten. Sie folgen stur ihrem Algorithmus, sind niemals übermüdet, alkoholisiert oder in einer die Fahrweise beeinträchtigenden Gefühlslage.[659] Sie besitzen auch keine Charaktereigenschaften, die sie rücksichtslos oder unvorsichtig machen. Es erscheint daher gerechtfertigt, sie am Maßstab eines idealen Fahrers zu beurteilen.[660]

---

653 *Freise*, VersR 2019, 65 (70).
654 BGH, NJW 1976, 1504 (1504); OLG Hamm, NZV 2000, 376 (376); *König*, in: Hentschel/König/Dauer, StVR, § 18 StVG Rn. 4; *Kaufmann*, in: Geigel, Der Haftpflichtprozess, Kap. 25 Rn. 114.
655 *Heß*, in: Burmann/Heß/Hühnermann/Jahnke, StVR, § 17 StVG Rn. 8; *König*, in: Hentschel/König/Dauer, StVR, § 17 StVG Rn. 22.
656 *Greger*, in: Greger/Zwickel, Haftungsrecht des Straßenverkehrs, § 3 Rn. 367; vgl. OLG Hamm, NZV 2000, 376 (376).
657 BGH, NZV 2005, 305 (306); *Kaufmann*, in: Geigel, Der Haftpflichtprozess, Kap. 25 Rn. 114.
658 Vgl. zu der erforderlichen Geistesgegenwart *Freymann*, in: Geigel, Der Haftpflichtprozess, Kap. 27 Rn. 34; *König*, in: Hentschel/König/Dauer, StVR, § 1 StVO Rn. 27.
659 *Ebert*, in: Hilgendorf, Autonome Systeme und neue Mobilität, S. 69; vgl. *Wagner*, in: Faust/Schäfer, Zivilrechtliche und rechtsökonomische Probleme des Internets und der künstlichen Intelligenz, S. 17.
660 Im Ergebnis auch *Freise*, VersR 2019, 65 (70); *Steege*, NZV 2019, 459 (466).

Die Sicherheitserwartung der Verkehrsteilnehmer ist in diesem Fall erst dann erfüllt, wenn der Unfall für das System – in Anlehnung an § 17 III StVG – unvermeidbar war.[661] Andersherum enttäuscht das System die Erwartungen, wenn es einen Unfall verursacht, den ein idealer menschlicher Fahrer hätte verhindern können.[662] Absolute Unvermeidbarkeit ist dabei nicht gefordert, sondern ein sachgerechtes Handeln unter „äußerster Sorgfalt."[663] Im Ergebnis wird das Erfordernis äußerster Sorgfalt darauf hinauslaufen, dass automatisierte und autonome Fahrzeuge eine weitaus niedrigere Fehlerquote aufweisen müssen als der menschliche Fahrer, der lediglich die Sorgfalt eines durchschnittlichen Kraftfahrers aufbringen muss.[664] Dieses Ergebnis harmoniert mit der allgemeinen Erwartung an Steuerungssoftware, besonders sicher zu sein, berücksichtigt aber auch den Umstand, dass Fehler nicht völlig auszuschließen sind.[665] Deshalb bedeutet der Vergleich zum Idealfahrer auch, dass eine darüber hinausgehende Sicherheitserwartung nicht mehr berechtigt ist. Das gilt selbst dann, wenn eines Tages Systeme entwickelt werden, die der menschlichen Leistungsfähigkeit um ein Vielfaches überlegen sind.[666] Solange das Gesetz in StVG und StVO auf die menschliche Leistungsfähigkeit Bezug nimmt und automatisierte Fahrzeuge in diese Gesetze integriert, sind damit die Grenzen der Sicherheitserwartung nach oben hin geschlossen.

dd. Nutzen-Risiko-Abwägung bei unvermeidbaren Gefahren

Bei der Beurteilung der Fehlerhaftigkeit kommt es grundsätzlich nicht darauf an, welchen Vorteil das Produkt für den Nutzer und die Allge-

---

661 *Freise*, VersR 2019, 65 (70).

662 Vgl. *Freise*, VersR 2019, 65 (70).

663 BGH, NZV 2005, 305 (306); BGH, NZV 1992, 229 (229); BGH, VersR 1987, 158 (159); *Kaufmann*, in: Geigel, Der Haftpflichtprozess, Kap. 25 Rn. 126; *König*, in: Hentschel/König/Dauer, StVR, § 17 StVG Rn. 22.

664 So auch die Ethik-Kommission, Automatisiertes und vernetztes Fahren, S. 10; *Weisser/Färber*, MMR 2015, 506 (512); *Ebers*, in: Oppermann/Stender-Vorwachs, Autonomes Fahren, 1. Auflage, S. 108; *Spindler*, CR 2015, 766 (774); *Hey*, Die außervertragliche Haftung des Herstellers autonomer Fahrzeuge bei Unfällen im Straßenverkehr, S. 50, 52; wohl auch *Lutz*, NJW 2015, 119 (119); *Zech*, ZfPW 2019, 198 (213).

665 Siehe oben unter § 6 B. III. 1. a. cc. bbb. (2).

666 Ähnlich *Greger*, NZV 2018, 1 (4); wohl auch *Freise*, VersR 2019, 65 (70); a.A. *Ebers*, in: Oppermann/Stender-Vorwachs, Autonomes Fahren, 1. Auflage, S. 108; *v. Bodungen/Hoffmann*, NZV 2016, 503 (505); *Gomille*, JZ 2016, 76 (77, 82); *Schrader*, DAR 2016, 242 (246); wohl auch *Borges*, CR 2016, 272 (276); *Rott*, Rechtspolitischer Handlungsbedarf im Haftungsrecht, S. 26.

meinheit hat.[667] Der Nutzen wird erst dann in die Gesamtbetrachtung aller Umstände miteinbezogen, wenn die mit der Benutzung des Produktes einhergehenden Gefahren nach dem aktuellen Stand der Technik unvermeidbar sind. Dann ist unter Abwägung von Art und Umfang der Risiken und ihrer Eintrittswahrscheinlichkeit zu ermitteln, ob der Nutzen des Produktes trotz unvermeidbarer Gefahren ein Inverkehrbringen rechtfertigt.[668] Grundsätzlich kann dies auch dann der Fall sein, wenn das Produkt eine Gefahr für die Gesundheit seiner Nutzer darstellt.[669] Sogar das Rechtsgut Leben wird nicht absolut geschützt, sondern kann unter Umständen hinter anderen Rechtsgütern zurücktreten.[670]

Das für künstliche Intelligenz so charakteristische „Autonomierisiko" ist Paradebeispiel für unvermeidbare Risiken.[671] Wenn nicht einmal der Hersteller selbst das (potenziell auch gefährliche) Verhalten seiner Produkte mit Sicherheit vorhersehen kann, dann können die aus einer lernenden Software resultierenden konkreten Gefahren kaum wirksam begrenzt werden, weil sie noch gar nicht bekannt sind. Man könnte sogar sagen, der Hersteller lege es gerade auf unvermeidbare Risiken an, weil diese als notwendiger Zwischenschritt bis zur erhofften Entfaltung des sicherheitstechnischen Potentials erforderlich sind. Das unbekannte Risiko autonomer Systeme wird in Kauf genommen, um der bereits bekannten Gefahr menschlichen Versagens im Straßenverkehr Herr zu werden. Technisch ist die Gefährlichkeit selbstlernender Fahrzeuge nur begrenzt beherrschbar.[672] Die einzig theoretisch denkbare Alternativkonstruktion wäre die Programmierung sämtlicher Verhaltensweisen durch den Menschen, die aber – vorausgesetzt, sie ist überhaupt technisch umsetzbar – jenseits dessen liegt, was dem Hersteller wirtschaftlich zumutbar ist.[673]

---

667 *Kullmann*, ProdHaftG, § 3 ProdHaftG Rn. 60; *Bewersdorf*, Zulassung und Haftung bei Fahrerassistenzsystemen im Straßenverkehr, S. 166.

668 BGH, NJW 2009, 2952 (2953); *Wagner*, in: MüKo BGB, § 823 BGB Rn. 40; *v. Westphalen*, in: Foerste/v. Westphalen, Produkthaftungshandbuch, § 48 Rn. 27; *Schulz*, Verantwortlichkeit bei autonom agierenden Systemen, S. 165; *Ebers*, in: Oppermann/Stender-Vorwachs, Autonomes Fahren, 1. Auflage, S. 109; *Arzt/Ruth-Schumacher*, RAW 2017, 89 (95).

669 *Schulz*, Verantwortlichkeit bei autonom agierenden Systemen, S. 165; *Ebers*, in: Oppermann/Stender-Vorwachs, Autonomes Fahren, 1. Auflage, S. 110; *Foerste*, in: Foerste/v. Westphalen, Produkthaftungshandbuch, § 24 Rn. 61.

670 BVerfG, NJW 1993, 1751 (1753); *Schulz*, Verantwortlichkeit bei autonom agierenden Systemen, S. 165.

671 Vgl. *Zech*, ZfPW 2019, 198 (210).

672 Vgl. *Oechsler*, in: Staudinger BGB, § 3 ProdHaftG Rn. 90.

673 Siehe oben unter § 6 B. III. 1. a. cc. bbb. (2).

ee. Der Preis des Produktes

Der Preis eines Produktes kann beim Nutzer ebenfalls eine bestimmte Erwartung an Qualität und Sicherheit hervorrufen.[674] So wird man davon ausgehen können, dass ein Pkw der Oberklasse bereits ab Werk eine höhere Sicherheitsausstattung besitzt als ein Kleinwagen.[675] Allein der Preis für automatisierte Fahrfunktionen der Stufe 3 als Sonderausstattung dürfte bereits den Preis eines günstigen Kleinwagens erreichen.[676] Die Preise für vollständig autonome Fahrzeuge könnten sich nach heutigen Prognosen im Vergleich zu gleichwertigen herkömmlichen Fahrzeugen sogar verdoppeln.[677] Gleichwohl kann sich der Wert eines Produktes nur auf die Sicherheitserwartung derjenigen Personen auswirken, denen der Wert auch bekannt ist.[678] Dazu wird in aller Regel der Nutzer des Kfz zählen, nicht jedoch andere Verkehrsteilnehmer.[679] Der konkrete Preis kann aus diesem Grund keinen Einfluss auf die Erwartungen der Allgemeinheit haben; vielmehr besteht das berechtigte Vertrauen allein darin, dass der Hersteller alle im jeweiligen wirtschaftlichen Rahmen möglichen Sicherheitsvorkehrungen trifft.[680] Wirtschaftliche Einschränkungen stellen den Hersteller jedoch nicht davon frei, bei jedem Produkt eine bestimmte Basissicherheit zu gewährleisten.[681] Da diese Basissicherheit bei automatisierten Fahrzeugen schon aufgrund der gesetzlichen Voraus-

---

674 BGH, NJW 1990, 906 (907); *Kullmann*, ProdHaftG, § 3 ProdHaftG Rn. 51; *v. Westphalen*, in: Foerste/v. Westphalen, Produkthaftungshandbuch, § 48 Rn. 28.

675 Vgl. *Kullmann*, ProdHaftG, § 3 ProdHaftG Rn. 51; *Sprau*, in: Palandt BGB, § 3 ProdHaftG Rn. 4; *Wagner*, in: MüKo BGB, § 3 ProdHaftG Rn. 31; *v. Westphalen*, in: Foerste/v. Westphalen, Produkthaftungshandbuch, § 48 Rn. 29; *Bewersdorf*, Zulassung und Haftung bei Fahrerassistenzsystemen im Straßenverkehr, S. 166; *Klindt/Handorn*, NJW 2010, 1105 (1107).

676 Erwartet werden Preise um die 10.000 Euro, vgl. *Becker*, Die Autohersteller haben das Tempo der digitalen Revolution unterschätzt, https://www.sueddeutsche.de/auto/ces-autonomes-fahren-1.4278071.

677 *Delhaes/Murphy*, Das vollkommen autonome Fahren wird vorerst nicht kommen, https://www.handelsblatt.com/politik/deutschland/hohe-kosten-das-vollkommen-autonome-fah ren-wird-vorerst-nicht-kommen/24597246.html?ticket=ST-6631171-3aOlc4W3i9lduaheb TvR-ap1.

678 *Hey*, Die außervertragliche Haftung des Herstellers autonomer Fahrzeuge bei Unfällen im Straßenverkehr, S. 51; *Oechsler*, in: Staudinger BGB, § 3 ProdHaftG Rn. 86; *Förster*, in: Bamberger/Roth/Hau/Poseck, BeckOK BGB, § 3 ProdHaftG Rn. 27.

679 *Hey*, Die außervertragliche Haftung des Herstellers autonomer Fahrzeuge bei Unfällen im Straßenverkehr, S. 51; vgl. *Förster*, in: Bamberger/Roth/Hau/Poseck, BeckOK BGB, § 3 ProdHaftG Rn. 27.

680 *Oechsler*, in: Staudinger BGB, § 3 ProdHaftG Rn. 86.

681 BGH, NJW 1990, 908 (909); OLG Naumburg, BeckRS 2014, 5588; *Kullmann*, ProdHaftG, § 3 ProdHaftG Rn. 52; *Kort*, VersR 1989, 1113 (1115); *Wieckhorst*, VersR 1995, 1005 (1011); *Förster*, in: Bamberger/Roth/Hau/Poseck, BeckOK BGB, § 3 ProdHaftG Rn. 28.

setzungen des § 1a II S. 1 StVG sehr hoch angesetzt ist,[682] bleibt ohnehin nur wenig Spielraum für den Hersteller, das Sicherheitsniveau ihrer Fahrzeuge durch den Preis zu regulieren.

b. Maßgeblicher Zeitpunkt der Sicherheitserwartung

aa. Das Inverkehrbringen als Bezugspunkt

Die die allgemeine Sicherheitserwartung beeinflussenden Umstände unterliegen mit der Zeit einem ständigen Wandel. So konnte etwa im Jahr 1989 noch nicht erwartet werden, dass ein Kleinwagen ab Werk mit Airbag und ABS ausgestattet ist,[683] was gemessen an heutigen technischen Standards natürlich undenkbar ist. § 3 I c) ProdHaftG stellt deshalb klar, dass maßgeblicher Beurteilungszeitpunkt der berechtigten Sicherheitserwartung der des „Inverkehrbringens" des Produktes ist.

Der deutsche Gesetzgeber hielt eine gesetzliche Definition des Begriffs der Inverkehrgabe nicht für erforderlich;[684] die Bedeutung erschließe sich vielmehr bereits „aus dem natürlichen Wortsinn."[685] Sie liegt nach der Gesetzesbegründung dann vor, wenn der Hersteller das Produkt aufgrund seines Willensentschlusses einer anderen Person außerhalb seiner Herstellersphäre übergeben hat.[686] Eine nach diesem Zeitpunkt veränderte Sicherheitserwartung begründet demzufolge noch keinen Produktfehler.[687] Insbesondere begründet das Inverkehrbringen eines neuen, verbesserten Produktes nicht per se die Annahme, das ältere Produkt sei fehlerhaft, § 3 II ProdHaftG.[688] Haftungsrechtlich äußerst sich der Bezug zur Inverkehrgabe durch den in § 1 II Nr. 2 ProdHaftG statuierten Haftungsausschluss für nach diesem Zeitpunkt auftretende Fehler.

---

682 Siehe oben unter § 6 B. III. 1. a. aa.

683 *Kort*, VersR 1989, 1113 (1115).

684 Andere Mitgliedsstaaten haben sich dagegen für eine gesetzliche Definition entschieden, vgl. etwa § 6 des österreichischen PHG.

685 BT-Dr. 11/2447, S. 14.

686 BT-Dr. 11/2447, S. 14; ebenso *Wilhelmi*, in: Erman BGB, § 1 ProdHaftG Rn. 6; *Rolland*, Produkthaftungsrecht, § 1 ProdHaftG Rn. 90; *Hollmann*, DB 1985, 2389 (2396); *Wieckhorst*, JuS 1990, 86 (91 f.).

687 BT-Dr. 11/2447, S. 18; *v. Westphalen*, in: Foerste/v. Westphalen, Produkthaftungshandbuch, § 48 Rn. 61; *Goehl*, in: Gsell/Krüger/Lorenz/Reymann, BeckOGK, § 3 ProdHaftG Rn. 65; *Wagner*, in: MüKo BGB, § 3 ProdHaftG Rn. 32.

688 *Schmidt-Salzer/Hollmann*, Kommentar EG-Richtlinie Produkthaftung, Art. 6 Rn. 267; *Förster*, in: Bamberger/Roth/Hau/Poseck, BeckOK BGB, § 3 ProdHaftG Rn. 38; *Sprau*, in: Palandt BGB, § 3 ProdHaftG Rn. 15; das Inverkehrbringen eines neuen Produktes kann allerdings zumindest Indiz für die Fehlerhaftigkeit des alten sein, *v. Westphalen*, NJW 1990, 83 (89); zustimmend *Greger*, in: Greger/Zwickel, Haftungsrecht des Straßenverkehrs, § 6 Rn. 3.

bb. Die Rolle von Softwareupdates bei der Bestimmung des maßgeblichen Zeitpunkts

Anders als bisher werden Produktverbesserungen von Automobilen nicht mehr nur in den Übergängen zu neuen Fahrzeuggenerationen oder Modelljahren stattfinden. Die Sicherheitsrelevanz der Steuerungssoftware erfordert eine ständige Überwachung, weil sich viele Produktfehler erst mit der Zeit offenbaren werden.[689] Die Behebung dieser Fehler wird in bestimmten Fällen keinen Aufschub dulden, sodass ein Warten auf das nächste Modelljahr keine Option ist. Eine unverzügliche Produktverbesserung in Form von Updates der Steuerungssoftware ist dann unvermeidlich. Auch die Schließung einer gravierenden Sicherheitslücke ist aber nach derzeitiger Gesetzeslage wegen § 3 II ProdHaftG noch kein Beleg für die Fehlerhaftigkeit älterer Softwareversionen. Weil sich die berechtigte Sicherheitserwartung nach § 3 I c) ProdHaftG am Zeitpunkt des Inverkehrbringens orientiert, ist lediglich derjenige Softwarestand maßgeblich, der im Moment der Veröffentlichung des Fahrzeugs als Gesamtprodukt installiert war.

Aus diesem Grund könnte das Anknüpfen an den Moment der erstmaligen Produktveröffentlichung im Hinblick auf ständig veränderliche Systeme nicht mehr zeitgemäß sein.[690] Zur Schließung der Haftungslücke wird vorgeschlagen, jedes Softwareupdate als ein neues Inverkehrbringen des Produktes zu betrachten.[691] Zuzubilligen ist dieser Lösung, dass bei der Schaffung der Produkthaftungsrichtlinie die Möglichkeit einer ständigen Produktverbesserung über digitale Kanäle noch keine Berücksichtigung gefunden haben dürfte. Da für eine Inanspruchnahme des Automobilherstellers aber nur auf das Inverkehrbringen des Gesamtproduktes Automobil abgestellt werden kann, lässt es die aktuelle Gesetzeslage nicht zu, mit jedem Softwareupdate das Inverkehrbringen eines neuen Produktes anzunehmen.[692] Dies muss selbst dann gelten, wenn bestimmte Funktionen zwar schon im Programmcode vorliegen, diese aber erst später durch ein Update freigeschaltet werden.[693] Die Haftung des

---

689 *Schmid/Wessels*, NZV 2017, 357 (359).

690 Deutscher Anwaltverein, Stellungnahme zum vorläufigen Konzeptpapier der europäischen Kommission zu künftigen Leitlinien zur Produkthaftungsrichtlinie, S. 6; siehe unter § 8 C. IV.

691 Deutscher Anwaltverein, Stellungnahme zum vorläufigen Konzeptpapier der europäischen Kommission zu künftigen Leitlinien zur Produkthaftungsrichtlinie, S. 6; wohl auch *Schrader*, DAR 2018, 314 (319).

692 Bundesministerium für Wirtschaft und Energie, Künstliche Intelligenz und Recht im Kontext von Industrie 4.0, S. 18.

693 A. A. *Schrader*, DAR 2018, 314 (319).

Herstellers wäre ansonsten deutlich strenger als durch das derzeitige ProdHaftG vorgesehen. Man nehme an, der Hersteller eines automatisierten Kfz nimmt im Jahre 2030 an einem zehn Jahre alten Modell kleinere Systemverbesserungen per Update vor. Würde man dieses Update nun als neue Inverkehrgabe interpretieren, dann würde sich die Sicherheitserwartung prompt am aktuellen Stand der Technik des Jahres 2030 richten und auch die Zehnjahresfrist bis zum Erlöschen des Anspruchs nach § 13 I ProdHaftG[694] wieder auf null gestellt werden, und das sowohl hinsichtlich der Software als auch hinsichtlich der verbauten Hardware (Kameras, Sensorik, Prozessoren usw.). Um der Sicherheitserwartung zu entsprechen, müsste der Hersteller dann also auch die Hardware auf den aktuellen Stand heben. Letztendlich entspräche diese Form der Haftung einer Loslösung vom Inverkehrbringen als haftungsausschließendem Zeitpunkt der Inverkehrgabe des Gesamtproduktes.

Zur Lösung dieser Problematik ließe sich an eine analoge Anwendung des § 1 II Nr. 2 ProdHaftG in der Form denken, dass zwischen der Inverkehrgabe des Fahrzeugs als Ganzen und der Inverkehrgabe der Software als Teilprodukt differenziert wird. Für das klassische, vom Hersteller aufgespielte Softwareupdate mag diese Lösung befriedigend sein, weil sie den Hersteller für die Veränderungen am Produkt angemessen in die Pflicht nimmt, aber andererseits nicht zu einer unbilligen Ausdehnung auf die übrigen Produktbestandteile führt. Indes bleibt es in diesem Fall bei der Exkulpationsmöglichkeit des Herstellers für den Fall, dass zum Zeitpunkt der Inverkehrgabe – unabhängig davon, wann das der Fall ist – keine fehlerhafte Software vorliegt. Mit anderen Worten bleibt es bei dem sog. „Sphärengedanken" des § 1 II Nr. 2 ProdHaftG, der davon ausgeht, dass Produktfehler, die nach der Inverkehrgabe aufgetreten sind, dem Nutzer zuzurechnen sind. Wie noch zu zeigen sein wird, ist diese Annahme vor dem Hintergrund selbstveränderlicher Systeme nicht mehr tragfähig,[695] weshalb § 1 II Nr. 2 ProdHaftG – auch in analoger Anwendung – nicht zu zufriedenstellenden Ergebnissen führen kann.

c. Zwischenergebnis

Obwohl die berechtigte Sicherheitserwartung an intelligente Fahrzeuge grundsätzlich nach § 3 ProdHaftG zu bemessen und damit von einer Gesamtbetrachtung aller Umstände abhängig ist, erlauben die gesetzlichen

---

694 Siehe unter § 6 B. IV. 7.
695 Siehe unter § 8 C. IV.

Vorgaben aus § 1a II S. 1 StVG zumindest für Fahrzeuge der Stufe 3 und 4 doch nur einen sehr eingeschränkten Erwartungshorizont. Die zwingend erforderliche Basissicherheit umfasst bei automatisierten Kfz im Wesentlichen das Einhalten der Verkehrsvorschriften, aber nur in den Grenzen ihres jeweiligen use-case und auch nur solange, wie nicht der Fahrer durch das System mit angemessener Zeitreserve zur Übernahme aufgefordert wird.[696] Solange das System die Fahraufgabe ausübt, muss es sich aber wie ein Idealfahrer verhalten.[697] Der Hersteller hat insgesamt nur geringen Einfluss auf die berechtigten Erwartungen. Die für ihn nach § 1 II S. 2 StVG verbindliche Erklärung über den Funktionsumfang der Fahrzeuge schränkt seine Möglichkeiten, die Erwartungen durch öffentliche (Werbe-)Aussagen oder eine bestimmte Preispolitik zu beeinflussen, stark ein. Für autonome Fahrzeuge besteht aktuell noch kein straßenverkehrsrechtlicher Rahmen. Für sie dürfte der Sorgfaltsmaßstab eines idealen Fahrers aber erst recht gelten.

Der zur Bestimmung der Sicherheitserwartung maßgebliche Zeitpunkt bleibt der des Inverkehrbringens des Fahrzeugs als Ganzen.[698] Aufgrund der gesetzlich nicht angelegten massiven Haftungsverschärfung für den Hersteller rechtfertigen auch regelmäßige Softwareupdates nicht die Annahme eines erneuten Inverkehrbringens.

2. Die Fehlertypen

Während bisher die allgemeinen Anforderungen an das Sicherheitsniveau automatisierter und autonomer Kfz dargelegt wurden, sollen nun die Verhaltenspflichten der Hersteller konkretisiert werden, die zur Sicherstellung ebendieser Anforderungen geboten sind. Wenn auch nicht ausdrücklich normiert, unterscheidet das Produkthaftungsrecht dabei zwischen drei aus der Produzentenhaftung bekannten Fehlertypen,[699] die zu einem Unterschreiten der allgemeinen Sicherheitserwartung und somit zu einem Produktfehler führen können.

---

696 Siehe dazu oben unter § 6 B. III. 1. a. aa.
697 Siehe dazu oben unter § 6 B. III. 1. a. cc. bbb. (3).
698 Siehe dazu oben unter § 6 B. III. 1. b.
699 BT-Dr. 11/2447, S. 17 f.; OLG Düsseldorf, NJW-RR 2008, 411 (411); OLG Koblenz, NJW-RR 2006, 169 (169); *Förster*, in: Bamberger/Roth/Hau/Poseck, BeckOK BGB, § 3 ProdHaftG Rn. 6; *Rolland*, Produkthaftungsrecht, § 3 ProdHaftG Rn. 8.

a. Fabrikationsfehler

Ein Fabrikationsfehler ist das Resultat eines Mangels im Herstellungsprozess selbst.[700] Das hergestellte Produkt weicht dabei vom geplanten Produkt ab, sei es durch Fehler der an der Fertigung beteiligten Personen, Maschinen oder des Materials.[701] Es spielt keine Rolle, ob der Fabrikationsmangel vermeidbar oder unvermeidbar gewesen ist; auch unvermeidbare oder nicht erkennbare „Ausreißer" unterfallen dem Schutzbereich des § 3 I ProdHaftG.[702] Den Fabrikationsprozess begleitet eine ständige Qualitätskontrolle der ausgeführten Arbeiten und des fertigen Endproduktes.[703]

Der Produktionsprozess automatisierter Fahrzeuge wird auf die Haftung des Herstellers keinen erhöhten Einfluss haben.[704] Ein Fabrikationsfehler kann sich zwar aus der fehlerhaften Herstellung oder dem unsachgemäßen Einbau spezieller Fahrzeugtechnik wie Kameras, Sensoren oder Hardware ergeben.[705] Es bestehen allerdings insofern keine Besonderheiten im Vergleich zu Herstellungsmängeln bei herkömmlichen Fahrzeugen. Auch das zur Produktion zugehörige Aufspielen der Steuerungssoftware auf einen Datenträger stellt keine erhöhte Gefahrenquelle dar; etwaige Kopierfehler sind zu vernachlässigen.[706] Die sich der Produktion anschließende Qualitätskontrolle des Endproduktes wird sich ebenfalls nicht verschärfen.[707] Wie heutige Fahrzeuge auch schon werden sich automatisierte Kfz einem strengen sicherheitstechnischen Qualitätstest

---

700 *Foerste*, in: Foerste/v. Westphalen, Produkthaftungshandbuch, § 24 Rn. 177.
701 *Rolland*, Produkthaftungsrecht, § 3 ProdHaftG Rn. 10; *Oechsler*, in: Staudinger BGB, § 3 ProdHaftG Rn. 104; *Wagner*, in: MüKo BGB, § 3 ProdHaftG Rn. 37; *Lenz*, Produkthaftung, § 3 Rn. 325.
702 *Wagner*, in: MüKo BGB, § 3 ProdHaftG Rn. 37; *Oechsler*, in: Staudinger BGB, § 3 ProdHaftG Rn. 104; *Lenz*, Produkthaftung, § 3 Rn. 325; *Jänich/Schrader/Reck*, NZV 2015, 313 (317); *Lutz/Tang/Lienkamp*, NZV 2013, 57 (61).
703 *Foerste*, in: Foerste/v. Westphalen, Produkthaftungshandbuch, § 24 Rn. 194.
704 *Ebers*, in: Oppermann/Stender-Vorwachs, Autonomes Fahren, 1. Auflage, S. 100; *Hey*, Die außervertragliche Haftung des Herstellers autonomer Fahrzeuge bei Unfällen im Straßenverkehr, S. 79.
705 *Ebers*, in: Oppermann/Stender-Vorwachs, Autonomes Fahren, 1. Auflage, S. 100; vgl. *Frenz*, zfs 2003, 381 (383); *Lutter*, RdTW 2017, 81 (83); *Wagner*, AcP 2017, 707 (725).
706 *Marly*, Praxishandbuch Softwarerecht, Rn. 1865; *Borges*, CR 2016, 272 (275); *Wendt/Oberländer*, InTeR 2016, 58 (61); *Spindler*, Verantwortlichkeiten von IT-Herstellern, Nutzern und Intermediären, S. 56; *Rott*, Rechtspolitischer Handlungsbedarf im Haftungsrecht, S. 25.
707 A. A. *Hey*, Die außervertragliche Haftung des Herstellers autonomer Fahrzeuge bei Unfällen im Straßenverkehr, S. 81.

unterziehen müssen.[708] Werden im Rahmen dieses Tests Mängel bei der Fahrzeugsteuerung festgestellt, so besteht aber ein Fehler in der Softwarekonstruktion insgesamt und nicht nur beim einzelnen getesteten Fahrzeug.[709] Die Fabrikationspflichten beschränken sich deshalb auf die Qualitätssicherung der einzelnen Teile und die fehlerfreie Installation der Steuerungssoftware.

b. Konstruktionsfehler

Konstruktionsfehler betreffen die Konzeption und Planung eines Produktes und machen es für eine gefahrlose Benutzung ungeeignet.[710] Infolge eines solchen Fehlers ist nicht nur ein einzelnes Produkt, sondern immer die gesamte Produktserie von einem sicherheitstechnischen Mangel befallen.[711] Die konstruktiv notwendigen Sicherheitsmaßnahmen werden abstrakt durch die Sicherheitserwartung der Allgemeinheit bestimmt.[712] Wenn also ein Fahrzeug im Einzelfall hinter den Anforderungen eines Idealfahrers zurückbleibt, dann fragt sich im nächsten Schritt, ob und wenn ja welcher konkrete konstruktive Mangel für diese Unzulänglichkeit verantwortlich war. Für die planerische Umsetzung eines Kfz mit automatisierten Fahrfunktionen müssen Hard- und Software derart beschaffen sein, dass sie technisch die berechtigten Erwartungen erfüllen. Dazu sind zunächst alle Fahrzeugteile notwendig, die für eine sichere Fahrt erforderlich sind. Hierzu zählen selbstverständlich die zulassungsrechtlich vorgeschriebenen Bestandteile wie etwa Sicherheitsgurte (§ 35a III StVZO) oder Bremsen (§ 41 I StVZO).[713] Auch essenzielle Fahrerassistenzsysteme wie ABS oder ESP sind konstruktiv unverzichtbar geworden.[714]

Das Herzstück des sicherheitstechnischen Konzeptes automatisierter und autonomer Kfz besteht in dem reibungslosen Zusammenspiel von technischer Hardware und Steuerungssoftware. Die Vielfältigkeit der vom System zu beherrschenden Fähigkeiten und die damit einhergehen-

---

708 *Kullmann*, in: Kullmann/Pfister/Stöhr/Spindler, Produzentenhaftung, Kza, 1520 S. 41; *Foerste*, in: Foerste/v. Westphalen, Produkthaftungshandbuch, § 24 Rn. 197.
709 *Wagner*, AcP 2017, 707 (726).
710 BGH, NJW 2009, 2952 (2953); *Sprau*, in: Palandt BGB, § 3 ProdHaftG Rn. 8; *Oechsler*, in: Staudinger BGB, § 3 ProdHaftG Rn. 108; *Wagner*, in: MüKo BGB, § 823 BGB Rn. 818.
711 *Sprau*, in: Palandt BGB, § 3 ProdHaftG Rn. 8; *Wagner*, in: MüKo BGB, § 823 BGB Rn. 818.
712 Siehe dazu unter § 6 B. III. 1; *Ebers*, in: Oppermann/Stender-Vorwachs, Autonomes Fahren, 1. Auflage, S. 103.
713 *Kullmann*, in: Kullmann/Pfister/Stöhr/Spindler, Produzentenhaftung, Kza, 1520 S. 25.
714 *Kullmann*, in: Kullmann/Pfister/Stöhr/Spindler, Produzentenhaftung, Kza, 1520 S. 26.

den unzähligen potenziellen Fehlerquellen machen eine abschließende Aufzählung der konstruktiv erforderlichen Maßnahmen allerdings unmöglich. Es haben sich vielmehr bestimmte Fehlergruppen herausgebildet, die sich eng an besagten Fähigkeiten orientieren. Denkbar sind Fehler in folgenden Kategorien:[715]

aa. Fahrzeuglokalisierung

Eine exakte Standortbestimmung des Fahrzeugs ist wesentliche Grundvoraussetzung für Funktionsfähigkeit und Sicherheit.[716] Automatisierungen für bestimmte use-cases sind nur dann realisierbar, wenn das Fahrzeug den Anwendungsfall räumlich überhaupt erkennen kann (zum Beispiel, dass es sich auf einer Autobahn befindet).[717] Anhand von hochauflösendem Kartenmaterial muss zudem eine exakte Lokalisierung auf der Straße ermöglicht werden, um Kollisionen mit Personen oder Gegenständen zu vermeiden.[718] Die Folgen einer fehlenden oder ungenauen Standortbestimmung können dementsprechend verheerend sein.

bb. Wahrnehmung und Reaktion

Die zur Wahrnehmung der Verkehrssituation notwendigen Daten müssen durch eine dafür ausreichende Anzahl an Sensoren und Kameras erhoben werden.[719] In qualitativer Hinsicht sind die Vor- und Nachteile der einzelnen Sensortechniken zu berücksichtigen und zur Optimierung ggf. zu kombinieren.[720] Nach der erfolgreichen Erfassung der relevanten Daten müssen diese durch Software richtig interpretiert werden.[721] Den

---

715 Die folgenden Kategorien basieren auf einem gemeinsam von elf führenden Automobil- und Zuliefererunternehmen erarbeiteten Whitepaper, Aptiv/Audi/Baidu/BMW/Continental/Daimler/FCA/Here/Infineon/Intel/VW, „Safety First for Automated Driving", S. 37 ff.

716 Siehe oben unter § 3 B; *Matthaei/Reschka/Rieken/Dierkes/Ulbrich/Winkler*, in: Winner/Hakuli/Lotz/Singer, Handbuch Fahrerassistenzsysteme, S. 1152; *Dietmayer*, in: Maurer/Gerdes/Lenz/Winner, Autonomes Fahren, S. 420.

717 Aptiv/Audi/Baidu/BMW/Continental/Daimler/FCA/Here/Infineon/Intel/VW, Safety First for Automated Driving, S. 37.

718 *Matthaei/Reschka/Rieken/Dierkes/Ulbrich/Winkler*, in: Winner/Hakuli/Lotz/Singer, Handbuch Fahrerassistenzsysteme, S. 1153; vgl. *Ebers*, in: Oppermann/Stender-Vorwachs, Autonomes Fahren, 1. Auflage, S. 105.

719 Siehe oben unter § 3 B.

720 Aptiv/Audi/Baidu/BMW/Continental/Daimler/FCA/Here/Infineon/Intel/VW, Safety First for Automated Driving, S. 38; *Hey*, Die außervertragliche Haftung des Herstellers autonomer Fahrzeuge bei Unfällen im Straßenverkehr, S. 68 f.; *Maier*, in: Grundlagen der Robotik, S. 52 f.; *Wagner*, in: Oppermann/Stender-Vorwachs, Autonomes Fahren, 1. Auflage, S. 19 ff.; *Maurer*, in: 56. Deutscher Verkehrsgerichtstag, S. 44 f.; *Lenninger*, in: 53. Deutscher Verkehrsgerichtstag, S. 74.

721 *Ebers*, in: Oppermann/Stender-Vorwachs, Autonomes Fahren, 1. Auflage, S. 105.

erkannten Objekten werden dabei verschiedene Prioritäten zugeordnet (bewegliche Gegenstände oder Personen, unbewegliche Gegenstände und andere Hindernisse, die aufgrund ihrer Größe eine Gefahr darstellen könnten).[722] Die Gesamtheit dieser Objekte ergibt dann ein Szenenbild, aus dem das zukünftige Bewegungsprofil des Fahrzeugs und anderer beweglicher Objekte errechnet werden muss.[723] Bei einem Ausfall der maschinellen Wahrnehmung kann das Fahrzeug nicht mehr in Relation zu seiner Umwelt gebracht werden, sodass eine sichere Handlungsplanung kaum noch möglich ist.[724]

Konstruktiv fehlerträchtig wird es sein, das zukünftige Bewegungsprofil des Kfz an die geltenden Verkehrsvorschriften anzupassen.[725] Das „Entsprechen" hinsichtlich der Verkehrsvorschriften nach § 1a II S. 1 Nr. 2 StVG stellt den Hersteller sogar vor die nahezu unlösbare Aufgabe, dass die Fahrzeuge sämtlichen Verkehrsregeln der StVO Folge leisten müssen; also auch solchen, denen offensichtlich nur ein Mensch nachkommen kann.[726] Obwohl dieses offensichtliche Problem schon im Gesetzgebungsverfahren diskutiert wurde, entschied man sich letztendlich ausdrücklich dafür, dass von § 1a II S. 1 Nr. 2 StVG ausnahmslos alle Vorschriften erfasst sein sollen.[727] Vernünftigerweise müssten aber bestimmte Regelungen[728] aus § 1a II S. 1 Nr. 2 StVG ausgeklammert werden, weil ihre Umsetzung konstruktiv nicht zumutbar ist.[729] Strenggenommen wäre der Hersteller andernfalls daran gehindert, die nach § 1a II S. 2 StVG erforderliche Erklärung abzugeben, dass das Fahrzeug alle gesetzlichen Anforderungen erfüllt.

Aktuell noch nicht gesetzlich geregelt ist die Reaktion des Fahrzeugs in Notfallsituationen. Dies kann zum Beispiel der Fall sein, wenn ein technischer Defekt erkannt wurde oder der Fahrer nicht oder zu spät auf

---

722 Aptiv/Audi/Baidu/BMW/Continental/Daimler/FCA/Here/Infineon/Intel/VW, Safety First for Automated Driving, S. 38.

723 Aptiv/Audi/Baidu/BMW/Continental/Daimler/FCA/Here/Infineon/Intel/VW, Safety First for Automated Driving, S. 39.; *Dietmayer*, in: Maurer/Gerdes/Lenz/Winner, Autonomes Fahren, S. 421.

724 *Dietmayer*, in: Maurer/Gerdes/Lenz/Winner, Autonomes Fahren, S. 421.

725 Vgl. Aptiv/Audi/Baidu/BMW/Continental/Daimler/FCA/Here/Infineon/Intel/VW, Safety First for Automated Driving, S. 40.

726 Siehe oben unter § 5 A. III. 1. a. ee. aaa; *v. Bodungen/Hoffmann*, NZV 2018, 97 (100); *Hoffmann*, NZV 2019, 177 (178).

727 *Lange*, NZV 2017, 345 (349).

728 Etwa § 15 S. 2 StVO oder § 36 I StVO; siehe oben unter § 5 A. III. 1. a. ee. aaa.

729 Siehe oben unter § 5 A. III. 1. a. ee. aaa.

eine Übernahmeaufforderung reagiert. Es herrscht Einigkeit darüber, dass spätestens mit Fahrzeugen der Stufe 4 ein systemseitig hinterlegtes Notfallmanöver existieren muss.[730] Dabei soll ein „risikominimaler Zustand" erreicht werden, indem das Fahrzeug entweder auf der aktuell genutzten Fahrspur oder auf dem Seitenstreifen bis zum Stillstand abgebremst wird.[731] Als „maschinelle Rückfallebene für ein fehlerhaft arbeitendes Automatisierungssystem" dient das Überführungssystem dazu, etwaigen Gefahren durch Mängel in der autonomen Fahrzeugsteuerung entgegenzuwirken. Die Erwartungen an den damit zu erreichenden Sicherheitsgewinn sind somit hoch.[732]

cc. Kommunikation
aaa. Mensch-Maschinen-Schnittstelle

Die zwischen Mensch und Maschine wechselnden Zuständigkeiten bei der Fahraufgabe erfordern eine klare und unmissverständliche Kommunikation. Der Insasse muss erkennen können, wer die Steuerung des Fahrzeugs kontrolliert, und ein „Overruling" durch den Menschen jederzeit möglich sein.[733] Das Erreichen der Systemgrenzen muss gem. § 1a II S. 1 Nr. 5 StVG mit ausreichender Zeitreserve angezeigt werden. Mangels konkreter gesetzlicher Vorgaben und Rechtsprechung stellt die rechtzeitige Übernahmeaufforderung den Hersteller noch vor erhebliche rechtliche Unsicherheiten.[734]

Neben der direkten Kommunikationsfähigkeit gehört auch die Überwachung des Fahrers zu den Aufgaben des Systems.[735] Offensichtliche Sorgfaltspflichtverletzungen des Fahrers wie das Schlafen oder Verlassen des Fahrersitzes müssen durch das System erkannt und beanstandet werden.[736] Die Überwachungspflicht reicht jedoch nicht soweit, dass das System als virtueller Gesetzeshüter der allgemeinen Fahrerpflichten aus § 1b I StVG fungieren muss. Die Ungenauigkeit des Gesetzes beim

---

730 Siehe oben unter § 3 A. V.
731 *Arzt/Ruth-Schumacher*, RAW 2017, 89 (91).
732 *Arzt/Ruth-Schumacher*, RAW 2017, 89 (97 f.).
733 Ethik-Kommission, Automatisiertes und vernetztes Fahren, S. 13; *Grunwald*, SVR 2019, 81 (84).
734 Siehe dazu unter § 5 A. III. 1. a. ee. ddd. (1); vgl. *Wagner*, in: Oppermann/Stender-Vorwachs, Autonomes Fahren, 1. Auflage, S. 25 f.
735 Aptiv/Audi/Baidu/BMW/Continental/Daimler/FCA/Here/Infineon/Intel/VW, Safety First for Automated Driving, S. 43.
736 Derartige Erkennungssysteme sind bereits auf dem Markt verfügbar, dazu *Langer/Abendroth/Bruder*, in: Winner/Hakuli/Lotz/Singer, Handbuch Fahrerassistenzsysteme, S. 689 ff.

Begriff der Wahrnehmungsbereitschaft darf nicht zulasten des Herstellers gehen; ohnehin ist es weiterhin Aufgabe des Fahrers, die an ihn gerichteten Verkehrsvorschriften zu befolgen.

bbb. Car-2-Car und Car-2-X

Das Fahrzeug sollte allerdings nicht nur nach innen, sondern auch nach außen aufmerksam und kommunikativ sein.[737] Die Verständigung mit anderen Verkehrsteilnehmern ist schon heute ein wichtiger Bestandteil unseres Straßenverkehrs.[738] Lehrbuchbeispiel für gegenseitige Verständigung ist die nicht beschilderte Kreuzung, an deren Einmündungen jeweils ein Fahrzeug steht: Einer der Fahrzeugführer muss auf seine Vorfahrt verzichten und dies dem links von ihm stehenden Kfz auf verständliche Weise mitteilen. Automatisierte Systeme müssen derart komplexe Situationen erfassen können und dürfen sich eben nicht nur auf rein gesetzliche Vorgaben versteifen. Problematisch wird es insbesondere dann, wenn eine solche Kommunikation im Mischverkehr zwischen einem maschinell und einem menschlich gesteuerten Kfz stattfinden soll.[739] Teilweise wird daher gefordert, das selbstfahrende Fahrzeug müsse in irgendeiner Weise kenntlich machen, dass das System steuert, zum Beispiel durch ein spezielles Fahrzeugdesign[740] oder optische Signale.[741] Für andere Verkehrsteilnehmer ist es aber völlig irrelevant, ob ein anderes Fahrzeug automatisiert, autonom oder manuell gesteuert wird.[742] Entscheidend ist allein das Wissen über die Reaktion des Fahrzeugs auf die erkannte Verkehrssituation. Dieses Verhalten nach außen zu vermitteln, kann dem Verkehrsteilnehmer zumindest ein Mehr an Sicherheit bieten (etwa, wenn ein Fußgänger die Straße überqueren will) und kann in bestimmten Fällen zwingend erforderlich sein, um eine Verkehrslage zu lösen, die nur kommunikativ zu bewerkstelligen ist. Im Ergebnis muss

---

737 Aptiv/Audi/Baidu/BMW/Continental/Daimler/FCA/Here/Infineon/Intel/VW,   Safety First for Automated Driving, S. 41.

738 *Ebers*, in: Oppermann/Stender-Vorwachs, Autonomes Fahren, 1. Auflage, S. 105.

739 *Ebers*, in: Oppermann/Stender-Vorwachs, Autonomes Fahren, 1. Auflage, S. 105 Fn. 50.

740 Ein besonderes Fahrzeugdesign ablehnend *Hammel*, Haftung und Versicherung bei Personenkraftwagen mit Fahrerassistenzsystemen, S. 389 f.

741 Optische Signale befürwortend *Hammel*, Haftung und Versicherung bei Personenkraftwagen mit Fahrerassistenzsystemen, S. 390 ff.; auch *Ebers*, in: Oppermann/Stender-Vorwachs, Autonomes Fahren, 1. Auflage, S. 105 f.

742 *Hey*, Die außervertragliche Haftung des Herstellers autonomer Fahrzeuge bei Unfällen im Straßenverkehr, S. 70.

das Fahrzeug optisch und akustisch klar machen, wie es sich verhält,[743] nicht aber, dass es sich überhaupt verhält.

Interaktion wird nicht nur mit anderen Verkehrsteilnehmern, sondern auch mit der technischen Verkehrsinfrastruktur stattfinden.[744] Konstruktiv werden sich länderübergreifend Hersteller der verschiedensten Branchen sowie Behörden diesbezüglich auf einen einheitlichen Telekommunikationsstandard einigen müssen.[745]

ccc. IT-Sicherheit

Die Vernetzung der Fahrzeuge untereinander und mit den Verkehrsanlagen erfordert die Bereitstellung einer immensen Dateninfrastruktur, deren Anspruch es ist, einerseits besonders schnell, andererseits aber auch sicher vor Angriffen von außen zu sein.[746] Der Hersteller haftet als Beherrscher der Gefahrenquelle „Software" für solche Schäden, die Dritte durch das Ausnutzen von Sicherheitslücken verursachen.[747] Denkbar sind beispielsweise Eingriffe in die Fahrzeugsteuerung oder die Manipulation von Ampel- oder Staumeldungen.[748] Die Steuerungssoftware in Fahrzeugen darf deshalb so lange nicht in den Verkehr gebracht werden, wie dem Hersteller konkrete sicherheitsrelevante Mängel im Programmcode bekannt sind, über die sich Unbefugte Zugang verschaffen könnten.[749] Wie aber schon die Steuerungssoftware an sich kann auch der Schutz dieser Software nicht einhundertprozentig sicher sein, eine perfekte Firewall kann nicht erwartet werden.[750] Das bedeutet allerdings nicht, dass der Hersteller nicht alles ihm Zumutbare tun muss, um etwa-

---

743 Aptiv/Audi/Baidu/BMW/Continental/Daimler/FCA/Here/Infineon/Intel/VW, Safety First for Automated Driving, S. 41.

744 Dazu ausführlich *Fuchs/Hofmann/Löhr/Schaaf*, in: Winner/Hakuli/Lotz/Singer, Handbuch Fahrerassistenzsysteme, S. 526 ff.

745 Volkswagen, Car2X: die neue Ära intelligenter Fahrzeugvernetzung, https://www.volkswa genag.com/de/news/stories/2018/10/car2x-networked-driving-comes-to-real-life.html; zur Frage der Haftung der Netzbetreiber *Spindler*, Verantwortlichkeit von IT-Herstellern, Nutzern und Intermediären, S. 268 ff.

746 Aptiv/Audi/Baidu/BMW/Continental/Daimler/FCA/Here/Infineon/Intel/VW, Safety First for Automated Driving, S. 22.; *Fuchs/Hofmann/Löhr/Schaaf*, in: Winner/Hakuli/Lotz/Singer, Handbuch Fahrerassistenzsysteme, S. 529; *Hartmann*, PHi 2017, 2 (8).

747 *Spindler*, NJW 2004, 3145 (3146); *May/Gaden*, InTeR 2018, 110 (115); *Hartmann*, PHi 2017, 2 (8); *Wagner*, AcP 2017, 707 (727).

748 *Fuchs/Hofmann/Löhr/Schaaf*, in: Winner/Hakuli/Lotz/Singer, Handbuch Fahrerassistenzsysteme, S. 529.

749 *Spindler*, NJW 2004, 3145 (3146); *Hartmann*, DAR 2015, 122 (123); vgl. *Zech*, in: Deutscher Juristentag, Verhandlungen des 73. Deutschen Juristentages, Band I, A 72.

750 *Wagner*, AcP 2017, 707 (727); a.A. *Gomille*, JZ 2016, 76 (78).

ige Sicherheitslücken aufzudecken und zu schließen; diese deliktsrechtliche Verantwortung ist aber dem Zeitpunkt des Inverkehrbringens nachgelagert und ist daher eine Frage der Produzentenhaftung.[751]

Neben präventiven Maßnahmen gegen Hackerangriffe ist auch der Schutz privater Daten Teil der IT-Sicherheit. Grundsätzlich sind die Hersteller dazu angehalten, möglichst wenig personenrelevante Informationen zu erheben und auszutauschen (Datensparsamkeit) und diese, wenn möglich, zu anonymisieren und zu verschlüsseln.[752] Da eine Verletzung dieser Pflichten aber in den meisten Fällen nicht zu einer sicherheitstechnischen Beeinträchtigung der Fahrzeuge führt, sind sie zumindest aus produkthaftungsrechtlicher Perspektive zu vernachlässigen.[753]

c. Instruktionsfehler

Ein Produktfehler kann sich auch aus einer mangelhaften Aufklärung über die Produktverwendung und die möglichen Risiken dieser Verwendung ergeben.[754] Durch eine sachgerechte Warnung vor Produktrisiken kann der Hersteller zwar eine konstruktiv entstandene Sicherheitslücke schließen,[755] er muss aber dennoch alle ihm zumutbaren Maßnahmen zur Vermeidung eines Produktfehlers getroffen haben.[756] Die Instruktion ist der Konstruktion und Fabrikation also nachgelagert; ist eine Gefahr konstruktiv vermeidbar, genügt der bloße Hinweis auf diese Gefahr nicht der produkthaftungsrechtlichen Verantwortung des Herstellers.[757]

Darf ein Produkt trotz bekannter, aber konstruktiv unvermeidbarer Gefahren in den Verkehr gebracht werden, so muss der Hersteller über diese Gefahren informieren, wenn sie sich auch beim bestimmungsgemä-

---

751 Siehe dazu unter § 6 C. I. 1. b. bb. ddd.

752 *Fuchs/Hofmann/Löhr/Schaaf*, in: Winner/Hakuli/Lotz/Singer, Handbuch Fahrerassistenzsysteme, S. 530.

753 Zur datenschutzrechtlichen Problematik siehe *Klink-Straub/Straub*, NJW 2018, 3201 (3201 ff.); *Weichert*, NZV 2017, 507 (507 ff.); *Keßler*, MMR 2017, 589 (591).

754 BT-Dr. 11/2447, S. 18; BGH, NJW 1999, 2815 (2815 f.); BGH, NJW 1992, 560 (560 f.); BGH, NJW 1989, 1542 (1544); *Oechsler*, in: Staudinger BGB, § 3 ProdHaftG Rn. 46; *Wagner*, in: MüKo BGB, § 823 BGB Rn. 826; v. *Westphalen*, in: Foerste/v. Westphalen, Produkthaftungshandbuch, § 48 Rn. 5.

755 *Stöber/Möller/Pieronczyk*, V+T 2019, 217 (221); *Wolfers*, RAW 2018, 94 (101); *Wagner*, AcP 2017, 707 (728); Bundesanstalt für Straßenwesen, Rechtsfolgen zunehmender Fahrzeugautomatisierung, S. 108.

756 *Foerste*, in: Foerste/v. Westphalen, Produkthaftungshandbuch, § 24 Rn. 127; *Wagner*, AcP 2017, 707 (728); *Kullmann*, in: Kullmann/Pfister, Produzentenhaftung, Kza. 1520 S. 42a.

757 LG Düsseldorf, VersR 2006, 1650 (1651); *Kullmann*, in: Kullmann/Pfister, Produzentenhaftung, Kza. 1520 S. 42b.; *Wagner*, AcP 2017, 707 (728); *ders.*, MüKo BGB, § 823 BGB Rn. 829; v. *Bodungen/Hoffmann*, NZV 2018, 97 (98); *dies.*, NZV 2016, 503 (506 f.).

ßen Gebrauch oder naheliegenden Fehlgebrauch realisieren können.[758] Beim Einsatz neuartiger Technologien nehmen die Instruktionspflichten zu, je komplexer die Automatisierung und somit die Anforderung an die Mensch-Maschinen-Interaktion ist.[759] Gerade dann, wenn die Nutzer keinerlei Vorkenntnisse über die Funktionsweise eines neuen Produktes besitzen, kommt es in besonderem Maße auf eine umfassende, unmissverständliche und laiengerechte Aufklärung an.[760]

aa. Umfang der Instruktion

Im Wesentlichen lässt sich die Instruktionspflicht für automatisierte Fahrzeuge in zwei Elemente unterteilen: Erstens ist die Funktionsfähigkeit und der Funktionsumfang des Steuerungssystems zu erläutern.[761] Das beinhaltet auch die unmissverständliche Darlegung der Systemgrenzen innerhalb des spezifischen use-case automatisierter Fahrzeuge.[762] Von besonderer Wichtigkeit ist hier die Verdeutlichung der Übernahmesituation: Der Fahrer muss verstehen, wie sich das System im Falle einer Übernahmeaufforderung bemerkbar macht.[763] Weil sich die zulässige Nutzung der Systeme gem. § 1a I StVG an der durch den Hersteller determinierten „bestimmungsgemäßen Verwendung" orientiert,[764] muss zudem hervorgehoben werden, dass sich die Funktionsumfänge der Systeme zwischen den verschiedenen Herstellern unterscheiden können.

Das zweite Element der Instruktionspflichten umfasst die Aufklärung über konkrete Produktgefahren, die konstruktiv unvermeidbar sind und sich deshalb auch bei einer ordnungsgemäßen Verwendung realisieren können, sowie über diejenigen Risiken, die mit einem Produktfehlgebrauch einhergehen.[765] Das auch bei einer bestimmungsgemäßen Verwendung verbleibende Restrisiko bezieht sich zum Großteil auf das unbekannte,

---

758 BGH, NJW 2009, 2952 (2954); *Oechsler*, in: Staudinger BGB, § 3 ProdHaftG Rn. 46.

759 Vgl. *Spindler*, CR 2015, 766 (769); *Gless/Janal*, JR 2016, 561 (568); *May*, in: 53. Deutscher Verkehrsgerichtstag, S. 89.

760 Vgl. *Schrader*, DAR 2016, 242 (243); *Spindler*, CR 2015, 766 (769); *Lutz/Tang/Lienkamp*, NZV 2013, 57 (61); *Sosnitza*, CR 2016, 764 (769); *Ebers*, in: Oppermann/Stender-Vorwachs, Autonomes Fahren, 1. Auflage, S. 111.

761 *V. Bodungen/Hoffmann*, NZV 2016, 503 (505); *Schrader*, DAR 2016, 242 (243); *Ebers*, in: Oppermann/Stender-Vorwachs, Autonomes Fahren, 1. Auflage, S. 111; *Spindler*, ITRB 2017, 87 (87); für Telematik-Systeme schon *Berz/Dedy/Granich*, DAR 2000, 545 (550).

762 *V. Bodungen/Hoffmann*, NZV 2016, 503 (505); *Wagner/Goeble*, ZD 2017, 263 (265); für Fahrerassistenzsysteme *Vogt*, NZV 2003, 153 (159).

763 Bundesanstalt für Straßenwesen, Rechtsfolgen zunehmender Fahrzeugautomatisierung, S. 22.

764 Siehe oben unter § 5 A. III. 1. a. ee. aaa.

765 *Thöne*, Autonome Systeme und deliktische Haftung, S. 128.

angelernte Verhalten des Steuerungssystems.[766] Da hier eine Warnung vor konkreten Gefahren gerade noch nicht möglich ist, sollte zumindest auf die Bedeutung regelmäßiger Softwareupdates hingewiesen werden, um fehlerhaft angelerntes Verhalten zu minimieren.

bb. Instruktionsmethode

Als Produkt für den Massenmarkt werden automatisierte Fahrzeuge früher oder später der breiten Öffentlichkeit zugänglich sein. Egal ob Fahranfänger oder Senior, jeder Nutzer automatisierter Fahrfunktionen muss in vollem Umfang mit jeder sicherheitsrelevanten Funktion vertraut sein. Das Vermitteln von sicherheitstechnischen Grundkenntnissen ist bisher Aufgabe der Fahrschulen,[767] wobei das Bedienen von Fahrerassistenzsystemen in der Ausbildung keine oder nur eine sehr untergeordnete Rolle spielt.[768] Das ist aktuell deshalb nicht notwendig, weil Fahrerassistenzsysteme der Stufe 2 den Fahrer bestenfalls bei der Fahraufgabe unterstützen, diese aber niemals vollständig übernehmen. Der Fahrer bleibt also ohnehin jederzeit in voller Verantwortung für das Fahrzeug, weshalb die an ihn gerichteten Anforderungen unverändert sind und eine Abkehr von der bisherigen Fahrschulausbildung nicht notwendig ist. Bei Automatisierungen der Stufe 3 jedoch alternieren die Verantwortlichkeiten zwischen Mensch und Maschine, sodass zusätzlich zu den herkömmlichen fahrerischen Fähigkeiten das Interagieren mit dem System eine unabdingbare Fertigkeit darstellt. Teilweise wird daher eine spezielle Führerscheinpflicht für die Benutzung von automatisierten und autonomen Fahrzeugen diskutiert.[769] In absehbarer Zukunft werden Fahrschulen die Bedienung von Steuerungssystemen aber nicht in ihre Ausbildung integrieren können. Ohnehin würde so nur denjenigen geholfen, die erst noch einen Führerschein erwerben wollen, nicht aber denjenigen, die bereits einen solchen besitzen.[770] Die Hersteller werden also nicht darum herumkommen, die notwendige Wissensvermittlung selbst sicherzustellen.

---

766 *Wendt/Oberländer*, InTeR 2016, 58 (62); *Hey*, Die außervertragliche Haftung des Herstellers autonomer Fahrzeuge bei Unfällen im Straßenverkehr, S. 88.

767 *Lutz/Tang/Lienkamp*, NZV 2013, 57 (61).

768 *Bewersdorf*, Zulassung und Haftung bei Fahrerassistenzsystemen im Straßenverkehr, S. 173; *Hammel*, Haftung und Versicherung bei Kraftfahrzeugen mit Fahrerassistenzsystemen, S. 401.

769 Für autonome Fahrzeuge bejahend *Ebers*, in: Oppermann/Stender-Vorwachs, Autonomes Fahren, 1. Auflage, S. 111 Fn. 83; ablehnend *Hey*, Die außervertragliche Haftung des Herstellers autonomer Fahrzeuge bei Unfällen im Straßenverkehr, S. 84.

770 *Hammel*, Haftung und Versicherung bei Kraftfahrzeugen mit Fahrerassistenzsystemen, S. 401.

Es drängt sich die Frage auf, welche Form die Instruktion annehmen soll. Das klassische Bedienungshandbuch wird zwar weiterhin unerlässlich,[771] aber nicht mehr ausreichend sein.[772] Das Problem bei dieser Form der Aufklärung ist weniger, dass sich der Nutzer das Handbuch nicht in voller Länge durchlesen könnte (denn das liegt in der Verantwortung des Nutzers und nicht des Herstellers),[773] sondern darin, sicherzustellen, dass der Nutzer auch versteht, was er da liest.[774] Den erforderlichen Instruktionserfolg[775] kann der Hersteller nicht alleine durch das Aushändigen schriftlicher Informationen sicherstellen, wenn auch andere, vielversprechendere Methoden der Instruktion zur Verfügung stehen.[776] So wäre zunächst an eine direkte, persönliche Vermittlung der Informationen vom Hersteller an Kunden zu denken. Zum einen könnte so gewährleistet werden, dass der Nutzer die Instruktionen auch tatsächlich erhält und wahrnimmt, zum anderen könnten Fragen und Unklarheiten direkt mit dem sachkundigen Instruktor geklärt werden. Aus sachlichen Gesichtspunkten lässt sich zwar einwenden, dass der Hersteller mit dieser Form der Aufklärung immer nur seinen direkten Kunden erreicht, niemals aber andere Nutzer oder den Zweiterwerber des Fahrzeugs.[777] Nach bisherigen produkthaftungsrechtlichen Grundsätzen muss der Hersteller aber zumindest bezüglich der Funktionsumfänge seines Produktes nur den ihm bekannten Nutzerkreis instruieren;[778] das ist erster Linie der Käufer bzw. derjenige, der das Fahrzeug vom Hersteller ausgehändigt bekommt. Sicherlich kann der Hersteller unter Umständen wissen, ob auch weitere Nutzer in Betracht kommen (z. B. bei Firmenfahrzeugen),[779] in einem

---

771 Das Gesetz setzt in § 1a II S. 2 StVG eine „Systembeschreibung" voraus, gemeint ist wohl das übliche Benutzerhandbuch, *Wolfers*, RAW 2018, 94 (101).

772 Ebenso *Hammel*, Haftung und Versicherung bei Kraftfahrzeugen mit Fahrerassistenzsystemen, S. 412; *Hey*, Die außervertragliche Haftung des Herstellers autonomer Fahrzeuge bei Unfällen im Straßenverkehr, S. 83; Bundesanstalt für Straßenwesen, Rechtsfolgen zunehmender Fahrzeugautomatisierung, S. 108.

773 So aber *Hey*, Die außervertragliche Haftung des Herstellers autonomer Fahrzeuge bei Unfällen im Straßenverkehr, S. 83; ähnlich auch *Ebers*, in: Oppermann/Stender-Vorwachs, Autonomes Fahren, 1. Auflage, S. 113.

774 Vgl. *Spindler*, CR 2015, 766 (769); *Berz/Dedy/Granich*, DAR 2000, 545 (550).

775 Der Instruktionserfolg besteht darin, dass der Nutzer die Informationen erhält und versteht, *Kullmann*, in: Kullmann/Pfister, Produzentenhaftung, Kza. 1520 S. 42e.

776 *Hey*, Die außervertragliche Haftung des Herstellers autonomer Fahrzeuge bei Unfällen im Straßenverkehr, S. 84.

777 *Hey*, Die außervertragliche Haftung des Herstellers autonomer Fahrzeuge bei Unfällen im Straßenverkehr, S. 84 f.

778 *Wagner*, in: MüKo BGB, § 3 ProdHaftG Rn. 42.

779 *Foerste*, in: Foerste/v. Westphalen, Produkthaftungshandbuch, § 24 Rn. 259.

solchen Fall würde man aber schon heute nicht auf die Idee kommen, dass jeder theoretisch in Betracht kommende Fahrer Instruktionen erhält. Bei einer Weitergabe des Fahrzeugs liegt es in der Verantwortung des Halters, den nicht instruierten Fahrer aufzuklären.[780] Etwas anderes gilt jedoch für Warnungen vor Risiken einer unsachgemäßen Nutzung.[781] Diesbezüglich muss der Hersteller für eine dauerhafte Verfügbarkeit der Warnungen sorgen, ein einmaliger Hinweis reicht hier gerade nicht aus.[782] Sicherheitsrelevante Warnungen muss der Hersteller auch gegenüber jedem zukünftigen Nutzer vorhalten und dafür Sorge tragen, dass diese auch beim Empfänger ankommen. Eine persönliche Instruktion durch den Hersteller wäre deshalb mit dem Nachteil verbunden, dass der Nutzer über Funktionsumfänge und Risiken getrennt voneinander instruiert werden müsste.

Um eine Spaltung der Instruktionen zu vermeiden, bietet sich alternativ die sog. „konstruktive Instruktion" an.[783] Dabei erfolgt die technische Einweisung über das Bordsystem im Fahrzeug.[784] Eine Aktivierung des Steuerungssystems ist erst nach vollständig abgeschlossener Instruktion möglich.[785] Gleichzeitig kann sowohl vor der Fahrt als auch in Echtzeit während der Fahrt vor aktuellen Produktgefahren gewarnt werden.[786] Um zu verhindern, dass der Nutzer vor jedem Fahrtbeginn den Einweisungsprozess erneut durchlaufen muss, überprüft das Bordsystem mithilfe einer technischen Fahrererkennung[787], ob der jeweilige Nutzer in der Vergangenheit bereits instruiert worden ist.[788]

---

780 Dazu bereits oben unter § 5 B. I. 2.; sowie *Spindler*, CR 2015, 766 (769); vgl. auch *Foerste*, in: Foerste/v. Westphalen, Produkthaftungshandbuch, § 24 Rn. 261.
781 *Foerste*, in: Foerste/v. Westphalen, Produkthaftungshandbuch, § 24 Rn. 260.
782 Vgl. BGH, NJW 1999, 2273 (2274); OLG Hamm, NZV 1993, 310 (311).
783 Zum Begriff wohl erstmalig *Bewersdorf*, Zulassung und Haftung bei Fahrerassistenzsystemen im Straßenverkehr, S. 175 f.; vgl. *Thöne*, Autonome Systeme und deliktische Haftung, S. 237.
784 *Hammel*, Haftung und Versicherung bei Kraftfahrzeugen mit Fahrerassistenzsystemen, S. 412; *Ebers*, in: Oppermann/Stender-Vorwachs, Autonomes Fahren, 1. Auflage, S. 112 f.; *Hey*, Die außervertragliche Haftung des Herstellers autonomer Fahrzeuge bei Unfällen im Straßenverkehr, S. 85; *Hartmann*, DAR 2015, 122 (123 f.).
785 *Ebers*, in: Oppermann/Stender-Vorwachs, Autonomes Fahren, 1. Auflage, S. 113.
786 *Hartmann*, DAR 2015, 122 (123 f.).
787 Zuverlässige Verifizierungsverfahren existieren mittlerweile, etwa per Gesichtserkennungssoftware; auch die Nutzung verschiedener Fahrerprofile ist denkbar, dazu *Hey*, Die außervertragliche Haftung des Herstellers autonomer Fahrzeuge bei Unfällen im Straßenverkehr, S. 85.
788 *Hammel*, Haftung und Versicherung bei Kraftfahrzeugen mit Fahrerassistenzsystemen, S. 414 f.

Sofern sich eine konstruktive Instruktion technisch und wirtschaftlich zumutbar realisieren lässt, ist sie den herkömmlichen Instruktionsmethoden aufgrund ihres maximalen Adressatenkreises und ihrer vielfältigen Möglichkeiten, die Informationen verständlich zu übermitteln, weit überlegen. Dennoch bleibt zu beachten, dass sie nicht die einzig zulässige Methode darstellt. Dem Hersteller bleibt bei der Auswahl also ein gewisser Entscheidungsspielraum.

d. Zwischenergebnis

Die hohen Sicherheitserwartungen der Allgemeinheit stellen den Automobilhersteller vor eine konstruktive und instruktive Herausforderung. Während ihn aus produkthaftungsrechtlicher Perspektive bisher in erster Linie die Funktionsfähigkeit aller mechanischen Fahrzeugteile beschäftigt hat, wird in Zukunft der Aspekt der softwarebasierten Fahrzeugsteuerung hinzutreten und eine immer größer werdende Rolle einnehmen. Die Fahrzeugkonstruktion muss dabei eine sichere Fahrweise durch ständige Kommunikation mit dem Fahrer und der Umwelt gewährleisten. Haftungsrechtliche Risiken verbergen sich dabei innerhalb des gesamten Prozesses von der Informationswahrnehmung durch die Hardware bis zur Umsetzung dieser Informationen in ein gesetzeskonformes Fahrmanöver. Zumindest in einem gewissen Umfang kann der Hersteller die eigene Haftung begrenzen, indem er vor unvermeidbaren Gefahren warnt; dabei muss er aber sicherstellen, dass die Nutzer diese Warnungen auch wahrnehmen und verstehen.

IV. Grenzen der Produkthaftung

Im Vergleich zur deliktischen Produzentenhaftung unterliegt das ProdHaftG einer Vielzahl von tatbestandlichen Einschränkungen hinsichtlich Haftungsobjekt und Haftungssumme, weshalb vereinzelt sogar von einer „Marginalisierung des ProdHaftG" gesprochen wird.[789] Die Grenzen der Produkthaftung ergeben sich einerseits aus den negativen Tatbestandsmerkmalen des § 1 II Nr. 1-5 und III ProdHaftG, andererseits aus den Haftungsbeschränkungen der §§ 1 I S. 2, 10, 11 und 13 ProdHaftG.

---

789 *Wagner*, in: MüKo BGB, Einl. ProdHaftG Rn. 23.

1. Fehlerfreiheit im Zeitpunkt des Inverkehrbringens

Als „echter" Haftungsausschluss[790] unterstreicht § 1 II Nr. 2 ProdHaftG noch einmal die Bedeutung des Inverkehrgebens als des maßgeblichen Zeitpunkts. Der Hersteller soll nicht für Schäden haften, wenn das Produkt den Fehler zum Zeitpunkt des Inverkehrbringens noch nicht hatte. § 1 II Nr. 2 ProdHaftG hat einerseits eine beweisrechtliche Implikation,[791] andererseits kann die Vorschrift aber auch schon dann Bedeutung erlangen, wenn das Produkt einer – wie auch immer gearteten – Veränderung unterliegt, nachdem es den Machtbereich des Herstellers verlassen hat. Eine solche nachträgliche Veränderung kann der Natur des Produktes selbst geschuldet sein[792] oder aber durch den Einfluss anderer Produkte oder des Nutzers verursacht werden.[793]

Die Beeinträchtigung des automatisierten Fahrzeugs durch andere Produkte ist zum Beispiel dann denkbar, wenn das Steuerungssystem nur aufgrund eines defekten Senders einer Verkehrsanlage versagt.[794] In einem solchen Fall entspricht das Fahrzeug zwar nicht der allgemeinen Sicherheitserwartung, ist mithin fehlerhaft i. S. v. § 3 I ProdHaftG, der Hersteller kann sich aber darauf berufen, dass dieser Fehler erst nachträglich aufgrund äußerer Umstände entstanden ist.[795]

a. Das Autonomierisiko intelligenter Systeme

Das als „Autonomierisiko"[796] bezeichnete Gefahrenpotential selbstlernender Systeme birgt allerdings eine völlig neue Brisanz. Hat sich das System fehlerhaftes Verhalten eigenständig angeeignet, dann liegt eine Exkulpationsmöglichkeit nach § 1 II Nr. 2 ProdHaftG jedenfalls nicht völlig fern.[797] Unter strenger Auslegung des Wortlauts hatte das System den konkreten Fehler nämlich noch nicht, als es in den Verkehr gebracht wurde. Es geht hier letztendlich um nicht weniger als die weitreichende

---

790 *Lenz*, Produkthaftung, § 3 Rn. 367.
791 Siehe dazu unter § 6 B. V.
792 Klassisches Beispiel sind verderbliche Lebensmittel, *Kullmann*, ProdHaftG, § 1 ProdHaftG Rn. 40.
793 *Rott*, Rechtspolitischer Handlungsbedarf im Haftungsrecht, S. 33.
794 *Oechsler*, in: Staudinger BGB, § 1 ProdHaftG Rn. 85a.
795 So wohl auch *Oechsler*, in: Staudinger BGB, § 1 ProdHaftG Rn. 85a.
796 Zum Begriff *Zech*, in: Gless/Seelmann: Intelligente Agenten und das Recht, S. 175 ff.
797 Vgl. Bundesministerium für Wirtschaft und Energie, Künstliche Intelligenz und Recht im Kontext von Industrie 4.0, S. 17; *Riehm/Meier*, EuCML 2019, 161 (165).

Frage, inwiefern ein nach der Inverkehrgabe angelerntes Verhalten noch auf die Softwaregrundkonstruktion des Herstellers zurückzuführen ist.[798] Die Literatur scheint sich bisweilen über die Unanwendbarkeit des § 1 II Nr. 2 ProdHaftG weitestgehend einig zu sein.[799] Die Argumentation ist die folgende: Auch wenn der konkrete Fehler im Zeitpunkt des Inverkehrbringens noch nicht zu Tage getreten ist, so sei er zumindest insofern in der Software angelegt, als er ein Resultat des allgemeinen Risikos selbstlernender Systeme sei.[800] Intelligente Systeme wären in diesem Sinne zwangsläufig und von Anfang an mit einem Konstruktionsfehler behaftet.[801] Auch die EU-Kommission scheint zu einer ähnlichen Sichtweise zu tendieren. Hier spricht man zwar nicht von einer anfänglichen Fehlerhaftigkeit, aber von der allgemeinen Sicherheitserwartung, dass die Hersteller jegliches fehlerhafte Lernverhalten von Beginn an konstruktiv ausschließen müssen.[802]

Nach der hier vertretenen Ansicht muss zwischen einem tatsächlich bestehenden und einem „ruhenden", nur potenziellen Produktfehler unterschieden werden. Wenn zum Zeitpunkt der Inverkehrgabe nur die theoretische Möglichkeit eines fehlerhaften Lernprozesses besteht, dann rechtfertigt dieser Umstand für sich genommen noch nicht die Annahme eines Konstruktionsfehlers. Es kann nicht der berechtigten Sicherheitserwartung entsprechen, fehlerhaftes Lernen in Gänze auszuschließen. Berechtigt sind die Erwartungen nur dahingehend, dass sich die Gefahr nicht realisiert, was letztendlich eine Frage der Produktbeobachtung, nicht aber der Konstruktion ist. Ein gewisser Grad an Restrisiko ist der Technologie bei Inverkehrgabe immanent und muss hingenommen werden.[803] Es erscheint daher im Ergebnis nicht zutreffend, den Produktfehler schon in der Grundkonstruktion selbst zu sehen. Nach der Konzeption

---

798 *Gruber*, KJ 2013, 356 (362); vgl. *Rott*, Rechtspolitischer Handlungsbedarf im Haftungsrecht, S. 34.
799 Bundesministerium für Wirtschaft und Energie, Künstliche Intelligenz und Recht im Kontext von Industrie 4.0, S. 17; *Zech*, in: Gless/Seelmann: Intelligente Agenten und das Recht, S. 192; *ders.*, ZfPW 2019, 198 (213); im Ergebnis auch *Hey*, Außervertragliche Haftung des Herstellers autonomer Fahrzeuge bei Unfällen im Straßenverkehr, S. 130.
800 *Pieper*, InTeR 2016, 188 (193).
801 *Zech*, in: Gless/Seelmann: Intelligente Agenten und das Recht, S. 192; *ders.*, ZfPW 2019, 198 (213); *Pieper*, InTeR 2016, 188 (193).
802 EU-Kommission, Preliminary concept paper for the future guidance on the Product Liability Directive 85/374/EEC (18.09.2018), Rn. 62; auch *Rott*, Rechtspolitischer Handlungsbedarf im Haftungsrecht, S. 34.
803 Siehe oben unter § 6 B. III. 1. cc. bbb. (2).

des ProdHaftG, dessen maßgeblicher Zeitpunkt eindeutig ist, kann ein nach diesem Zeitpunkt angelernter Fehler nach § 1 II Nr. 2 ProdHaftG keine Haftung des Herstellers nach § 1 I ProdHaftG auslösen.[804]

b. Kein erneutes Inverkehrbringen durch Softwareupdates

Um eine Haftung des Herstellers doch noch begründen zu können, wird teilweise auch versucht, an der Stellschraube des Inverkehrbringens als des relevanten Zeitpunkts zu drehen. Wenn etwa jedes angelernte Verhalten per Softwareupdate als ein neues Inverkehrbringen betrachtet werden könnte, dann wäre das Hindernis des § 1 II Nr. 2 ProdHaftG schnell umgangen. Dass eine solche Lösung aber der Wertung des ProdHaftG in seiner aktuellen Form widerspricht und zu unvertretbaren Ergebnissen führen würde, wurde im Rahmen des Produktfehlerbegriffs nach § 1 I c) ProdHaftG bereits dargelegt und gilt hier ebenso.[805]

2. Nichterkennbarkeit des Fehlers

Nach § 1 II Nr. 5 ProdHaftG haftet der Hersteller auch dann nicht, wenn der Fehler nach dem Stand von Wissenschaft und Technik zum Zeitpunkt der Inverkehrgabe nicht erkannt werden konnte.[806] Angesprochen sind damit sog. Entwicklungsfehler,[807] bei denen die „potentielle Gefährlichkeit des Produktes nicht erkannt werden konnte."[808] Der Ausschlussgrund bezieht sich also einzig und allein auf gar nicht erst erkannte Gefahren.[809] Dass automatisierte Steuerungssysteme aber durchaus gefährlich werden können, ist schon heute hinreichend bekannt.[810] Die Diskussion um die Gefährlichkeit des Autonomierisikos belegt bereits das Wissen um potentielle Gefahren und schließt die Anwendbarkeit des § 1 II Nr. 5 ProdHaftG somit definitionsgemäß aus.[811] Die praktische Re-

---

804 Vgl. *Koch*, in: Lohsse/Schulze/Staudenmayer, Liability for Artificial Intelligence and the Internet of Things, S. 109.

805 Siehe oben unter § 6 B. III. 1. b. bb.

806 *Kullmann*, ProdHaftG, § 1 ProdHaftG Rn. 62.

807 *Kullmann*, ProdHaftG, § 1 ProdHaftG Rn. 63; *v. Westphalen*, in: Foerste/v. Westphalen, Produkthaftungshandbuch, § 46 Rn. 66.

808 BT-Dr. 11/2447, S. 15.

809 OLG Frankfurt, NJW 1995, 2498 (2498 f.).

810 *Zech*, ZfPW 2019, 198 (213); *Wagner/Goeble*, ZD 2017, 263 (266).

811 *Wagner*, AcP 2017, 707 (750); *Sosnitza*, CR 2017, 764 (770); eine „geringe praktische Bedeutung" prognostizieren auch *Gasser*, in: Maurer/Gerdes/Lenz/Winner, Autonomes Fahren, S. 569 f.; *Wagner/Goeble*, ZD 2017, 263 (266); a. A. *v. Westphalen*, ZIP 2019, 889 (891 ff.); wohl auch *Pieper*, InTeR 2016, 188 (193); vgl. auch Europäische Kommission, Liability for Artificial Intelligence, S. 28 f.

levanz der Vorschrift für Fehler außerhalb des Autonomierisikos kann mangels Erkennbarkeit heute nicht eingeschätzt werden.[812]

3. Ersatzfähigkeit von Schäden am fehlerhaften Fahrzeug

Für Sachschäden ist der Hersteller nach § 1 I S. 2 ProdHaftG nur dann schadensersatzpflichtig, wenn eine „andere Sache als das fehlerhafte Produkt" beschädigt worden ist. Nach der Intention der Produkthaftungsrichtlinie und des nationalen Gesetzgebers sollen Schäden an der fehlerhaften Sache selbst über die kaufrechtlichen Mängelgewährleistungsansprüche abgewickelt werden,[813] um eine Überlagerung der verschiedenen Schutzrichtungen des Äquivalenz- und Integritätsinteresses zu vermeiden.[814] Das Deliktsrecht schützt lediglich das Interesse des Käufers, durch die fehlerhafte Sache nicht in seinem sonstigen Eigentum verletzt zu werden (Integritätsinteresse), wohingegen das Kaufrecht Schäden an der fehlerhaften Sache selbst erfasst (Äquivalenzinteresse).[815] Diese Unterscheidung führt allerdings insbesondere bei sog. „Weiterfresserschäden"[816] zu Problemen, bei denen sich ein von Anfang an mangelhafter Teil der Gesamtsache auf die übrige, mangelfrei gelieferte Sache auswirkt.[817]

a. Weiterfresserschäden im allgemeinen Deliktsrecht

Die Abgrenzung zwischen Äquivalenz- und Integritätsinteresse steht bereits im Rahmen der deliktischen Produzentenhaftung nach § 823 I BGB in Diskussion.[818] Die Rechtsprechung unterscheidet anhand des Merkmals der sog. „Stoffgleichheit":[819] Deckt sich der erlittene Schaden mit dem Mangelunwert, den das Produkt bereits von Anfang an aufgewiesen hat, so ist lediglich das vertragliche Nutzungs- bzw. Äquivalenzinteresse betroffen.[820] Wenn der Schaden allerdings nicht gleich dem

---

812 *Wagner*, AcP 2017, 707 (750).
813 BT-Dr. 11/2447, S. 13; *Taschner*, NJW 1986, 611 (616).
814 *Tiedtke*, NJW 1990, 2961 (2962).
815 BGH, NJW 1983, 810 (811); *Förster*, in: Bamberger/Roth/Hau/Poseck, BeckOK BGB, § 823 BGB Rn. 134.
816 BGH, NJW 1983, 810 (811); BGH, NJW 1977, 379 (380).
817 *Sprau*, in: Palandt BGB, § 1 ProdHaftG Rn. 6.
818 BGH, NJW 2005, 1423 (1426); BGH, NJW 1983, 810 (811); BGH, NJW 1977, 379 (380); *Förster*, in: Bamberger/Roth/Hau/Poseck, BeckOK BGB, § 823 BGB Rn. 134; *Wagner*, in: MüKo BGB, § 823 BGB Rn. 248.
819 BGH, NJW 1983, 810 (811); OLG Stuttgart, BeckRS 2018, 27412.
820 BGH, NJW 1992, 1678 (1678); BGH, NJW 1985, 2420 (2420); OLG Stuttgart, BeckRS 2018, 27412.

in der Sache verkörperten Mangelunwert ist, kann das deliktsrechtlich geschützte Integritätsinteresse betroffen und der Anwendungsbereich des § 823 I BGB eröffnet sein.[821] Ob im Einzelfall Stoffgleichheit vorliegt, ist aus einer wirtschaftlichen bzw. natürlichen Betrachtungsweise zu beurteilen.[822] Ist der fehlerhafte Teil mit der restlichen Gesamtsache derart verbunden, dass sie sich nicht in wirtschaftlich vertretbarer Weise trennen lässt (man spricht in diesem Zusammenhang auch von einem „funktionell abtrennbaren Teil" der Gesamtsache)[823] oder die Behebung des Mangels wirtschaftlich unzumutbar ist, dann liegt in der Regel Stoffgleichheit vor.[824]

b. Weiterfresserschäden im Produkthaftungsrecht

Ob die soeben genannten Grundsätze jedoch auf die Produkthaftung nach dem ProdHaftG übertragen werden können, ist äußerst umstritten. Höchstrichterliche Rechtsprechung liegt diesbezüglich nicht vor.[825] Die wohl überwiegende Auffassung geht davon aus, dass die Grundsätze über den Weiterfresserschaden nicht auf das ProdHaftG anwendbar sind.[826] Eines der zentralen Argumente dieses Meinungsstroms bezieht sich auf den Wortlaut von Art. 9 b) der Produkthaftungsrichtlinie bzw. § 1 I S. 2 ProdHaftG, der von der Beschädigung einer „anderen Sache als das fehlerhafte Produkt" spricht.[827] Auch die nationale Gesetzesbegründung

---

821 BGH, NJW 2005, 1423 (1426); BGH, NJW 1983, 810 (811).

822 BGH, NJW 1983, 810 (812).

823 Bundesanstalt für Straßenwesen, Rechtsfolgen zunehmender Fahrzeugautomatisierung, S. 111; *Wagner*, in: MüKo BGB, § 823 BGB Rn. 248; *ders.*, AcP 2017, 707 (723).

824 BGH, NJW 2001, 1346 (1347); BGH, NJW 1983, 810 (812); vgl. *Förster*, in: Bamberger/Roth/Hau/Poseck, BeckOK BGB, § 823 BGB Rn. 136.

825 Endgültige Klarheit würde nur eine Entscheidung des EuGH herbeiführen, vgl. auch zur Lage in Österreich *Kullmann*, NZV 2002, 1 (9).

826 *Wagner*, in: MüKo BGB, § 1 ProdHaftG Rn. 9; *ders.*, AcP 2017, 707 (723); *Kullmann*, ProdHaftG, § 1 ProdHaftG Rn. 7; *Förster*, in: Bamberger/Roth/Hau/Poseck, BeckOK BGB, § 1 ProdHaftG Rn. 24; *Rolland*, Produkthaftungsrecht, § 1 ProdHaftG Rn. 77; *Rott*, Rechtspolitischer Handlungsbedarf im Haftungsrecht, S. 41; *Fuchs/Baumgärtner*, JuS 2011, 1057 (1062); *Tiedtke*, NJW 1990, 2961 (2963); *Honsell*, JuS 1995, 211 (215); *Cahn*, ZIP 1990, 482 (484); *Marburger*, AcP 1992, 1 (8); a. A. *Katzenmeier*, NJW 1997, 486 (492); *Sack*, VersR 1988, 439 (444); *Mayer*, VersR 1990, 691 (698); *Raith*, Das vernetzte Automobil, S. 37; *Taeger*, Außervertragliche Haftung für fehlerhafte Computerprogramme, S. 196 ff.; *v. Westphalen*, in: Foerste/v. Westphalen, Produkthaftungshandbuch, § 46 Rn. 9; *Schulz*, Verantwortlichkeit für autonom agierende Systeme, S. 162; differenzierend *Oechsler*, in: Staudinger BGB, § 1 ProdHaftG Rn. 19.

827 *Wagner*, in: MüKo BGB, § 1 ProdHaftG Rn. 9; *ders.*, AcP 2017, 707 (723); *Förster*, in: Bamberger/Roth/Hau/Poseck, BeckOK BGB, § 1 ProdHaftG Rn. 24; *Rolland*, Produkthaftungsrecht, § 1 ProdHaftG Rn. 44; *Kullmann*, ProdHaftG, § 1 ProdHaftG Rn. 7; *Tiedtke*, NJW 1990, 2961 (2962).

hält fest, dass § 1 I S. 2 ProdHaftG der Abgrenzung von Gewährleistungs-
und Deliktsrecht dient,[828] was ebenfalls für eine gesetzliche Abkehr von
den Grundsätzen über den Weiterfresserschaden spricht.

Im gesamtgesetzlichen Kontext jedoch scheint sich die Auffassung des
nationalen Gesetzgebers zunächst zu relativieren. Art. 2 der Produkthaftungsrichtlinie bzw. § 2 ProdHaftG verleiht auch einem einzelnen Teil eines Gesamtproduktes die Produkteigenschaft. Das hätte zur Folge, dass
das Teilprodukt im Verhältnis zum Gesamtprodukt eine „andere Sache"
i. S. v. § 1 I S. 2 ProdHaftG darstellt und der Hersteller dieses Teilproduk-
tes dann unmittelbar für Schäden am Gesamtprodukt haften würde.[829]
Der Teilprodukthersteller würde dann im Ergebnis unbilligerweise schär-
fer haften als der Endprodukthersteller.[830] Wenn der Endprodukthersteller-
ler nicht für Schäden am eigenen Produkt haftet, dessen Bestandteile er
alle selbst hergestellt hat, dann ist es nicht sachgerecht, den Zulieferer
für dieses Produkt haften zu lassen, nur weil dieser einen Teil des Produktes produziert hat.[831] Aus diesem Grund ergibt eine Aufspaltung des
Gesamtproduktes in viele verschiedene Teilprodukte im Rahmen von § 1
I S. 2 ProdHaftG keinen Sinn.[832] Genauso wenig ist es hilfreich, immer
dann ein „anderes Produkt" anzunehmen, wenn es aus Sicht des Betroffenen eigenständig „auf dem Markt gehandelt" wird.[833] Eine solche Betrachtungsweise führt dazu, dass die Haftbarkeit des Herstellers im Wesentlichen von der Person des Geschädigten und seinem persönlichen
Zugang zum Markt abhängen würde. Zudem unterläuft eine Unterscheidung aus subjektiver Perspektive des Geschädigten die gesetzgeberi-

---

828 BT-Dr. 11/2447, S. 13.
829 Dieser Auffassung v. Westphalen, in: Foerste/v. Westphalen, Produkthaftungshandbuch,
§ 46 Rn. 5, 7; Schmidt-Salzer, in: Schmidt-Salzer/Hollmann, Kommentar EG-Richtlinie Produkthaftung, Art. 9 Rn. 28; Kullmann, ProdHaftG, § 1 ProdHaftG Rn. 9; Hey, Die Außervertragliche Haftung des Herstellers autonomer Fahrzeuge bei Unfällen im Straßenverkehr,
S. 114; Vogt, NZV 2003, 153 (158); Katzenmeier, NJW 1997, 486 (492); wohl auch Sprau, in:
Palandt BGB, § 1 ProdHaftG Rn. 6.
830 Wagner, in: MüKo BGB, § 1 ProdHaftG Rn. 12; ders., AcP 2017, 707 (723); Albrecht, DAR
2005, 186 (191); Rott, Rechtspolitischer Handlungsbedarf im Haftungsrecht, S. 41; wohl
auch Spindler, Verantwortlichkeiten von IT-Herstellern, Nutzern und Intermediären, S. 89;
vgl. v. Westphalen, in: Foerste/v. Westphalen, Produkthaftungshandbuch, § 46 Rn. 7; Raith,
Das vernetzte Automobil, S. 36; a. A. Koch, in: Lohsse/Schulze/Staudenmayer, Liability for
Artificial Intelligence and the Internet of Things, S. 104.
831 Tiedtke, NJW 1990, 2961 (2964); Albrecht, DAR 2005, 186 (191); a. A. Oechsler, in: Staudinger BGB, § 1 ProdHaftG Rn. 17.
832 BT-Dr. 11/2447, S. 13.
833 So Oechsler, in: Staudinger BGB, § 1 ProdHaftG Rn. 20; Meyer/Harland, CR 2007, 689 (694).

sche Intention des Verbraucherschutzes;[834] es soll dem Geschädigten ja gerade erspart bleiben, das fehlerhafte Teil bestimmen zu müssen, bevor er Ansprüche gegen den Hersteller geltend machen kann, zumal er meistens gar nicht unterscheiden kann, welches Teil vom Zulieferer stammt und welches der Hersteller selbst entwickelt und verbaut hat.[835]

Somit vermag weder die subjektive Betrachtungsweise des Herstellers noch die des Geschädigten die Frage, ob ein „anderes Produkt" vorliegt, zu beantworten.[836] Es ist vielmehr danach zu fragen, ob die Verkehrsanschauung den fehlerhaften und den beschädigten Teil als ein einheitliches Produkt betrachtet.[837] Auf die technisch mögliche oder denkbare Trennbarkeit der fehlerhaften von der Gesamtsache kann es dann nicht ankommen.[838] Die Dogmatik des Weiterfresserschadens lässt sich somit nicht auf das ProdHaftG übertragen.

c. Hard- und Software als „andere Sache" i. S. v. § 1 I S. 2 ProdHaftG?

Die wohl bedeutsamsten Fehlerquellen automatisierter und autonomer Fahrzeuge sind die verbaute Hardware und insbesondere die Steuerungssoftware des Systems.[839] Führt ihre Fehlerhaftigkeit zu einem Verkehrsunfall, dann ist in der Folge regelmäßig das gesamte Fahrzeug beschädigt; die praktische Relevanz eines Mangelfolgeschadens dürfte dementsprechend hoch sein. Die eben festgestellte Unanwendbarkeit der höchstrichterlichen Grundsätze über den Weiterfresserschaden aus der Produzentenhaftung zieht dann folgende Konsequenz nach sich: Nach der objektiven Verkehrsanschauung kann ein automatisiertes oder autonomes Fahrzeug nur als eine einzige, einheitliche Gesamtsache betrachtet werden.[840] Der Nutzer erhält vom Hersteller ein Fahrzeug, des-

---

834 Siehe dazu unter § 6 B.

835 *Raith*, Das vernetzte Automobil, S. 36 f.

836 A. A. *v. Westphalen*, in: Foerste/v. Westphalen, Produkthaftungshandbuch, § 46 Rn. 8, der allein auf die Perspektive des Geschädigten abstellt.

837 BT-Dr. 11/2447, S. 13; *Förster*, in: Bamberger/Roth/Hau/Poseck, BeckOK BGB, § 1 ProdHaftG Rn. 24.

838 BT-Dr. 11/2447, S. 13.

839 Vgl. *Raith*, Das vernetzte Automobil, S. 33; *Vogt*, NZV 2003, 153 (158); *Zech*, in: Gless/Seelmann, Intelligente Agenten und das Recht, S. 172.

840 *Rott*, Rechtspolitischer Handlungsbedarf im Haftungsrecht, S. 41; *Spindler*, CR 2016, 766 (773); *v. Bodungen/Hoffmann*, NZV 2016, 503 (504); *Sosnitza*, CR 2016, 764 (770); *Vogt*, NZV 2003, 153 (158); *Albrecht* DAR 2005, 186 (191); *Berz/Dedy/Granich*, DAR 2000, 545 (550); *Hey*, Die außervertragliche Haftung des Herstellers autonomer Fahrzeuge bei Unfällen im Straßenverkehr, S. 117; a. A. *Gless/Janal*, JR 2016, 561 (569); wohl auch *Meyer/Harland*, CR 2007, 689 (692); *Müller-Hengstenberg/Kirn*, MMR 2014, 307 (313); *Hammel*,

sen „Herzstück" insbesondere bei Systemen der Stufe 4 und 5 die automatisierte Fahrfunktion bildet. Aber auch die Sensoren und Kameras sind so maßgebend für die Funktionsfähigkeit, dass auch die Hardware als wesentlicher Bestandteil des Gesamtproduktes „automatisiertes Fahrzeug" verstanden werden kann.

d. Zwischenergebnis

Die Ersatzfähigkeit von Schäden durch Verkehrsunfälle wird durch § 1 I S. 2 ProdHaftG zumindest hinsichtlich sachlicher Schäden deutlich eingeschränkt. Der Geschädigte, der gleichzeitig auch Nutzer des fehlerhaften Kfz ist, kann weder vom Automobilhersteller noch vom Softwareentwickler Kompensation von Sachschäden am Fahrzeug selbst verlangen.

4. Gewerblich genutzte Fahrzeuge

Aufgrund seiner Konzeption als Verbraucherschutzgesetz beschränkt § 1 I S. 2 ProdHaftG die Anwendbarkeit des § 1 I S. 1 ProdHaftG für Sachschäden allein auf Schäden an privat genutzten Produkten.[841] Dabei muss die beschädigte Sache ihrer Art nach gewöhnlich für den privaten Gebrauch bestimmt und vom Geschädigten hierzu auch hauptsächlich verwendet worden sein. Ob eine Sache „für gewöhnlich" privat oder gewerblich genutzt wird, entscheidet auch hier wieder die objektive Verkehrsanschauung.[842] Da Fahrzeuge ihrer Natur nach aber sowohl privat als auch gewerblich genutzt werden können, ist letztendlich die subjektive, tatsächliche Zweckbestimmung des Nutzers maßgebend.[843] Das Gesetz spricht hier von einer „hauptsächlich" privat gebrauchten Sache.[844] Entscheidend ist, ob eine ganz überwiegend private Nutzung vorliegt;[845] vereinzelt gewerbliche Nutzungen schließen die Anwendbarkeit des ProdHaftG dementsprechend nicht aus.[846] Dient das Kfz also dem gewerblichen Betrieb des Nutzers und wird es auch so verwendet, ist es ein

---

Haftung und Versicherung bei Personenkraftwagen mit Fahrerassistenzsystemen, S. 372; offengelassen *Hans*, GWR 2016, 393 (395); *Jänich/Schrader/Reck*, NZV 2015, 313 (316 f.).

841 BT-Dr. 11/2447, S. 13; *Ulbrich*, ZRP 1988, 251 (251); *Oechsler*, in: Staudinger BGB, § 1 ProdHaftG Rn. 21.

842 *Kullmann*, ProdHaftG, § 1 ProdHaftG Rn. 12; *Förster*, in: Bamberger/Roth/Hau/Poseck, BeckOK BGB, § 1 ProdHaftG Rn. 27; *Rolland*, Produkthaftungsrecht, § 1 ProdHaftG Rn. 80.

843 Vgl. *Oechsler*, in: Staudinger BGB, § 1 ProdHaftG Rn. 28; *Ulbrich*, ZRP 1988, 251 (251 f.).

844 Vgl. auch BT-Dr. 11/2447, S. 13.

845 *Förster*, in: Bamberger/Roth/Hau/Poseck, BeckOK BGB, § 1 ProdHaftG Rn. 28; *Sprau*, in: Palandt BGB, § 1 ProdHaftG Rn. 7; *Rolland*, Produkthaftungsrecht, § 1 ProdHaftG Rn. 84.

846 *Kullmann*, ProdHaftG, § 1 ProdHaftG Rn. 12; *Rolland*, Produkthaftungsrecht, § 1 ProdHaftG Rn. 84.

gewerblich genutztes Produkt. Starkes Indiz kann insofern die Zulassung als gewerbliches Fahrzeug sein, auch wenn jeweils im Einzelfall geklärt werden muss, wofür das Fahrzeug tatsächlich genutzt wurde.[847]

Die haftungsrechtliche Wirkung dieser Beschränkung ist nicht zu unterschätzen:[848] Die Haftungseinschränkung für gewerbliche Produkte gilt im Allgemeinen als die größte Schutzlücke im Vergleich zu § 823 I BGB.[849] Nimmt man zur Verdeutlichung für das Produkt „Automobil" einmal an, dass alle gewerblich zugelassenen Pkw tatsächlich auch überwiegend gewerblich genutzt und alle privat zugelassenen Pkw überwiegend privat genutzt werden, dann wäre statistisch gesehen jeder zehnte Unfall von der Haftungsbeschränkung betroffen.[850] Der Anteil gewerblicher Halter wird sich – so zumindest die Prognose – gerade innerhalb des autonomen Straßenverkehrs noch einmal deutlich erhöhen,[851] sofern sich das Car-Sharing Modell mit intelligenter Nachfrageorientierung tatsächlich behaupten kann.[852] Ist die „andere Sache" selbst also ebenfalls ein autonomes Kfz, könnte eine überdurchschnittlich hohe Wahrscheinlichkeit bestehen, dass es einen gewerblichen Halter hat, der den Hersteller dann zumindest nach dem ProdHaftG nicht in Anspruch nehmen kann.

5. Haftungshöchstbetrag

Die Höhe des ersatzfähigen Personenschadens ist durch § 10 I ProdHaftG auf eine Höchstsumme von 85 Millionen Euro begrenzt. Der durch § 10 I ProdHaftG limitierte Schaden ergibt sich dabei aus einer Gesamtbetrachtung aller durch ein einzelnes Produkt oder eine ganze Produktserie verursachten Schäden. Es ist folglich unerheblich, ob der Schaden durch ein einzelnes Produkt oder durch mehrere mit dem gleichen Fehler behaftete Produkte entsteht;[853] der Hersteller haftet unabhängig von der Gesamtzahl gleichartiger fehlerhafter Produkte oder der Zahl an Geschädigten nur bis zu einer Schadenshöhe von 85 Millionen Euro. Bei einer

---

847 Vgl. *Kullmann*, ProdHaftG, § 1 ProdHaftG Rn. 15.
848 *Spindler*, CR 2015, 766 (773); *Pieper*, InTeR 2016, 188 (193).
849 *Oechsler*, in: Staudinger BGB, § 1 ProdHaftG Rn. 21.
850 Aktuell haben 10,8 Prozent der in Deutschland zugelassenen Fahrzeuge einen gewerblichen Halter, Kraftfahrt-Bundesamt, Jahresbilanz des Fahrzeugbestandes am 1. Januar 2019, https://www.kba.de/DE/Statistik/Fahrzeuge/Bestand/b_jahresbilanz.html?nn=644526.
851 Dazu *Hey*, Die außervertragliche Haftung des Herstellers autonomer Fahrzeuge bei Unfällen im Straßenverkehr, S. 113.
852 Siehe oben unter § 3 C. I. 2; sowie *Wagner*, AcP 2017, 707 (764 f.), der einen Wandel „von der Eigentümer- zur Dienstleistungsmobilität" prophezeit.
853 *Sprau*, in: Palandt BGB, § 10 ProdHaftG Rn. 1; *Wagner*, in: MüKo BGB, § 10 ProdHaftG Rn. 4.

darüberhinausgehenden Schadenssumme findet gem. § 10 II ProdHaftG eine quotale Kürzung der einzelnen Ansprüche statt. Die Haftungshöchstgrenze wurde zwar bislang in keinem Haftungsfall überschritten,[854] dennoch besteht beim automatisierten Kfz als „kompliziertestem Produkt für den Massenmarkt"[855] immer die Gefahr eines gravierenden Fehlers, der wohlmöglich alle Produkte einer gesamten Serie erfassen und dementsprechend schadensträchtig sein kann.[856]

6. Selbstbeteiligung

Für den Bereich der Sachschäden setzt § 11 ProdHaftG eine Selbstbeteiligung des Geschädigten i. H. v. 500 Euro fest. In Deutschland wird § 11 ProdHaftG als echter Selbstbehalt verstanden, der von dem tatsächlich eingetretenen Schaden abgezogen wird.[857]

7. Erlöschen des Anspruchs

§ 13 I S. 1 ProdHaftG normiert das Erlöschen des Anspruches aus § 1 I S. 1 ProdHaftG nach zehn Jahren ab dem Zeitpunkt des Inverkehrbringens des Produktes. Es handelt sich dabei um eine Tagesfrist, d. h. sie beginnt auf den Tag genau mit diesem Zeitpunkt.[858] Ist eine gesamte Produktserie fehlerhaft, so beginnt die Frist für jedes einzelne Produkt gesondert am Tage seiner Inverkehrgabe.[859] Zu beachten ist allerdings, dass der EuGH speziell bei § 13 ProdHaftG den Zeitpunkt der Inverkehrgabe nicht an die Übergabe, sondern an die Beendigung des Herstellungsprozesses und an das Eintreten „in einen Prozess der Vermarktung" anknüpft.[860] Die Frist kann somit unter Umständen bereits deutlich vor der Übergabe an den Nutzer beginnen.

---

854 EU-Kommission, Bericht der Kommission über die Anwendung der Richtlinie 85/374 über die Haftung für fehlerhafte Produkte, S, 22; vgl. *Wagner*, in: MüKo BGB, § 10 ProdHaftG Rn. 1; *Rott*, Rechtspolitischer Handlungsbedarf im Haftungsrecht, S. 44.
855 *Maurer*, in: 56. Deutscher Verkehrsgerichtstag, S. 48.
856 Vgl. *Meyer-Seitz*, in: 56. Deutscher Verkehrsgerichttag, S. 68; *Rott*, Rechtspolitischer Handlungsbedarf im Haftungsrecht, S. 44.
857 *Rott*, Rechtspolitischer Handlungsbedarf im Haftungsrecht, S. 44.
858 *Kullmann*, § 13 ProdHaftG Rn. 4; *v. Westphalen*, in: Foerste/v. Westphalen, Produkthaftungshandbuch, § 53 Rn. 16.
859 *Kullmann*, § 13 ProdHaftG Rn. 8; *Oechsler*, in: Staudinger BGB, § 13 ProdHaftG Rn. 4.
860 EuGH, NJW 2006, 825 (826); auch BGH, NJW 2014, 2106 (2108).

8. Zwischenergebnis

Die gesetzlichen Grenzen der Produkthaftung sind damit festgelegt. Sowohl für Personen- als auch für Sachschäden bildet der Zeitpunkt des Inverkehrbringens die Schwelle des Gefahrübergangs zum Nutzer. Ob diese Schwelle im Einzelfall überschritten wird, ist angesichts des Haftungsausschlusstatbestandes des § 1 II Nr. 2 ProdHaftG ein spezifisches Problem selbstveränderlicher Systeme. Nach der hier vertretenen Ansicht ist ein System nicht deshalb als von Anfang an fehlerhaft zu betrachten, weil es konstruktionsbedingt zu fehlerhaftem Lernverhalten kommen kann.[861] Der Hersteller kann sich deshalb bei der Realisierung des Autonomierisikos grundsätzlich auf § 1 II Nr. 2 ProdHaftG berufen.

Die Ersatzfähigkeit von Sachschäden schränkt das ProdHaftG zusätzlich in zweifacher Hinsicht ein. Zum einen muss es sich bei der beschädigten Sache um eine privat genutzte Sache handeln,[862] zum anderen muss sie eine andere als die fehlerhafte Sache sein, wobei die Steuerungssoftware im Verhältnis zum übrigen Fahrzeug keine andere Sache darstellt und Schäden am Fahrzeug selbst daher nicht ersatzfähig sind.[863] Zu den eben genannten sachlichen Tatbestandsbeschränkungen treten die summenmäßigen Grenzen der §§ 10, 11 ProdHaftG und das unabdingbare Erlöschen des Anspruchs nach zehn Jahren gem. § 13 ProdHaftG hinzu.[864]

V. Beweislastverteilung

Die in § 1 IV ProdHaftG geregelten Beweislasten fordern vom Geschädigten den Nachweis über das Vorliegen eines Produktfehlers, über den Eintritt eines Schadens und über den kausalen Zusammenhang zwischen Schaden und Fehler. Der Hersteller dagegen trägt die Beweislast für das Bestehen eines Haftungsausschlussgrundes nach § 1 II Nr. 1-5, III ProdHaftG.

1. Beweismaß bei Softwarefehlern

Sowohl für den Geschädigten als auch für den Hersteller kann insbesondere der Beweis über das Vorliegen bzw. Nichtvorliegen eines Fehlers in der Softwarekonstruktion eine große Herausforderung darstellen. Der

---

861 Siehe oben unter § 6 B. IV. 1. a.
862 Siehe oben unter § 6 B. IV. 4.
863 Siehe oben unter § 6 B. IV. 3.
864 Siehe oben unter § 6 B. IV. 5, 6, 7.

Geschädigte muss darlegen, dass der Softwarealgorithmus überhaupt fehlerhaft ist.[865] Da der Quellcode aber im alleinigen Machtbereich des Herstellers liegt und zudem für einen Laien unmöglich zu verstehen ist, erscheint ein solcher Nachweis als äußert schwierig zu erbringen.[866] Es ergibt sich daraus unweigerlich die Frage, ob der Geschädigte tatsächlich den konkreten Mangel im Softwarealgorithmus aufzeigen muss oder ob vielmehr das äußerlich sichtbare Fehlverhalten des Fahrzeugs ausreicht, um hieraus auf die Fehlerhaftigkeit des Algorithmus zu schließen.[867] Auf nationaler Ebene betrifft diese Frage das Beweismaß. Der EuGH betonte mittlerweile mehrfach, dass Art. 4 der Produkthaftungsrichtlinie bzw. § 1 IV ProdHaftG keine Regelungen über die Beweisführung treffen.[868] Die Kompetenz über die Qualität des Beweismaßes bleibt also grundsätzlich bei den Mitgliedsstaaten, solange die nationalen Regelungen nicht zu einer faktischen Umkehr der Beweislast führen;[869] europarechtskonform sind demnach widerlegliche Vermutungen und Beweiserleichterungen wie der Beweis des ersten Anscheins.[870] Allerdings formulieren der EuGH und mittlerweile auch die Europäische Kommission die Anforderungen an das erforderliche Beweismaß selbst:[871] In der Faber-Entscheidung argumentierte Generalanwalt *Sharpston*, dem der Gerichtshof im Ergebnis folgte, dass ein Verbraucher zur Durchsetzung seiner Mängelgewährleistungsansprüche zwar darlegen müsse, weshalb der Mangel nicht den vertraglichen Vereinbarungen entspricht, aber eben nicht nachgewiesen werden muss, weshalb es zu diesem Mangel gekommen ist.[872] Die Europäische Kommission scheint diesen Grundsatz auf die Produkthaftung zu übertragen und verlangt nur den Beweis darüber, dass das Produkt der berechtigten Sicherheitserwartung widerspricht. Der Grund für die Abweichung von dieser Erwartung muss demgegenüber nicht dargelegt

---

865 *Gurney*, U. III. J. L.Tech. & Pol'y 2013, 247 (265 ff.).
866 *Amato*, in: Lohsse/Schulze/Staudenmayer, Liability for Artificial Intelligence and the Internet of Things, S. 79; *Lutz/Tang/Lienkamp*, NZV 2013, 57 (61); *Gurney*, U. III. J. L.Tech. & Pol'y 2013, 247 (265 f.).
867 Vgl. *Rott*, Rechtspolitischer Handlungsbedarf im Haftungsrecht, S. 28.
868 EuGH, NJW 2015, 927 (928); EuGH, EuZW 2012, 147 (147).
869 EuGH, NJW 2015, 927 (928); dazu auch die EU-Kommission, Preliminary concept paper for the future guidance on the Product Liability Directive 85/374/EEC (18.09.2018), Rn. 50.
870 *Rott*, Rechtspolitischer Handlungsbedarf im Haftungsrecht, S. 26.
871 EuGH, NJW 2015, 2237 (2238); EU-Kommission, Preliminary concept paper for the future guidance on the Product Liability Directive 85/374/EEC (18.09.2018), Rn. 51.
872 *Sharpston*, Schlussantrag vom 27.11.2014 – C-497/13, BeckRS 2014, 82454 Rn. 87.

werden.[873] Der Geschädigte muss also den konkreten Fehler im Quellcode des Softwarealgorithmus nicht finden, sondern lediglich die Enttäuschung der Sicherheitserwartung hervorbringen und nachvollziehbar erläutern.[874] Es genügt bei selbstfahrenden Kraftfahrzeugen daher bereits das Widerlegen der Unvermeidbarkeit des Unfalls, also der Nachweis, dass ein Idealfahrer den Unfall hätte verhindern können.[875]

Dem Geschädigten kommt zudem zugute, dass er das Bestehen des Fehlers zum Zeitpunkt der Inverkehrgabe nicht beweisen muss; nachgewiesen werden muss diesbezüglich nur, dass ein Fehler im Zeitpunkt der Schädigung vorhanden war.[876]

Will sich der Hersteller dagegen auf § 1 II Nr. 2 ProdHaftG berufen, ist er derjenige, der darlegen muss, dass der Fehler erst nach Inverkehrgabe aufgetreten ist.[877] Bei fehlerhaften Softwareupdates müsste daher der Beweis erbracht werden, dass das Verhalten des Systems eben auf dieses Update zurückzuführen ist. Dabei genügt es aber bereits, wenn „nach den Umständen" von der ursprünglichen Fehlerfreiheit „auszugehen ist." Der Hersteller muss also nicht den Vollbeweis zur vollen richterlichen Überzeugung nach § 286 ZPO erbringen, sondern lediglich einen Geschehensablauf darlegen, „der nach allgemeiner Lebenserfahrung die Schlussfolgerung auf den Zeitpunkt des Fehlereintritts plausibel erscheinen lässt."[878] Schon aus eigenem Interesse sollte der Hersteller dazu sowohl die Grundkonstruktion als auch den Updateverlauf detailliert do-

---

873 EU-Kommission, Preliminary concept paper for the future guidance on the Product Liability Directive 85/374/EEC (18.09.2018), Rn. 51.

874 *Amato*, in: Lohsse/Schulze/Staudenmayer, Liability for Artificial Intelligence and the Internet of Things, S. 80; *Rott*, Rechtspolitischer Handlungsbedarf im Haftungsrecht, S. 26; *Gomille*, JZ 2016, 76 (78).

875 Vgl. *Gomille*, JZ 2016, 76 (78); *Borges*, CR 2016, 272 (275 f.); Ministerium der Justiz des Landes Nordrhein-Westfalen, Bericht der Arbeitsgruppe „digitaler Neustart" der Konferenz der Justizministerinnen und Justizminister der Länder vom 15.04.2019, S. 93; a. A. *Wagner*, AcP 2017, 707 (747); wohl auch *Ebers*, in: Oppermann/Stender-Vorwachs, Autonomes Fahren, 1. Auflage, S. 117.

876 OLG Dresden, VersR 1998, 59 (59); *Förster*, in: Bamberger/Roth/Hau/Poseck, BeckOK BGB, § 1 ProdHaftG Rn. 73; *v. Westphalen*, in: Foerste/v. Westphalen, Produkthaftungshandbuch, § 55 Rn. 12 f.; *Wagner*, in: MüKo BGB, § 1 ProdHaftG Rn. 74.; a. A. *Gomille*, JZ 2016, 76 (78); *Ebers*, in: Oppermann/Stender-Vorwachs, Autonomes Fahren, 1. Auflage, S. 118; die allerdings beide fälschlicherweise auf die Grundsätze im allgemeinen Deliktsrecht verweisen, die für das ProdHaftG wegen § 1 II Nr. 2 ProdHaftG gerade nicht gelten.

877 *Wagner*, in: MüKo BGB, § 1 ProdHaftG Rn. 74; *Kunz*, BB 1994, 450 (454).

878 OLG München, BeckRS 2011, 10312; OLG München, BeckRS 2002, 30267483; vgl. *Förster*, in: Bamberger/Roth/Hau/Poseck, BeckOK BGB, § 1 ProdHaftG Rn. 81.

kumentieren.[879] Eine Verpflichtung zur Befundsicherung kennt das Prod-
HaftG anders als das allgemeine Deliktsrecht dagegen nicht, weil der
Hersteller ohnehin die Fehlerfreiheit im Zeitpunkt des Inverkehrbringens
beweisen muss.[880]

2. Kausalität zwischen Fehler und Schaden

Nachdem das Vorliegen eines Fehlers festgestellt wurde, obliegt es dem
Geschädigten zusätzlich, den kausalen Zusammenhang zwischen Fehler und eingetretenem Schaden nachzuweisen. Dabei dürfte es keine
Schwierigkeiten bereiten, dass der Schaden insbesondere bei intelligenten und vernetzten Produkten ganz verschiedene Ursachen haben
kann.[881] Da es gerade nicht auf die Feststellung eines ganz konkreten
Produktfehlers ankommt, bezieht sich auch der Nachweis der Kausalität
nur auf den Zusammenhang zwischen Missachtung der Sicherheitserwartung – also dem Fahrverhalten des Systems in der Unfallsituation –
und dem Schaden. Wie in bisherigen Haftpflichtprozessen auch muss der
Geschädigte dafür zunächst die Unfallursächlichkeit seines Haftungsgeg-
ners beweisen.[882] Im Falle eines möglichen kumulativen Zusammenwirkens mehrerer Schadensquellen (Multikausalität), wie es bei vernetzten
und interagierenden Systemen häufiger vorkommen könnte, haften die
Schädiger nach § 840 I BGB als Gesamtschuldner.[883] Anschließend gilt
es noch dazulegen, dass das System und nicht etwa der menschliche
Fahrer im automatisierten Fahrzeug für die Steuerung im Unfallzeitpunkt
verantwortlich war.[884] Für diese Problematik ist durch die verpflichten-
de Erfassung von Steuerungswechseln zwischen Mensch und Maschine

---

879 *Hartmann*, PHi 2017, 2 (6); vgl. EU-Kommission, Preliminary concept paper for the future
guidance on the Product Liability Directive 85/374/EEC (18.09.2018), Rn. 68.
880 *Kunz*, BB 1994, 450 (454); *Raith*, Das vernetzte Automobil, S. 40; a.A. *Rott*, Rechtspolitischer Handlungsbedarf im Haftungsrecht, S. 31 ff.; *May*, in: 53. Deutscher Verkehrsgerichtstag, S. 91.
881 So aber *Ebers*, in: Oppermann/Stender-Vorwachs, Autonomes Fahren, 1. Auflage, S. 117.
882 *Tomson*, in: Böhme/Biela/Tomson, Kraftverkehrs-Haftpflicht-Schäden, Kap. 1 Rn. 126 ff.;
Greger, in: Greger/Zwickel. § 38 Rn. 42.
883 *Zech*, in: Deutscher Juristentag, Verhandlungen des 73. Deutschen Juristentages, Band I, A
57; vgl. zur Multikausalität auch Europäische Kommission, Liability for Artificial Intelligence,
S. 22.
884 *Spindler*, CR 2015, 766 (772); *Lutz*, NJW 2015, 119 (120); *May*, in: 53. Deutscher Verkehrsgerichtstag, S. 92; *Hey*, Die außervertragliche Haftung des Herstellers autonomer Fahrzeuge
bei Unfällen im Straßenverkehr, S. 108.

in § 63a StVG Abhilfe geschaffen worden, die dem Geschädigten gem. § 63a III Nr. 1 StVG ausgehändigt werden muss.[885]

C. Haftung des Herstellers nach dem BGB

Wie § 15 II ProdHaftG deutlich ausdrückt und auch in der Gesetzesbegründung immer wieder hervorgehoben wird, ist das ProdHaftG nur eine Ergänzung des ohnehin bereits bestehenden deliktischen Haftungssystems.[886] Die Vorschriften des ProdHaftG konkurrieren also mit allen anderen nationalen Haftungsnormen,[887] insbesondere mit dem allgemeinen Deliktsrecht der §§ 823 ff. BGB und dem vertraglichen Mängelgewährleistungsrecht.

I. Allgemeines Deliktsrecht

1. § 823 I BGB

Nach den Grundsätzen der Produzentenhaftung obliegen dem Hersteller gefährlicher Produkte eine Reihe von Verkehrssicherungspflichten, bei deren schuldhafter und rechtswidriger Verletzung er anderen gegenüber den Schaden ersetzen muss, den diese durch das schädliche Produkt erleiden.[888] Im Unterschied zur Produkthaftung ist die Produzentenhaftung also von einem Verschulden des Herstellers abhängig. Vorteilhaft ist für den Geschädigten demgegenüber, dass das allgemeine Deliktsrecht weder eine Restriktion hinsichtlich der Person des Geschädigten noch hinsichtlich der Haftungssumme in Form einer Haftungshöchstsumme oder Selbstbeteiligung enthält.[889] Durch das alleinige Anknüpfen an das Verletzen einer Verkehrssicherungspflicht kommt es zudem nicht zwangsläufig auf einen bestimmten haftungsbegründenden Zeitpunkt an.[890] Der Hersteller muss das Produkt auch nach der Inverkehrgabe überwachen

---

885 *Wagner*, in: Lohsse/Schulze/Staudenmayer, Liability for Artificial Intelligence and the Internet of Things, S. 46.

886 BT-Dr. 11/2447, S. 9, 13, 26.

887 Kritisch zu der damit einhergehenden Reduzierung der Harmonisierungswirkung der Produkthaftungsrichtlinie *Oechsler*, in: Staudinger BGB, § 15 ProdHaftG Rn. 13.

888 *Wilhelmi*, in: Erman BGB, § 823 BGB Rn. 108; *Lange*, in: Herberger/Martinek/Rüßmann/Weth/Würdinger, jurisPK BGB, § 823 BGB Rn. 113.

889 *Lange*, in: Herberger/Martinek/Rüßmann/Weth/Würdinger, jurisPK BGB, § 823 BGB Rn. 113.

890 *Rott*, Rechtspolitischer Handlungsbedarf im Haftungsrecht, S. 52.

und bei Sicherheitsmängeln durch Warnungen oder ggf. sogar durch Rückrufe regulierend eingreifen, sog. Produktbeobachtungspflichten.[891]

a. Auswirkungen der Grundsätze über den Weiterfresserschaden

Die Gefahren des Straßenverkehrs bedrohen hochrangige Rechtsgüter seiner Teilnehmer.[892] Bezüglich des Rechtsgutes „Eigentum" ist für den Geschädigten eines Verkehrsunfalls von besonderer Bedeutung, ob er den Hersteller über § 823 I BGB für Schäden in Anspruch nehmen kann, die am Fahrzeug selbst entstanden sind. Wie sich gezeigt hat, verschließt sich das ProdHaftG bei einer Inanspruchnahme des Herstellers diesbezüglich.[893] Im Rahmen des allgemeinen Deliktsrechts muss unter Berücksichtigung der BGH-Judikatur zum Weiterfresserschaden[894] jedoch noch einmal neu angesetzt werden. Ob ein ersatzfähiger Schaden vorliegt, bestimmt sich zunächst – genau wie im ProdHaftG – nach der Abgrenzung zwischen Äquivalenz- und Integritätsinteresse.[895] Diese Abgrenzung erfolgt im allgemeinen Deliktsrecht aber anhand des Kriteriums der Stoffgleichheit zwischen Mangelunwert der Sache und dem eingetretenen Schaden, welche wiederum eine natürliche bzw. wirtschaftliche Betrachtungsweise erfordert.[896] Fehlt es an der Stoffgleichheit, berührt die beschädigte Gesamtsache das Integritätsinteresse des Geschädigten und damit den gesetzlichen Schutzbereich.[897]

Bei mangelhaften physischen Kfz-Bauteilen, die in der Folge zu einer Beschädigung des gesamten Kraftfahrzeugs geführt haben, hat die Rechtsprechung in der Vergangenheit die Anwendbarkeit des § 823 I BGB immer wieder bejaht. So wurde die Ersatzfähigkeit von Schäden angenommen, die auf einen mangelhaften Reifen,[898] einen defekten Gaszug[899] oder eine fehlende Schraube im Motor des Pkw[900] zurückzuführen waren. Gemäß dieser gefestigten Rechtsprechung dürften spezifische

---

891 BGH, NJW 1990, 906 (907); BGH NJW 1981, 1606 (1607 f.); OLG Saarbrücken, NJW-RR 1993, 990 (992); *Foerste*, in: Foerste/v. Westphalen, Produkthaftungshandbuch, § 24 Rn. 372; *Fuchs/Pauker/Baumgärtner*, Delikts- und Schadensrecht, S. 132.
892 *Geiger*, in: MüKo StVR, § 823 BGB Rn. 12 ff.; *Spindler*, CR 2015, 766 (768); vgl. *ders.*, Verantwortlichkeit von IT-Herstellern, Nutzern und Intermediären, S. 49.
893 Siehe oben unter § 6 B. IV. 3. b.
894 Siehe oben unter § 6 B IV. 3. a.
895 *Wagner*, in: MüKo BGB, § 823 BGB Rn. 249.
896 Siehe oben unter § 6 B IV. 3. a.
897 OLG Stuttgart, BeckRS 2018, 27412.
898 BGH, NJW 1978, 2241 (2241 ff.).
899 BGH, NJW 1983, 810 (810 ff.).
900 BGH, VersR 1992, 758 (758 ff.).

Hardwareteile automatisierter Fahrzeuge funktionell ebenso von der Gesamtsache trennbar sein.[901] Auch hier ergibt eine natürliche wie auch eine wirtschaftliche Betrachtungsweise, dass etwa ein defekter Sensor nicht stoffgleich mit der Beschädigung am Kfz ist. Sein Defekt macht das Gesamtfahrzeug keineswegs von Anfang an wertlos und kann in der Regel wirtschaftlich zumutbar behoben werden.

Wesentlich schwieriger zu beurteilen ist die Frage der Stoffgleichheit zwischen Schaden und dem Mangelunwert einer fehlerhaften Steuerungssoftware. Gegen Stoffgleichheit spricht der Umstand, dass zumindest dann, wenn noch eine manuelle Steuerungsmöglichkeit vorhanden ist, die Funktionsfähigkeit des Fahrzeugs an sich nicht beeinträchtigt[902] und der wirtschaftliche Wert des fehlerlosen Teils nicht wesentlich in Mitleidenschaft gezogen ist.[903]

Für die Annahme von Stoffgleichheit spricht die Bedeutung der Software für den Betrieb des Kfz.[904] Die Relevanz eines funktionsfähigen Systems ist bei Level-3-Fahrzeugen zwar noch überschaubar, sie spielt aber mit zunehmender Automatisierung eine immer größer werdende Rolle. Beim autonomen Fahren ist eine funktonale Trennung zwischen System und Fahrzeug ausgeschlossen, weil die Benutzung zum vorgesehenen Gebrauch ohne Steuerungssoftware nicht mehr möglich ist.[905] Aus wirtschaftlicher Perspektive kann eine Behebung des Fehlers im Einzelfall zudem nicht durchführbar sein.[906] Anders als bei physischen Bauteilen kann der Hersteller nicht auf eine fehlerfreie Software zurückgreifen und diese dann einfach gegen die fehlerhafte austauschen. Bei intelligenten Systemen gestaltet sich die konkrete Fehlersuche und Behebung im Algorithmus aktuell noch als extrem aufwendig, wenn nicht sogar unmöglich.[907]

Es bleibt im Ergebnis zwar eine Frage des Einzelfalls, ob § 823 I BGB für softwarebasierte Schäden am Fahrzeug selbst eingreift,[908] die ungewis-

---

901 So auch *Hey*, Die außervertragliche Haftung des Herstellers autonomer Fahrzeuge bei Unfällen im Straßenverkehr, S. 39.
902 *Meyer/Harland*, CR 2007, 689 (692).
903 Vgl. *Sodtalbers*, Softwarehaftung im Internet, S. 320.
904 *Spindler*, CR 2015, 766 (768); *Hey*, Die außervertragliche Haftung des Herstellers autonomer Fahrzeuge bei Unfällen im Straßenverkehr, S. 39; vgl. *Rott*, Rechtspolitischer Handlungsbedarf im Haftungsrecht, S. 56.
905 Vgl. *Marly*, Praxishandbuch Softwarerecht, Rn. 1820.
906 Vgl. *Abel*, CR 1999, 680 (681).
907 Siehe oben unter § 2 A. IV.; sowie insbesondere *Arnold*, Markt&Technik 35/2019, 20 (20 f.).
908 *Rott*, Rechtspolitischer Handlungsbedarf im Haftungsrecht, S. 56.

se Behebbarkeit eines antrainierten Verhaltens und die wirtschaftliche und funktionale Bedeutung der Steuerungssoftware insbesondere bei autonomen Fahrzeugen sprechen aber grundsätzlich für Stoffgleich und damit gegen eine Ersatzfähigkeit von Schäden am Fahrzeug selbst.[909]

b. Verkehrssicherungspflichten

aa. Übereinstimmung von Produkt- und Produzentenhaftung

Nach dem gesetzgeberischen Willen sollte der Fehlerbegriff des § 3 Prod-HaftG keine Änderungen an dem bis dahin entwickelten Fehlerbegriff der deliktischen Produzentenhaftung herbeiführen.[910] Auch im Rahmen des § 823 I BGB wird daher weiterhin zwischen den Fehlerkategorien des Konstruktions-, Fabrikations-, und Instruktionsfehlers unterschieden,[911] sodass diesbezüglich auf die obigen Ausführungen verwiesen werden kann.[912] Der dogmatische Unterschied besteht lediglich darin, dass § 823 I BGB tatbestandlich keinen Produktfehler, sondern die Verletzung einer Verkehrssicherungspflicht verlangt,[913] welche aber in der Regel dann vorliegt, wenn der Hersteller ein fehlerhaftes Produkt auf den Markt bringt.[914]

bb. Produktbeobachtungspflicht

Der Gleichlauf des produkthaftungsrechtlichen Fehlerbegriffs und der deliktischen Verkehrssicherungspflichten endet mit der Inverkehrgabe des Produktes. Anders als das ProdHaftG kennt § 823 I BGB keinen haftungsausschließenden Zeitpunkt; die Verkehrssicherungspflichten erstrecken sich deshalb über das Inverkehrbringen des Produktes hinaus.[915] Die Produktbeobachtungspflicht erfordert eine ständige Überwachung aller

---

909 Ebenso wohl auch *Spindler*, CR 2015, 766 (768); *Hey*, Die außervertragliche Haftung des Herstellers autonomer Fahrzeuge bei Unfällen im Straßenverkehr, S. 40; *Rott*, Rechtspolitischer Handlungsbedarf im Haftungsrecht, S. 56; vgl. *Abel*, CR 1999, 680 (681); a. A. wohl *Marly*, Praxishandbuch Softwarerecht, Rn. 1820; *Foerste*, in: Foerste/v. Westphalen, Produkthaftungshandbuch, § 21 Rn. 67; *Gless/Janal*, JR 2016, 561 (569); bezüglich Fahrerassistenzsysteme auch *Bewersdorf*, Zulassung und Haftung bei Fahrerassistenzsystemen im Straßenverkehr, S. 136; *Meyer/Harland*, CR 2007, 689 (692).
910 BT-Dr. 11/2447, S. 17 f.
911 BGH, NJW 2014, 2106 (2107); BGH, NJW 2009, 2952 (2953); BGH, NJW 2009, 1669 (1670); *Wagner*, in: MüKo BGB, § 3 ProdHaftG Rn. 3; *Goehl*, in: Gsell/Krüger/Lorenz/Reymann, BeckOGK, § 3 ProdHaftG Rn. 11.
912 Siehe oben unter § 6 B. III. 2.
913 Dazu eingehend *Thöne*, Autonome Systeme und deliktische Haftung, S. 98 ff.
914 *Wagner*, in: MüKo BGB, § 3 ProdHaftG Rn. 3; *Goehl*, in: Gsell/Krüger/Lorenz/Reymann, BeckOGK, § 3 ProdHaftG Rn. 11; *v. Westphalen*, in: Foerste/v. Westphalen, Produkthaftungshandbuch, § 48 Rn. 4.
915 Siehe oben unter § 6 C. I. 1.

denkbarer Fehlerquellen innerhalb der Konstruktion, der Fabrikation und der bisher erteilten Instruktionen.[916] Dabei wird es bei intelligenten und vernetzten Fahrzeugen nicht nur deswegen in besonderem Maße auf eine umfassende Feldbeobachtung ankommen,[917] weil das angelernte, unvorhersehbare Verhalten einer ständigen Kontrolle des Algorithmus bedarf. Durch die massenhafte Vernetzung und Interaktion der Fahrzeuge untereinander und mit anderen technischen Einrichtungen rückt zunehmend eine Kompatibilitätsprüfungspflicht mit den Produkten anderer Hersteller in den Fokus der rechtswissenschaftlichen Diskussion.

aaa. Passive und aktive Produktbeobachtung

Die Kenntniserlangung von möglichen Fehlerquellen muss der Hersteller in zweifacher Hinsicht sicherstellen: Zunächst muss er diejenigen Informationen entgegennehmen, sammeln und auswerten, die an ihn herangetragen werden (passive Produktbeobachtung).[918] Typischerweise geschieht dies bislang durch Berichte oder Beschwerden der Produktnutzer.[919] Dieser häufig sehr langwierige und von subjektiven Eindrücken geprägte analoge Weg des Beschwerdemanagements[920] wird in Zukunft durch die digital empfangbaren Daten der Blackbox und von Cloud-basierten Lernprozessen[921] ergänzt.[922] Trotz der damit zu erwartenden „Datenflut" muss die gesamte Unternehmensorganisation eine schnelle und effektive Auseinandersetzung mit möglichen Fehlern gewährleisten können.[923] Die Erweiterung der technisch möglichen Fahrzeugüberwachung bedeutet für den Hersteller gleichfalls eine Ausweitung seiner passiven Produktbeobachtungspflicht.[924]

Auf eine rein zufällige Möglichkeit der Kenntnisnahme von Sicherheitsmängeln darf sich der Hersteller allerdings nicht beschränken.[925] Er

---

916 *Foerste*, in: Foerste/v. Westphalen, Produkthaftungshandbuch, § 24 Rn. 375.

917 *V. Bodungen/Hoffmann*, NZV 2016, 503 (505); *Spindler*, CR 2015, 766 (769); *Borges*, CR 2016, 272 (276); vgl. bzgl. der Produktbeobachtung von Software *Spindler*, NJW 2004, 3145 (3147).

918 BGH, NJW 1994, 517 (517); *Schmid*, CR 2019, 141 (142); *Hartmann*, PHi 2017, 42 (43).

919 *Droste*, CCZ 2015, 105 (106); vgl. auch *Hauschka/Klindt*, NJW 2007, 2726 (2726 ff.).

920 Vgl. *Schmid*, CR 2019, 141 (142 f.).

921 Fraunhofer IAIS, Maschinelles Lernen „on the edge", S. 1.

922 *Horner/Kaulartz*, CR 2016, 7 (12); *Wagner*, AcP 2017, 707 (751); *Schmid*, CR 2019, 141 (143); *Chibanguza/Schubmann*, GmbHR 2019, 313 (315).

923 Vgl. *Hartmann*, PHi 2017, 42 (43); *Klindt/Wende*, BB 2016, 1419 (1420); *Chibanguza/Schubmann*, GmbHR 2019, 313 (314).

924 *Droste*, CCZ 2015, 105 (110); *Wagner*, AcP 2017, 707 (751); *Gomille*, JZ 2016, 76 (81).

925 BGH, NJW 1981, 1606 (1607); *Borges*, CR 2016, 272 (276); *Foerste*, in: Foerste/v. Westphalen, Produkthaftungshandbuch, § 24 Rn. 376.

muss vielmehr auch aktive Maßnahmen ergreifen, um mit dem aktuellen Stand der Technik Schritt zu halten und bislang unbekannte Gefahren zu erkennen (aktive Produktbeobachtung).[926] Dazu zählt etwa das selbstständige Einholen von Testberichten der Fachliteratur oder Kundenrezensionen im Internet.[927] Der dem Hersteller zumutbarer Aufwand orientiert sich dabei an der Schwere der potentiellen Produktgefahr und der globalen Reichweite des Produktes.[928] Es dürften den Automobilkonzernen deshalb Bemühungen zuzumuten sein, die weit über die Grenzen ihres Heimatmarktes hinausgehen.[929] Ebenso ist es unausweichlich, die Fahrzeuge anderer Hersteller zu beobachten und bei eventuellen Mängeln die eigene Flotte diesbezüglich kritisch zu überprüfen.[930]

bbb. Kombination durch Vernetzung: Kompatibilitätsprüfungspflicht

Das Überwachen fremder Kfz ist für den Hersteller auch unter dem Gesichtspunkt des Vernetzungsrisikos[931] von großer Bedeutung. Seit der Honda-Rechtsprechung des BGH treffen den Hersteller unter bestimmten Voraussetzungen auch hinsichtlich der Produkte anderer Hersteller, die mit dem eigenen Produkt als Zubehörteil oder „Kombinationsprodukt" in Kontakt kommen, umfangreiche Beobachtungspflichten.[932] Das ist insbesondere dann der Fall, wenn andere Produkte für die Funktionsfähigkeit des eigenen Produktes erforderlich sind, der Hersteller die Nutzung anderer Produkte konstruktiv ermöglicht hat (zum Beispiel durch Bohrlöcher, Ösen oder Halterungen) oder die Nutzung anderer Produkte allgemein gebräuchlich ist.[933]

---

926 *Staudinger*, in: Schulze BGB, § 823 BGB Rn. 176; *Förster*, in: Bamberger/Roth/Hau/Poseck, BeckOK BGB, § 823 BGB Rn. 732; *Chibanguza/Schubmann*, GmbHR 2019, 313 (314); *Hartmann*, PHi 2017, 42 (43); *Michalski*, BB 1998, 961 (963).
927 BGH, NJW 1990, 906 (907); BGH, NJW 1981, 1606 (1607 f.); *Michalski*, BB 1998, 961 (963); *Droste*, CCZ 2015, 105 (106); *Hartmann*, PHi 2017, 42 (43); *Klindt/Wende*, BB 2016, 1419 (1420).
928 *Foerste*, in: Foerste/v. Westphalen, Produkthaftungshandbuch, § 24 Rn. 384; *Klindt/Wende*, BB 2016, 1419 (1420); *Chibanguza/Schubmann*, GmbHR 2019, 313 (314).
929 *Hauschka/Klindt*, NJW 2007, 2726 (2726); *Droste*, CCZ 2015, 105 (106); vgl. BGH, NJW 1981, 1606 (1608); *Kullmann*, BB 1987, 1957 (1958).
930 Vgl. OLG Schleswig, zfs 2006, 442 (443); *Staudinger*, in: Schulze BGB, § 823 BGB Rn. 176; *Schmid*, CR 2019, 141 (142); *Chibanguza/Schubmann*, GmbHR 2019, 313 (314).
931 Zum Begriff auch *Wagner*, VersR 2020, 717 (725); vgl. Europäische Kommission, Liability for Artificial Intelligence, S. 33.
932 BGH, NJW 1987, 1009 (1009 ff.).
933 BGH, NJW 1987, 1009 (1011).

Eine Ausdehnung der allgemeinen Produktbeobachtungspflichten auf Kombinationsprodukte und Zubehörteile anderer Hersteller wird zum Teil kritisch betrachtet. Der Hersteller könne nur für diejenigen Gefahren verantwortlich gemacht werden, die er selbst geschaffen hat, andernfalls träfe ihn ein uferloses Pflichtenprogramm.[934] Dieser Einwand ist insofern berechtigt, als sich eine Produktbeobachtungspflicht nur dann ergeben kann, wenn der Hersteller auch dazu in der Lage und es ihm zuzumuten ist, die erforderlichen Abwehrmaßnahmen zu ergreifen.[935] Wenn eine Gefahr allein von einem fehlerhaften Zubehörteil eines fremden Herstellers ausgeht, dann realisiert sich eben kein Kombinationsrisiko, sondern nur das Risiko des mangelhaften Zubehörs.[936] Die bloße Inverkehrgabe des Hauptproduktes kann in diesem Fall für eine Zurechnung der vom Zubehör ausgehenden Gefahren nicht ausreichen.[937] Für intelligente Fahrzeuge wird daraus geschlussfolgert, die Beobachtungspflicht könne sich nicht auf die Gefahren der Vernetzung mit anderen Fahrzeugen erstrecken, weil in diesem Fall lediglich eine Gefahrerhöhung durch Dritte (also den Nutzers und den Fremdhersteller) vorliegt.[938] Das soll umso mehr dann gelten, wenn das fremde Produkt zeitlich erst deutlich später auf den Markt gebracht wird.[939]

Nach der hier vertretenen Ansicht läuft die Kritik an der Rechtsprechung des BGH bei intelligenten Systemen ins Leere. Die Kommunikations- und Interaktionsfähigkeit wird spätestens im Rahmen des autonomen Fahrens essentieller Bestandteil eines funktionsfähigen Systems sein.[940] Sofern also eine Vernetzung für den Betrieb erforderlich ist, muss der Hersteller die Interaktion mit anderen Fahrzeugen bereits konstruktiv ermöglichen.[941] Wenn die Kombination mit Produkten anderer Hersteller bereits in der Fahrzeugkonstruktion vorgesehen ist, dann hat der Nutzer gar keine andere Wahl, als sich dieser Eigenschaft zu bedienen. Anders als bei herkömmlichen Zubehörteilen beruht die Kombination also nicht auf einer Entscheidung des Nutzers, sondern dient herstellerseitig zur Vervollständigung des eigenen Produktes.[942] Die Kombinationsgefahr

---

934 *Spindler*, CR 2015, 766 (769); *Sosnitza*, CR 2016, 764 (769).
935 *Ulmer*, ZHR 1988, 564 (575).
936 *Ulmer*, ZHR 1988, 564 (577); *Wagner*, in: MüKo BGB, § 823 BGB Rn. 827.
937 *Ulmer*, ZHR 1988, 564 (578).
938 *Spindler*, CR 2015, 766 (769 f.).
939 *Spindler*, CR 2015, 766 (770).
940 Siehe oben unter § 3 B.
941 Siehe oben unter § 6 B. III. 2. b. cc.; sowie *Reusch*, BB 2019, 904 (907).
942 *Foerste*, in: Foerste / v. Westphalen, Produkthaftungshandbuch, § 25 Rn. 183.

geht dann vom Hersteller selbst aus, sollte er keine ordnungsgemäße Kommunikation sicherstellen können. Es besteht mithin eine Kompatibilitätsprüfungspflicht des Herstellers.[943]

Der Umfang dieser Pflicht lässt sich nur schwer begrenzen. Ob eine vollständige Beobachtungspflicht hinsichtlich sämtlicher Fahrzeuge von Fremdherstellern und technischen Verkehrseinrichtungen jenseits des Zumutbaren liegt,[944] kann heute noch nicht eindeutig bewertet werden. Maßgebend werden hier die technischen Gegebenheiten sein, etwa ob sich die Automobilkonzerne auf einen einheitlichen Kommunikationsstandard einigen können.[945] Angesichts von lebensbedrohlichen Folgen einer mangelhaften Interaktion ist sie zumindest aus Billigkeitserwägungen aber nicht völlig von der Hand zu weisen.[946] Mit einer nur stichprobenartigen Untersuchung der Kommunikationsabläufe wird der Hersteller seinen Pflichten jedenfalls nicht genügen können.[947]

ccc. Gefahrabwendungspflichten

Erkennt der Hersteller in Folge seiner Produktbeobachtung die Fehlerhaftigkeit eines Produktes, muss er geeignete Maßnahmen ergreifen, um die Produktnutzer vor Schäden zu bewahren (Gefahrabwendungspflicht).[948] Bei Gefahr für Leib oder Leben kann unter Umständen bereits der Gefahrverdacht ausreichen, um eine entsprechende Reaktionspflicht des Herstellers auszulösen.[949] Grundsätzlich gilt: Je größer die Eintrittswahrscheinlichkeit und das zu erwartende Ausmaß des drohenden Schadens ist, umso höher sind die Anforderungen an den Hersteller hinsichtlich des Umfangs der zu treffenden Gefahrabwehrmaßnahmen.[950] Bestätigt sich die Gefahr einer Schädigung von Leib oder Leben, wie es bei Kraft-

---

943 Im Ergebnis auch *Schrader*, NZV 2018, 489 (492); *Grützmacher*, CR 2016, 695 (696); *Ebers*, in: Oppermann/Stender-Vorwachs, Autonomes Fahren, 1. Auflage, S. 114; *Rott*, Rechtspolitischer Handlungsbedarf im Haftungsrecht, S. 54.

944 So *Sosnitza*, CR 2016, 764 (769); *Wagner*, AcP 2017, 707 (752); *Hey*, Die außervertragliche Haftung des Herstellers autonomer Fahrzeuge bei Unfällen im Straßenverkehr, S. 92.

945 Siehe oben unter § 6 B. III. 2. b. cc. bbb.

946 Vgl. *Droste*, CCZ 2015, 105 (108).

947 A. A. *Hey*, Die außervertragliche Haftung des Herstellers autonomer Fahrzeuge bei Unfällen im Straßenverkehr, S. 93.

948 BGH, NJW 1981, 1606 (1607 f.); *Sprau*, in: Palandt BGB, § 823 BGB Rn. 176; *Lange*, in: Herberger/Martinek/Rüßmann/Weth/Würdinger, jurisPK BGB, § 823 BGB Rn. 131; *Schlutz*, DStR 1994, 707 (708); *Droste*, CCZ 2015, 105 (106); *Michalski*, BB 1998, 961 (963).

949 OLG Karlsruhe, VersR 1998, 63 (64); OLG Frankfurt, NJW-RR 1995, 406 (408); *Spindler*, NJW 2004, 3145 (3147).

950 BGH, NJW 2009, 1080 (1081); BGH, NJW 2007, 762 (763); BGH, NJW 1966, 40 (41); *Förster*, in: Bamberger/Roth/Hau/Poseck, BeckOK BGB, § 823 BGB Rn. 349.

fahrzeugen regelmäßig der Fall ist, ist dem Hersteller also bezüglich der konkreten Form seiner Reaktion der größte mögliche Aufwand zur Beseitigung der Gefahr zuzumuten.[951]

Eine vergleichsweise unaufwendige und schnelle Möglichkeit der Gefahrenabwehr ist das Aussprechen von Warnungen.[952] Im digitalen Zeitalter dürfte die Zustellung einer Warnung keine besonderen Probleme mehr bereiten;[953] auch hier kann sich der Hersteller wiederum zu Nutze machen, dass er den Fahrer eines fehlerhaften Fahrzeugs unmittelbar über das Bordsystem erreichen kann.[954]

(1) Die Grundsätze des BGH zum Produktrückruf

Eine über das Aussprechen von Warnungen hinausgehende deliktische Verpflichtung zum Produktrückruf[955] – hier zunächst verstanden als echte, physische Rückholung des Produktes – ist schon seit langem Gegenstand zahlreicher kontrovers geführter Diskussionen.[956] Dabei geht es im Kern um die Frage, ob eine nachträgliche Nachbesserung des Produktes noch innerhalb dessen liegt, was vom Hersteller im Rahmen seiner deliktsrechtlichen Gefahrabwendungsmaßnahmen verlangt werden kann oder ob Warnungen vor gefährlichen Produkteigenschaften bereits ausreichend sind.[957] Der BGH hat sich in seiner Pflegebetten-Entscheidung 2008 erstmals ausführlich zu dieser Thematik geäußert.[958] Danach reichen Warnungen grundsätzlich aus, sofern der Hersteller seine Hilfe

---

951 *Hammel*, Haftung und Versicherung bei Personenkraftwagen mit Fahrerassistenzsystemen, S. 419; *Michalski*, BB 1998, 961 (964); *Wagner*, AcP 2017, 707 (754, 756).

952 *Foerste*, in: Foerste/v. Westphalen, Produkthaftungshandbuch, § 24 Rn. 317; *v. Bodungen/Hoffmann*, NZV 2016, 503 (506); *Droste*, CCZ 2015, 105 (107); *Spindler*, NJW 2004, 3145 (3147).

953 Zu diesem Erfordernis ausführlich *Kullmann*, in: Kullmann/Pfister/Stöhr/Spindler, Produzentenhaftung, Kza. 1520 S. 62; *Foerste*, in: Foerste/v. Westphalen, Produkthaftungshandbuch, § 24 Rn. 318.

954 *Hey*, Die außervertragliche Haftung des Herstellers autonomer Fahrzeuge bei Unfällen im Straßenverkehr, S. 94; *Schrader/Engstler*, MMR 2018, 356 (360 Fn. 54); *Droste*, CCZ 2015, 105 (110).

955 Zusätzlich kommt auch eine öffentlich-rechtliche Rückrufpflicht nach § 26 II Nr. 7 ProdSG in Betracht, siehe dazu unter § 6 C. I. 2.

956 Zusammenfassend *Foerste*, in: Foerste/v. Westphalen, Produkthaftungshandbuch, § 24 Rn. 332 ff.; *Wagner*, in: MüKo BGB, § 823 BGB Rn. 848 ff.; *Lenz*, Produkthaftung, § 4 Rn. 39 ff.

957 *Foerste*, in: Foerste/v. Westphalen, Produkthaftungshandbuch, § 24 Rn. 331; *Lüftenegger*, NJW 2018, 2087 (2088); *Schrader/Engstler*, MMR 2018, 356 (360).

958 BGH, NJW 2009, 1080 (1080 ff.); zur strafrechtlichen Rückrufpflicht auch schon BGH, NJW 1990, 2560 (2560 ff.); vorinstanzlich OLG Karlsruhe, NJW-RR 1995, 594 (597); vgl. OLG München, NJW 1999, 1657 (1658); OLG Düsseldorf, NJW-RR 1997, 1344 (1344); OLG Frankfurt, VersR 1991, 1184 (1186).

zur Beseitigung des Fehlers anbietet und ggf. die Nichtbenutzung oder Stilllegung des Produktes empfiehlt.[959] Zu Maßnahmen, die auf die Beseitigung des Fehlers auf Kosten des Herstellers abzielen, ist der Hersteller dagegen nicht verpflichtet; insofern ist das Äquivalenzinteresse des Nutzers tangiert.[960] Nur, wenn eine bloße Warnung dem Nutzer nicht ermöglicht, die Gefahr richtig einzuschätzen, oder wenn begründeter Verdacht besteht, der Nutzer würde sich über die Warnung hinwegsetzen und dadurch die Rechtsgüter Dritter gefährden, kann ausnahmsweise ein Rückruf als Gefahrenabwehrmaßnahme erforderlich sein.[961]

Überträgt man diese Grundsätze uneingeschränkt auf fehlerhafte automatisierte Kraftfahrzeuge, wäre eine Verpflichtung des Herstellers zur kostenlosen Nachbesserung seiner Fahrzeuge im Regelfall nicht anzunehmen.[962] Es ist nicht ersichtlich, weshalb sich eine Vielzahl von Nutzern über eine eindringliche Warnung vor Systemausfällen hinwegsetzen sollte, zumal der Einsatz eines nicht verkehrssicheren Kfz nicht zulässig ist (§ 23 I S. 2 StVO) und die Fahrzeuge in diesem Fall ihren Versicherungsschutz verlieren.[963]

(2) Softwareupdates als Mittel der Gefahrenabwehr

An einer direkten Übertragbarkeit der damaligen Erwägungsgründe des BGH könnte im Lichte neuer Möglichkeiten der Gefahrenabwehr allerdings gezweifelt werden.[964] Das Gericht weist im Pflegebetten-Urteil selbst darauf hin, dass die notwendigen Gefahrabwendungsmaßnahmen von den jeweiligen Umständen des Einzelfalls abhängig sind.[965] Eine generelle Beschränkung auf Warnungen als einzig erforderliches Mittel kann der Entscheidung daher nicht entnommen werden.[966] Wenn die „Umstände des Einzelfalls" es also zulassen, können andere Gefahr-

---

959 BGH, NJW 2009, 1080 (1081).
960 BGH, NJW 2009, 1080 (1082).
961 BGH, NJW 2009, 1080 (1081).
962 Vgl. zu herkömmlichen Kraftfahrzeugen *Lüftenegger*, NJW 2018, 2087 (2089).
963 *Lüftenegger*, NJW 2018, 2087 (2089); a.A. *Ebers*, in: Oppermann/Stender-Vorwachs, Autonomes Fahren, 1. Auflage, S. 115; *Hey*, Die außervertragliche Haftung des Herstellers autonomer Fahrzeuge bei Unfällen im Straßenverkehr, S. 94; *Hartmann*, PHi 2017, 42 (45).
964 Insofern lag beim Pflegebetten-Urteil auch eine besondere Fallkonstellation vor, vgl. *Schrader/Engstler*, MMR 2018, 356 (360); *Reusch*, BB 2019, 904 (908).
965 BGH, NJW 2009, 1080 (1081).
966 *Wagner*, AcP 2017, 707 (755).

abwehrmaßnahmen geboten sein, wenn sie im Vergleich zu einfachen Warnungen wesentlich effektiver und dem Hersteller zuzumuten sind.[967] In diesem Sinne könnten sich „over-the-air" Softwareupdates als eine der Warnung gegenüber effektivere Form der Gefahrenabwehr darstellen: Zunächst einmal erreicht eine Aktualisierung der Software nahezu jeden Nutzer. Die Quote der durchgeführten Updates dürfte dabei mindestens so hoch sein wie die heutigen Quoten bei kostenfreien Rückrufen, die in der Automobilbranche bisweilen die 97- Prozent-Marke erreichen.[968] Wie oben bereits erwähnt, werden zwar auch Warnungen die allermeisten Nutzer erreichen können, der wesentliche Unterschied besteht aber darin, dass Warnungen nur auf ein Risiko hinweisen, es aber nicht beseitigen. Das Potential einer flächendeckenden Ursachenbekämpfung einer Gefahr spricht daher klar für das Softwareupdate als das effizientere Mittel.

Diese Feststellung ist nun insofern nicht neu, als auch der klassische Produktrückruf diesen Vorteil mit sich bringt. Die restriktive Haltung der Rechtsprechung bezüglich der Anerkennung von Rückrufpflichten liegt aber zumindest zu einem Teil in der unklaren Kostenverteilung einer solchen Maßnahme und damit in ihrer Zumutbarkeit begründet.[969] Die Kostenintensität einer Nachbesserung und die damit verbundene Frage, wer für diese Kosten einzustehen hat, verliert jedoch bei digitalen „Produktrückrufen" erheblich an Bedeutung.[970] Sollte die Fehlerhaftigkeit eines automatisierten Fahrzeugs auf der Steuerungssoftware beruhen, dann ist zur Behebung dieses Fehlers, anders als bei klassischen Produktrückrufen, nicht mehr eine kostenaufwendige Rückholung und Reparatur in den Werkstätten des Herstellers notwendig. Per Softwareupdate lassen sich sämtliche Fahrzeuge innerhalb kürzester Zeit aktualisieren und wieder in einen verkehrssicheren Zustand versetzen.[971] Da die Hersteller für ihre Nachfolgeprodukte ohnehin eine ständige Syste-

---

967 *Hartmann*, PHi 2017, 42 (45); *Rott*, Rechtspolitischer Handlungsbedarf im Haftungsrecht, S. 53; *Raue*, NJW 2017, 1841 (1844); vgl. *Ebers*, in: Oppermann/Stender-Vorwachs, Autonomes Fahren, 1. Auflage, S. 115; *Borges*, CR 2016, 272 (276); *v. Bodungen/Hoffmann*, NZV 2016, 503 (506).

968 *Foerste*, in: Foerste/v. Westphalen, Produkthaftungshandbuch, § 24 Rn. 327.

969 *Wagner*, AcP 2017, 707 (756).

970 *Reusch*, BB 2019, 904 (909); *Wagner*, AcP 207, 707 (756); *May/Gaden*, InTeR 2018, 110 (113); *Raue*, NJW 2017, 1841 (1844).

971 Vorausgesetzt natürlich, die Fahrzeuge sind dauerhaft an ein Datennetz angeschlossen, vgl. *May/Gaden*, InTeR 2018, 110 (113); *Hartmann*, PHi 2017, 42 (45).

moptimierung anstreben, ist der finanzielle Aufwand für die Entwicklung eines Softwareupdates wohl noch überschaubar.

Ungeachtet der höheren Effektivität und der Zumutbarkeit dem Hersteller gegenüber sind auch Softwareupdates nur in den dogmatischen Grenzen des Deliktsrechts möglich. Deshalb verweist der BGH zu Recht auf das Vertragsrecht, sofern die Beseitigung eines Mangels lediglich das Interesse des Käufers an einer mangelfreien Sache berührt.[972] So ist auch die Bereitstellung von Softwareupdates zweifelsohne darauf gerichtet, dem Käufer ein vertragsgemäßes Produkt zur Verfügung zu stellen; mithin dem Äquivalenzinteresse des Käufers zu entsprechen.[973] Gerade bei sicherheitsrelevanten Softwareprodukten beschränkt sich eine Nachbesserung aber nicht auf das Äquivalenzinteresse, sondern kann in gleicher Weise ebenso das Integritätsinteresse tangieren. Das ist insbesondere dann der Fall, wenn von dem fehlerhaften Produkt erhebliche Gefahren für die Rechtsgüter Dritter ausgehen. Mangels vertraglicher Beziehung zum Hersteller können gefährdete Dritte nicht auf das Mängelgewährleistungsrecht verwiesen werden. Bei potentiell hochgradig gefährlichen Produkten wie Kraftfahrzeugen, von denen eine ständige Gefahr für andere Verkehrsteilnehmer ausgeht, dient eine nachträgliche Mängelbeseitigung also nicht ausschließlich der Befriedigung von vertraglichen Pflichten, sondern ebenso der Gefahrenprävention insgesamt und damit dem Schutz aller Personen, die der Gefahr ausgesetzt sind.[974] Der Schutz der Integrität des Dritten ist im Rahmen anderer Gefahrenabwehrmaßnahmen auch unbestritten; so muss auch eine Warnung gegenüber allen Nutzern und nicht nur dem Käufer eines Produktes gegenüber ausgesprochen werden.[975] Eine deliktsrechtliche Updatepflicht kann somit zumindest bei allgemein gefährlichen Produkten angenommen werden.[976]

---

972 BGH, NJW 2009, 1080 (1082).
973 *Spindler*, CR 2015, 766 (770); *ders.*, NJW 2004, 3145 (3148); *Schrader/Engstler,* MMR 2018, 356 (360); *Gless/Janal*, JR 2016, 561 (570).
974 Vgl. *Reusch*, BB 2019, 904 (908 f.); *Raue*, NJW 2017, 1841 (1844).
975 *Förster*, in: Bamberger/Roth/Hau/Poseck, BeckOK BGB, § 823 BGB Rn. 740.
976 Im Ergebnis auch *Ebers*, in: Oppermann/Stender-Vorwachs, Autonomes Fahren, 1. Auflage, S. 115; *Reusch*, BB 2019, 904 (909); *Zech*, ZfPW 2019, 198 (203 Fn. 25); *ders.*, in: Deutscher Juristentag, Verhandlungen des 73. Deutschen Juristentages, Band I, A 73; *Hartmann*, PHi 2017, 42 (45); *Schrader*, DAR 2016, 242 (244); *Borges*, CR 2016, 272 (276); *Gomille*, JZ 2016, 76 (80 f.); *Wagner*, AcP 2017, 707 (756); *v. Bodungen/Hoffmann*, NZV 2016, 503 (506); *Raue*, NJW 2017, 1841 (1844); *Droste*, CCZ 2015, 105 (110); *Kreutz*, in: Oppermann/Stender-Vorwachs, Autonomes Fahren, 2. Auflage, S. 194; wohl auch *Rott*, Rechtspolitischer Handlungsbedarf im Haftungsrecht, S. 53; *Wagner/Goeble*, ZD 2017, 263 (266); a. A. *Spindler*, CR 2015, 766 (770); *ders.*, NJW 2004, 3145 (3148); *Schrader/Engstler,* MMR 2018, 356

Eine Einschränkung muss diese Verpflichtung nur in zeitlicher Hinsicht erfahren. Grundsätzlich erstreckt sich die Beobachtungspflicht über die gesamte Nutzungsdauer eines Produktes, sie kann sich bei langjähriger Fehlerlosigkeit allerdings mit der Zeit zu einer rein passiven Beobachtungspflicht abschwächen.[977] Ein Anhaltspunkt für die Dauer der Updateverpflichtung liefert die durchschnittliche Lebensdauer eines Kraftfahrzeugs von etwa zwölf Jahren.[978] Jedenfalls solange, wie mit dem massenhaften Betrieb eines bestimmten Modells noch gerechnet werden kann, muss auch ein sicherheitstechnischer Support stattfinden. Unter Umständen kann die Produktbeobachtung daher auch deutlich über die durchschnittliche Lebenserwartung hinausgehen.[979] Der fortlaufende Vertrieb des Fahrzeugmodells durch den Hersteller ist dafür zwar nicht unbedingt notwendig, mit steigendem Alter reduzieren sich aber die dem Hersteller zumutbaren Gefahrenabwehrmaßnahmen, sodass Warnungen im Einzelfall bereits ausreichen können.[980]

Zum Schluss sei noch angemerkt, dass die praktische Bedeutung einer deliktischen Aktualisierungspflicht noch ungewiss ist. Der Käufer jedenfalls wird den Hersteller innerhalb der ersten zwei Jahre nach dem Kauf eher vertragsrechtlich in Anspruch nehmen. Nach dieser Zeit besteht zwar grundsätzlich ein Rechtsschutzbedürfnis beim Käufer, dieses könnte durch den Hersteller aber bereits auf freiwilliger Basis durch umfangreiche Garantien oder zusätzliche Dienstleistungsverträge über die Bereitstellung von Updates befriedigt werden. Unabhängig von einer rechtlichen Verpflichtung haben die Hersteller auch schon aus Imagegründen ein Interesse daran, dass die eigenen Fahrzeuge verkehrssicher sind.[981]

ddd. Sonderfall Hackerangriff

Eine besondere Ausprägung erhält die Produktbeobachtungspflicht durch die proportional zur Vernetzung steigende Gefahr böswilliger Cyberattacken von außen. Die Verantwortlichkeit des Herstellers folgt in diesem Zusammenhang aus der deliktsrechtlichen Einstandspflicht für das Be-

---

(360); *Gless/Janal*, JR 2016, 561 (570); *Orthwein/Obst*, CR 2009, 1 (3); wohl auch *May/Gaden*, InTeR 2018, 110 (113).

977 *Raue*, NJW 2017, 1841 (1844).

978 *Farwer*, Lebensdauer von Autos – alle Infos zu Verschleiß und Haltbarkeit, https://praxistipps.focus.de/lebensdauer-von-autos-alle-infos-zu-verschleiss-und-haltbarkeit_97525.

979 *Weisser/Färber*, MMR 2015, 506 (510).

980 *Raue*, NJW 2017, 1841 (1844).

981 *Gless/Janal*, JR 2016, 561 (570).

herrschen einer Gefahrenquelle, und zwar auch dann, wenn mit einem vorsätzlichen Eingreifen Dritter zu rechnen ist.[982] Der Fahrzeughersteller kann sich demgemäß als Beherrscher der Gefahrenquelle „Software" nicht durch den Umstand exkulpieren, dass die Gefahr eine außerhalb seines Machtbereichs liegende Ursache hat.[983] Seine Beobachtungspflicht schließt deshalb alle IT-sicherheitstechnischen Vorkehrungen mit ein.[984] Die erforderliche Reaktion auf eine festgestellte Sicherheitslücke ist auch hier wiederum stark einzelfallabhängig. Zumindest bei Angriffen, die sich auf das Fahrzeugverhalten auswirken,[985] werden umgehende Softwareaktualisierungen zwingend erforderlich sein. Zu beachten ist auch, dass öffentliche Warnungen die Gefahr von Cyberattacken sogar erhöhen können, weil potenzielle Angreifer so überhaupt erst auf Sicherheitsmängel aufmerksam werden.[986]

cc. Zwischenergebnis

Die deliktische Verkehrssicherungspflicht des Automobilherstellers zum Überwachen der eigenen Fahrzeugflotte ist denkbar weit gefasst: Die Systeme müssen über viele Jahre hinweg aktiven Kontrollmechanismen unterworfen werden, die nicht nur das Fahrzeug selber, sondern auch ihr Zusammenspiel mit anderen Verkehrsteilnehmern und -einrichtungen betreffen. Sollte die Beobachtung zeigen, dass die Steuerungssoftware erhebliche sicherheitsrelevante Funktionsmängel aufweist, muss das System auch nach der Inverkehrgabe verbessert und den Nutzern eine aktualisierte Version angeboten werden, sofern dies technisch umsetzbar ist. Das hieraus resultierende Haftungsrisiko ist zwar beachtlich, relativiert sich aber angesichts neuer Möglichkeiten der Produktbeobachtung, die es dem Hersteller ermöglichen, ihre Fahrzeuge in Echtzeit

---

982 BGH, NJW 1990, 1236 (1237); BGH, NJW 1980, 223 (223); BGH, VersR 1976, 149 (150).
983 Siehe dazu oben unter § 6 B. III. 2. b. cc. ccc.; sowie *Spindler*, Verantwortlichkeiten von IT-Herstellern, Nutzern und Intermediären, S. 55; *ders.*, NJW 2004, 3145 (3146); *Hans*, GWR 2016, 393 (395); *Droste*, CCZ 2015, 105 (109).
984 *Klindt*, in: Bräutigam/Klindt, Digitale Wirtschaft/Industrie 4.0, S. 87 f.; *Hans*, GWR 2016, 393 (395).
985 Die ferngesteuerte Übernahme der Fahrzeugsteuerung über das System ist bereits heute technisch möglich, vgl. *Lobe*, Hacker-Alarm, https://www.zeit.de/2016/34/elektroautos-steuerung-hacker-gefahr-sicherheit-hersteller.
986 *May/Gaden*, InTeR 2018, 110 (113); *Hartmann*, PHi 2017, 42 (45); *Reusch*, BB 2019, 904 (909); *Raue*, NJW 2017, 1841 (1844); *Droste*, CCZ 2015, 105 (110); *Rockstroh/Kunkel*, MMR 2017, 77 (81); *Spindler*, NJW 2004, 3145 (3147).

über digitale Kanäle zu überprüfen[987] und ebenso schnell und (relativ) kostengünstig per Softwareupdate nachzubessern.

c. Die Zurechnung autonomen maschinellen Verhaltens

Das allgemeine Deliktsrecht folgt nach seiner historischen Konzeption dem Verschuldensprinzip.[988] Haftungsbegründend ist daher nur menschliches Verhaltensunrecht, das auf einer freien, willentlichen Entscheidung basiert.[989] Handelt der Mensch nicht unmittelbar, sondern etwa eine Maschine, konnte deren Verhalten bislang recht unproblematisch dem Menschen oder der juristischen Person zugerechnet werden, der sie aufgrund freier Willensentscheidungen bedient oder programmiert hat. Ausgehend von der direkten Schädigung durch ein maschinelles Fehlverhalten wird also die Kausalkette so lange zurückverfolgt, bis ein schuldhaftes menschliches Tun oder Unterlassen gefunden ist, an das die Haftung anknüpfen kann.[990] Die Veränderlichkeit intelligenter Systeme stellt diesen Zurechnungszusammenhang allerdings erheblich in Frage. Eignet sich das System selbständig fehlerhaftes Verhalten an, so lässt sich kein unmittelbarer Bezug zu einem auf Anhieb feststellbaren Programmierfehler herstellen. Die dem Hersteller vorzuwerfende Sorgfaltspflichtverletzung kann dann nur in der Konstruktion der Grundsoftware gesucht werden.[991] Es stellt sich deshalb die Frage, ob ebendieser Zusammenhang zwischen herstellerseitig vorgegebenem, aber lernfähigem Algorithmus und späterer maschineller Schädigungshandlung für eine Verschuldenszurechnung ausreichend ist, um die Verantwortlichkeit des Automobilherstellers für Fehler zu begründen, die aus einem fehlerhaften Lernprozess resultieren.

aa. Deterministischer Algorithmus

Zunächst ist auch hier wieder festzuhalten: Ohne das Konstruieren der Grundsoftware in einer ganz bestimmten Weise wäre es (wahrscheinlich) nicht zu einem Schaden gekommen. Der lernende Algorithmus unterbricht die Kausalkette also nicht derart, dass die systemische Weiter-

---

987 *May/Gaden,* InTeR 2018, 110 (112); *Wendt/Oberländer,* InTeR 2016, 58 (63); *Hartmann,* DAR 2015, 122 (124).

988 Vgl. oben unter § 6 A. II; sowie *Rohe,* AcP 2001, 117 (124 ff.).

989 *Schuhr,* in: Hilgendorf, Robotik im Kontext von Recht und Moral, S, 14 f.; *Hanisch,* in: Hilgendorf, Robotik im Kontext von Recht und Moral, S. 29; *Wagner,* in: MüKo BGB, § 823 BGB Rn. 63; *Klindt,* in: Bräutigam/Klindt, Digitale Wirtschaft/Industrie 4.0, S. 90.

990 *Riehm,* ITRB 2014, 113 (114); *Pieper,* InTeR 2016, 188 (193).

991 *Wendt/Oberländer,* InTeR 2016, 58 (63).

entwicklung der Software nicht mehr auf einem von Menschenhand ge-
schaffenen Algorithmus basiert. Das System unterliegt zumindest einer
mathematischen Determination, die vollständig autonome Verhaltensweisen im Sinne einer Verselbständigung über die Grenzen ihrer Zweckbestimmung hinaus ausschließt.[992] Schon aus dieser Erwägung wird teilweise die Zurechenbarkeit angelernter Verhaltensweisen abgeleitet.[993]

bb. Verschulden – Subjektive Vorhersehbarkeit

Es entspricht aber den allgemeinen Grundsätzen des Schadensrechts,
dass die bloße äquivalente Verbindung zwischen menschlichem und maschinellem Verhalten für einen Zurechnungszusammenhang noch nicht
ausreichend sein kann. Das als Anknüpfungspunkt für eine Haftung in
Betracht kommende menschliche Verhalten muss darüber hinaus auch
schuldhaft, also vorsätzlich oder fahrlässig begangen worden sein.[994]
Fahrlässig i. S. v. § 276 II BGB handelt derjenige, der sowohl die äußere als auch die innere Sorgfalt außer Acht lässt.[995] Die äußere Sorgfalt
umfasst das von außen erkennbare Verhalten,[996] in diesem Fall also das
verkehrswidrige Fehlverhalten des Fahrzeugs auf der Straße. Die innere
Sorgfalt dagegen betrifft die subjektive Erkenntnislage über die Verwirk-
lichung der Tatbestandsmerkmale.[997] Dazu ist es erforderlich, dass die
Realisierung einer konkreten Gefahr ex ante subjektiv vorhersehbar und
vermeidbar gewesen ist.[998] In der bisherigen Rechtspraxis war die Unterscheidung zwischen innerer und äußerer Sorgfalt eher theoretischer
Natur, weil von der objektiven Verletzung einer Sorgfaltspflicht typischerweise auch auf die Verletzung der inneren Sorgfalt geschlossen werden

---

992 Vgl. *Wende*, in: Sassenberg/Faber, Rechtshandbuch Industrie 4.0 und Internet of Things,
S. 82.
993 So *Reusch*, K&R 2019, Beilage 1 zu Heft 7/8/2019, 20 (20).
994 *Wagner*, in: MüKo BGB, § 823 BGB Rn. 30; *Horner/Kaulartz*, InTeR 2016, 22 (25).
995 *Deutsch*, Fahrlässigkeit und erforderliche Sorgfalt, S. 94 ff.; die Differenzierung zwischen
äußerer und innerer Sorgfalt im Rahmen des Verschuldens ist dogmatisch umstritten, teilweise wird die innere Sorgfalt auch als Element der adäquaten Kausalität oder der Rechtswidrigkeit verstanden, vgl. etwa *Oetker*, in: MüKo BGB, § 249 BGB Rn. 106; *Brüggemeier*,
Prinzipien des Haftungsrechts, S. 74 ff.; das Kriterium der inneren Sorgfalt gänzlich ablehnend *Schäfer/Ott*, Lehrbuch der ökonomischen Analyse des Zivilrechts, S. 133.
996 *Wagner*, in: MüKo BGB, § 823 BGB Rn. 30; *Fuchs/Pauker/Baumgärtner*, Delikts- und Schadensrecht, S. 99.
997 *Deutsch*, Fahrlässigkeit und erforderliche Sorgfalt, S. 95.
998 BGH, NJW 1994, 2232 (2233); BGH, VersR 1990, 1289 (1291); BGH, VersR 1976, 149
(151); *Schäfer/Ott*, Lehrbuch der ökonomischen Analyse des Zivilrechts, S. 132; *Lenz*, Produkthaftung, § 3 Rn. 247; *Raab*, JuS 2002, 1041 (1048); *v. Bar*, JuS 1988, 169 (173).

kann oder sogar ein Anscheinsbeweis für eine Missachtung ebendieser sprach.[999]

Vom objektiv verkehrswidrigen Fahrverhalten auf ihre Vorhersehbarkeit zu schließen, wird bei autonomen Systemen nicht mehr möglich sein. Wenn es nach derzeitigem Stand der Technik nicht einmal möglich ist, ex post die Ursache eines Fahrfehlers im Algorithmus präzise zu lokalisieren,[1000] dann ist im Umkehrschluss die Erkennbarkeit eines zukünftigen fehlerhaften Verhaltens nur schwer vorstellbar.[1001] Anders als im Rahmen von § 1 II Nr. 5 ProdHaftG, der aufgrund der Vorhersehbarkeit einer abstrakten Gefahr intelligenter Systeme nicht als Haftungsausschluss in Betracht kommt,[1002] erfordert ein Verstoß gegen die innere Sorgfalt die Vorhersehbarkeit einer ganz konkreten Gefahr, weil sich der Fahrlässigkeitsvorwurf im Rahmen von § 823 I BGB auf eine ganz bestimmte Sorgfaltspflichtverletzung beziehen muss.[1003] Kommt es also zu einem Unfall wegen eines fehlerhaften Algorithmus, dann muss der Hersteller bezüglich des fehlerhaften Teils im Quellcode fahrlässig gehandelt haben. Wenn dieser Fehler aber noch gar nicht existiert, weil er sich erst später gefahrerhöhend entwickelt, dann kann der Hersteller hieraus auch keine Gefahr vorhersehen; mithin handelt er nicht fahrlässig. Ein Zurechnungszusammenhang zwischen einem aktiven Tun – der Programmierung der Grundsoftware – und späterem systemischen Verhalten kommt damit mangels Verschuldens nicht in Betracht.[1004]

cc. Garantenpflicht des Herstellers

Der Feststellung des Nichtvorliegens eines schuldhaften Tuns könnte die Überlegung folgen, den Hersteller schon für das Beherrschen einer Risikosphäre zur Verantwortung zu ziehen. Anknüpfungspunkt einer Haftung

---

999 BGH, NJW 1986, 2757 (2758); *Schäfer/Ott*, Lehrbuch der ökonomischen Analyse des Zivilrechts, S. 133; *Deutsch/Ahrens*, Deliktsrecht, Rn. 138.

1000 Siehe oben unter § 2 A. IV.

1001 Ebenso *Reichwald/Pfiisterer*, CR 2016, 208 (212).

1002 Siehe oben unter § 6 B. IV. 2; auch im allgemeinen Deliktsrecht haftet der Hersteller nicht für Entwicklungsrisiken, dazu *Spindler*, in: Gsell/Krüger/Lorenz/Reymann, BeckOK BGB, § 823 BGB Rn. 633.

1003 *Lenz*, Produkthaftung, § 3 Rn. 247.

1004 Im Ergebnis ebenso *Bräutigam/Klindt*, NJW 2015, 1137 (1139); *Reichwald/Pfisterer*, CR 2016, 208 (212); *Wendt/Oberländer*, CR 2016, 58 (63); *Sosnitza*, CR 2016, 764 (769); *Riehm*, ITRB 2014, 113 (114); *Börding/Jülicher/Röttgen/v. Schönfeld*, CR 2017, 134 (140); *Schaub*, JZ 2017, 342 (344); *Brunotte*, CR 2017, 583 (585); wohl auch *Hanisch*, in: Hilgendorf, Robotik im Kontext von Recht und Moral, S. 30 f.; a. A. *Reusch*, K&R 2019, Beilage 1 zu Heft 7/8/2019, 20 (20); Bundesministerium für Wirtschaft und Energie, Künstliche Intelligenz und Recht im Kontext von Industrie 4.0, S. 18; *Rempe*, InTeR 2016, 17 (19).

wäre dann kein positives Tun, sondern das pflichtwidrige Unterlassen gebotener Gefahrabwendungsmaßnahmen.[1005] Die für eine Haftbarkeit erforderliche Rechtspflicht zum Handeln[1006] könnte sich dabei bereits aus dem reinen Inverkehrbringen eines selbstveränderlichen Systems ergeben, also aus der Verantwortlichkeit für vorangegangenes Tun.[1007] Es erscheint allerdings höchst zweifelhaft, eine Garantenpflicht aus Ingerenz allein aus der Herstellung und dem Vertrieb intelligenter Systeme abzuleiten. Hier verwischen die Grenzen zwischen Verschuldens- und Gefährdungshaftung, wenn für das bloße Schaffen einer potenziellen Risikoquelle – denn nichts anderes ist die Produktion von Fahrzeugen – eine deliktische Haftung anknüpfen soll. Zwar kennt auch der Tatbestand des § 823 I BGB eine verallgemeinerte Haftung für das Schaffen von Gefahrenquellen, das ändert aber nichts daran, dass die Verkehrssicherungspflicht dennoch schuldhaft verletzt worden sein muss;[1008] andernfalls wären Verschuldens- und Gefährdungshaftung absolut deckungsgleich. Auch beim Bestehen einer Garantenpflicht muss der Hersteller also die Möglichkeit haben, den Verletzungserfolg abzuwenden,[1009] was wiederum die Vorhersehbarkeit und die Vermeidbarkeit eines rechtswidrigen Fahrverhaltens des Systems voraussetzt.[1010] Vermeidbar ist die Risikoquelle insofern, als der Hersteller schon auf die Herstellung verzichten könnte,[1011] jedenfalls scheitert aber auch hier die Zurechnung an der mangelnden Erkennbarkeit eines angelernten Fehlers. Letztendlich führt also das Anknüpfen an ein pflichtwidriges Unterlassen zu keiner anderen rechtlichen Wertung autonomer Steuerungsentscheidungen.

dd. Zwischenergebnis

Die aufgezeigten Zurechnungsprobleme sind nicht zuletzt deshalb so beachtlich, weil die „Intelligenz" automatisierter und insbesondere autono-

---

1005 *Schuhr*, in: Hilgendorf, Robotik im Kontext von Recht und Moral, S. 23.

1006 BGH, GRUR 2016, 630 (632); BGH, GRUR 2014, 883 (884); BGH, NJW 2012, 3439 (3441).

1007 So *Schuhr*, in: Hilgendorf, Robotik im Kontext von Recht und Moral, S, 23; *Klindt*, in: Bräutigam/Klindt, Digitale Wirtschaft/Industrie 4.0, S. 90; *Wende*, in: Sassenberg/Faber, Rechtshandbuch Industrie 4.0 und Internet of Things, S. 82; *Wendt/Oberländer*, InTeR 2016, 58 (63); *Zech*, in: Deutscher Juristentag, Verhandlungen des 73. Deutschen Juristentages, Band I, A 55.

1008 *Förster*, in: Bamberger/Roth/Hau/Poseck, BeckOK BGB, § 823 BGB Rn. 78; *Spindler*, in: Gsell/Krüger/Lorenz/Reymann, BeckOGK, § 823 BGB Rn. 450f.

1009 BGH, VersR 1968, 377 (378); *Hager*, in: Staudinger BGB, § 823 BGB Rn. H 5; *Spindler*, in: Gsell/Krüger/Lorenz/Reymann, BeckOGK, § 823 BGB Rn. 74.

1010 *Schuhr*, in: Hilgendorf, Robotik im Kontext von Recht und Moral, S, 23.

1011 *Schuhr*, in: Hilgendorf, Robotik im Kontext von Recht und Moral, S, 23.

mer Fahrzeuge das technologische Fundament funktionsfähiger Systeme darstellt und somit praktisch existenznotwendig ist. Obwohl zweifelsohne ein einfacher Ursachenzusammenhang zwischen menschlich geschaffenem Algorithmus und maschineller Handlung besteht, stößt das rechtliche Kriterium der Vorhersehbarkeit jedenfalls in den Tiefen neuronaler Netze an seine Grenzen, wenn nicht einmal der Schöpfer künstlicher Intelligenz vollständig nachvollziehen kann, anhand welcher Kriterien die Maschine eine bestimmte Entscheidung trifft. In diesem Fall kann sich seine Haftung nicht aus dem verschuldensabhängigen Deliktsrecht ergeben. Diese Schlussfolgerung bedeutet indes keine generelle deliktische Haftungsbefreiung; nach wie vor verbleibt eine tiefgreifende Verantwortlichkeit für solche Fehler, die sich eindeutig im Algorithmus nachweisen lassen, sowie hinsichtlich Fabrikation, Instruktion und Beobachtung der Systeme.

d. Beweislastverteilung

Hinsichtlich des Verschuldensnachweises entlastet die ständige höchstrichterliche Rechtsprechung den Geschädigten von der Beweisführungspflicht und überträgt die Aufklärung über die Ursachen des Fehlers auf den Hersteller.[1012] Ungeachtet dessen bleibt der Geschädigte nicht davor bewahrt, das Vorliegen eines Produktfehlers und dessen ursächlichen Zusammenhang mit der eingetretenen Rechtsgutsverletzung darzulegen.[1013] Wie auch schon im Rahmen von § 1 IV S. 1 ProdHaftG erörtert,[1014] ist es dabei nicht notwendig, den konkreten technischen Mangel aufzuzeigen; erforderlich, aber auch ausreichend ist der Nachweis des Bestehens eines objektiven Mangels,[1015] der bei selbstfahrenden Fahrzeugen bereits dann vorliegt, wenn diese schon durch ihr von außen erkennbares Verhalten nicht den verkehrserforderlichen Anforderungen genügen. Erhebliche Schwierigkeiten dürfte dagegen bereiten, dass der Geschädigte – und hier liegt ein wesentlicher Unterschied zum ProdHaftG – zusätzlich zur Fehlerhaftigkeit auch das Vorliegen des Mangels zum Zeitpunkt des Inverkehrbringens nachzuweisen hat.[1016] Es obliegt ihm demnach der Beweis darüber, dass das Fahrzeug schon bei der

---

1012 BGH, NJW 1999, 1028 (1028); BGH, NJW 1981, 1603 (1605); BGH, NJW 1969, 269 (274); auch OLG Hamm, NJW-RR 2011, 893 (894).

1013 BGH, NJW 1981, 1603 (1605); BGH, NJW 1969, 269 (274); *Förster*, in: Bamberger/Roth/ Hau/Poseck, BeckOK BGB, § 823 BGB Rn. 775; *Wagner*, in: MüKo BGB, § 823 BGB Rn. 858.

1014 Siehe oben unter § 6 B. V. 1.

1015 *Wagner*, in: MüKo BGB, § 823 BGB Rn. 860.

1016 BGH, NJW 1991, 1948 (1951); BGH, LMRR 1988, 36 (36); BGH, NJW 1981, 1603 (1605);

Übergabe mit einem Fehler behaftet war, was sich angesichts selbstveränderlicher Systeme als äußert schwierig erweisen könnte, denn allein die Möglichkeit fehlerhafter Lernprozesse reicht für die Feststellung eines Konstruktionsfehlers gerade noch nicht aus.[1017]

Bei nachträglich angelernten Verhaltensweisen könnte sich die dem Hersteller vorzuwerfende Pflichtverletzung vielmehr auf den Bereich der Produktbeobachtung verschieben, auf den sich die Beweislastumkehr aber anerkanntermaßen nicht mehr vollständig erstreckt.[1018] Dem Geschädigten muss es dann gelingen aufzuzeigen, dass der Hersteller gegen die äußere Sorgfalt verstoßen hat, er also objektiv betrachtet seiner aktiven oder passiven Beobachtungspflicht nicht nachgekommen ist oder geeignete Gefahrabwehrmaßnahmen unterlassen hat.[1019] In einem zweiten Schritt – hier kehrt der BGH wiederum erneut die Beweislast um – kann sich der Hersteller entlasten, indem er einen Verstoß gegen die innere Sorgfalt widerlegt.[1020] Die Exkulpation ist erfolgreich, sofern er darlegen kann, dass er die erforderlichen Erkenntnismöglichkeiten nicht hatte und sich auch nicht hätte verschaffen müssen.[1021]

2. § 823 II BGB und ProdSG

Die praktische Bedeutung einer Haftung des Herstellers aufgrund einer Schutzgesetzverletzung nach § 823 II BGB wird unterschiedlich bewertet.[1022] Nichtsdestotrotz könnten insbesondere bestimmte Vorschriften der StVZO und des ProdSG für Automobilhersteller haftungsbegründend wirken. Nach § 30 I Nr. 1 StVZO etwa müssen Fahrzeuge so gebaut sein, dass ihr verkehrsüblicher Betrieb niemanden schädigt oder mehr als unvermeidbar gefährdet. Die Vorschrift dient somit dem Schutz von Leben, Gesundheit und Eigentum der Insassen und dritter Personen und ist des-

---

Lenz, Produkthaftung, § 3 Rn. 258; Förster, in: Bamberger/Roth/Hau/Poseck, BeckOK BGB, § 823 BGB Rn. 771.

1017 Siehe oben unter § 6 B. IV. 1. a.

1018 BGH NJW-RR 2000, 833 (835); BGH NJW 1981, 1603 (1608); Lenz, Produkthaftung, § 3 Rn. 255; Looschelders, SchuldR BT, Rn. 1258; Fuchs/Baumgärtner, JuS 2011, 1057 (1061).

1019 BGH NJW 1981, 1603 (1605f.); Wagner, in: MüKo BGB, § 823 BGB Rn. 862; Fuchs/Baumgärtner, JuS 2011, 1057 (1061).

1020 BGH, NJW 1981, 1603 (1606).

1021 BGH, NJW 1981, 1603 (1606).

1022 Von einer „erheblichen Bedeutung" spricht Kullmann, NZV 2002, 1 (8); nach Borges hingegen hat § 823 II BGB bisher keine „nennenswerte praktische Relevanz", CR 2016, 272 (275); ähnlich Spindler, CR 2015, 766 (772).

halb taugliches Schutzgesetz.[1023] Inhaltlich reflektiert die zulassungsrechtliche Vorschrift aber nur das absolute Mindestmaß an gebotener Sorgfalt und liefert insofern keine weiteren Erkenntnisse.[1024] Eine nähere Betrachtung verdient demgegenüber das subsidiär anzuwendende ProdSG, das in § 3 ProdSG die für alle Produkte geltenden allgemeinen und grundlegenden Sicherheitsstandards enthält, deren drittschützende Wirkung ebenfalls anerkannt ist.[1025] Gleiches gilt für § 6 ProdSG als Konkretisierung von Beobachtungspflichten für bereits auf dem Markt befindliche Produkte.[1026] Auch die Anforderungen des ProdSG weisen also starke Ähnlichkeit zu den bereits produkthaftungsrechtlich und deliktsrechtlich gebotenen Sorgfaltspflichten auf.[1027] Haftungsrechtlich ist das ProdSG gleichwohl deshalb interessant, weil es nicht nur den Hersteller, Quasihersteller und Importeur eines Produktes rechtlich bindet, sondern nach § 6 V ProdSG auch die einzelnen Händler, sofern diese sicherheitsrelevante Mängel kennen oder kennen müssten. Bemerkenswert ist auch, dass mangelhafte Produkte nach § 26 II Nr. 7 ProdSG zurückgerufen werden können, sofern die Überwachungsbehörden dies anordnen.

a. Softwarebasierte Fahrzeuge als Produkt i. S. v. § 2 Nr. 22 ProdSG

Parallel zur kontrovers geführten Diskussion um die Produkteigenschaft von Software im Rahmen des ProdHaftG erlangt die gleiche Frage auch bei der Legaldefinition des § 2 Nr. 22 ProdSG Bedeutung. Danach sind Produkte Waren, Stoffe oder Zubereitungen, die durch einen Fertigungsprozess hergestellt worden sind. Auch hier ist Software also nicht unmittelbar vom Wortlaut erfasst. Das ProdSG stellt, wie auch schon das ProdHaftG, auf einen gefertigten, also materiell handhabbaren Gegenstand ab.[1028] Ohne an dieser Stelle noch einmal die Ausführungen zur Körperlichkeit von Software zu wiederholen,[1029] ist diese spätestens dann unzweifelhaft anzunehmen, wenn die Software in ein anderes Produkt als

---

1023 OLG Oldenburg, NJOZ 2008, 581 (583 f.); *Kullmann*, NZV 2002, 1 (8).
1024 *Hey*, Die außervertragliche Haftung des Herstellers autonomer Fahrzeuge bei Unfällen im Straßenverkehr, S. 111.
1025 *Wagner*, in: MüKo BGB, § 823 BGB Rn. 870; *Sprau*, in: Palandt BGB, § 823 BGB Rn. 68; *Klindt*, in: Klindt, ProdSG, § 3 ProdSG Rn. 55; *Borges*, CR 2016, 272 (275).
1026 *Spindler*, in: Gsell/Krüger/Lorenz/Reymann, BeckOGK, § 823 BGB Rn. 673; für das frühere Gerätesicherheitsgesetz wurde teilweise eine pauschale Schutzgesetzqualität angenommen, LG Frankfurt, NJW-RR 1999, 904 (905).
1027 Vgl. *Spindler*, in: Gsell/Krüger/Lorenz/Reymann, BeckOGK, § 823 BGB Rn. 673.
1028 *Lenz*, Produkthaftung, § 8 Rn. 18.
1029 Siehe dazu oben unter § 6 B. II. 1.

„embedded software" integriert ist.[1030] Als körperlicher Gegenstand ist das Fahrzeug dann „Ware" i. S. v. § 2 Nr. 22 ProdSG.

b. § 3 ProdSG bei fehlenden technischen Normen

Nach dem § 3 ProdSG zugrundeliegenden Gefährdungsverbot darf ein Produkt nur dann auf den Markt gebracht werden, wenn es sicher und gesundheitsverträglich ist.[1031] Ob dies der Fall ist, richtet sich im harmonisierten Bereich gem. § 3 I i. V. m. § 8 I ProdSG nach den einschlägigen europäischen Rechtsverordnungen und im nicht harmonisierten Bereich gem. § 3 II i. V. m. § 5 I ProdSG nach den nationalen Sicherheitsnormen. Werden die jeweils maßgeblichen Vorschriften eingehalten, wird gesetzlich vermutet, dass das Produkt „sicher" i. S. v. § 3 ProdSG ist (§ 4 II bzw. § 5 II ProdSG). Trotz aller Bemühungen der EU-Kommission existieren aktuell noch keine spezifischen Verordnungen hinsichtlich automatisierter Fahrzeuge der Stufe 3 und 4. Auf internationaler Ebene bestehen zwar bereits zahlreiche Normen – insbesondere ISO 26262 und IEC 61508 –, diese regeln aber bislang ausschließlich sicherheitstechnische Aspekte herkömmlicher Fahrzeuge und konkretisieren gerade keine Anforderungen bezüglich Hard- und Software intelligenter Systeme.[1032] Wie das OLG Frankfurt in einer jüngeren Entscheidung zu § 3 ProdSG festhält, lassen sich Normen für bestimmte Produkte nur dann auf ähnliche Produkte übertragen, „wenn beide Erzeugnisse ohne weiteres miteinander vergleichbar wären."[1033] Weil aber menschlich und technisch gesteuerte Fahrzeuge nur bedingt vergleichbar sind, können die bis dato bestehenden technischen Leitlinien nicht ausschlaggebend für die Beurteilung der erforderlichen Sicherheit nach § 3 ProdSG sein. Das ProdSG leidet insofern besonders unter dem Umstand, dass die Ausfertigung technischer Normen gerade bei neuen Technologien hinter dem eigentlichen Stand der Forschung zurückbleibt, weil Automobilkonzerne und Technologieunternehmen immer einen deutlichen Wissensvorsprung gegenüber dem Normgeber und den Ordnungsbehörden haben werden.[1034]

1030 Speziell für das ProdSG auch *Klindt*, in: Klindt, ProdSG, § 2 ProdSG Rn. 166; *Rott*, Rechtspolitischer Handlungsbedarf im Haftungsrecht, S. 59; *Wiebe*, NJW 2019, 625 (626); für das GPSG bereits *Hoeren/Ernstschneider*, MMR 2004, 507 (508); *Runte/Potinecke*, CR 2004, 725 (726).

1031 *Giesberts/Gayger*, NVwZ 2019, 1491 (1492).

1032 Siehe oben unter § 6 B. III. 1. a. cc. aaa.

1033 OLG Frankfurt, BeckRS 2018, 18805.

1034 *Wagner*, in: Faust/Schäfer, Zivilrechtliche und rechtsökonomische Probleme des Internet und der künstlichen Intelligenz, S. 10.

Die Fahrzeugsicherheit muss bei Fehlen konkreter Normvorgaben deshalb an individuellen Kriterien gemessen werden,[1035] die sich im Ergebnis wohl an den oben dargestellten objektiven Sicherheitserwartungen orientieren dürften.[1036] Beweisrechtlich hat das Fehlen einschlägiger technischer Normen zur Folge, dass dem Hersteller diesbezüglich nicht die gesetzliche Vermutung der Produktsicherheit nach § 4 II ProdSG zugutekommt, was zumindest mit Blick auf die bisherige verwaltungsgerichtliche Praxis häufig dazu führen könnte, dass der Hersteller das Einhalten der erforderlichen Sicherheit positiv nachweisen muss.[1037] Eine Beweislastumkehr auch im Zivilverfahren anzunehmen widerspricht zwar grundsätzlich den Beweislastregeln des § 823 II BGB, entspräche aber der ständigen Rechtsprechung des BGH zur Beweislastverteilung bei Konstruktions- und Fabrikationsfehlern[1038] und wäre deshalb zu begrüßen.

c. Eingeschränkter Haftungsumfang

Schutzziel des ProdSG ist ausweislich von § 3 II ProdSG die Sicherheit und Gesundheit der Produktnutzer sowie derjenigen, die gewollt oder ungewollt mit dem Produkt in Berührung kommen.[1039] Der im Rahmen von § 823 II BGB ersatzfähige Schaden beschränkt sich deshalb auf die Rechtsgüter Leben, Körper und Gesundheit, mithin allein auf Personenschäden.[1040] Sachschäden jeglicher Art sind deshalb gänzlich aus dem Anwendungsbereich des ProdSG ausgeklammert. Unter diesem Gesichtspunkt – nicht aber bereits aufgrund des Gleichlaufs gebotener Sorgfaltspflichten in ProdSG und ProdHaftG[1041] – ist die Bedeutung einer entsprechenden Haftung des Herstellers wohl nicht allzu groß.[1042] Immerhin aber steht dem körperlich geschädigten Opfer mit dem Händler ein zusätzlicher Haftungsgegner zur Verfügung; vorausgesetzt, dieser

---

1035 *Giesberts/Gayger*, NVwZ 2019, 1491 (1493).
1036 Siehe oben unter § 6 B. III. 1.
1037 *Giesberts/Gayger*, NVwZ 2019, 1491 (1493), mit Verweis auf VG Hamburg, BeckRS 2010, 55306; vgl. VG München, BeckRS 2016, 49365.
1038 Siehe oben unter § 6 C. I. 1. d.
1039 OLG Brandenburg, NZBau 2013, 237 (241); *Klindt*, in: Klindt, ProdSG, § 3 ProdSG Rn. 8.
1040 *Wagner*, in: MüKo BGB, § 823 BGB Rn. 870; *ders.*, BB 1997, 2541 (2542); *Rott*, Rechtspolitischer Handlungsbedarf im Haftungsrecht, S. 60; *Spindler*, CR 2015, 766 (772).
1041 Dieser Ansicht ist *Hey*, Die außervertragliche Haftung des Herstellers autonomer Fahrzeuge bei Unfällen im Straßenverkehr, S. 111 f.
1042 *Spindler*, CR 2015, 766 (772); *Borges*, CR 2016, 272 (275).

kannte den Sicherheitsmangel und handelte schuldhaft hinsichtlich der Verletzung seiner Sorgfaltspflichten.[1043]

3. 831 I BGB analog

In Anlehnung an die Diskussion zur analogen Anwendung des § 831 I BGB im Rahmen der deliktischen Haftung des Nutzers[1044] wird teilweise auch die Haftung des Herstellers autonomer Fahrzeuge aus dieser Vorschrift abgeleitet.[1045] Zwischen System und Hersteller besteht allerdings schon kein Abhängigkeitsverhältnis in der Form eines zielgerichteten Einsatzes des Systems als Gehilfe bei einer vom Hersteller auszuführenden Tätigkeit. Grundvoraussetzung eines solchen Abhängigkeitsverhältnisses ist nämlich, dass das Tätigwerden des Gehilfen auf den Willen des Geschäftsherrn zurückzuführen ist.[1046] Anders als der Nutzer des Fahrzeugs, der sich zum Zwecke der Fortbewegung der Maschine bedient und zumindest noch Weisungshoheit hinsichtlich der Frage besitzt, ob das System bei der bestimmten Fahraufgabe überhaupt zum Einsatz kommen soll, stellt der Hersteller nur das Mittel zur Fortbewegung bereit; eine willentliche Einsatzentscheidung trifft er dagegen nicht.

II. Mängelgewährleistungsrecht

Der Vertrieb von Kraftfahrzeugen wird in der Regel über ein Netzwerk aus selbstständigen Vertragshändlern organisiert, die auf eigenen Namen und eigene Rechnung wirtschaften.[1047] Auf Grund dessen hat der Käufer eines Kfz regelmäßig nur zum Vertriebshändler eine vertragliche Beziehung, nicht aber zum Hersteller. Das vertragliche Mängelgewährleistungsrecht hat dann zumindest im Verhältnis zwischen Hersteller und Käufer mangels Kaufvertrags zwischen den Parteien keine haftungsrechtliche Bedeutung.[1048] Ein Direkterwerb vom Hersteller ist aber zumindest dann möglich, wenn der Kunde das Fahrzeug bei einer (Zweig-) Niederlassung des Herstellers erwirbt. Hier tritt der Hersteller unmittelbar als Verkäufer seiner Produkte auf.

1043 Zu den subjektiven Voraussetzungen von § 823 II BGB vgl. BGH, NJW 1961, 1157 (1160).
1044 Siehe oben unter § 5 B. III.
1045 *Kluge/Müller*, InTeR 2017, 24 (28).
1046 *Steffen*, in: RGRK BGB, § 831 BGB Rn. 17.
1047 *Van Lück*, VuR 2019, 8 (8); vgl. zum Begriff des Vertragshändlers *Löwisch*, in: Ebenroth/ Boujong/Joost/Strohn, HGB, § 84 HGB Rn. 140.
1048 *Schrader*, DAR 2016, 242 (242).

Die Anwendbarkeit des Kaufrechts steht bei einem Fahrzeugkauf nicht in Frage; durch ihre Verkörperung auf einem Datenträger hat auch die Steuerungssoftware isoliert betrachtet Sachqualität.[1049] Ohnehin unterfällt sogar der digitale Erwerb von Software dem Mängelgewährleistungsrecht; über § 453 I BGB finden die Vorschriften des Kaufrechts zumindest entsprechende Anwendung.[1050] Dem Käufer eines selbstfahrenden Fahrzeugs stehen daher sämtliche in § 437 BGB genannten Mängelgewährleistungsrechte zu: Vorrangig kann er Nacherfüllung verlangen (§ 437 Nr. 1 BGB), hilfsweise vom Vertrag zurücktreten, den Kaufpreis mindern (§ 437 Nr. 2 BGB) oder Schadensersatz fordern (§ 437 Nr. 3 BGB). Letzterer umfasst nach § 437 Nr. 3 BGB i. V. m. § 280 I BGB auch den Ersatz eines Mangelfolgeschadens, also desjenigen Schadens, der dem Käufer aufgrund des Mangels an anderen Rechtsgütern als der mangelhaften Kaufsache entsteht.[1051] Die Verjährungsfrist dieser Ansprüche ist jedoch vergleichsweise kurz. Nach § 438 I Nr. 3 BGB kann der Käufer bereits zwei Jahre nach Übergabe der Kaufsache keine Ansprüche mehr durchsetzen.

1. Mangel am Fahrzeug

Gewährleistungsrechte bestehen nach § 437 BGB nur bei Mangelhaftigkeit des Fahrzeugs zum Zeitpunkt des Gefahrübergangs. Anders als das ProdHaftG unterliegt das Kaufrecht zunächst einem subjektiven Fehlerbegriff;[1052] zur Bestimmung der geschuldeten Ist-Beschaffenheit stellt § 434 I BGB primär auf die zwischen den Vertragsparteien vereinbarte Beschaffenheit ab, sekundär auf die im Vertrag vorausgesetzte Verwendung. Erst in einem dritten Schritt können objektive Kriterien zur Betrachtung herangezogen werden, namentlich die Eignung zur gewöhnlichen Verwendung und die übliche Beschaffenheit von Sachen gleicher Art. In die objektive Bestimmung der geschuldeten Beschaffenheit fließen nach § 434 I S. 3 BGB grundsätzlich auch öffentliche Äußerungen und Werbeaussagen des Verkäufers, Herstellers oder Dritter mit ein.

1049 Siehe oben unter § 6 B. II. 1.
1050 *Faust*, in: Deutscher Juristentag, Verhandlungen des 71. Deutschen Juristentages, Band I, A 43; *Mayinger*, Die künstliche Person, S. 42.
1051 *Weidenkaff*, in: Palandt BGB, § 437 BGB Rn. 35; *Westermann*, in: MüKo BGB, § 437 BGB Rn. 32; *Büdenbender*, in: Dauner-Lieb/Langen, BGB, § 437 BGB Rn. 71.
1052 *Saenger*, in: Schulze BGB, § 434 BGB Rn. 7; *Weidenkaff*, in: Palandt BGB, § 434 BGB Rn. 1.

a. Vereinbarte Beschaffenheit

Durch den Vorrang der Parteivereinbarung kommt es zunächst allein auf die individuellen Abreden zur Beschaffenheit der Kaufsache an, weshalb allgemeine Qualitätsstandards oder Industrienormen hier noch keine Berücksichtigung finden können.[1053] Es ist danach zu fragen, ob eine verbindliche Beschreibung der Software Vertragsinhalt geworden ist.[1054] Eine Darstellung der Funktionsumfänge ergibt sich bei automatisierten Fahrzeugen aus der gem. § 1a II S. 2 StVG erforderlichen Herstellererklärung über das Vorliegen der in § 1a II S. 1 Nr. 1-6 StVG aufgezählten Eigenschaften. Diese Erklärung dürfte eine für den Hersteller, der in der hier betrachteten Konstellation zugleich Verkäufer ist, verbindliche Beschaffenheitszusage i. S. v. § 434 I S. 1 BGB darstellen. Auch wenn zwischen den Parteien möglicherweise keine ausdrückliche Vereinbarung über konkrete Funktionsmerkmale des Fahrzeugs getroffen wird, so kommt eine Beschaffenheitsvereinbarung zumindest konkludent dadurch zustande, dass die Herstellererklärung nach § 1a II S. 2 StVG zugleich auch die den Hersteller bindende Erklärung enthält, dass das Fahrzeug die in der Erklärung aufgeführten Eigenschaften besitzt und damit zumindest den gesetzlichen Mindestanforderungen genügt, was insbesondere auch dem Erwartungshorizont des Käufers entspricht.[1055] Die Unterschreitung dieses Mindeststandards ist somit schon nach § 434 I S. 1 BGB generell als mangelhaft zu betrachten.[1056] Ob sich darüberhinausgehende zugesicherte Eigenschaften aus individuellen Vereinbarungen oder der Produktbeschreibung ableiten lassen, z. B. hinsichtlich der Aktualität der Software oder der IT-Sicherheit, ist dann eine Frage des jeweiligen Einzelfalls.

b. Vertraglich vorausgesetzte und gewöhnliche Verwendung

Ist eine weitergehende Beschaffenheit nicht vereinbart, so muss sich die Sache zur beabsichtigten Verwendung eignen, sofern diese dem Vertrag zugrunde liegt. Die vertraglich vorausgesetzte Verwendung ergibt sich beim Fahrzeugkauf recht einfach und deckt sich für gewöhnlich mit der gewöhnlichen Verwendung, sodass die Grenzen der subjektiven und der

---

1053 *Weidenkaff*, in: Palandt BGB, § 434 BGB Rn. 13.
1054 *Marly*, Praxishandbuch Softwarerecht, Rn. 1444; *Hoeren*, IT-Vertragsrecht, Rn. 169.
1055 Zu den Anforderungen einer konkludenten Beschaffenheitsvereinbarung BGH, NJW 2016, 3015 (3016); vgl. auch zur „Zusicherung" nach § 459 II BGB a. F. BGH, NJW 1997, 2318 (2318).
1056 Parallel zum ProdHaftG, siehe oben unter § 6 B. III. 1. a. aa.

objektiven Fehlerbestimmung ein wenig verwischen.[1057] So beabsichtigt der Käufer eines teilautomatisierten Fahrzeugs mit Staupilot den Einsatz des Systems auf der Autobahn, was der Hersteller auch weiß und was dem gewöhnlichen Gebrauch eines derartigen Kfz entspricht. Ein Mangel liegt dann vor, wenn es sich nicht zu dieser Verwendung eignet. Da die hier maßgeblichen Kriterien auch objektiver Natur sind, orientiert sich die Soll-Beschaffenheit an den bereits dargestellten produkthaftungsrechtlichen Anforderungen.[1058] Eine Mangelhaftigkeit ergibt sich deshalb in erster Linie dann, wenn das Fahrzeug in den Grenzen seines use-case ein im Vergleich zum menschlichen Fahrer niedrigeres Sicherheitsniveau aufweist.

Eine besondere Ausprägung erhält die übliche Beschaffenheit durch die in § 434 I S. 3 BGB angeordnete Berücksichtigung von öffentlichen Aussagen des Herstellers selbst, aber auch seiner Zulieferer und Händler, sofern deren Aussagen dem Hersteller als Verkäufer bekannt waren oder hätten bekannt sein müssen. Einzig die nicht auf Fahrlässigkeit beruhende Unkenntnis kann den Hersteller exkulpieren, wobei aber bereits einfache Fahrlässigkeit die Mangelhaftigkeit nach § 434 I S. 3 BGB begründet.[1059] Informiert sich der Hersteller also aus Nachlässigkeit nicht über Werbeversprechen, Prospekte oder die Websites Dritter, werden ihm die Aussagen Dritter haftungsbegründend zugerechnet.[1060] Bei automatisierten Fahrzeugen könnten hier insbesondere die Aussagen der Zuliefererindustrie Bedeutung erlangen, die Steuerungssoftware selbst oder in Kooperation mit dem Automobilhersteller entwickeln. Aufgrund der medialen Aufmerksamkeit bewerben diese ihre Produkte immer häufiger selbst in der Öffentlichkeit,[1061] was letztendlich zu einer stärkeren Überwachungsverantwortung des Herstellers führt.

2. Der Gefahrübergang als maßgeblicher Zeitpunkt

Parallel zum Hersteller im ProdHaftG soll auch der Verkäufer im Kaufrecht nicht für jegliche auftretende Mängel innerhalb der Verjährungsfrist haften, sondern nach § 434 I S. 1 BGB nur für solche, die bereits zum

---

1057 Vgl. *Reinicke/Tiedtke*, Kaufrecht, Rn. 325; *Hoeren*, IT-Vertragsrecht, Rn. 170.
1058 Siehe oben unter § 6 B. III.
1059 BT-Dr. 14/6040, S. 215.
1060 *Westermann*, in: MüKo BGB, § 434 BGB Rn. 33; *Weidenkaff*, in: Palandt BGB, § 434 BGB Rn. 38.
1061 Vgl. etwa die öffentlichen Auftritte von Bosch, https://www.bosch-mobility-solutions.de/de/, oder Continental, https://www.continental-automotive.com/.

Zeitpunkt des Gefahrübergangs, also grundsätzlich bei Übergabe an den Käufer (§ 446 S. 1 BGB), bestanden haben. Für Mängel, die erst nach der Übergabe des Produktes auftreten, ist der Verkäufer nur dann verantwortlich, wenn diese bereits vorher im Produkt angelegt waren.[1062] Auch die Mängelgewährleistungsrechte sollen den Verkäufer nicht mit dem Veränderungsrisiko der Produkte nach diesem Zeitpunkt belasten.[1063] Die Problematik des nachträglichen Anlernens fehlerhafter Verhaltensweisen und die Frage, inwiefern diese im ursprünglichen Programmcode „angelegt" waren, zieht sich folglich bis in das Mängelgewährleistungsrecht. Die rechtliche Bewertung bleibt die gleiche: Systeme sind nicht schon deshalb mangelhaft, weil sie fehlerhaft lernen können. Würde man die potenzielle Schadensneigung der Software ausreichen lassen, um eine Mangelhaftigkeit zu begründen, wäre jedes selbstlernende System von Anfang an als fehlerhaft zu betrachten. Die Lieferung eines mangelfreien Fahrzeugs wäre dann nach § 275 I BGB unmöglich, weil automatisierte oder autonome Kfz nicht ohne Steuerungssoftware geliefert werden können. Auch aus kaufrechtlichen Erwägungen ist es deshalb wesentlich sinnvoller, selbstlernende Systeme grundsätzlich als mangelfrei zu betrachten und erst mit dem fehlerhaften Verhalten selbst einen Mangel anzunehmen. Das hat wiederum zur Konsequenz, dass nur nachweisbare Programmierfehler, nicht aber nach der Übergabe angelerntes Verhalten dem Mängelgewährleistungsrecht unterfällt.

Bei einem Verbrauchsgüterkauf ergibt sich aus § 477 BGB kein anderes Ergebnis. Danach wird zugunsten eines Verbrauchers vermutet, dass ein in den ersten sechs Monaten aufgetretener Mangel schon bei Gefahrenübergang vorhanden war. Diesbezüglich kommt dem Geschädigten zwar zugute, dass er gemäß der Faber-Entscheidung des EuGH[1064] nur darlegen muss, dass das Fahrzeug nicht mehr den sicherheitstechnischen Anforderungen genügt, nicht aber den konkreten Fehler im Algorithmus suchen und finden muss.[1065] Nichtsdestotrotz handelt es sich bei § 477 BGB um eine widerlegbare Vermutung.[1066] Kann der Hersteller also nachweisen, dass sich der Mangel erst später entwickelt hat und eben nicht

---

1062 *Matusche-Beckmann*, in: Staudinger BGB, § 434 BGB Rn. 165; *Westermann*, in: MüKo BGB, § 434 BGB Rn. 53.

1063 *Matusche-Beckmann*, in: Staudinger BGB, § 434 BGB Rn. 160.

1064 Siehe oben unter § 6 B. V.

1065 *Rott*, Rechtspolitischer Handlungsbedarf im Haftungsrecht, S. 67.

1066 *Matusche-Beckmann*, in: Staudinger BGB, § 476 Rn. 2; *Berger*, in: Jauernig BGB, § 477 BGB Rn. 1, 8; *Schmidt*, in: Prütting/Wegen/Weinreich, BGB Kommentar, § 477 BGB Rn. 6.

eindeutig im Algorithmus angelegt war, kann auch der Verbraucher keine Ansprüche mehr geltend machen.

3. Nacherfüllung durch Softwareupdate

Grundsätzlich hat der Käufer einer mangelhaften Sache gem. §§ 437 Nr. 1, 439 I BGB das Wahlrecht hinsichtlich der Art der Nacherfüllung, auch wenn bei Fahrzeugkaufverträgen das Wahlrecht in den AGB typischerweise dahingehend beschränkt wird, dass der Käufer zunächst nur die Reparatur und erst bei deren Erfolglosigkeit eine Neulieferung verlangen kann.[1067] Bei Softwaremängeln wird der Verkäufer den Wunsch einer Neulieferung aber ohnehin häufig wegen Unverhältnismäßigkeit gem. § 439 IV BGB zurückweisen können, wenn lediglich die Software eines embedded system fehlerhaft, das übrige Fahrzeug aber fehlerfrei ist.[1068] Die dann verbleibende Möglichkeit der Nachbesserung kann in Form von Softwareupdates oder Patches erfolgen.[1069] Als problematisch könnte sich erweisen, dass ein Nachbesserungsbegehren des Käufers innerhalb einer von diesem gesetzten angemessenen Frist befriedigt werden muss, Softwareupdates aber anders als physische Ersatzteile nicht sofort zur Verfügung stehen,[1070] sondern erst eine gewisse Zeit der Entwicklung und Erprobung benötigen. Erschwerend kommen auch hier wieder die teilweise nicht nachvollziehbaren Verhaltensweisen der KI hinzu, die eine Ursachenbekämpfung fehlerhaften Verhaltens mindestens verkomplizieren, wenn nicht sogar unmöglich machen. Diese Umstände können dazu führen, dass die Bestimmung einer angemessenen Frist anhand „objektiver Kriterien"[1071] erheblich erschwert, wenn nicht sogar unmöglich ist, weil auch von einem Gericht die Angemessenheit nicht beurteilt werden kann.[1072] Ein unberechenbarer Fristenlauf kann auf der anderen Seite nicht zu einer Frist ad infinitum führen; schon nach der Verbrauchsgüterkaufrichtlinie darf die Nachbesserung für den Käufer nicht mit erheblichen Unannehmlichkeiten verbunden sein.[1073] Im Einzelfall könnte der Käufer berechtigt sein, seine Mängelgewährleistungsrech-

---

1067 Bundesanstalt für Straßenwesen, Rechtsfolgen zunehmender Fahrzeugautomatisierung, S. 101; vgl. *Matusche-Beckmann*, in: Staudinger BGB, § 443 BGB Rn. 52.

1068 Vgl. OLG Koblenz, NJW 2019, 2246 (2247); *Redeker*, IT-Recht, Rn. 554.

1069 OLG Koblenz, NJW 2019, 2246 (2247).

1070 *Redeker*, IT-Recht, Rn. 556.

1071 BGH, NJW 1985, 2640 (2641).

1072 Vgl. dazu LG Arnsberg, BeckRS 2017, 106865.

1073 Art. 3 III der RL 1999/44/EG; vgl. LG Arnsberg, BeckRS 2017, 106865.

te ggf. ohne Fristsetzung durchzusetzen; entweder, weil ihm der Verweis auf eine unbekannte Nacherfüllungsdauer nicht zuzumuten ist (§ 440 S. 1 BGB), oder weil das Interesse des Käufers an einer zumindest abschätzbaren Nacherfüllungsfrist gegenüber dem Interesse des Verkäufers an der Aufrechterhaltung des Vertrages deutlich überwiegt (§§ 323 II Nr. 3; 281 II BGB).

III. Die Herstellererklärung als Garantievertrag

Zusätzlich zur dargestellten Mängelhaftung kann sich die Haftung des Herstellers auch aus einer Garantievereinbarung gem. § 443 I BGB ergeben. Dazu muss kein unmittelbarer Kaufvertrag zwischen Hersteller und Käufer bestehen. Die erforderliche vertragliche Vereinbarung kommt zustande, indem der Verkäufer die Garantieerklärung als Bote des Herstellers überliefert und der Käufer diese annimmt, ohne dass dabei der Zugang der Annahmeerklärung erforderlich ist (§ 151 S. 1 BGB).[1074] Aufgrund dieser Vereinbarung besteht dann eine direkte vertragliche Beziehung in Form eines eigenständigen Garantievertrages zwischen Hersteller und Käufer.[1075] Die Garantieerklärung des Herstellers kann ausdrücklich, z. B. in Form einer Garantiekarte,[1076] aber auch durch schlüssiges Verhalten erfolgen, wobei bei der Annahme von konkludenten Garantieübernahmen Vorsicht geboten ist.[1077]

1. Rechtsbindungswille des Herstellers

Als Garantieerklärung in Betracht zu ziehen ist die verbindliche Herstellererklärung über die Funktionsumfänge seiner automatisierten Kfz nach § 1a II S. 2 StVG,[1078] die dem Käufer als Teil der Systembeschreibung ausgehändigt wird und ihm somit zweifelsohne als Erklärung zugeht. Die Frage ist dabei lediglich, inwieweit dem Hersteller diesbezüglich ein Rechtsbindungswille zur Eingehung eines Garantievertrages unterstellt werden kann. In Abgrenzung zur bloßen Beschaffenheitsvereinbarung nach § 434

1074 BGH, NJW 1988, 1726 (1727); BGH, NJW 1981, 2248 (2249); BGH, NJW 1981, 275 (276).
1075 BGH, NJW 1988, 1726 (1727); BGH, NJW 1985, 623 (626); *Stöber*, in: Gsell/Krüger/Lorenz/Reymann, BeckOGK, § 443 BGB Rn. 35.
1076 BGH, NJW 1988, 1726 (1727); BGH, NJW 1981, 275 (276).
1077 BGH, NJW 2007, 1346 (1348); BGH, NJW 1995, 518 (518 f.); OLG Rostock, NJW 2007, 3290 (3290); *Stöber*, in: Gsell/Krüger/Lorenz/Reymann, BeckOGK, § 443 BGB Rn. 33; *Weidenkaff*, in: Palandt BGB, § 443 BGB Rn. 5.
1078 Vgl. *v. Bodungen/Hoffmann*, NZV 2018, 97 (100).

I S. 1 BGB ist Garantiegeber nämlich nur derjenige, der die Gewähr für das Vorhandensein einer bestimmten Beschaffenheit der Kaufsache übernimmt und seine Bereitschaft zeigt, für alle Folgen des Fehlens dieser Beschaffenheit einzustehen.[1079] Für die Annahme eines Rechtsbindungswillens nicht erforderlich ist dabei die ausdrückliche Nennung von Rechtsfolgen, die im Garantiefall eintreten. Missverständlich ist insofern der Wortlaut der seit 2014 bestehende Fassung des § 443 I BGB, der die Garantie als Verpflichtung beschreibt, „den Kaufpreis zu erstatten, die Sache auszutauschen, nachzubessern oder in ihrem Zusammenhang Dienstleistungen zu erbringen." Der Gesetzgeber hat diese Formulierung im Wege der Neufassung des § 443 BGB aus Art. 2 Nr. 14 der zugrundeliegenden Verbraucherrechte-RL[1080] übernommen, stellt aber mittels des Zusatzes „insbesondere" klar, dass eine verbindliche gesetzliche Beschreibung der Rechtsfolgen einer Garantie auch mit der neuen Fassung nicht gewollt ist.[1081] Dementsprechend scheitert die Qualifizierung der Herstellererklärung nach § 1a II S. 2 StVG als Garantieerklärung nicht schon deshalb, weil sie keine Rechtsfolgen festlegt.

Die Bereitschaft des Herstellers, für die Folgen des Fehlens der beschriebenen Beschaffenheit einzustehen, ist vielmehr im Wege der Auslegung zu ermitteln.[1082] Nach § 157 BGB kommt es bei der Auslegung von Willenserklärung auf das Gebot von Treu und Glauben und auf die Verkehrssitte an, welche anhand von objektiven Kriterien zu bestimmen sind.[1083] Maßgeblich sind dabei nach höchstrichterlicher Rechtsprechung vor allem die wirtschaftliche und die rechtliche Bedeutung der Angelegenheit, insbesondere für den Begünstigten, sowie die Interessenlage der Parteien.[1084]

1079 BGH, NJW 2007, 1346 (1348); OLG Celle, NJOZ 2009, 2995 (2997); OLG Rostock, NJW 2007, 3290 (3290).

1080 RL 2011/83/EU.

1081 *Artz/Harke*, NJW 2017, 3409 (3411); schon aus der Gesetzesbegründung des § 443 BGB a. F. wird deutlich, dass wegen der Vielzahl möglicher Garantieinhalte eine abschließende Regelung über den Inhalt einer Garantie nicht möglich ist, BT-Dr. 14/6040, S. 246.

1082 BGH, NJW 2007, 1346 (1348); BGH, NJW 1995, 518 (518); BGH, NJW 1993, 2103 (2104); *Stöber*, in: Gsell/Krüger/Lorenz/Reymann, BeckOGK, § 443 BGB Rn. 55.

1083 BGH, NJW-RR 2006, 117 (120); BGH, NJW 1985, 1778 (1779); BGH, NJW 1971, 1404 (1405).

1084 BGH, NJW-RR 2006, 117 (120); BGH, NJW 1985, 1778 (1779); BGH, NJW 1984, 1533 (1536); BGH, NJW 1956, 1313 (1313f.); vgl. OLG Zweibrücken, NJW-RR 2002, 1456 (1456).

Das Interesse des Käufers an der Richtigkeit der Herstellererklärung ist natürlich enorm hoch. Er vertraut darauf, dass ein Fahrzeug, das er als „automatisiertes Fahrzeug" kauft, auch tatsächlich die dafür gesetzlich erforderlichen Eigenschaften aufweist, nicht zuletzt deshalb, weil hiervon die Integrität seiner Gesundheit abhängig ist. Die Nutzbarkeit des Fahrzeugs wäre obendrein stark eingeschränkt, wenn wesentliche Funktionen nicht verwendet werden können oder nicht ordnungsgemäß funktionieren, was wiederum mit erheblichen wirtschaftlich Einbußen hinsichtlich des Fahrzeugwertes verbunden ist. Auf der anderen Seite trägt der Hersteller grundsätzlich zwar ein erhöhtes Haftungsrisiko; die Garantiegewährung erfolgt aber auch nicht ganz uneigennützig, schließlich kann sich der Hersteller von ihr eine deutliche Absatzsteigerung und eine stärkere Kundenbindung erhoffen.[1085] Letztendlich sprechen also gute Gründe für die Annahme eines Rechtsbindungswillens beim Hersteller.[1086]

2. Vertraglicher Inhalt

Bei Eintreten des Garantiefalles entsteht ein verschuldensunabhängiger Anspruch des Käufers gegen den Garantiegeber,[1087] wobei sich dieser im Falle einer Herstellergarantie auf Neulieferung, Nachbesserung und Schadensersatz beschränkt.[1088] Für den Haftungsumfang von besonderer Bedeutung ist der Zeitpunkt bzw. Zeitraum, für den der Hersteller die Beschaffenheit garantiert. Klar ist jedenfalls, dass die geschuldeten Beschaffenheitsmerkmale zum Zeitpunkt des Gefahrübergangs vorliegen müssen, denn dies ergibt sich bereits unmittelbar aus § 443 I BGB (Beschaffenheitsgarantie). Ob der Hersteller dagegen auch dafür einstehen muss, dass die Sache für eine gewisse Dauer eine bestimmte Beschaffenheit behält (Haltbarkeitsgarantie, § 443 II BGB), ist wiederum durch Auslegung zu ermitteln.[1089] Aus Sicht des Käufers intelligenter Systeme brächte insbesondere die Haltbarkeitsgarantie einen echten Mehrwert,

---

1085 *Weidenkaff*, in: Palandt BGB, § 443 BGB Rn. 1; *Wurmnest*, in: MüKo BGB, § 307 BGB Rn. 92; *Artz/Harke*, NJW 2017, 3409 (3412).

1086 So hat auch der BGH das Vorliegen eines entsprechenden Rechtsbindungswillens angenommen, wenn derjenige, der dem anderen Teil etwas gewährt, selbst ein rechtliches oder wirtschaftliches Interesse an der Garantie hat, BGH, NJW 1984, 1533 (1536).

1087 *Stöber*, in: Gsell/Krüger/Lorenz/Reymann, BeckOGK, § 443 BGB Rn. 55; *Matusche-Beckmann*, in: Staudinger BGB, § 443 BGB Rn. 21; *Braunschmidt/Vesper*, JuS 2011, 393 (394).

1088 *Matusche-Beckmann*, in: Staudinger BGB, § 443 BGB Rn. 22; *Faust*, in: Bamberger/Roth/Hau/Poseck, BeckOK BGB, § 443 BGB Rn. 51.

1089 *Wenzel/Wilken*, Schuldrecht BT I, Rn. 558.

weil er in diesem Fall nicht nur bestehende Mängel zum Zeitpunkt der Übergabe, sondern ebenso auch solche Mängel beanstanden kann, die erst später in Folge des Autonomie- und Anlernrisikos entstanden sind. Dazu müsste die Bereitschaft des Herstellers für eine Garantie auf Zeit aber aus den Umständen erkennbar sein.

Dies ist in mehrfacher Hinsicht anzuzweifeln: Nach dem Wortlaut des § 1 II S. 2 StVG hat der Hersteller einen bestimmten Zustand zu erklären, der an die Konstruktion der Fahrzeuge anknüpft. Der Hersteller erklärt folglich, dass das Fahrzeug seiner Planung nach über die erforderlichen technischen Einrichtungen verfügt. Die Konstruktion bezieht sich aber nach dem klassischen Verständnis aus Produkt- und Produzentenhaftung auf den Zeitraum vor dem Inverkehrbringen und somit auch vor der Übergabe. Würde man eine Garantie für den Zeitraum nach der Übergabe annehmen, würde man unterstellen, der Hersteller sei bereit, für jegliche Folgen verschuldensunabhängig zu haften, obwohl er die Gefahr konstruktiv gar nicht verhindern konnte. Gegen die Annahme einer Haltbarkeitsgarantie spricht zudem die gesetzliche Verpflichtung zur Abgabe der Erklärung. Während eine Beschaffenheitsgarantie noch mit dem Käuferinteresse und dem wirtschaftlichen Vorteil des Garantiegebers zu rechtfertigen ist, würde eine Haltbarkeitsgarantie dem Gebot von Treu und Glauben widersprechen, wenn man den Hersteller aufgrund einer Erklärung, zu dessen Abgabe er verpflichtet ist, auch noch deutlich strenger haften ließe, als es das Mängelgewährleistungsrecht vorsehen würde. Nach den Grundsätzen des § 443 BGB ist die Garantie eigentlich ein freiwilliges Instrument des Herstellers, deren Inhalt und Reichweite er völlig autonom bestimmen kann.[1090] Damit verbunden steht es im freien Ermessen des Garantiegebers, der eine Haltbarkeitsgarantie gewähren möchte, eine zeitliche Begrenzung der dem Käufer eingeräumten Rechte vorzunehmen. Bei einer durch Auslegung angenommenen, „aufgezwungenen" Garantieerklärung müsste die Garantiefrist ebenfalls durch Auslegung ermittelt werden, was zumindest bei einer Beschaffenheitsgarantie zwar grundsätzlich als zulässig erachtet wird,[1091] gleichwohl bei einer Haltbarkeitsgarantie aber erhebliche Bedenken auslöst, ob eine bloß aus den objektiven Umständen entnommene Frist noch mit dem Parteiwil-

---

1090 *Stöber*, in: Gsell/Krüger/Lorenz/Reymann, BeckOGK, § 443 BGB Rn. 56; *Büdenbender*, in: Dauner-Lieb/Langen, BGB Kommentar, § 443 BGB Rn. 16; *Matusche-Beckmann*, in: Staudinger BGB, § 443 BGB Rn. 21; *Westermann*, in: MüKo BGB, § 443 BGB Rn. 11.
1091 OLG Stuttgart, NJW-RR 2011, 955 (955 f.); *Matusche-Beckmann*, in: Staudinger BGB, § 443 BGB Rn. 30.

len des Herstellers vereinbar ist. Im Zweifel muss davon ausgegangen werden, dass eine Garantieerklärung ohne ausdrückliche Nennung einer Garantiefrist lediglich eine Beschaffenheitsgarantie begründet.

3. Verjährung

Im Falle eines selbstständigen Garantievertrages mit dem Hersteller in Form einer Beschaffenheitsgarantie richtet sich die Verjährung der Ansprüche des Käufers nach den allgemeinen Regeln der §§ 195 ff. BGB.[1092] Dem Fahrzeugkäufer bleiben also drei Jahre für die Durchsetzung seiner vertraglichen Rechte; ein im Vergleich zur zweijährigen Verjährungsfrist nach § 438 I Nr. 3 BGB nur geringfügiger zeitlicher Gewinn angesichts der durchschnittlichen Gesamtlebensdauer eines Kfz von zwölf Jahren. Wesentlicher Vorteil der allgemeinen Verjährungsfrist ist jedoch, dass sie gem. § 199 I Nr. 2 BGB erst mit subjektiver Kenntnis oder grob fahrlässiger Unkenntnis des Käufers zu laufen beginnt. Relevanter Zeitpunkt für den Verjährungsbeginn ist also nicht die Übergabe des Fahrzeugs, sondern erst der Zeitpunkt, in dem sich der Softwaremangel tatsächlich im Fahrverhalten des Fahrzeugs widerspiegelt.

IV. Zwischenergebnis

Über die gemeinsame Schnittmenge hinaus liefern die Haftungsnormen des BGB bedeutende Ergänzungen zum ProdHaftG. Im Rahmen der Produzentenhaftung äußert sich dies vor allem durch die sich der Inverkehrgabe anschließende Produktbeobachtungspflicht, die den Hersteller – eine schuldhafte Verletzung dieser Pflicht vorausgesetzt – zumindest für erkennbare Fehler im Algorithmus zur Verantwortung zieht. Auf Rechtsfolgenseite profitiert der Geschädigte zudem von der tatbestandlichen Weite des § 823 I BGB; so besteht anders als im ProdHaftG weder eine Haftungsbeschränkung auf geschädigte Verbraucher noch eine Haftungsober- oder Untergrenze. Die Problematik des Anlern- oder Autonomierisikos zeigt sich im Rahmen des Deliktsrechts erst auf Seiten des Verschuldens. Weder die Programmierung des Algorithmus als akti-

---

1092 *Stöber*, in: Gsell/Krüger/Lorenz/Reymann, BeckOGK, § 443 BGB Rn. 59; *Matusche-Beckmann*, in: Staudinger BGB, § 443 BGB Rn. 46; *Weidenkaff*, in: Palandt BGB, § 443 BGB Rn. 15; *Büdenbender*, in: Dauner-Lieb/Langen, BGB Kommentar, § 443 BGB Rn. 43; *Grützner/Schmidl*, NJW 2007, 3610 (3612); *Artz/Harke*, NJW 2017, 3409 (3415); a.A. OLG Stuttgart, NJW-RR 2011, 955 (956); *Faust*, in: Bamberger/Roth/Hau/Poseck, BeckOK BGB, § 443 BGB Rn. 53, offengelassen BGH, NJW 2008, 2995 (2996).

ves Tun noch eine Garantenpflicht des Herstellers wegen Beherrschung einer Gefahrenquelle begründen mangels Vorhersehbarkeit einer fehlerhaften Entwicklung einen Anknüpfungspunkt für die Zurechenbarkeit systemisch angelernter Verhaltensweisen.

Die Haftung aus § 823 II BGB wird wohl weiterhin eine untergeordnete Rolle spielen. § 3 ProdSG entfaltet zwar grundsätzlich drittschützende Wirkung, auch hier ist aber letztendlich eine schuldhafte Verletzung des Schutzgesetzes erforderlich, sodass gegenüber einer Haftung aus § 823 I BGB kein besonderer Mehrwert gegeben ist.[1093]

Nimmt man mit der hier vertretenen Auffassung an, dass die Herstellererklärung nach § 1a II S. 2 StVG einen selbstständigen Garantievertrag in Form einer Beschaffenheitsgarantie begründet, dann ergibt sich zumindest für den Sicherheitszustand des automatisierten Fahrzeugs bei Gefahrübergang eine verschuldensunabhängige Haftung des Herstellers, die angesichts des für den Käufer günstigen Verjährungsbeginns mit Kenntnisnahme vom Softwaremangel einen entscheidenden Vorteil gegenüber den Mangelgewährleistungsrechten aus § 437 BGB bietet.

1093 Vgl. *Günther*, Roboter und rechtliche Verantwortung, S. 165.

§ 7 Haftungsverhältnis de lege lata: Eingeschränkte Regressmöglichkeiten

Für den automatisierten Straßenverkehr ergibt sich aus der derzeitigen Gesetzeslage folgendes Gesamtbild der Haftungsverhältnisse zwischen Fahrer, Halter und Hersteller: Der Verantwortungsbereich des Fahrers wird sich mit steigender Automatisierung zunehmend verkleinern, weil das erforderliche Verschulden lediglich in einem Überwachungs- oder Übernahmefehler liegen kann. Diese kontinuierliche Reduzierung der Sorgfaltspflichten endet eines Tages schließlich in einer völligen Freizeichnung jeglicher Verantwortung beim Einsatz autonomer Kfz. Umso wichtiger wird aus Sicht des Geschädigten der Zugriff auf den Fahrzeughalter, dessen Haftung ungeachtet des technischen Fortschritts unberührt bleibt. Es sei aber noch einmal angemerkt, dass sich die Position des Geschädigten im Außenverhältnis – entgegen einigen Stimmen in der Literatur[1094] – nicht merklich verschlechtert. Die wirtschaftliche Kompensation des Schadens ist und bleibt durch die Haftpflichtversicherung des Halters sichergestellt,[1095] der Wegfall der Fahrerhaftung ist für den Geschädigten bestenfalls eine Randnotiz.

Entscheidende Bedeutung kommt schließlich der Frage zu, inwieweit sich die Verantwortung auf den Hersteller der Fahrzeuge verlagert. Hier hat sich gezeigt, dass gegen diesen je nach Art des Produktfehlers und den Umständen des Einzelfalls sowohl vertragliche als auch deliktische Ansprüche bestehen können, die Einstandspflicht des Herstellers aber bei Weitem nicht so bedingungslos ist wie die des Halters oder Fahrers nach dem StVG. Aus Sicht des Halters eine unbefriedigende Situation, denn genauso wie sich der Ausgleich im Innenverhältnis zwischen Halter und Fahrer nach § 426 I BGB richtet,[1096] so sind auch Halter und Hersteller grundsätzlich Gesamtschuldner des Geschädigten i. S. v. § 840 I BGB.[1097] Der Halter hat demnach ein berechtigtes Interesse daran, im Falle seiner Inanspruchnahme durch den Geschädigten Regress beim Hersteller zu nehmen.[1098] Während die Frage des Innenausgleichs zwischen Fahrer

---

1094 Etwa *Hey*, Die außervertragliche Haftung des Herstellers autonomer Fahrzeuge bei Unfällen im Straßenverkehr, S. 201.
1095 Vgl. *Stadler*, in: 56. Deutscher Verkehrsgerichtstag, S. 72 f., sowie oben unter § 4 B.
1096 Siehe oben unter § 4 A.
1097 Siehe oben unter § 4 A.; *Gomille*, JZ 2016, 76 (81); *Wagner*, AcP 2017, 707 (758).
1098 Siehe oben unter § 4 A.

und Halter eher theoretischer Natur ist, weil der Fahrer ohnehin regelmäßig über die Haftpflichtversicherung des Halters mitversichert ist,[1099] hier also ein einziger Schuldner (die Versicherung) den Schaden trägt, sind Halter und Hersteller in der Regel verschiedene Haftungsparteien, sodass der Innenausgleich in dieser Konstellation von erheblicher praktischer Bedeutung sein kann.

Die Bemessung der Haftungsanteile im Innenverhältnis erfolgt gem. § 426 I S. 1 BGB zunächst nach Kopfteilen, „soweit nicht ein anderes bestimmt ist." Von dem Grundsatz der Haftung zu gleichen Teilen kann nach ständiger Rechtsprechung insbesondere aufgrund des Rechtsgedankens des § 254 BGB abgewichen werden, nach dem auch die individuellen Verursachungs- und Verschuldensbeiträge zu berücksichtigen sind.[1100] Der Verursachungsbeitrag des Halters ist im Vergleich zur bisherigen Situation merklich reduziert. Zwar ist es nach wie vor Sache des Halters zu entscheiden, ob und wie lange das Fahrzeug eingesetzt wird, es liegt aber gerade nicht mehr in seiner Hand, wer das Fahrzeug führt.[1101] War die Qualität des Fahrverhaltens also früher von dem durch den Halter legitimierten Fahrer abhängig, so verlagert sich diese Aufgabe nun auf den Algorithmus des Herstellers. Hieraus wird zum Teil geschlussfolgert, der Halter werde gänzlich von einer Haftung freigezeichnet, weil ihm bei einem technischen Versagen des Steuerungsalgorithmus eben kein Schuldvorwurf gemacht werden kann.[1102] Einer solchen vollständigen Regressmöglichkeit des Halters beim Hersteller kann allerdings nicht zugestimmt werden; schließlich muss im Rahmen des § 254 BGB schon das Setzen der Betriebsgefahr als Verantwortungsbeitrag Berücksichtigung finden.[1103] Eine Haftungsbefreiung des Halters im Innenverhältnis erscheint daher wenig wahrscheinlich, wenngleich der reduzierte Verursachungsbeitrag eine den Halter begünstigende Haftungsquote im Innenverhältnis rechtfertigt.

Falls der Hersteller aufgrund einer der zahlreichen Haftungsbeschränkungen oder aufgrund fehlenden Verschuldens im Außenverhältnis nicht

---

1099 *Heß*, in: Burmann/Heß/Hühnermann/Jahnke, StVR, § 18 StVG Rn. 14.
1100 BGH, NJW 1980, 2348 (2349); BGH, NJW 1965, 1177 (1179); BGH, NJW 1954, 875 (876f.); *Wagner*, in: MüKo BGB, § 840 BGB Rn. 15; *Vieweg*, in: Staudinger BGB, § 840 BGB Rn. 49.
1101 *Borges*, CR 2016, 272 (279); *Schrader*, NJW 2015, 3537 (3541); *Ebers*, in: Oppermann/Stender-Vorwachs, Autonomes Fahren, 1. Auflage, S. 120.
1102 So *Gomille*, JZ 2016, 76 (81); wohl auch *v. Bodungen/Hoffmann*, NZV 2016, 503 (508).
1103 *Gomille*, JZ 2016, 76 (82); *Greger*, NZV 2018, 1 (4f.); *Hey*, Die außervertragliche Haftung des Herstellers autonomer Fahrzeuge bei Unfällen im Straßenverkehr, S. 137.

haftet, könnte es indes zu einer alleinigen Verantwortlichkeit des Halters kommen. In diesem Fall entsteht schon kein Gesamtschuldverhältnis zwischen den Parteien und folglich auch keine Regressmöglichkeit nach § 426 I BGB. Das Entstehen eines Gesamtschuldverhältnisses hängt im Ergebnis von der Haftbarkeit des Herstellers nach dem ProdHaftG und dem allgemeinen Deliktsrecht ab. Diese Vorschriften können aber, wie gesehen, schon tatbestandlich die für automatisierte und autonome Systeme charakteristischen Probleme nicht vollständig lösen. Ein Missstand, der letztendlich zulasten des Halters geht und unweigerlich ein Ungleichgewicht des Haftungsrisikos zur Folge hat.

§ 8 Rechtsfortbildung de le lege ferenda: Neue Haftungskonzepte

Der gesetzgeberische Handlungsbedarf zur Austarierung der Haftungs-verhältnisse zwischen Halter und Hersteller wird äußerst unterschiedlich beurteilt. Die in der Literatur vorgeschlagenen Lösungskonzepte reichen von der Schaffung eines speziellen Tatbestandes in Form einer Gefähr-dungshaftung über die Ausgestaltung einer Versicherungslösung[1104] bis hin zur (teilweisen) Anerkennung einer eigenen Rechtspersönlichkeit von Robotern. Vergleichsweise wenig Beachtung hat bislang die Anpassung bereits bestehender Haftungsvorschriften, insbesondere der Produkt-haftungsrichtlinie, gefunden. Die Europäische Kommission strebt dies-bezüglich bereits seit einigen Jahren eine Überprüfung der Richtlinie hinsichtlich ihrer Kompatibilität mit den rechtlichen Besonderheiten in-telligenter und vernetzter Produkte an.

A. Verantwortung des Herstellers und ökonomische Effizienz

Der Analyse der genannten Haftungskonzepte soll die Vorüberlegung vorangestellt werden, von welchen Leitgedanken ein neues Konzept ge-tragen werden und welche Ziele es damit verfolgen soll. Die bisherige Erkenntnis eines Ungleichgewichts zwischen Halter- und Herstellerhaf-tung spiegelt zwar den bestehenden Status quo wider, rechtfertigt für sich genommen aber noch nicht eine Veränderung bzw. Verschärfung der gesetzlichen Regelungen zulasten des Herstellers. Dies wäre nur dann gerechtfertigt, wenn ein solches Haftungskonzept legitime Ziele verfolgt und geeignet ist, dem Grundgedanken des Haftungsrechts – die Kompensation und der Ausgleich eines erlittenen Schadens[1105] – besser zu entsprechen als die derzeitige Gesetzeslage.[1106] Mit anderen Worten:

1104 Ausführlich dazu *Zech*, in: Deutscher Juristentag, Verhandlungen des 73. Deutschen Ju-ristentages, Band I, A 105 ff.; vgl. *Wagner*, VersR 2020, 717 (740 f.); *Thöne*, Autonome Systeme und deliktische Haftung, S. 261 ff.

1105 *Larenz/Canaris*, Schuldrecht BT Band II/2, § 75 I S. 354; *Deutsch*, Allgemeines Haftungs-recht, Rn. 17; *Brüggemeier*, Haftungsrecht, S. 9; *Hanisch*, in: Hilgendorf, Robotik im Kontext von Recht und Moral, S. 31; kritisch zur Ausgleichsfunktion *Wagner*, in: MüKo BGB, vor § 823 BGB Rn. 43; *ders.*, VersR 2020, 717 (721).

1106 Vgl. diesbezüglich auch die Ausführungen von *Hey*, Die außervertragliche Haftung des Herstellers autonomer Fahrzeuge bei Unfällen im Straßenverkehr, S. 141 ff.

Erweist sich die Verschärfung der Herstellerhaftung als „systemwidrig", weil sie den Hersteller ungerechtfertigt in die Pflicht nimmt, dann sind jegliche Überlegungen bezüglich einer Rechtsfortbildung obsolet.

Die Vereinbarkeit einer umfassenden Herstellerhaftung mit den Grundgedanken des Haftungsrechts soll deshalb durch zwei Aspekte verifiziert werden: erstens anhand des persönlichen Verantwortungsbeitrags zum entstandenen Schaden und zweitens anhand der wirtschaftlichen Effizienz einer herstellerseitigen Risikozuweisung.

I. Risikozuweisung durch Verantwortung und Gerechtigkeit

Wenn die wesentliche Funktion des Haftungsrechts darin besteht, einen vorhandenen Schaden zu kompensieren und auszugleichen, dann impliziert diese „Ausgleichsfunktion" freilich auch, dass eine Partei für den Schaden rechtlich verantwortlich gemacht werden kann, der Schadenserfolg also zurechenbar ist.[1107] Diese Feststellung ist für sich genommen noch recht banal, weil aus den Kriterien des Schadensausgleichs und der Verantwortlichkeit nicht hervorgeht, für welche Risiken und unter welchen Voraussetzungen der Schädiger konkret haften soll.[1108] Versteht man die Verantwortlichkeit für einen Schaden als die Folge des Versagens in der Verantwortung,[1109] dann wird allerdings schon deutlicher, worauf die Funktion des Schadensausgleichs abzielt: Das Deliktsrecht kompensiert gerade nicht jeden Schaden, sondern regelt lediglich Ausnahmen vom Grundsatz der Eigenverantwortlichkeit für die eigenen Rechtsgüter.[1110] Die Grenze zwischen Eigenverantwortlichkeit und Dritthaftung wird durch das Haftungsrecht festgelegt, indem es den Parteien bestimmte Pflichten- und Risikobereiche zuweist. Wie diese Verteilung von Risiken vorgenommen wird, ist abstrakt betrachtet eine Frage der (verteilenden und ausgleichenden) Gerechtigkeit.[1111] Ohne dabei das Wesen der „Gerechtigkeit" zu sehr in seine moralischen Bestandteile zu zerpflücken, bestimmt die Rechtswissenschaft eine faire Schadensver-

---

1107 *Kötz/Wagner*, Deliktsrecht, Rn. 6; *Jansen*, Die Struktur des Haftungsrechts, S. 135, der diesbezüglich von „Erfolgsverantwortlichkeit" spricht.

1108 *Jansen*, Die Struktur des Haftungsrechts, S. 135; *Wagner*, in: MüKo BGB, vor § 823 BGB Rn. 43; *ders.*, VersR 1999, 1441 (1441).

1109 Vgl. *Blaschczok*, Gefährdungshaftung und Risikozuweisung, S. 337.

1110 *Wagner*, in: MüKo BGB, vor § 823 BGB Rn. 43; vgl. auch Europäische Kommission, Liability for Artificial Intelligence, S. 34.

1111 *Brüggemeier*, Haftungsrecht, S. 9; *Jansen*, Die Struktur des Haftungsrechts, S. 36; *Larenz/Canaris*, Schuldrecht BT Band II/2, § 75 I S. 354; *Kötz/Wagner*, Deliktsrecht, Rn. 58.

teilung anhand objektiv feststellbarer Maßstäbe, die im Wesentlichen Ausdruck sozialer Gerechtigkeit sind.

1. Verschulden

Das im deutschen Recht gängigste Instrument einer fairen Schadensverteilung ist die Einstandspflicht für vorwerfbares Fehlverhalten.[1112] Die Frage des Verschuldens ist dabei keineswegs ein den Schädiger einseitig belastendes Kriterium; es kann über die Rechtsfigur des Mitverschuldens ebenso auch dem Geschädigten zur Last fallen.

Eine persönliche Sanktionierung für begangenes Unrecht findet sich im Straßenverkehr bisher hauptsächlich in Form der Fahrerhaftung. Der Führer eines PKW soll im Falle des Außerachtlassens der im Verkehr erforderlichen Sorgfalt für den entstandenen Schaden einstehen müssen.[1113] Es wurde bereits erörtert, dass die tatsächliche Übernahme der Fahrzeugsteuerung durch das System definitionsgemäß eigentlich dazu führen müsste, dass in Zukunft der Hersteller neben den Menschen als Fahrzeugführer tritt bzw. diesen beim autonomen Fahren vollständig ersetzt und somit die alleinige Fahrzeugführereigenschaft besitzt.[1114] Betrachtet man nur diesen Aspekt der tatsächlichen Ausübung der Fahrzeugsteuerung, dann ist der Sanktionsgedanke beim menschlichen Fahrer und beim Hersteller der gleiche. Da es unbestritten ist, dass eine Inanspruchnahme des menschlichen Fahrers bei einem durch ihn verschuldeten Unfall zu einer gerechten Schadensverteilung führt, ist es nur konsequent anzunehmen, dass Gleiches bei einem Fehler des Steuerungssystems gilt. Wenn die Unfallursache in einem technischen Defekt liegt, leistet der Hersteller als Konstrukteur des Systems zumindest einen ebenso großen Beitrag zum begangenen Unrecht wie ein entsprechender menschlicher Fahrer des Fahrzeugs.[1115] Bildlich gesprochen könnte man sagen, der Hersteller konstruiert und simuliert einen eigenen Fahrzeugführer. In Anbetracht dieser Feststellung wäre es auf den ersten Blick durchaus schlüssig, den Hersteller auch wie einen Fahrer haften zu lassen.[1116]

1112 Siehe oben unter § 5 B. V.; *Jansen*, Die Struktur des Haftungsrechts, S. 128; *Esser/Schmidt*, Schuldrecht AT, § 8 II S. 131.
1113 Siehe oben unter § 5 A. III.
1114 Siehe oben unter § 6 A I.
1115 Vgl. *Hanisch*, in: Hilgendorf, Robotik im Kontext von Recht und Moral, S. 32.
1116 Vorausgesetzt, die Fahrerpflichten der StVO würden hinsichtlich ihres momentan noch

Neben dieser tatsächlichen Nähe von menschlichen und maschinellen Sorgfaltspflichten hat sich allerdings ebenfalls gezeigt, dass die Risikozuweisung nach dem Verschuldensprinzip durch das Erfordernis der subjektiven Vorhersehbarkeit beeinträchtigt wird.[1117] Verneint man mit der hier vertretenen Auffassung ebendiese Vorhersehbarkeit angelernter Verhaltensweisen, statuiert eine Verschuldenshaftung die Befreiung von der Verantwortung für angelernte Aktionen, wie es bereits jetzt schon im Rahmen von § 823 I BGB der Fall ist. Es ist stark anzuzweifeln, ob die an und für sich sinnvolle Erwägung einer Begrenzung der Haftung auf vorhersehbare Ereignisse auf autonome Systeme übertragbar ist, wenn diese bewusst mit der Eigenschaft der selbständigen Weiterentwicklung versehen werden. Dieses Ergebnis kann nicht im Sinne einer ausgleichenden, gerechten Schadensverteilung sein.

Vielmehr erscheint die Einsicht zutreffend, dass ein verschuldensabhängiges Konzept nicht dazu in der Lage ist, den Verantwortungsbeitrag des Herstellers entsprechend den Zielen des Haftungsrechts wiederzugeben.

2. Gefährdung

Eine gewisse Abkehr vom System der Verschuldenshaftung vollzieht die Gefährdungshaftung, die nicht an ein begangenes Unrecht, sondern an die Gefahrveranlassung und Gefahrbeherrschung anknüpft.[1118] Anders als das verschuldensabhängige Deliktsecht ist die Gefährdungshaftung eine Unglückshaftung. Wer eine Gefahrenquelle mit besonderem Gefährdungspotential unterhält, kann unter Umständen auch bei Einhaltung strengster Sorgfaltsmaßnahmen die Realisierung der Gefahr nicht verhindern.[1119] Das Gefährdungsprinzip fußt dabei auf dem Gedanken der verteilenden Gerechtigkeit: Wer aus dem Schaffen und der Aufrechterhaltung einer Gefahrenquelle einen persönlichen Nutzen zieht, soll auch für etwaige Schäden einstehen müssen.[1120] Die Existenz eines Gefähr-

---

stark ausgeprägten Bezugs zum menschlichen Fahrer gelockert, siehe oben unter § 6 A. I. 3.

1117 Siehe oben unter § 6 C. I. 1. c. bb.

1118 *Larenz/Canaris*, Schuldrecht BT Band II/2, § 84 I S. 605; *Deutsch*, Allgemeines Haftungsrecht, S. 408; *Esser/Schmidt*, Schuldrecht AT, § 8 II S. 133; *Thöne*, Autonome Systeme und deliktische Haftung, S. 116.

1119 *Larenz/Canaris*, Schuldrecht BT Band II/2, § 84 I S. 605; *Esser/Schmidt*, Schuldrecht AT, § 8 II S. 134.

1120 *Deutsch*, Allgemeines Haftungsrecht, S. 408; *Esser/Schmidt*, Schuldrecht AT, § 8 II S. 134; *Jansen*, Die Struktur des Haftungsrechts, S. 128; *Larenz/Canaris*, Schuldrecht BT

dungshaftungstatbestandes signalisiert indes kein Verbot der Unterhaltung potentieller Gefahrenquellen. Vielmehr bekräftigt er die Zulässigkeit einer – in den meisten Fällen wirtschaftlichen – Vorteilsnahme aus einer gefahrträchtigen Aktivität.[1121]

Um das Haftungsrisiko für den potentiellen Schädiger kalkulierbar zu halten, ist eine reine, völlig unbegrenzte Kausalhaftung nicht wünschenswert und auch praktisch nicht existent.[1122] Das deutsche Recht kennt deshalb verschiedene Ausprägungen beschränkter Haftungstatbestände:[1123] Klassischer Typus ist die enge Gefährdungshaftung, die sich dadurch auszeichnet, dass sie an eine genau beschriebene Gefahr anknüpft (z. B. Luftverkehr, Straßenverkehr) und der eingetretene Schaden die Realisierung dieser Gefahr darstellt.[1124] Die Einstandspflicht des Halters oder Betreibers reicht im Rahmen der engen Gefährdungshaftung typischerweise bis zur Grenze der höheren Gewalt.[1125]

Seitdem das nationale Recht zunehmend unter dem Einfluss europäischer Harmonisierung steht, verwischen die Grenzen zwischen Verschuldens- und Gefährdungshaftung allerdings merklich.[1126] Jenseits der engen Gefährdungshaftung existieren Tatbestände, die zwar nach allgemeinem Verständnis unter den Sammelbegriff der Gefährdungshaftung fallen, sich ihrer Konzeption nach aber weder eindeutig als Gefährdungs- noch als Verschuldenshaftung qualifizieren lassen. So enthält das ProdHaftG einerseits Elemente einer Gefährdungshaftung, weil der Geschädigte den Nachweis über ein sorgfaltswidriges Verhalten im Herstellungsprozess nicht führen muss.[1127] Anderseits aber obliegt es ihm sehr wohl, das Vorliegen eines Produktfehlers darzulegen, der aber nur dann besteht, wenn der Hersteller bei der Konstruktion, Fabrikation oder Instruktion nicht die im Verkehr erforderliche Sorgfalt beachtet hat. Zu-

---

Band II/2, § 84 I S. 605; *Blaschczok*, Gefährdungshaftung und Risikozuweisung, S. 356 ff.; *Pehm*, IWRZ 2018, 259 (260); *Thöne*, Autonome Systeme und deliktische Haftung, S. 116 f.
1121 *Deutsch*, Allgemeines Haftungsrecht, S. 408.
1122 *Brüggemeier*, Haftungsrecht, S. 103.
1123 *Borges*, CR 2016, 272 (278); *Deutsch*, NJW 1992, 73 (75 ff.).
1124 *Deutsch*, NJW 1992, 73 (75); *Vogeler*, in: Gsell/Krüger/Lorenz/Reymann, BeckOGK, § 1 HPflG Rn. 8.
1125 *Deutsch*, NJW 1992, 73 (75); *Wagner*, in: Faust/Schäfer, Zivilrechtliche und rechtsökonomische Probleme des Internets und der künstlichen Intelligenz, S. 4.
1126 *Brüggemeier*, Haftungsrecht, S. 103; *Borges*, CR 2016, 272 (278); *ders.*, NJW 2018, 977 (981); *Thöne*, Autonome Systeme und deliktische Haftung, S. 121 ff.
1127 *Deutsch* bezeichnet das ProdHaftG als „erweiterte Gefährdungshaftung", NJW 1992, 73 (75 f.).

mindest diesbezüglich ist das ProdHaftG also eigentlich eine verkappte Verschuldenshaftung.[1128]

Es zeigt sich daher, dass sich die Bestrebungen nach einem neuen Haftungskonzept für autonome Systeme nicht bereits mit dem Argument zunichtemachen lassen, die Hersteller würden bereits der „Gefährdungshaftung" des ProdHaftG ausgesetzt sein.[1129] Eine echte, enge Gefährdungshaftung existiert aktuell nur für den Fahrzeughalter. Dabei lassen sich die Gerechtigkeitserwägungen, die eine Haftung des Halters rechtfertigen, ebenso auch auf den Hersteller übertragen. Natürlich obliegt es nach wie vor dem Halter, das Fahrzeug tatsächlich auch auf die Straße zu bringen und ggf. das Steuerungssystem zu aktivieren oder zumindest die Berechtigung hierzu zu erteilen.[1130] Das Herstellen und Inverkehrbringen von Fahrzeugen schafft aber ebenso eine Gefahrenquelle, indem es dem Halter überhaupt erst ermöglicht wird, selbst gefährlich tätig zu werden. Durch die Übernahme der Fahrzeugsteuerung kann der Hersteller die Gefahr – anders als bisher – aufrechterhalten und kontrollieren. Dass schon das Produzieren und der Vertrieb eines Produktes als risikobehaftet betrachtet wird, zeigt sich an der Existenz des ProdHaftG, das laut Gesetzesbegründung an ebendieses Gefahrenpotential anknüpfen soll.[1131]

Der zweite Grundgedanke einer Gefährdungshaftung – das Korrelat von Nutznießung und Haftung – verdeutlicht sich insbesondere in dem wirtschaftlichen Vorteil des Vertriebs intelligenter Fahrzeuge. Ein solcher unternehmerischer Nutzen einer gefahrträchtigen Aktivität ist im Übrigen auch eines der ursprünglichen Leitmotive für die Einführung einer Gefährdungshaftung, die – von einigen Ausnahmen abgesehen – deshalb auch als „Unternehmerhaftung" bezeichnet werden kann.[1132] Seit jeher ist die Gefährdungshaftung die erste Wahl bei der rechtlichen Erfassung neuartiger Technologien und der damit verbundenen Gewinnbestrebun-

---

1128 *Wagner*, in: Faust/Schäfer, Zivilrechtliche und rechtsökonomische Probleme des Internet und der künstlichen Intelligenz, S. 13; *Kötz/Wagner*, Deliktsrecht, Rn. 614; *Thöne*, Autonome Systeme und deliktische Haftung, S. 125 f.; *Oechsler* bezeichnet das ProdHaftG als „Mischsystem", in: Staudinger BGB, Einl. ProdHaftG Rn. 27, 42; ähnlich auch *Brüggemeier*, Haftungsrecht, S. 103.
1129 Dieser Ansicht *v. Bodungen/Hoffmann*, NZV 2016, 503 (508).
1130 Siehe oben unter § 7.
1131 BT-Dr. 11/2447, S. 7.
1132 *Brüggemeier*, Haftungsrecht, S. 104; *Jansen*, Die Struktur des Haftungsrechts, S. 626; vgl. *Kötz/Wagner*, Deliktsrecht, Rn. 494, 498; *Hager*, in: Staudinger BGB, vor § 823 ff. Rn. 28.

gen der Unternehmen.[1133] Insgesamt passt das Verantwortungsniveau des Herstellers also zum Konzept der Gefährdungshaftung als Instrument des gerechten Schadensausgleichs.

II. Risikozuweisung durch ökonomische Analyse

Gegen Ende des 20. Jahrhunderts hat sich zu dem klassischen Verständnis des Haftungsrechts als ausgleichendes und verteilendes Mittel der Schadensabwicklung die ökonomische Analyse des Schadensrechts gesellt.[1134] Die „Lehre von der ökonomischen Analyse des Rechts" betrachtet eine volkswirtschaftlich effiziente Schadensvermeidung als Primärziel des Haftungsrechts (Präventivfunktion).[1135] Die Vermeidung eines Schadens ist für den potentiellen Schädiger aber nur dann sinnvoll, wenn die dafür notwendigerweise aufzubringenden Kosten niedriger sind als die zu erwartenden Schadenskosten.[1136] Aufgabe des Schadensrechts sei es daher, die Individuen zu effizientem Verhalten zu animieren, bei dem der Saldo aus Nutzen und Kosten maximal ist.[1137] Entsprechend dieser Formel ist es erstens erforderlich, die Gesamtkosten, bestehend aus Schadens- und Schadensvermeidungskosten, minimal zu halten[1138] und zweitens den Individuen Anreize dafür zu schaffen, überhaupt nur solche Aktivitäten zu beginnen, bei denen der Nutzen größer ist als die voraussichtlichen Gesamtkosten.[1139] Nach der ökonomischen Analyse

---

1133 *Jansen*, Die Struktur des Haftungsrechts, S. 626 f.; *Wagner*, in: Faust/Schäfer, Zivilrechtliche und rechtsökonomische Probleme des Internet und der künstlichen Intelligenz, S. 3; *Kötz/Wagner*, Deliktsrecht, Rn. 494.

1134 *Hager*, in: Staudinger BGB, vor § 823 ff. Rn. 14; *Wagner*, in: MüKo BGB, vor § 823 Rn. 51; *Thöne*, Autonome Systeme und deliktische Haftung, S. 65.

1135 *Schäfer/Ott*, Lehrbuch der ökonomischen Analyse des Zivilrechts, 101 ff.; *Eidenmüller*, Effizienz als Rechtsprinzip, S. 41 ff.; *Wagner*, in: Faust/Schäfer, Zivilrechtliche und rechtsökonomische Probleme des Internet und der künstlichen Intelligenz, S. 6; kritisch zur ökonomischen Analyse *Dreier*, Kompensation und Prävention, S. 414 Rn. 4; *Hager*, in: Staudinger BGB, vor §§ 823 ff. Rn. 15 ff.; *Thöne*, Autonome Systeme und deliktische Haftung, S. 63 ff.

1136 *Wagner*, in: Faust/Schäfer, Zivilrechtliche und rechtsökonomische Probleme des Internet und der künstlichen Intelligenz, S. 6; *Förster*, in: Bamberger/Roth/Hau/Poseck, BeckOK BGB, § 823 BGB Rn. 10.

1137 *Wagner*, in: MüKo BGB, vor § 823 Rn. 52; *Schäfer/Ott*, Lehrbuch der ökonomischen Analyse des Zivilrechts, S. 104; *Kötz*, NZV 1992, 218 (219 f.); vgl. auch *Blaschczok*, Gefährdungshaftung und Risikozuweisung, S. 146.

1138 *Schäfer/Ott*, Lehrbuch der ökonomischen Analyse des Zivilrechts, S. 102; *Wagner*, in: MüKo BGB, vor § 823 Rn. 52; *Thöne*, Autonome Systeme und deliktische Haftung, S. 66.

1139 *Schäfer/Ott*, Lehrbuch der ökonomischen Analyse des Zivilrechts, S. 103; *Wagner*, in: MüKo BGB, vor § 823 Rn. 52; *Ders.*; in: Faust/Schäfer, Zivilrechtliche und rechtsökonomische Probleme des Internet und der künstlichen Intelligenz, S. 6 f.

ist deshalb derjenige der optimale Haftungsadressat, der dazu in der Lage ist, eine wirtschaftliche, d. h. kostengünstige Gefahrenprävention zu betreiben und dessen gefahrträchtige Aktivität sich am ehesten regulieren lässt.

1. Der Hersteller als cheapest cost avoider

Grundsätzlich betrifft die Frage einer wirtschaftlichen Unfallverhütung keineswegs ausschließlich die potenziellen Schädiger. Die Partei, die den Eintritt des Schadens mit dem geringsten Aufwand hätte verhindern können („cheapest cost avoider"), kann ebenso gut auch aus dem Lager der potenziellen Unfallopfer kommen.[1140] Das gilt zumindest solange, wie der Geschädigte den Eintritt eines Schadens durch das Treffen gebotener Sorgfaltsvorkehrungen hätte verhindern können.[1141] Derartige „bilaterale" Unfälle, die das Ergebnis eines kumulativen Zusammenwirkens von Sorgfaltswidrigkeiten beider oder sogar mehrerer Unfallgegner sind, sind gerade im Straßenverkehr keine Seltenheit. Sind beide Parteien menschliche Fahrer bzw. Halter, ergibt eine rein wirtschaftliche Betrachtung der Schadensvermeidungsmöglichkeiten nur bedingt Sinn, weil die „Aufwendungen" zur Unfallprävention häufig überhaupt gar keinen Geldwert haben (z. B. defensives Fahren, Beachten der Verkehrsvorschriften). Hinzukommt, dass ein menschliches Momentversagen im Zeitpunkt des Unfalls nicht auf einer rationalen Kalkulation beruht, sondern Resultat einer in Sekundenschnelle zu treffenden Entscheidung ist.[1142]

Ist nun kein menschlicher Fahrfehler, sondern ein technischer Fehler des Steuerungssystems unfallursächlich, kann der Hersteller die Unfallwahrscheinlichkeit sehr viel besser mit wirtschaftlichen Mitteln minimieren, indem er den Algorithmus optimal gestaltet und damit mögliche Schadenskosten gering hält. Die Rolle des cheapest cost avoider übernimmt der Hersteller in vielerlei Hinsicht schon zwangsläufig durch die Produktion der Fahrzeuge; denn in deren Prozess haben andere Parteien keinen Einblick, und diese verfügen ohnehin nicht über das notwendige techni-

---

1140 *Schäfer/Ott*, Lehrbuch der ökonomischen Analyse des Zivilrechts, S. 187; *Blaschczok*, Gefährdungshaftung und Risikozuweisung, S. 183; *Kötz/Wagner*, Deliktsrecht, Rn. 7 1; *Spindler*, in: Lohsse/Schulze/Staudenmayer, Liability for Artificial Intelligence and the Internet of Things, S. 135.

1141 *Wagner*, in: Faust/Schäfer, Zivilrechtliche und rechtsökonomische Probleme des Internet und der künstlichen Intelligenz, S. 7.

1142 Vgl. *Hager*, in: Staudinger BGB, vor § 823 ff. Rn. 16.

sche Spezialwissen zur Gefahrerkennung und -vermeidung.[1143] Der Halter kann mit finanziellen Mitteln nur sicherstellen, dass die physischen Bauteile des Fahrzeugs instandgehalten werden. Die eigentliche Gefahr vermag dies aber nur in den seltensten Fällen zu beseitigen. Der Fahrer verliert mit steigender Automatisierung zunehmend die Möglichkeit der Gefahrenabwehr durch eigenhändige Steuerung und ist deshalb ohnehin immer weniger zu einer effektiven Prävention imstande.[1144] Tendenziell entwickelt sich der Hersteller in Zukunft also sogar eher zum „unique cost avoider."[1145]

2. Steuerung des Aktivitätsniveaus

Ein ökonomisch effizientes Haftungsrecht soll nicht nur die Gesamtschadenskosten minimieren, sondern auch die absolute Anzahl schadensträchtiger Aktivitäten begrenzen. Bei der Steuerung des Aktivitätsniveaus zeigt sich ein wesentlicher Vorteil der Gefährdungshaftung gegenüber der Verschuldenshaftung: Weil der potentielle Schädiger bei einer Verschuldenshaftung nicht für diejenigen Kosten einstehen muss, die trotz aller gebotenen Sorgfalt nicht zu vermeiden sind, werden diese Kosten auch nicht bei der Kosten-Nutzen-Abwägung berücksichtigt. Das hat zur Folge, dass schadensträchtige Aktivitäten häufiger aufgenommen werden.[1146] Bei der Gefährdungshaftung dagegen sind die unvermeidbaren Schäden Teil der Gesamtkostenberechnung, weshalb der potentielle Schädiger die Aktivität entweder bereits selbst begrenzt oder das erhöhte Kostenrisiko auf den Preis des Produkts umgeschlagen wird, was nach allgemeinen ökonomischen Grundsätzen wiederum zu einer verringerten Nachfrage und damit zu einem verringerten volkswirtschaftlichen Schaden führt.[1147]

1143 Vgl. *Spindler*, CR 2015, 766 (767); *Sosnitza*, CR 2016, 764 (772); *Eidenmüller*, ZEuP 2017, 765 (772); *Wagner*, in: Lohsse/Schulze/Staudenmayer, Liability for Artificial Intelligence and the Internet of Things, S. 40 f.; *ders.*, in: Faust/Schäfer, Zivilrechtliche und rechtsökonomische Probleme des Internet und der künstlichen Intelligenz, S. 21; *Ebers*, in: Oppermann/Stender-Vorwachs, Autonomes Fahren, 1. Auflage, S. 120; *Pieper*, InTeR 2016, 188 (193); vgl. Europäische Kommission, Liability for Artificial Intelligence, S. 40.
1144 *Zech*, ZfPW 2019, 198 (214).
1145 *Wagner*, in: Faust/Schäfer, Zivilrechtliche und rechtsökonomische Probleme des Internet und der künstlichen Intelligenz, S. 21.
1146 *Wagner*, in: MüKo BGB, vor § 823 BGB Rn. 58.
1147 *Wagner*, in: MüKo BGB, vor § 823 BGB Rn. 58; *Kötz/Wagner*, Deliktsrecht, Rn. 503; *Sosnitza*, CR 2016, 764 (772).

Diesbezüglich wird teilweise befürchtet, ein solcher haftungsrechtlich regulierter Preis von automatisierten und autonomen Fahrzeugen könnte derartige Höhen erreichen, dass er eine echte Markteintrittsbarriere darstellt und somit innovationshemmend wirkt.[1148] Die Auswirkungen privatrechtlicher Haftung auf die ökonomischen Kräfte sollten allerdings nicht überbewertet werden. Auf Herstellerseite findet das Haftungsrisiko zwar Einzug in die Preiskalkulation, es ist aber auch kontrollierbar, weil eine Gefährdungshaftung deshalb versicherbar ist, weil sie typischerweise mit einer Haftungsobergrenze korrespondiert.[1149] Zudem dürften die rechtlichen Haftungsverhältnisse bei weitem nicht die treibenden Kräfte des Marktes sein. Schon der Wettbewerb mit anderen Herstellern und der benötigte Reputationseffekt wirken einem übermäßigen Preisanstieg entgegen.[1150] Ebenfalls ist zu berücksichtigen, dass die Toleranzgrenze der Käufer hinsichtlich des Produktpreises bei Marktreife der Fahrzeuge mit hoher Wahrscheinlichkeit zunehmen wird. Dies folgt zum einen aus den erheblichen Gebrauchsvorteilen einer automatisierten Fahrfunktion[1151] und zum anderen aus sinkenden Versicherungskosten, die die Versicherer in Form von niedrigeren Prämien an den Halter weitergeben werden.[1152] Im Übrigen hat auch die Vergangenheit bisher keinen signifikanten Zusammenhang von Haftung und Absatzschwierigkeiten aufgrund zu hoher Preise gezeigt. So hat die Einführung der Halterhaftung aus § 7 StVG den Siegeszug des Automobils nicht im Geringsten aufgehalten.[1153] Dasselbe gilt für die 1922 eingeführte Flugzeughalterhaftung nach § 33 LuftVG.[1154]

Aus ökonomischer Sicht würde eine Gefährdungshaftung also zu einer effizienten Steuerung des Aktivitätsniveaus sowohl auf Hersteller- als auch auf Nutzerseite führen, weil sie gefahrträchtige Aktivitäten regu-

---

1148 So *Lutz*, NJW 2015, 119 (121); *Jänich/Schrader/Reck*, NZV 2015, 313 (318); vgl. auch *Hanisch*, in: Hilgendorf, Robotik im Kontext von Recht und Moral, S. 36.

1149 *Spindler*, CR 2015, 766 (775); *Borges*, CR 2016, 272 (278 f.); die wirtschaftliche Beherrschbarkeit zeigt sich nicht zuletzt an dem Vorstoß Volvos, für sämtliche Schäden im Zusammenhang mit den eigenen autonomen Fahrzeugen einstehen zu wollen, dazu FAZ, Volvo will für selbstfahrende Autos haften, https://www.faz.net/aktuell/wirtschaft/macht-im-internet/volvo-uebernimmt-haftung-fuer-selbstfahrende-autos-13847238.html.

1150 Vgl. *Polinsky/Shavell*, Harv. L. Rev. 2010 (Vol. 123 Iss. 6), 1437 (1457).

1151 *Sosnitza*, CR 2016, 764 (772).

1152 *Borges*, CR 2016, 272 (279); auch *Lutz*, NJW 2015, 119 (121).

1153 Dazu *Hey*, Die außervertragliche Haftung des Herstellers autonomer Fahrzeuge bei Unfällen im Straßenverkehr, S. 225.

1154 Dazu ausführlich *Bethkenhagen*, Die Entwicklung des Luftrechts bis zum Luftverkehrsgesetz von 1922, S. 87 ff.

lieren kann, ohne dabei über das erträgliche Maß hinaus Einfluss auf die Absatzchancen zu nehmen.

III. Zwischenergebnis

Aus der vorangegangenen Untersuchung sollen vor allem zwei Aspekte festgehalten werden: Unter den Gesichtspunkten der Verantwortung und Gerechtigkeit kann die derzeitige Gesetzeslage der Funktion des Haftungsrechts als ausgleichendes Instrument nicht gerecht werden. Der Risikobeitrag des Herstellers rechtfertigt vielmehr eine weitaus striktere Haftung. Diese Feststellung wird durch die Grundsätze der ökonomischen Analyse des Rechts untermauert. Eine Gefährdungshaftung kann – anders als eine Verschuldenshaftung – das Aktivitätsniveau des Herstellers regulieren und belastet denjenigen, der den Schaden am ehesten vermeiden kann. Eine Verschärfung der Herstellerhaftung ist daher mit den nationalen Leitgedanken des Haftungsrechts vereinbar.

B. Harmonisierte Herstellerhaftung

Der im nationalen wie auch im internationalen Schrifttum wohl populärste Vorschlag zur Reformierung des Haftungsrechts ist die Einführung eines neuen Gefährdungshaftungstatbestandes (strict liability) für autonome Systeme.[1155] Nach den obigen Ausführungen scheint diese Idee dem deutschen Haftungskonzept auch am besten zu entsprechen. Die Realisierung einer strikten Herstellerhaftung in Form eines nationalen Gesetzes ist aber eigentlich weniger von den nationalen Haftungssystemen der Mitgliedsstaaten abhängig als primär von den Vorgaben des hierzu ermächtigten europäischen Gesetzgebers. Die Produkthaftungsrichtlinie ist nach ständiger Rechtsprechung des EuGH vollharmonisierend,[1156] für die in der Richtlinie geregelten Punkte dürfen die Mitgliedsstaaten

---

1155 Für das deutsche Recht *Notthoff*, r+s 2019, 496 (498); *Spindler*, JZ 2016, 805 (816); *ders.*, in: Lohsse/Schulze/Staudenmayer, Liability for Artificial Intelligence and the Internet of Things, S. 136 ff.; *Wagner/Goeble*, ZD 2017, 263 (266); *Bräutigam/Klindt*, NJW 2015, 1137 (1139); *Zech*, in: Gless/Seelmann, Intelligente Agenten und das Recht, S. 200; *ders.*, ZfPW 2019, 198 (216); auch *Borges*, CR 2016, 272 (278), der aber von Kausalhaftung spricht; *ders.*, NJW 2018, 977 (980); *Thöne*, Autonome Systeme und deliktische Haftung, S. 244; zur strict liability im common law etwa *Geistfeld*, Calif. L. Rev. 2017 (Vol. 105 Iss. 6), 1611 (1632); *Duffy/Hopkins*, Sci. & Tech. L. Rev. 2013 (Vol. 16 Iss. 3), 453 (473).
1156 EuGH, NJW 2015, 927 (927); EuGH, BeckRS 2011, 81941; EuGH, EuZW 2009, 501 (502); EuGH, NJW 2006, 825 (826); EuGH, NJW 2006, 1409 (1410); EuGH, BeckRS 2004, 74495.

deshalb weder eine mildere noch eine schärfere Haftung vorsehen.[1157] Die Vollharmonisierung endet dabei nach dem Willen des EuGH erst bei nationalen Regelungen, die das Vertragsrecht oder das verschuldensabhängige Deliktsrecht zum Inhalt haben.[1158]

I. Der Fall *González Sánchez* und die Rechtsprechung des Gerichtshofs

Nationale Bestrebungen nach einer schärferen Herstellerhaftung haben den EuGH in der Vergangenheit bereits mehrfach beschäftigt. Dabei könnte insbesondere der Fall *González Sánchez* für zukünftige Vorhaben richtungsweisend sein:

Das spanische Recht sah in den Art. 25 bis 29 des allgemeinen Gesetzes Nr. 26 von 1984 (26/84) eine Gefährdungshaftung von Herstellern und Dienstleistern für ihre Produkte und Sachen vor.[1159] Im Zuge der europäischen Rechtsangleichung setzte Spanien die Produkthaftungsrichtline durch das Gesetz Nr. 22 vom 06.07.1994 (22/94) in nationales Recht um, beließ es außerhalb seines Anwendungsbereichs aber bei der Haftung nach dem Gesetz Nr. 26/84, sodass es nicht außer Kraft gesetzt, sondern nur in seinem Anwendungsbereich eingeschränkt wurde.[1160] Der wesentliche konzeptionelle Unterschied des Gesetzes Nr. 26/84 zur Produkthaftungsrichtlinie bestand darin, dass der Geschädigte die Fehlerhaftigkeit des Produktes nicht beweisen musste.[1161] Letztendlich waren die Rechte der Verbraucher durch die Richtlinie im Vergleich zur vorherigen Rechtslage also eingeschränkt worden.

Im Fall *González Sánchez* verlangte die Klägerin, die in einer medizinischen Einrichtung der Beklagten eine Bluttransfusion hatte durchführen lassen, auf Grundlage des Gesetzes Nr. 26/84 Schadensersatz, weil sie sich im Rahmen dieser Behandlung mit dem Hepatitis-C-Virus infiziert haben soll. Die Beklagte lehnte dies mit Verweis auf das Gesetz 22/94 ab. Das spanische Juzgado de Primera Instancia e Instrucción

---

1157 *Ebers*, in: Oppermann/Stender-Vorwachs, Autonomes Fahren, 1. Auflage, S. 121; *Magnus*, GPR 2006, 121 (123).
1158 EuGH, BeckRS 2004, 77531; vgl. auch EuGH, EuZW 2009, 501 (501).
1159 Boletín Oficial del Estado Nr. 176 vom 24.07.1984.
1160 *Dorfmeister Villalba*, Die zivilrechtliche Haftung für durch fehlerhafte Produkte entstandene Schäden in Spanien, S. 90.
1161 *Dorfmeister Villalba*, Die zivilrechtliche Haftung für durch fehlerhafte Produkte entstandene Schäden in Spanien, S. 71.

n° 5 Oviedo legte dem EuGH im Rahmen dieses Verfahrens die Frage zur Vorabentscheidung vor, ob Art. 13 der Produkthaftungsrichtlinie, nach dem vertragliche, außervertragliche oder spezialgesetzliche Ansprüche, die ein Geschädigter zum Zeitpunkt der Bekanntgabe der Richtlinie hat, durch die Richtlinie unberührt bleiben, einer Einschränkung weitergehender nationaler Vorschriften durch die Richtlinie entgegensteht.[1162] Der EuGH hatte hier also die bis dato rege diskutierte Frage zu klären,[1163] ob die Richtlinie lediglich auf eine Mindestharmonisierung abzielt, die Mitgliedsstaaten darüber hinaus aber weitere Haftungsvorschriften erlassen dürfen, oder ob sie hinsichtlich Art und Umfang der Haftung an die Vorgaben der Richtlinie gebunden sind.

Das Ergebnis dieser Vorlagefrage ist bereits angeklungen: Der EuGH betrachtete die Einschränkung von nationalen Verbraucherrechten durch die Richtlinie als zulässig. Er stützte diese Auffassung auf drei Erwägungen. Erstens sei es Ziel der Richtlinie, einen unverfälschten Wettbewerb zwischen den Mitgliedsstaaten zu gewährleisten, den freien Warenverkehr zu fördern und ein unterschiedliches Verbraucherschutzniveau zu vermeiden.[1164] Zweitens enthält die Richtlinie keine ausdrückliche Ermächtigung, über ihr Schutzniveau hinaus weitere Verbraucherschutzregelungen zu treffen.[1165] Drittens spräche die in Art. 15 der Richtlinie aufgeführte und abschließende Aufzählung von Regelungspunkten, bei denen den Mitgliedstaaten ein gewisser Umsetzungsspielraum zuerkannt wird, für eine Vollharmonisierungswirkung der nicht genannten Regelungspunkte.[1166]

Kurz aufhorchen lässt die Auseinandersetzung des Gerichtshofes mit der in Art. 13 der Richtlinie genannten Ausnahmeregelung bezüglich spezialgesetzlicher Vorschriften („besondere Haftungsregelungen"). Diese könnten auch neben der Richtlinie zur Anwendung gelangen, wenn sie lediglich die Hersteller eines bestimmten Produktionssektors, also etwa die Automobilindustrie, adressieren.[1167] Völlig zu Recht kann auch diese Regelung eine nationale Gefährdungshaftung nicht legitimieren, weil schon der Wortlaut des Art. 13 ausdrücklich nur solche Vorschriften einbezieht,

1162 EuGH, Rechtssache C 183/00, Slg. 2002, I-3910.
1163 Vgl. *Wagner*, in: MüKo BGB, Einl. ProdHaftG Rn. 3.
1164 EuGH, EuZW 2002, 574 (576).
1165 Anders als etwa bei der Richtlinie 93/13/EWG über missbräuchliche Klauseln in Verbraucherverträgen, EuGH, EuZW 2002, 574 (576).
1166 EuGH, EuZW 2002, 574 (576).
1167 EuGH, EuZW 2002, 574 (576).

die bereits bei Bekanntwerden der Richtlinie existierten.[1168] Letztendlich kann auch hieraus ihr Vollharmonisierungscharakter geschlussfolgert werden. Wenn Art. 13 nur deshalb geschaffen wurde, um einen Konflikt mit schon bestehendem nationalen Recht zu vermeiden,[1169] dann folgt daraus im Umkehrschluss, dass alle zeitlich nachfolgenden Gesetze die Vorgaben der Richtlinie einhalten müssen.

II. Schlussfolgerung

Die mittlerweile gefestigte Rechtsprechung des Gerichtshofes zum Vollharmonisierungscharakter der Produkthaftungsrichtlinie gibt ein klares Bild ab. Nationale Bestrebungen einer Haftungsreform für autonome Systeme sind vergebliche Liebesmüh.[1170] Der juristische Diskurs ist deshalb auf eine europäische Lösung zu fokussieren. Diese Schlussfolgerung ergibt sich im Übrigen nicht nur aus der einschlägigen Rechtsprechung. Um den Fortschritt der Technologie so weit wie möglich voranzutreiben, ist für die Automobilindustrie eine europaweit einheitliche Haftungslage von großem Vorteil. Das Risiko einer Behinderung des Fortschritts durch länderspezifische Einzelregelungen oder legislative Untätigkeit darf nicht in Kauf genommen werden.[1171]

Der europarechtlich primär in Betracht zu ziehende Ansatz ist eine adäquate Anpassung der Produkthaftungsrichtlinie. Die in der Literatur wohl bevorzugte Lösung in Gestalt eines neuen Gefährdungshaftungstatbestands lässt sich zwar grundsätzlich auch realisieren, indem eine entsprechende Richtlinie geschaffen wird. Wenn sich allerdings die Produkthaftungsrichtlinie als bereits bestehendes Haftungskonzept so anpassen lässt, dass sie das bestehende Haftungsdefizit bereinigen kann, ist diese Lösung zur Vermeidung unnötiger Rechtszersplitterung einer gänzlich neuen Richtlinie vorzuziehen.

1168 *Hey*, Die außervertragliche Haftung des Herstellers autonomer Kraftfahrzeuge bei Unfällen im Straßenverkehr, S. 240.

1169 Amtsblatt der Europäischen Gemeinschaften, 1985 Nr. L 210/30.

1170 *Ebers*, in: Oppermann/Stender-Vorwachs, Autonomes Fahren, 1. Auflage, S. 121; sich anschließend *Hey*, Die außervertragliche Haftung des Herstellers autonomer Kraftfahrzeuge bei Unfällen im Straßenverkehr, S. 240; *Zech*, in: Deutscher Juristentag, Verhandlungen des 73. Deutschen Juristentages, Band I, A 73 f., A 104.

1171 Europäisches Parlament, Zivilrechtliche Regelungen im Bereich der Robotik, Rn. 25.

C. Adaption der Produkthaftungsrichtlinie

Die Anpassung der Produkthaftungsrichtlinie scheint auch die EU-Kommission zu präferieren, wobei sie die Richtlinie auch in Anbetracht des technologischen Fortschritts grundsätzlich für geeignet hält, weiterhin ein „nützliches Instrument für den Schutz von Geschädigten" zu sein.[1172] Die Kommission will Änderungen an der Richtlinie deshalb, wenn überhaupt, nur vereinzelt insbesondere hinsichtlich des Verständnisses bestimmter Begriffe wie „Produkt" oder „Fehler" vornehmen bzw. mithilfe von Leitlinien klarstellen.[1173] Hauptanliegen der Kommission scheint dabei das Schaffen von Rechtssicherheit und die Sicherstellung der Kompensation des Geschädigten zu sein.[1174]

Es sei schon einmal vorweggenommen, dass die geplanten Maßnahmen der Kommission nach der hier vertretenen Ansicht zwar zum Teil notwendig, bei weitem aber nicht ausreichend sind, um dem Gesamtphänomen des autonomen Systems – sei es in Form von Kraftfahrzeugen, sei es in Form von Systemen anderer Sektoren – in ausreichendem Maße Rechnung zu tragen. Um den nationalen und europäischen Zielen der (Produkt-)Haftung gerecht zu werden, müssen einige wesentliche Aspekte der seit mittlerweile über 30 Jahren bestehenden Richtlinie grundlegend überdacht werden. Die Kernelemente der Richtlinie sollen im Folgenden auf ihre Reformbedürftigkeit hin überprüft werden.

1172 EU-Kommission, Bericht der Kommission an das Europäische Parlament, den Rat und den Europäischen Wirtschafts- und Sozialausschuss über die Anwendung der Richtlinie des Rates zur Angleichung der Rechts- und Verwaltungsvorschriften der Mitgliedsstaaten über die Haftung für fehlerhafte Produkte, S. 9.

1173 EU-Kommission, Bericht der Kommission an das Europäische Parlament, den Rat und den Europäischen Wirtschafts- und Sozialausschuss über die Anwendung der Richtlinie des Rates zur Angleichung der Rechts- und Verwaltungsvorschriften der Mitgliedsstaaten über die Haftung für fehlerhafte Produkte, S. 2, 10.

1174 EU-Kommission, Mitteilung der Kommission an das Europäische Parlament, den Rat, den Europäischen Wirtschafts- und Sozialausschuss und den Ausschuss der Regionen, Aufbau einer europäischen Datenwirtschaft, S. 16; siehe auch Europäisches Parlament, Zivilrechtliche Regelungen im Bereich der Robotik, Rn. 49; sofern sich die Kommission (und das Parlament) um die Kompensation des Geschädigten sorgen, ist dieser Beweggrund bei Kraftfahrzeugen eher zweitrangig, weil die Kompensation des Primärgeschädigten bei Unfällen im Straßenverkehr – zumindest in Deutschland – durch die Versicherungspflicht des Halters und im äußersten Fall durch den Entschädigungsfond nach §§ 12 ff. PflVG sichergestellt ist, dazu auch schon oben unter § 4 B.

I. Der Produktbegriff

Weitgehender Konsens besteht beim Reformbedürfnis des Produktbegriffs hinsichtlich der Produkteigenschaft von Software im Allgemeinen und intelligenten Systemen im Besonderen.[1175] Das traditionelle Bild eines Produktes als ausschließlich physisch-materiell sichtbare Sache ist längst überholt. Gefahrträchtige Bestandteile sind nunmehr nicht zwangsläufig optisch wahrnehmbar, nichtsdestotrotz sind sie als Software Teil des Produktes und wirken sich auf die Funktionsweise des Gesamtproduktes aus. Der Automobilhersteller muss deshalb als Endprodukthersteller der embedded systems unbestreitbar Adressat der Richtlinie sein. Eine gesetzliche Klarstellung wäre wünschenswert, zumal nach wie vor keine eindeutige Rechtsprechung zu diesem Thema existiert.

II. Der Fehlerbegriff

Grundsätzlich ist der Produktfehlerbegriff durch die Objektivierung der berechtigten Sicherheitserwartung nach wie vor ein geeignetes Tatbestandsmerkmal. Ein intelligentes System muss so sicher sein, wie es die Allgemeinheit nach den äußeren objektiven Umständen erwarten kann. Wie sich gezeigt hat, ist die Bestimmung der berechtigten Erwartungen an das Produkt bei einer so neuen Technologie mit erheblichen Schwierigkeiten verbunden; unter anderem, weil es noch an konkreten Sicherheitsstandards fehlt, die als Vergleichsmaßstab dienen könnten.[1176] Dieser Umstand führt aber nicht zu einem Versagen des Fehlerbegriffs und damit zur Haftungsbefreiung der Hersteller[1177] oder zu einer sicherheitstechnischen „Abwärtsspirale".[1178] Insbesondere bei automatisierten und autonomen Kraftfahrzeugen wird deutlich, dass das Fehlen technischer

---

1175 Siehe oben unter § 6 B. II. 2.; sich explizit für eine Richtlinienreform aussprechend *Rott*, Rechtspolitischer Handlungsbedarf im Haftungsrecht, S. 51, 78; Deutscher Anwaltsverein, Stellungnahme zum vorläufigen Konzeptpapier der europäischen Kommission zu künftigen Leitlinien zur Produkthaftungsrichtlinie, S. 4 f.; Verbraucherzentrale Bundesverband e. V., „Safety by Design" – Produkthaftungsrecht für das Internet der Dinge, S. 13; *Koch*, in: Lohsse/Schulze/Staudenmayer, Liability for Artificial Intelligence and the Internet of Things, S. 105; *Karner*, in: Lohsse/Schulze/Staudenmayer, Liability for Artificial Intelligence and the Internet of Things, S. 124.

1176 Siehe oben unter § 6 B. III. 1.

1177 EU-Kommission, Preliminary concept paper for the future guidance on the Product Liability Directive 85/374/EEC (18.09.2018), Rn. 38.

1178 So die Befürchtung der Verbraucherzentrale Bundesverband e. V., „Safety by Design" – Produkthaftungsrecht für das Internet der Dinge, S. 13.

Normen durch den Menschen als Referenzmaßstab ausgeglichen werden kann. Wir können von der Maschine erwarten, sich so zu verhalten, wie wir es von einem gewissenhaften Menschen in der gleichen Situation erwarten würden. Eine gesetzliche Anpassung des Fehlerbegriffs ist nicht notwendig.

III. Der Nachweis eines Produktfehlers

Es wurden oben bereits festgestellt, dass der Verantwortungsbeitrag des Herstellers bei einem systembedingten Unfall eine strikte Gefährdungshaftung rechtfertigen würde.[1179] Die Produkthaftungsrichtlinie statuiert eine verschuldensunabhängige Haftung, ist aber dennoch keine enge Gefährdungshaftung, wie wir sie aus dem deutschen Recht kennen.[1180] Die Nachweispflicht des Geschädigten über das Vorliegen eines Produktfehlers nach Art. 4 der Richtlinie kommt einem Nachweis über ein Verschulden sehr nahe und unterminiert damit das Prinzip einer risk-based-liability. Es erscheint daher zunächst naheliegend, die Richtlinie so weit wie möglich einer engen Gefährdungshaftung anzugleichen, entweder durch eine Umkehr der Beweislast[1181] oder durch einen vollständigen Verzicht auf das Erfordernis eines Produktfehlers.[1182] Derartige Änderungen sind aufgrund der einschlägigen EuGH-Rechtsprechung zur Beweisführung[1183] aber gar nicht notwendig. Der Geschädigte muss lediglich darlegen, dass das Produkt nicht den allgemeinen Sicherheiterwartungen entsprochen hat; das Aufsuchen des konkreten Fehlers im System bleibt ihm erspart. Wesentliche Beweisschwierigkeiten dürften für den Geschädigten daher nicht mehr auftreten. Für den Nachweis der Kausalität zwischen maschi-

---

1179 Siehe oben unter § 8 A. III.
1180 Siehe oben unter § 8 A. I. 2.
1181 Vorgeschlagen von *Rott*, Rechtspolitischer Handlungsbedarf im Haftungsrecht, S. 78; vgl. auch *Zech*, in: Deutscher Juristentag, Verhandlungen des 73. Deutschen Juristentages, Band I, A 86; vgl. auch Europäische Kommission, Liability for Artificial Intelligence, S. 8.
1182 Vorgeschlagen von der Verbraucherzentrale Bundesverband e. V., „Safety by Design" – Produkthaftungsrecht für das Internet der Dinge, S. 13; nach der Verbraucherzentrale soll es ausreichend sein, wenn das Produkt in Anlehnung an § 2 Nr. 5 ProdSG bei „bestimmungsgemäßer Verwendung" einen Schaden verursacht; vgl. auch *Wagner*, in: Faust/ Schäfer, Zivilrechtliche und rechtsökonomische Probleme des Internets und der künstlichen Intelligenz, S. 36.
1183 Siehe oben unter § 6 B. V.

nellem Fehlverhalten und Schaden könnte auf nationaler Ebene prozessual langfristig zudem an einen Anscheinsbeweis gedacht werden.[1184]

IV. Das Inverkehrbringen als maßgeblicher Zeitpunkt

Der Zeitpunkt des Inverkehrbringens ist bisher der „magic moment" der Produkthaftung.[1185] Die ursprünglichen Erwägungsgründe für das Anknüpfen an diesen Moment sind nachvollziehbar. Sobald der Hersteller sein Produkt an den Nutzer übergibt, verlässt es den Einflussbereich des Herstellers und unterliegt ausschließlich den Einwirkungen anderer Produkte oder des Nutzers.[1186] Bei vernetzten Produkten allerdings endet die Einflussmöglichkeit des Herstellers gerade nicht mehr im Moment des Inverkehrbringens.[1187] Drahtlose Softwareupdates gestatten es ihm, zu jeder Zeit auf die Konstruktion des Gesamtproduktes einzuwirken. Die Fixierung der Haftungsbegründung allein auf die Zeit vor der Veröffentlichung könnte den Hersteller dazu verleiten, das Produkt möglichst früh auf den Markt zu bringen und es später durch umfassende Updates anzupassen. Sämtliche durch derartige Eingriffe verursachten Fehler sind dann nicht mehr Gegenstand des Produkthaftungsrechts. Es obliegt zwar dem Hersteller, den Nachweis über die Fehlerfreiheit zu erbringen, wenn er sich nach Art. 7 b) der Richtlinie bzw. § 1 II Nr. 2 ProdHaftG exkulpieren möchte; die Dokumentation über den Softwarestand bei Inverkehrgabe sowie über den nachfolgenden Updateverlauf und die damit verbundenen konkreten Änderungen am Quellcode dürften aber wohl bereits ausreichen, um sich erfolgreich auf das Nichtvorliegen eines Fehlers bei Inverkehrgabe berufen zu können.

Art. 7 b) der Richtlinie spricht nach der ursprünglichen Intention des Gesetzgebers den sog. Fehlerbereichsnachweis an, also den Nachweis über das Auftreten des Fehlers im Machtbereich des Geschädigten.[1188] Problematisch ist nur, dass weder Art. 7 b) der Richtlinie noch § 1 II Nr. 2

1184 *Zech*, in: Deutscher Juristentag, Verhandlungen des 73. Deutschen Juristentages, Band I, A 73 f., A 85 f.

1185 *Koch*, in: Lohsse/Schulze/Staudenmayer, Liability for Artificial Intelligence and the Internet of Things, S. 102.

1186 Siehe dazu oben bereits unter § 6 B. IV. 1; vgl. Europäische Kommission, Liability for Artificial Intelligence, S. 27 f.

1187 Vgl. *Riehm/Meier*, EuCML 2019, 161 (165); *Wagner*, VersR 2020, 717 (734); vgl. Europäische Kommission, Liability for Artificial Intelligence, S. 6.

1188 Wagner, in: MüKo BGB, § 1 ProdHaftG Rn. 31; *Seibl*, in: Gsell/Krüger/Lorenz/Reymann, BeckOGK, § 1 ProdHaftG Rn. 93.

ProdHaftG auf das Auftreten des Fehlers in einer bestimmten Sphäre abstellen, sondern auf das Bestehen des Fehlers zum besagten Zeitpunkt. Das funktioniert bei herkömmlichen Produkten deshalb, weil die Verantwortungsbereiche von Hersteller und Nutzer klar durch den Zeitpunkt der Inverkehrgabe getrennt werden können. Bei selbstveränderlichen Systemen jedoch hat dieser Zeitpunkt keine Aussagekraft mehr darüber, in wessen Machtbereich der Fehler aufgetreten ist. Der Einfluss des Herstellers auf die Produktsicherheit bleibt auch nach der Übergabe durch das Aktualisieren der Software bzw. durch ihre selbstständige Veränderlichkeit permanent bestehen. Das Anknüpfen an den Zeitpunkt der Produktübergabe liefert bei intelligenten Systemen daher keine zufriedenstellende haftungsrechtliche Lösung mehr.[1189] Aus diesem Grund ist es ebenso wenig sachdienlich, die Inverkehrgabe begrifflich derart umzuinterpretieren, dass nunmehr mit jedem Update ein neues Inverkehrbringen des Fahrzeugs angenommen werden kann. Sogar wenn man – entgegen der Intention des europäischen Gesetzgebers – zwischen der Inverkehrgabe des Gesamtproduktes und der Inverkehrgabe der Software als Teilprodukt unterscheiden würde, ließe sich eine Haftung des Herstellers für selbstständige Lernprozesse nicht begründen, wenn die Fehlerhaftigkeit nicht eindeutig aus der Software hervorgeht.[1190]

Das Abstellen auf einen bestimmten, wann auch immer festgelegten Zeitpunkt ist daher grundsätzlich in Frage zu stellen. Auf den ersten Blick wäre das zwar der Türöffner für eine uferlose Haftung des Herstellers, weil der Sphärengedanke des Art. 7 b) der Richtlinie bei herkömmlichen Produkten ja nach wie vor greift und der Hersteller hier keinen Einfluss mehr auf die Sicherheit des Produktes hat. Der Fehler könnte etwa dadurch verursacht werden, dass der Nutzer durch den Gebrauch oder auf andere Weise schädigend auf das Produkt einwirkt. Eine Haftung des Herstellers wäre in diesem Fall ungerechtfertigt, ergibt sich bei konsequenter Anwendung der Richtlinie aber ohnehin gar nicht: Nach Art. 8 II kann die Haftung des Herstellers „unter Berücksichtigung aller Umstände gemindert werden." Das betrifft in erster Linie ein Mitverschulden des Nutzers,[1191] der Wortlaut lässt es aber durchaus zu, hier weitere Faktoren wie die natürliche Abnutzung oder die Verderblichkeit bestimmter

---

1189 Im Ergebnis kritisiert dies auch der Deutsche Anwaltsverein, Stellungnahme zum vorläufigen Konzeptpapier der europäischen Kommission zu künftigen Leitlinien zur Produkthaftungsrichtlinie, S. 6.
1190 Siehe oben unter § 6 B. III. 1. b. aa.
1191 Vgl. § 6 I ProdHaftG.

Produkte im Einzelfall zu berücksichtigen. Jedenfalls wird deutlich, dass das Produkthaftungsrecht nicht unbedingt einen fixen Zeitpunkt braucht, um verschiedene Verantwortungsbereiche voneinander zu trennen. Wie gesehen, ist ein solcher Zeitpunkt für die Zurechnung angelernter Verhaltensweisen sogar hinderlich; die Exkulpationsmöglichkeit des Art. 7 b) der Richtlinie sollte deshalb gestrichen werden.

V. Der Ausschluss der fehlerhaften Sache selbst

Art. 9 b) der Richtlinie begrenzt die Haftung der Hersteller auf Schäden an anderen Sachen als der fehlerhaften Sache selbst.[1192] Der Geschädigte, der gleichzeitig auch Fahrer und Halter des fehlerhaften Systems ist, kann den Hersteller deshalb nicht für entstandene Sachschäden am Fahrzeug selbst in Anspruch nehmen.[1193] Weil es in einem solchen Fall lediglich um das Verhältnis von Käufer und Verkäufer geht, mithin allein das Äquivalenzinteresse des Geschädigten betroffen ist, sollte diese Regelung aus systematischen Gründen beibehalten werden.[1194] Der Weiterfresserschaden ist nicht von der Richtlinie erfasst,[1195] die Abgrenzung von vertraglichen und deliktischen Ansprüchen muss aufrechterhalten werden.

VI. Der Verbraucherschutz als Schutzzweck der Norm

Die Bedeutung des Verbraucherschutzes ist in der Konzeption des ProdHaftG unübersehbar. Natürlich ist ein effektiver, europaweiter Verbraucherschutz kein Problem per se, sondern vielmehr eine bedeutende Errungenschaft der Harmonisierung des europäischen Rechtsrahmens. Ein Gesetz, das an diesen Gedanken angelehnt ist, bringt es aber natürlich mit sich, nur den Verbraucher in den geschützten Personenkreis einzubeziehen. In der Richtlinie findet dies insbesondere Ausdruck in Art. 9

1192 Siehe oben unter § 6 B. IV. 3.
1193 Praktisch bedeutsam ist zusätzlich, dass die Haftpflichtversicherung ebenfalls nicht für Schäden am Fahrzeug des Versicherten aufkommt, sodass versicherungsrechtlich nur der Rückgriff auf die Kaskoversicherung bleibt, die – wenn sie denn überhaupt vorhanden ist – nicht selten einen Selbstbehalt des Halters enthält; vgl. zum Haftungsumfang der Kaskoversicherung *Halbach*, in: Veith/Gräfe/Gebert, Der Versicherungsprozess, § 13 Rn. 1; *Notthoff*, r+s 2019, 496 (499).
1194 Ebenso *Rott*, Rechtspolitischer Handlungsbedarf im Haftungsrecht, S. 78; a. A. *Stöber/Pieronczyk/Möller*, DAR 2020, 609 (613).
1195 Siehe oben unter § 6 B. IV. 3. b.

b) i), ii), wonach die beschädigte Sache eine privat genutzte Sache sein muss. Begründet wurde diese Beschränkung vor allem mit dem Argument, gewerbliche Nutzer hätten regelmäßig die Möglichkeit, sich vertraglich oder deliktisch nach § 823 I BGB an den Hersteller zu halten.[1196] Wirklich überzeugen kann diese Begründung schon deshalb nicht, weil geschädigte Dritte sehr häufig in keiner vertraglichen Beziehung zum Hersteller stehen,[1197] wie das Beispiel des Straßenverkehrsunfalls deutlich zeigt. Der Verweis auf das allgemeine Deliktsrecht ist für gewerbliche Nutzer ebenfalls nicht sonderlich hilfreich. Es ist wenig verständlich, weshalb den gewerblichen Geschädigten offenbar der erforderliche Verschuldensnachweis im Rahmen des § 823 I BGB zugemutet werden kann, obwohl sie im Verhältnis zum Hersteller keine bessere Position haben als Privatpersonen. Dies gilt für lernfähige Produkte umso mehr, denn hier kann die Frage des Verschuldens wesentlich problematischer sein als bei herkömmlichen Produkten.[1198] Derjenige, der der Gefahr eines fehlerhaft lernenden Produktes ausgeliefert ist, sollte auch durch die Richtlinie geschützt sein, unabhängig davon, wie die Sache genutzt wird. Ist es erklärtes Ziel der Kommission, das Anwendungsfeld von KI rechtlich wirksam zu erfassen, dann kann nicht völlig unberücksichtigt bleiben, dass dieses Anwendungsgebiet zu einem großen Teil auf den gewerblichen Bereich fällt und Verbraucheranwendungen à la „smart home" nur die Spitze des Eisbergs sind.[1199] Im Straßenverkehr wäre die Ersatzfähigkeit des Schadens bzw. die Regressmöglichkeit der Versicherung davon abhängig, ob der Versicherungsnehmer privater oder gewerblicher Halter ist.[1200] Ein willkürliches Kriterium.

Im Übrigen ist auch für den EuGH der Verbraucherschutzgedanke nicht zwingend. Er sieht das Prinzip der Vollharmonisierung nicht als verletzt an, wenn einzelne Mitgliedstaaten den Schutzbereich der Richtlinie auf gewerbliche Nutzer ausweiten.[1201] Dieser Entscheidung lässt sich entnehmen, dass die Richtlinie nicht mit dem Verbraucherschutzgedanken stehen und fallen soll. Art. 9 b) i), ii) der Richtlinie sollte daher gestrichen werden.[1202]

1196 BT-Dr. 11/2447, S. 13.
1197 *Wagner*, in: MüKo BGB, § 1 ProdHaftG Rn. 14.
1198 Siehe oben unter § 6 C. I. 1. c.
1199 *V. Westphalen*, ZIP 2019, 889 (893).
1200 Siehe oben unter § 6 B. IV. 4.
1201 EuGH, EuZW 2009, 501 (501 ff.).
1202 Ebenso *v. Westphalen*, ZIP 2019, 889 (894); *ders.*, IWRZ 2018, 9 (19); *Stöber/Pieronczyk/*

VII. Haftungshöchstsumme

Die Leitidee einer verschuldensunabhängigen Haftung bringt es mit sich, dass die dem Verbraucher dadurch gewährten Vorteile durch Einschränkungen des Haftungsumfanges ausgeglichen werden, um den Hersteller vor einer uferlosen Haftung zu bewahren und damit die Versicherbarkeit des Risikos zu gewährleisten.[1203] Diesem Gedanken trägt Art. 16 der Richtlinie Rechnung, der den Mitgliedsstaaten optional eine kumulative Haftungshöchstsumme von 85 Millionen Euro an die Hand gibt.[1204] Deutschland ist eines der wenigen Länder, die von dieser Möglichkeit Gebrauch gemacht haben. Im internationalen Vergleich scheinen sich die vorrangig deutschen Bedenken bezüglich der Versicherbarkeit unbeschränkter Haftungsrisiken indes nicht zu bestätigen; in anderen Nationen ist es trotz fehlender Haftungsbegrenzung bislang zu keinen Konflikten wegen nicht versicherbarer Produkte gekommen.[1205] Obwohl die absoluten Schadenssummen bei intelligenten und vernetzten Produkten im Einzelfall deshalb wachsen könnten, weil ein Fehler im Algorithmus alle Systeme betrifft und sich das Schadensrisiko somit vervielfacht, lässt sich aktuell noch keine Aussage darüber treffen, inwiefern eine Obergrenze von 85 Millionen Euro dadurch ins Wanken geraten könnte. Es besteht daher jedenfalls aktuell kein eklatanter Handlungsbedarf, obwohl ein Verzicht auf Art. 16 der Richtlinie zur weitergehenden Harmonisierung des europäischen Rechtsrahmens sicherlich förderlich wäre.

VIII. Selbstbeteiligung

Der in Art. 9 b) statuierte Mindestschaden von 500 Euro ist entgegen der Intention des europäischen Gesetzgebers[1206] und des Gerichtshofes[1207] nicht dafür geeignet, die Gerichte von Bagatellstreitigkeiten zu befreien.[1208] Streitwerte unterhalb dieser Schwelle verlagern sich aktuell schlichtweg in die allgemeine Deliktshaftung.[1209] Den Nutzern ist zudem

---

Möller, DAR 2020, 609 (613); allgemein kritisch auch *Wagner*, in: MüKo BGB, § 1 ProdHaftG Rn. 14.

1203 BT-Dr. 11/2447, S. 12; *Cahn*, ZIP 1990, 482 (486).
1204 Siehe oben unter § 6 B. IV. 5.
1205 *Rott*, Rechtspolitischer Handlungsbedarf im Haftungsrecht, S. 43 f.
1206 BT-Dr. 11/2447, S. 24.
1207 EuGH, BeckRS 2004, 77531 Rn. 30; EuGH, BeckRS 2004, 74495 Rn. 30.
1208 *Rott*, Rechtspolitischer Handlungsbedarf im Haftungsrecht, S. 76.
1209 *Kullmann*, ProdHaftG, §§ 7-11 Rn. 39; *Spickhoff*, in: Gsell/Krüger/Lorenz/Reymann, BeckOGK, § 11 ProdHaftG Rn. 2; *Wilhelmi*, in: Erman BGB, § 11 ProdHaftG Rn. 1.

rationales Denken bei der gerichtlichen Verfolgung ihrer Rechte zuzutrauen, sodass eine übermäßige Beanspruchung der Gerichte ohnehin nicht zu erwarten ist. Gleichwohl muss ihnen aber auch der europäische Rechtsrahmen die Möglichkeit bieten, nach eigenem Ermessen ihre Ansprüche zu verfolgen. Dies gilt insbesondere dann, wenn Produkte des Massenmarktes eine Vielzahl von Personen schädigen.[1210] Im gesamteuropäischen Kontext erscheint ein in Euro ausgedrückter Mindestschaden auch deshalb äußerst fragwürdig, weil er die teilweise gravierenden Unterschiede hinsichtlich der wirtschaftlichen Verhältnisse von EU-Bürgern überhaupt nicht zu erfassen vermag.[1211] In einigen Regionen Europas liegt das durchschnittliche Monatseinkommen deutlich unterhalb von 500 Euro;[1212] aus dieser Perspektive schießt der Selbstbehalt zum Zwecke der Ausklammerung von „Bagatellschäden" weit über sein Ziel hinaus. Er ist deshalb schon aus prinzipiellen Erwägungen in Frage zu stellen und sollte gestrichen werden.[1213]

IX. Erlöschen des Anspruchs

Auf Deutschlands Straßen sind derzeit 40 Prozent der Fahrzeuge zehn Jahre oder älter, Tendenz steigend.[1214] Würden wir heute bereits mindestens zehn Jahre automatisiert oder autonom fahren, würde fast jedes zweite Fahrzeug aufgrund von Art. 11 der Richtlinie nicht mehr in ihren Anwendungsbereich fallen. Mag die Zehnjahresfrist heute noch damit zu begründen sein, dass Produkte nach einigen Jahren zwangsläufig „veralten" und es dem Hersteller mit den Jahren immer schwerer fällt, bei einem eingetretenen Schaden den Haftungsausschluss des Art. 7 b) der Richtlinie zu beweisen,[1215] so bedeutet sie gerade für Produkte, die eine

---

1210 Verbraucherzentrale Bundesverband e. V., „Safety by Design" – Produkthaftungsrecht für das Internet der Dinge, S. 16.
1211 *Spickhoff*, in: Gsell/Krüger/Lorenz/Reymann, BeckOGK, § 11 ProdHaftG Rn. 8.
1212 Bundeszentrale für politische Bildung, Einkommen, http://www.bpb.de/nachschlagen/zahlen-und-fakten/europa/70628/einkommen.
1213 Schon 1989 hatte der Rechtsausschuss des Bundestages Bedenken an dieser Regelung, BT-Dr. 11/5520, S. 16; im Ergebnis auch die Verbraucherzentrale Bundesverband e. V., „Safety by Design" – Produkthaftungsrecht für das Internet der Dinge, S. 15 f.; *Spickhoff*, in: Gsell/Krüger/Lorenz/Reymann, BeckOGK, § 11 ProdHaftG Rn. 8; *Rott*, Rechtspolitischer Handlungsbedarf im Haftungsrecht, S. 76.
1214 Kraftfahrt-Bundesamt, Steigendes Durchschnittsalter bei Personenkraftwagen, https://www.kba.de/DE/Statistik/Fahrzeuge/Bestand/Fahrzeugalter/fahrzeugalter_node.html.
1215 BT-Dr. 11/2447, S. 12; *Schmidt-Salzer/Hollmann*, Kommentar EG-Richtlinie Produkthaftung, Art. 11 Rn. 2; *v. Westphalen*, in: Foerste/v. Westphalen, Produkthaftungshandbuch, § 53 Rn. 14.

wesentlich längere Haltbarkeitsdauer als zehn Jahre haben, eine bedeutende Einschränkung,[1216] die angesichts der ständigen Updatefähigkeit softwarebasierter Produkte immer weniger zu rechtfertigen ist. Langfristig könnte eine Verdoppelung der Frist auf 20 Jahre sinnvoll sein.[1217]

X. Pflichtversicherung

Sofern nicht bereits ohnehin schon existent, sollten die Hersteller ihr Haftungsrisiko durch eine Haftpflichtversicherung absichern. Eine Versicherungspflicht, wie sie heute bereits für Medizinprodukte[1218] und viele schadensträchtige Berufsgruppen besteht,[1219] wäre auch im Rahmen der (übrigen) Produkthaftung konsequent. Damit wäre nicht nur die Schadensabwicklung auch bei Insolvenz des Herstellers sichergestellt,[1220] sondern auch die ausschließliche Beteiligung zweier erfahrener Versicherungsträger.[1221] Als äußerst vorteilhaft kann sich zudem erweisen, dass die Versicherungswirtschaft aus den gewonnen Daten wertvolle Rückschlüsse über die Schadenshäufigkeit und die Schadenssummen ziehen kann, die im Ergebnis ein genaues Bild über die tatsächliche Gefährlichkeit der Technologie liefern.[1222]

XI. Zwischenergebnis

Zusammenfassend ergibt sich folgender Reformbedarf: Die Produkt-Gefährdungshaftung sollte immer dann, wenn sich wesentliche Eigenschaften des Produktes nachträglich durch Einwirkung des Herstellers oder eigenständig verändern können, vom haftungsausschließenden Zeitpunkt der Inverkehrgabe abgekoppelt werden. Für eine Dauer von 20 Jahren sollte es Geschädigten möglich sein, bei Beweis eines sicherheitsgefährdenden Verhaltens der KI den eingetretenen Schaden geltend zu machen; bei Sachschäden sollte dies unabhängig von einer privaten oder

---

1216 *Meyer-Seitz*, in: 56. Deutscher Verkehrsgerichttag, S. 68 f.
1217 Vgl. *Rott*, Rechtspolitischer Handlungsbedarf im Haftungsrecht, S. 76, 78, der sogar eine Anpassung auf 30 Jahre nach Inverkehrbringen vorschlägt.
1218 Art. 10 Nr. 16 der EU-VO 2017/745.
1219 Etwa für Rechtsanwälte (§ 51 BRAO), Architekten (für Schleswig-Holstein § 3 Nr. 10 ArchIngKG), oder Ärzte (§ 21 MBO-Ä).
1220 Siehe dazu auch *Rott*, Rechtspolitischer Handlungsbedarf im Haftungsrecht, S. 47.
1221 Siehe oben unter § 4 B.
1222 Vgl. *Spindler*, CR 2015, 766 (775).

gewerblichen Nutzung der Sache sein. Der Hersteller muss diesbezüglich eine Produkthaftpflichtversicherung abschließen.

D. Die elektronische Person

Spätestens seitdem das Europäische Parlament in seinen Empfehlungen an die Kommission im Bereich der Robotik einen eigenen Rechtsstatus für Roboter gefordert hat,[1223] ist die eigentlich bereits seit vielen Jahren geführte Diskussion um die Rechtsfähigkeit von Maschinen neu entflammt.[1224] Obwohl diese Idee mittlerweile von der durch die Europäische Kommission eingesetzten Expertengruppe zur Reform der Produkthaftungsrichtlinie in ihrem finalen Bericht verworfen wurde,[1225] war es durchaus erstaunlich, dass ausgerechnet eine Institution der EU – der Schöpferin der harmonisierten Hersteller-Produkthaftung – diesen im Vergleich zu den bisher dargestellten Reformmöglichkeiten deutlich unkonventionelleren Weg einschlagen wollte. Das Konzept der e-Person basiert nämlich auf einem grundverschiedenen Prinzip der Schadenszurechnung. Während sowohl Produkt- als auch Produzentenhaftung das fehlerträchtige Verhalten des Systems bisher dem menschlichen Individuum oder den aus mehreren natürlichen Personen bestehenden Gesellschaften zuzurechnen versuchen, ist der Haftungsadressat nunmehr die Maschine selbst. Der haftungsrechtliche Vorteil dieser Lösung liegt dabei zunächst darin begründet, dass sich die Frage der Verantwortlichkeit für Autonomierisiken zumindest nicht sofort aufdrängt, weil von der Handlung des Roboters keine Brücke mehr zu einem menschlichen Handeln geschlagen werden müsste.

Beschränkt man den Fokus allein auf die juristische Diskussion und blendet man moralische und gesellschaftliche Probleme,[1226] die mit der Anerkennung einer e-Person sicherlich ebenfalls einhergehen, einmal aus,

---

1223 Europäisches Parlament, Empfehlungen an die Kommission zu zivilrechtlichen Regelungen im Bereich Robotik (2015/2103 (INL)), http://www.europarl.europa.eu/doceo/document/A-8-2017-0005_DE.html, Rn. 59 f).

1224 Vorher bereits *Matthias*, Automaten als Träger von Rechten; *Teubner*, ZRSoz 2006, 5 (5 ff.); *Cornelius*, MMR 2002, 353 (354); *Müller-Hengstenberg/Kirn*, MMR 2014, 1 (1 ff.); *Kersten*, JZ 2015, 1 (6 ff.); für das Strafrecht *Seher*, in: Gless/Seelmann, Intelligente Agenten und das Recht, S. 45 ff.

1225 Europäische Kommission, Liability for Artificial Intelligence, S. 4, 37 f.

1226 Dazu *Erhardt/Mona*, in: Gless/Seelmann, Intelligente Agenten und das Recht, S. 61 ff.; *Beck*, in: Hilgendorf/Beck, Robotik und Gesetzgebung, S. 239 ff.; *Teubner*, ZRSoz 2006, 5 (5 ff.).

dann scheint die Vereinfachung der rechtlichen Handhabe selbstständiger Systeme tatsächlich der primäre Erwägungsgrund des Konzeptes e-Person zu sein.[1227]

I. Rechtlicher Status

Die Bestrebung, Roboter zu Rechtssubjekten zu qualifizieren und damit die rechtliche Bewertung maschineller Interaktionen zu vereinfachen, folgt letztendlich nur dem Ziel, die Maschine zum Haftungssubjekt zu degradieren, sie also mit bestimmten Einstandspflichten „persönlich" zu belasten. Dieser (gewünschte) Effekt ist aber nur die eine Seite der Medaille, denn auf der anderen Seite entspricht es dem allgemeinen Verständnis, dass ein rechtsfähiges Subjekt – wie die Bezeichnung bereits verrät – ebenso auch Träger von Rechten ist.[1228] Die Brisanz wird vor allem dann deutlich, wenn man sich die damit verbundene Frage nach der Grundrechtsfähigkeit einer e-Person vor Augen führt.[1229] Obwohl nicht ausdrücklich erwähnt, geht das Grundgesetz zweifelsohne davon aus, dass nur der Mensch als natürliche Person Rechtssubjekt sein kann. Zwar erkennt die Verfassung auch juristische Personen als grundrechtsfähig an, diese sind aber nichts anderes als Ausfluss des Individualrechts der Vereinigungsfreiheit aus Art. 9 GG.[1230] Dementsprechend beschränkt Art. 19 III GG die Grundrechtfähigkeit juristischer Personen auf solche Grundrechte, die „ihrem Wesen nach auf diese anwendbar sind." Auch bei juristischen Personen bezieht sich der Grundrechtsschutz folglich auf das personale Substrat; ihnen steht ein bestimmtes Grundrecht nach Auffassung des Bundesverfassungsgerichts dann zu, wenn dies zur Bildung und Betätigung der freien Entfaltung der Persönlichkeit der hinter der juristischen Person stehenden natürlichen Personen erforderlich ist.[1231] Ebendieses personale Substrat fehlt allerdings bei Robotern, weil eine für den Durchgriff verfügbare natürliche Person nicht existiert. Die Beweggründe für die verfassungsrechtliche Anerkennung rechtsfähiger juristischer Personen können daher nicht ohne weiteres auf die Legiti-

---

1227 Vgl. *Pieper*, InTeR 2016, 188 (191); *Kersten*, JZ 2015, 1 (7); *Spindler*, CR 2015, 766 (774); *Wagner*, in: Faust/Schäfer, Zivilrechtliche und rechtsökonomische Probleme des Internet und der künstlichen Intelligenz, S. 30.
1228 *Ellenberger*, in: Palandt BGB, Buch 1, Abschnitt 1, Überblick Rn. 1.
1229 Vgl. dazu auch *Eidenmüller*, ZEuP 2017, 765 (775 f.).
1230 *Müller-Hengstenberg/Kirn*, MMR 2014, 307 (307); vgl. *Spindler*, CR 2015, 766 (774).
1231 BVerfG, NJW 1967, 1411 (1412); vgl. auch *Huber*, in: v. Mangoldt/Klein/Starck, GG, Art. 19 GG Rn. 208.

mation einer e-Person übertragen werden.[1232] Das bedeutet indes nicht, dass die Anerkennung der Rechtsfähigkeit per se an der Verfassung scheitert; es bliebe nur die Frage offen, anhand welcher Kriterien man einer e-Person das eine oder das andere Grundrecht zuerkennen soll.

Ebendiese Frage scheint das Privatrecht insofern besser beantworten zu können, als mithilfe der Rechtsfigur der teilrechtsfähigen Person gesetzlich klar gesteuert werden kann, mit welchen Rechten und Pflichten die e-Person ausgestattet werden soll.[1233] In diesem Sinne wäre es denkbar, für e-Personen einen neuen rechtlichen Sonderstatus zu schaffen, der abseits des anthropozentrischen Bezugs des Grundgesetzes die Rechte und Pflichten von Robotern durch einfache Gesetze regelt. So könnten der e-Person beispielsweise die Geschäftsfähigkeit oder bestimmte Justizrechte zuerkannt werden, nach denen es ihr erlaubt ist, im Rechtsverkehr eigenständig aufzutreten.[1234]

II. Wer ist e-Person?

Während die inhaltliche Ausgestaltung eines eigenen Rechtsrahmens somit zulässig und möglich wäre, ist damit jedoch noch keine Erkenntnis darüber gewonnen, wer oder was diesen rechtlichen Sonderstatus überhaupt einnehmen soll. Eine e-Person muss bestimmte, eindeutig und unzweifelhaft feststellbare Eigenschaften aufweisen, die sie von herkömmlichen Maschinen unterscheidet. Bezieht man sich etwa auf die Gesamtheit aller „autonomen Systeme", dann führt das schnell und unweigerlich zu einem Mangel an tatbestandlicher Präzision und damit zu erheblicher Rechtsunsicherheit. Für den Industriezweig der automatisierten und autonomen Fahrzeuge mag es mittlerweile eine einigermaßen gefestigte Vorstellung davon geben, welche technischen Eigenschaften Fahrzeuge der Stufe 4 oder 5 im Unterschied zu solchen der Stufe 1 oder 2 aufweisen. Um aber branchenübergreifend das Wesen der e-Person rechtlich erfassen zu können, bräuchte es ein allgemein

---

1232 *Eidenmüller*, ZEuP 2017, 765 (776); a.A. *Kersten*, JZ 2015, 1 (7), die für Roboter in bestimmten Situationen analog zu Art. 19 GG eine grundrechtstypische Gefährdungslage annimmt.

1233 *Wagner*, in: Faust/Schäfer, Zivilrechtliche und rechtsökonomische Probleme des Internet und der künstlichen Intelligenz, S. 31; *Schirmer*, JZ 2016, 660 (663); *v. Bodungen/Hoffmann*, NZV 2015, 521 (525).

1234 *Beck*, in: Hilgendorf/Beck, Robotik und Gesetzgebung, S. 256; die Vertretung vor Gericht könnte über eine Prozessstandschaft erfolgen, *Kersten*, JZ 2015, 1 (7).

anerkanntes Begriffsverständnis für die Gesamtheit derartiger Produkte. Für Adjektive wie „autonom" oder „intelligent" existiert derzeit aber keine allgemeingültige Definition, mithilfe derer sich eine klare Abgrenzung zu herkömmlichen, nicht autonomen oder intelligenten Produkten durchführen lässt.[1235] Eine begriffliche Konkretisierung wird zusätzlich dadurch erschwert, dass auch innerhalb der Gruppe von Produkten, die wir heute als smart oder autonom bezeichnen würden, ganz verschiedene Ausprägungen von intelligentem Handeln vorkommen. Es fragt sich, ob auch der smarte Kühlschrank oder der Chatbot im Internet eine eigene Rechtspersönlichkeit besitzen müssen. Es würde wohl letztlich darauf hinauslaufen, dass die Rechtsprechung bestimmten Produkten punktuell den Sonderstatus zusprechen müsste, bei denen tatsächlich das Bedürfnis einer sonderrechtlichen Behandlung besteht.

III. Haftung

Sogar wenn es eingedenk der vorherigen Ausführungen gelingen sollte, eine bestimmte Art von Produkten als e-Personen zu qualifizieren und einen geeigneten rechtlichen Rahmen für diese zu schaffen, so stellt sich die Frage, welche haftungsrechtliche Wirkung die direkte Inanspruchnahme eines Roboters hätte und ob diese Wirkung tatsächlich gewollt ist. Der e-Person muss eine Haftungsmasse zugewiesen werden und irgendjemand muss für diese Haftungsmasse aufkommen.[1236] Dabei besteht entweder die Möglichkeit, für jedes System eine Art Stammkapital aufzubauen oder es durch eine Haftpflichtversicherung zu versichern.[1237] In beiden Fällen ist aber völlig offen, wer das Kapital aufbringen oder die Versicherungsprämien zahlen soll.

Dem strittigen Haftungsverhältnis zwischen den Beteiligten Herstellern, Betreibern und Nutzern ist damit nicht aus dem Weg gegangen, es kommt nunmehr erst bei der Frage zum Tragen, wer die Haftungsmasse der e-

---

1235 *Borges*, NJW 2018, 977 (981); ähnlich *Spindler*, CR 2015, 766 (775).
1236 *Wagner*, in: Faust/Schäfer, Zivilrechtliche und rechtsökonomische Probleme des Internet und der künstlichen Intelligenz, S. 33; *Karner*, in: Lohsse/Schulze/Staudenmayer, Liability for Artificial Intelligence and the Internet of Things, S. 123.
1237 *Wagner*, in: Faust/Schäfer, Zivilrechtliche und rechtsökonomische Probleme des Internet und der künstlichen Intelligenz, S. 33; *Beck*, in: Hilgendorf/Beck, Robotik und Gesetzgebung, S. 256; *Pieper*, InTeR 2016, 188 (191); *Rott*, Rechtspolitischer Handlungsbedarf im Haftungsrecht, S. 48.

Person finanzieren soll.[1238] Der eigentliche haftungsrechtliche Effekt liegt lediglich in der faktischen summenmäßigen Haftungsbegrenzung sämtlicher Parteien; entweder in der Höhe des eingebrachten Kapitals oder in der Höhe der maximalen Deckungssumme der Haftpflichtversicherung.[1239] Das wiederum führt aus rechtlicher und ökonomischer Sicht zu falschen Anreizen, weil der Hersteller Haftungsrisiken in die beschränkt haftende e-Person auslagern könnte.[1240]

Eine Notwendigkeit für den Roboter als Rechtssubjekt besteht deshalb nicht.[1241] Der mit der praktischen Umsetzung verbundene erhebliche administrative Aufwand[1242] ist – trotz der grundsätzlichen Zulässigkeit eines eigenen Rechtsstatus – schlichtweg nicht lohnenswert, wenn er das eigentliche Kernproblem nur verlagert und zusätzlich Abgrenzungsschwierigkeiten zwischen rechtsfähigen und nicht-rechtsfähigen Produkten entstehen.

1238 *Hey*, Die außervertragliche Haftung des Herstellers autonomer Fahrzeuge bei Unfällen im Straßenverkehr, S. 208; vgl. *Wagner*, in: Faust/Schäfer, Zivilrechtliche und rechtsökonomische Probleme des Internet und der künstlichen Intelligenz, S. 34.

1239 Vgl. *Hanisch*, in: Hilgendorf, Robotik im Kontext von Recht und Moral, S. 39 f.; *Karner*, in: Lohsse/Schulze/Staudenmayer, Liability for Artificial Intelligence and the Internet of Things, S. 123.

1240 *Hanisch*, in: Hilgendorf, Robotik im Kontext von Recht und Moral, S. 40; *Wagner*, in: Faust/Schäfer, Zivilrechtliche und rechtsökonomische Probleme des Internet und der künstlichen Intelligenz, S. 35; *Rott*, Rechtspolitischer Handlungsbedarf im Haftungsrecht, S. 48 f.; *Spindler*, CR 2015, 766 (775).

1241 Ebenso ablehnend *Wagner*, in: Faust/Schäfer, Zivilrechtliche und rechtsökonomische Probleme des Internet und der künstlichen Intelligenz, S. 36 f.; *Zech*, in: Deutscher Juristentag, Verhandlungen des 73. Deutschen Juristentages, Band I, A 97; *Lohmann*, ZRP 2017, 168 (171); *Kreutz*, in: Oppermann/Stender-Vorwachs, Autonomes Fahren, 2. Auflage, S. 198 f.; *Rott*, Rechtspolitischer Handlungsbedarf im Haftungsrecht, S. 48 f.; *Spindler*, CR 2015, 766 (775); *Müller-Hengstenberg/Kirn*, MMR 2014, 307 (307); befürwortend dagegen *Beck*, in: Hilgendorf/Beck, Robotik und Gesetzgebung, S. 256; *Kersten*, JZ 2015, 1 (8).

1242 Die Pflege eines „Roboterregisters" würde beispielsweise die individuelle Erfassung jedes Systems mit entsprechenden Stammdaten (Name, Wohnsitz) voraussetzen, dazu *Pieper*, InTeR 2016, 188 (191); *Beck*, in: Hilgendorf/Beck, Robotik und Gesetzgebung, S. 256.

§9 Zusammenfassung und Fazit

„Das Auto ist eine vorübergehende Erscheinung. Ich setze auf das Pferd."[1243] Mehr als einhundert Jahre lang wurde Kaiser Wilhelm II für seine waghalsige Prognose zur Zukunft des Automobils belächelt. Heute hat sich der Wind ein wenig gedreht: Das Zitat ist mittlerweile ein durchaus beliebter literarischer Einstieg in das Phänomen des selbstfahrenden Automobils, denn genau wie das Pferd von Kaiser Wilhelm ist auch das autonome Kraftfahrzeug – in den Grenzen seiner Zweckbestimmung – zu eigenen, „autonomen" Handlungen fähig, ohne dass der Fahrer (oder Reiter) unmittelbaren Einfluss nehmen muss. Im zweiten und dritten Kapitel wurde versucht, sich der nunmehr gebräuchlichen Terminologie des autonomen Fahrzeugs begrifflich ein wenig zu nähern. Dabei hat sich gezeigt, dass wir uns mithilfe künstlicher Intelligenz tatsächlich in einem fortschreitenden Prozess in Richtung technischer Autonomie bewegen, wobei die Vision des autonomen, fahrerlosen Fahrens, so oft sie auch öffentlich thematisiert wird, eigentlich nur das (noch) weit entfernte Ende der Fahnenstange bezeichnet, der Prozess der Automatisierung selbst aber bereits die rechtlich kritischen Fragen im Kontext künstlicher Intelligenz im Straßenverkehr aufwirft.

Unmittelbare straßenverkehrsrechtliche Konsequenzen hat diese Entwicklung bisher nur für den Fahrer, dem § 1b StVG nun das Recht zuerkennt, sich für die Dauer der automatisierten Fahrt vom Verkehrsgeschehen abzuwenden, jedoch relativiert durch das Erfordernis der jederzeitigen Wahrnehmungs- und Übernahmebereitschaft. Der auftretende Konflikt zwischen geistiger An- und Abwesenheit und die damit verbundene Frage, wann Umstände derart offensichtlich sind, dass der Fahrer sie trotz Abwendung erkennen muss, sind die zentralen Kritikpunkte an der Regelung. Absolute Rechtssicherheit lässt sich nicht erreichen, wenn für den Fahrer nicht eindeutig feststellbar ist, welche Tätigkeiten vom Abwendungsrecht erfasst sind. Es verbleibt ein Feld von Aktivitäten, die sich am Rande der Illegalität bewegen, und das erst durch die Rechtsprechung Fall für Fall langsam aufgelöst werden kann. Trotz aller Kritik: Der Rückgriff auf unbestimmte Tatbestandsmerkmale ist insofern nicht zu beanstanden, als die Haftbarkeit des Fahrers nach

---

1243 Der genaue Wortlaut ist umstritten, am häufigsten findet sich die oben zitierte Version, vgl. *Pollmer/Das Gupta*, „Blut muss fließen, viel Blut", https://www.sueddeutsche.de/politik/die-bizarrsten-zitate-von-kaiser-wilhelm-ii-blut-muss-fliessen-viel-blut-1.470594-14.

§ 18 StVG auch bisher schon von der Bestimmung einer Sorgfaltspflichtverletzung abhängig und deshalb ebenfalls stark einzelfallabhängig ist. Der Rechtsprechung ist eine schrittweise „Belebung" der noch auslegungsbedürftigen Tatbestandsmerkmale zuzutrauen. Insgesamt zeigt der gesetzgeberische Vorstoß, in welche Richtung sich die Fahrerhaftung in Zukunft entwickeln wird. Mit zunehmender Automatisierung rückt die Rolle des Fahrers als aktiver Lenker und Denker immer weiter in den Hintergrund, er entwickelt sich vielmehr zum Überwacher des Systems mit dementsprechenden neuen Anforderungen. Sein Haftungsrisiko dürfte dabei insgesamt spürbar abnehmen. Dieser Tendenz lässt sich auch nicht durch eine entsprechende Anwendung deliktischer Tatbestände, insbesondere des § 831 BGB, entgegenwirken.

Die Verantwortlichkeit des Halters bleibt von den technischen Entwicklungen dagegen (fast) gänzlich unberührt; die Erwägungsgründe für eine verschuldensunabhängige Haftung lassen hier keine Neubewertung des Haftungskonzepts zu. Bei einem Verkehrsunfall ist einzig der Haftungsausschluss für langsam fahrende Fahrzeuge nach § 8 Nr. 1 StVG mit Blick auf die potenzielle Gefährlichkeit autonomer Arbeitsmaschinen oder Testfahrzeuge trotz ihrer geringen Geschwindigkeit in Frage zu stellen. Einen Sonderfall stellt der Hackerangriff dar, der nach der hier vertretenen Auffassung die Kriterien der höheren Gewalt i. S. d. § 7 II StVG erfüllt und den Halter deshalb von einer Haftung freizeichnet.

Zentrales Anliegen dieser Arbeit war schließlich die Analyse der haftungsrechtlichen Einbeziehung des Herstellers in das bisher nahezu ausschließlich von Halter und Fahrer dominierte Haftungsgefüge bei Straßenverkehrsunfällen. Für die Anwendbarkeit des ProdHaftG ist dabei zunächst einmal zu klären gewesen, ob eine fehlerhafte Steuerungssoftware überhaupt unter den Produktbegriff des § 2 ProdHaftG subsumiert werden kann. Hier wiederholt sich die mittlerweile in die Jahre gekommene Diskussion um die Sach- bzw. Produkteigenschaft von Computersoftware, wobei ihr im Falle von softwarebasierten Fahrzeugen ein wenig die Schärfe genommen wird, weil zumindest der Kombination aus Automobil und integrierter Software als embedded system Produktqualität zukommt. Folgt man dieser Ansicht, so stellt sich im Anschluss unweigerlich die Frage, wann ein solches System als „fehlerhaft" betrachtet werden muss. Im Wesentlichen stellte sich dabei heraus, dass trotz der jeder komplexen Software immanenten und unvermeidbaren Fehlerträchtigkeit ein enorm hohes Sicherheitsniveau erwartet werden kann, weil von der Steuerungssoftware die Integrität hochrangiger Rechtsgüter abhängig ist. Zur praktikablen Umsetzung dieses Erfordernisses wurde vorgeschlagen, die Anforderungen an die Software an denen eines menschlichen Idealfahrers zu messen. Danach wäre der Hersteller erst dann von der Haftung befreit, wenn der Unfall unvermeidbar war, ein Idealfahrer in der gleichen Situation den Unfall also auch nicht hätte verhindern können.

Die Ursache eines Produktfehlers kann nach wie vor in den bekannten Fehlerkategorien ausgedrückt werden, wobei der Schwerpunkt aufgrund der für alle Fahrzeuge einheitlichen Softwarearchitektur auf dem Konstruktionsfehler liegen dürfte. Trotzdem nicht zu vernachlässigen ist die Instruktionsverantwortung des Herstellers, der einerseits den im Umgang mit Automatisierungssystemen ungeübten Autofahrer über den Funktionsumfang und die Funktionsgrenzen insbesondere bei Level-3- und Level-4-Fahrzeugen aufklären muss, andererseits schnellstmöglich vor bekannt gewordenen Sicherheitsdefiziten zu warnen hat. Zur effektiven Wahrnehmung seiner Informationspflichten bietet sich eine konstruktive Instruktion an, die die Nutzbarkeit des Systems von der Kenntnisnahme der Instruktionen abhängig machen kann.

So umfangreich die Herstellerpflichten zur Einhaltung der Sicherheitsanforderungen auch sind: Das ProdHaftG ist trotz seiner Konzeption als verschuldensunabhängige und verbraucherfreundliche Haftung auch sehr darauf bedacht, die Haftung des Herstellers nicht zu überspannen. Das äußert sich im Allgemeinen etwa am nicht unerheblichen Selbstbehalt des Geschädigten. Speziell für den Bereich selbstveränderliche Systeme hat sich aber besonders der Haftungsausschlussgrund des § 1 II Nr. 2 ProdHaftG als problematisch herausgestellt. Die Exkulpationsmöglichkeit bezieht sich hier auf die Fehlerfreiheit des Produktes im Zeitpunkt der Inverkehrgabe. Ist ein Fahrzeug schon deshalb fehlerhaft, weil die Möglichkeit des fehlerhaften Lernens im Algorithmus angelegt ist? Verneint man diese Frage – was diese Arbeit im Ergebnis tut – führt dies in der Konsequenz zu einer beachtlichen Haftungslücke.

Die nationale Produzentenhaftung kennt derartige Haftungsbeschränkungen nicht. Das Autonomierisiko selbstlernender Systeme läge hier beim Hersteller, weil § 823 BGB nicht ausschließlich zeitpunktbezogen ist. Die Produktbeobachtungspflicht zwingt den Hersteller, die Entwicklung des Produktes auch nach der Inverkehrgabe zu verfolgen, und kann sogar bis zu einer deliktischen Software-Aktualisierungsverpflichtung reichen. Ein weiterer Unterschied zwischen Produzenten- und Produkthaftung besteht jedoch auch darin, dass erstere von einem Verschulden des Herstellers abhängig ist. Dafür wiederum muss der Schädiger die „innere Sorgfalt" außer Acht gelassen haben; die konkrete Gefahr muss ex ante also auch vorhersehbar und vermeidbar gewesen sein. Eben daran fehlt es aber, wenn es nach derzeitigem Stand der Technik nicht einmal möglich ist, den Fehler ex post präzise zu lokalisieren. Insgesamt wurde festgestellt, dass auch das Deliktsrecht kein adäquates Mittel zur rechtlichen Erfassung KI-basierter Fahrzeuge ist.

Der Exkurs in das Vertragsrecht zum Abschluss des sechsten Kapitels verdeutlichte noch einmal die Tragweite der Problematik. Auch das Mängelgewährleistungsrecht knüpft an den Zeitpunkt des Gefahrübergangs an und erfasst insofern keine nachträglichen Veränderungen des Produktes. Gleiches gilt für einen Garantievertrag, der, wenn überhaupt, nur in Form einer Beschaffenheitsgarantie abgeschlossen wird.

Dieses und weitere aufgeworfene Probleme waren dann Anlass dafür, nach Möglichkeiten einer Rechtsfortbildung de lege ferenda zu suchen. Dazu wurde zunächst untersucht, ob eine Verschärfung der Herstellerhaftung überhaupt im Sinne eines gerechten und ökonomisch effizienten Haftungsrechts ist. Wie sich herausgestellt hat, rechtfertigt der Risikobeitrag des Herstellers tatsächlich eine weitaus striktere Haftung, tendenziell sogar eine enge Gefährdungshaftung. Der Realisierung dieses Vorhabens sind aber europarechtliche Grenzen gesetzt: Der Vollharmonisierungscharakter der Produkthaftungsrichtlinie verhindert eine nationale Gesetzesreform – etwa den vielfach vorgeschlagenen Gefährdungshaftungstatbestand für Hersteller künstlicher Intelligenz –, weshalb primär die Richtlinie selbst in den Fokus gerückt ist. Zentrale Aspekte der hier empfohlenen Reformen sind die Loslösung der Richtlinie vom Zeitpunkt des Inverkehrbringens und von der Beschränkung auf geschädigte Verbraucher. Für den Hersteller bedeutet das im Vergleich zur bisherigen Gesetzeslage nur auf den ersten Blick eine erhebliche Haftungsverschärfung, schließlich entspricht eine umfassende Verantwortlichkeit für die eigenen auf dem Markt befindlichen Produkte zumindest in Deutschland schon jetzt dem Gedanken der Produzentenhaftung. Es sei auch noch einmal betont, dass die vorgeschlagenen Änderungen nicht mit einer reinen Kausalhaftung gleichbedeutend sind, weil die Fehlerhaftigkeit des Produktes nach wie vor Haftungsvoraussetzung ist. Die rechtlichen Schwierigkeiten künstlicher Intelligenz ließen sich so dennoch in den

Griff bekommen: Das Autonomierisiko ist nunmehr dem Hersteller zurechenbar, weil es weder darauf ankommt, ob ein bestimmter Fehler schon bei Veröffentlichung des Produktes bestand, noch ob dieser zu irgendeinem Zeitpunkt vorhersehbar oder vermeidbar war. Die Verantwortlichkeit für herkömmliche, nicht veränderliche Systeme wird dadurch nicht überspannt. Zu seiner Entlastung kann der Hersteller auf Art. 8 II der Richtlinie bzw. § 6 I ProdHaftG zurückgreifen, wenn der Fehler etwa auf ein Verhalten des Geschädigten oder auf die natürliche Abnutzung des Produktes zurückzuführen ist.

Nach den Feststellungen zu den Reformmöglichkeiten der Produkthaftungsrichtlinie war eigentlich bereits klar, dass die immer wieder aufkeimende Forderung nach einer speziellen e-Person zumindest aus derzeitiger Perspektive nicht wirklich gerechtfertigt ist. Abgesehen von der Frage, welche Eigenschaften eigentlich ein Produkt auszeichnen, das die Qualifizierung als e-Person verdient, ist schon der praktische Mehrwert eines zusätzlichen, nicht menschlichen Haftungssubjektes erheblich anzuzweifeln.

Vergegenwärtigt man sich zum Schluss noch einmal den Opferschutz als das Primärziel der straßenverkehrsrechtlichen Haftung, dann lässt eine Gesamtbetrachtung der erzielten Ergebnisse keine Zweifel daran, dass dieses Ziel auch weiterhin erfüllt werden kann, solange der Halter als Haftungsgegner zur Verfügung steht. Die Frage der gerechten Einbeziehung des Herstellers ist diesem Ziel insofern nachrangig, als sie lediglich die Regressmöglichkeiten innerhalb der Versicherungswirtschaft betrifft. Aber: Die meisten der aufgeworfenen Probleme sind nicht exklusiv der Automobilbranche vorbehalten, sondern lassen sich auf Anwendungsfelder übertragen, bei denen eine mit der Halterhaftung vergleichbare „Betreiberhaftung" nicht existiert. Umso wichtiger ist es, das Gesamtphänomen künstlicher Intelligenz nicht nur sektorspezifisch anzugehen. Alle Bereiche haben wohl gemein, dass der Gleichschritt von technischem und rechtlichem Fortschritt eine der größten Herausforderungen bleibt, ehe unser alltägliches Leben tatsächlich den erträumten Visionen entspricht. Beim Automobil jedenfalls nehmen wir bis dahin das Steuer ab und zu noch selbst in die Hand; manch einer soll ja sogar Spaß daran haben.

Literaturverzeichnis

Abel, Stefan, Der Millennium-Bug und der lange Arm der Produzentenhaftung, CR 1999, 680 ff. (zit. als *Abel*, CR 1999).

Albrecht, Frank, Die rechtlichen Rahmenbedingungen bei der Implementierung von Fahrerassistenzsystemen zur Geschwindigkeitsbeeinflussung, DAR 2005, 186 ff. (zit. als *Albrecht*, DAR 2005).

Aptiv/Audi/Baidu/BMW/Continental/Daimler/FCA/Here/Infineon/Intel/VW, Safety First for Automated Driving, 2019, https://www.daimler.com/dokumente/innovation/sonstiges/safety-first-for-automated-driving.pdf.

Armbrüster, Christian, Automatisiertes Fahren – Paradigmenwechsel im Straßenverkehrsrecht?, ZRP 2017, 83 ff. (zit. als *Armbrüster*, ZRP 2017).

Arnold, Heinz, Ein Fehler – und jetzt?, Markt&Technik 2019, 20 f. (zit. als *Arnold*, Markt&Technik 2019).

Artz, Markus/Harke, Jan Dirk, EU-Übereinstimmungsbescheinigung als Auskunfts- und Garantievertrag, NJW 2017, 3409 ff. (zit. als *Artz/Harke*, NJW 2017).

Arzt, Clemens/Ruth-Schuhmacher, Simone, Überführen hoch- und vollautomatisierter Fahrzeuge in den „risikominimalen Zustand", RAW 2017, 89 ff. (zit. als *Arzt/Ruth-Schuhmacher*, RAW 2017).

Bachmeier, Werner/Müller, Dieter/Rebler, Adolf, Verkehrsrecht Kommentar, 3. Auflage, Köln 2017 (zit. als *Bearbeiter*, in: Bachmeier/Müller/Rebler).

Balke, Rüdiger, Automatisiertes Fahren, SVR 2018, 5 ff. (zit. als *Balke*, SVR 2018).

Balser, Markus, Wenn Computer Autofahrer ablösen, 2016, https://www.sueddeutsche.de/auto/autonomes-fahren-wenn-computer-den-menschen-abloesen-1.2831833.

Bamberger, Georg/Roth, Herbert/Hau, Wolfgang/Poseck, Roman, BeckOK BGB, 52. Edition, München 2019 (zit. als *Bearbeiter*, in: Bamberger/Roth/Hau/Poseck).

Bar, Christian von, Entwicklungen und Entwicklungstendenzen im Recht der Verkehrs(sicherungs)pflichten, JuS 1988, 169 ff. (zit. als *Bar*, JuS 1988).

Barner, Frank, Die Einführung der Pflichtversicherung für Kraftfahrzeughalter, Frankfurt 1991 (zit. als *Barner*).

Bartl, Harald, Produkthaftung nach neuem EG-Recht, Kommentar zum dt. Produkthaftungsgesetz, Landsberg/Lech 1989 (zit. als *Bartl*).

Bartsch, Michael, Die Haftung des angestellten Programmierers, BB 1986, 1500 ff. (zit. als *Bartsch*, BB 1986).

Bauer, Axel, Produkthaftung für Software nach geltendem und künftigem deutschen Recht, PHI 1989, 38 ff. (zit. als *Bauer*, PHI 1989).

Bauer, Marc Christian, Elektronische Agenten in der virtuellen Welt, Ein Beitrag zu Rechtsfragen des Vertragsschlusses, einschließlich der Einbeziehung allgemeiner Geschäftsbedingungen, des Verbraucherschutzes sowie der Haftung, Recht der Neuen Medien 28, Hamburg 2006 (zit. als *Bauer*).

Baumbach, Adolf/Lauterbach, Wolfgang/Albers, Jan/Hartmann, Peter, Zivilprozessordnung, 77. Auflage, München 2019 (zit. als *Baumbach/Lauterbach/Albers/Hartmann*, ZPO).

Becker, Joachim, Die Autohersteller haben das Tempo der digitalen Revolution unterschätzt, 2019, https://www.sueddeutsche.de/auto/ces-autonomes-fahren-1.4278071.

Bensalem, Saddek/Gallien, Matthieu/Ingrand, Felix/Kahloul, Imen/Nguyen, Thanh-Hung, Toward a More Dependable Software Architecture for Autonomous Robots, 2009 (zit. als *Bensalem/Gallien/Ingrand/Kahloul/Nguyen*).

Berndt, Stephan, Der Gesetzentwurf zur Änderung des Straßenverkehrsgesetzes – ein Überblick, SVR 2017, 121 ff. (zit. als *Berndt*, SVR 2017).

Berz, Ulrich, Fahrerassistenzsysteme: Allgemeine Verkehrssicherheit und individueller Nutzen, ZVS 2002, 2 ff. (zit. als *Berz*, ZVS 2002).

Berz, Ulrich/Dedy, Eva/Granich, Claudia, Haftungsfragen bei dem Einsatz von Telematik-Systemen im Straßenverkehr, DAR 2000, 545 ff. (zit. als *Berz/Dedy/Granich*, DAR 2000).

Bethkenhagen, Kathrin, Die Entwicklung des Luftrechts bis zum Luftverkehrsgesetz von 1922, Frankfurt 2004 (zit. als *Bethkenhagen*).

Bewersdorf, Cornelia, Zulassung und Haftung bei Fahrerassistenzsystemen im Straßenverkehr, Berlin 2005 (zit. als *Bewersdorf*).

Biran, Or/Cotton, Courtenay, Explanation and Justification in Machine Learning: A Survey, IJCAI 2017 Workshop on Explainable Artificial Intelligence, 2017 (zit. als *Biran/Cotton*).

Blaschczok, Andreas, Gefährdungshaftung und Risikozuweisung, Köln 1993 (zit. als *Blaschczok*).

BMVI, Strategie automatisiertes und vernetztes Fahren 2015, https://www.bmvi.de/SharedDocs/DE/Publikationen/DG/broschuere-strategie-automatisiertes-vernetztes-fahren.pdf?__blob=publicationFile.

Bodungen, Benjamin von/Hoffmann, Martin, Belgien und Schweden schlagen vor: Das Fahrsystem soll Fahrer werden!, NZV 2015, 521 ff. (zit. als v. *Bodungen/Hoffmann*, NZV 2015).

Bodungen, Benjamin von/Hoffmann, Martin, Autonomes Fahren – Haftungsverschiebung entlang der Supply Chain? (1. Teil), NZV 2016, 449 ff. (zit. als v. *Bodungen/Hoffmann*, NZV 2016).

Bodungen, Benjamin von/Hoffmann, Martin, Autonomes Fahren – Haftungsverschiebung entlang der Supply Chain? (2. Teil), NZV 2016, 503 ff. (zit. als v. *Bodungen/Hoffmann*, NZV 2016).

Bodungen, Benjamin von/Hoffmann, Martin, Hoch- und vollautomatisiertes Fahren ante portas – Auswirkungen des 8. StVG-Änderungsgesetzes auf die Herstellerhaftung, NZV 2018, 97 ff. (zit. als v. *Bodungen/Hoffmann*, NZV 2018).

Böhme, Kurt/Biela, Anno/Tomson, Christian, Kraftverkehrs-Haftpflicht-Schäden, 26. Auflage, Heidelberg 2017 (zit. als *Bearbeiter*, in: Böhme/Biela/Tomson).

Börding, Andreas/Jülicher, Tim/Röttgen, Charlotte/v. Schönfeld, Max, Neue Herausforderungen der Digitalisierung für das deutsche Zivilrecht, CR 2017, 134 ff. (zit. als *Börding/Jülicher/Röttgen/v. Schönfeld*, CR 2017).

Borges, Georg, Haftung für selbstfahrende Autos, warum eine Kausalhaftung für selbstfahrende Autos gesetzlich geregelt werden sollte, CR 2016, 272 ff. (zit. als *Borges*, CR 2016).

225

Borges, Georg, Rechtliche Rahmenbedingungen für autonome Systeme, NJW 2018, 977 ff. (zit. als *Borges*, NJW 2018).

Brandt, Mathias, Auto weiterhin Fortbewegungsmittel Nr. 1, 2014, https://de.statista.com/infografik/2836/die-beliebtesten-verkehrsmittel-der-deutschen/.

Bratzel, Stefan/Thömmes, Jürgen, Alternative Antriebe, Autonomes Fahren, Mobilitätsdienstleistungen, neue Infrastrukturen für die Verkehrswende im Automobilsektor, Berlin 2018 (zit. als *Bratzel/Thömmes*).

Braunschmidt, Florian/Vesper, Christine, Die Garantiebegriffe des Kaufrechts, JuS 2011, 393 ff. (zit. als *Braunschmidt/Vesper*, JuS 2011).

Brause, Rudiger, Neuronale Netze, Eine Einführung in die Neuroinformatik, Leitfaden und Monographien der Informatik, Stuttgart 1991 (zit. als *Brause*).

Bräutigam, Peter/Klindt, Thomas, Digitale Wirtschaft/Industrie 4.0, ein Gutachten der Noerr LLP im Auftrag des BDI, 2015, https://bdi.eu/media/themenfelder/digitalisierung/downloads/20151117_Digitalisierte_Wirtschaft_Industrie_40_Gutachten_der_Noerr_LLP.pdf.

Bräutigam, Peter/Klindt, Thomas, Industrie 4.0, das Internet der Dinge und das Recht, NJW 2015, 1137 ff. (zit. als *Bräutigam/Klindt*, NJW 2015).

Breidenbach, Stephan/Glatz, Florian, Rechtshandbuch Legal Tech, München 2018 (zit. als *Bearbeiter*, in: Breidenbach/Glatz).

Breitinger, Matthias, 26 Sekunden bis der Fahrer übernimmt, 2017, https://www.zeit.de/mobilitaet/2017-02/autonomes-fahren-auto-fahrer-reaktionszeit.

Brüggemeier, Gert, Prinzipien des Haftungsrechts, Baden-Baden 1999 (zit. als *Brüggemeier*).

Brüggemeier, Gert, Haftungsrecht, Struktur, Prinzipien, Schutzbereich: ein Beitrag zur Europäisierung des Privatrechts, Enzyklopädie der Rechts- und Staatswissenschaft, Heidelberg 2006 (zit. als *Brüggemeier*).

Brunotte, Nico, Virtuelle Assistenten – Digitale Helfer in der Kundenkommunikation, CR 2017, 583 ff. (zit. als *Brunotte*, CR 2017).

Buck-Heeb, Petra/Dieckmann, Andreas, Die Fahrerhaftung nach § 18 I StVG bei (teil-) automatisiertem Fahren, NZV 2019, 113 ff. (zit. als *Buck-Heeb/Dieckmann*, NZV 2019).

Budewig, Klaus/Gehrlein, Markus/Leipold, Klaus, Der Unfall im Straßenverkehr, München 2008 (zit. als *Bearbeiter*, in: Budewig/Gehrlein/Leipold).

Bundesanstalt für Straßenwesen, Rechtsfolgen zunehmender Fahrzeugautomatisierung, 2012, https://bast.opus.hbz-nrw.de/opus45-bast/frontdoor/deliver/index/docld/541/file/F83.pdf.

Bundesanstalt für Straßenwesen, Rechtsfolgen zunehmender Fahrzeugautomatisierung, 2012, https://www.bast.de/BASt_2017/DE/Publikationen/Foko/2013-2012/2012-11.html.

Bundesministerium für Umwelt, Naturschutz und nukleare Sicherheit, Wie klimafreundlich sind Elektroautos?, 2019, https://www.bmu.de/fileadmin/Daten_BMU/Download_PDF/Verkehr/emob_klimabilanz_2017_bf.pdf.

Bundesministerium für Wirtschaft und Energie, Künstliche Intelligenz und Recht im Kontext von Industrie 4.0, 2019.

Bundesregierung, Regierungsprogramm Elektromobilität, 2011, https://www.bmbf.de/files/programm_elektromobilitaet(1).pdf.

Bundesregierung, Klare Ethik-Regeln für Fahrcomputer, 2017, https://www.bundesregierung.de/Content/DE/Artikel/2017/08/2017-08-23-ethik-kommission-regeln-fahrcomputer.html.

Bundesregierung, Strategie Künstliche Intelligenz der Bundesregierung, 2018, https://www.bmbf.de/files/Nationale_KI-Strategie.pdf.

Bundeszentrale für politische Bildung, Einkommen, 2019, http://www.bpb.de/nachschlagen/zahlen-und-fakten/europa/70628/einkommen.

Burmann, Michael/Heß, Rainer/Hühnermann, Katrin/Jahnke, Jürgen, Straßenverkehrsrecht, 24. Auflage, München 2015 (zit. als *Bearbeiter*, in: Burmann/Heß/Hühnermann/Jahnke).

Bydlinski, Peter, Der Sachbegriff im elektronischen Zeitalter: zeitlos oder anpassungsbedürftig?, AcP 1998, 287 ff. (zit. als *Bydlinski*, AcP 1998).

Cahn, Andreas, Das neue Produkthaftungsgesetz – ein Fortschritt?, ZIP 1990, 482 ff. (zit. als *Cahn*, ZIP 1990).

Cahn, Andreas, Produkthaftung für verkörperte geistige Leistungen, NJW 1996, 2899 ff. (zit. als *Cahn*, NJW 1996).

Chibanguza, Kuuya/Schubmann, Daniel, Die Produktbeobachtungspflicht im Wandel der Digitalisierung und die Haftung der handelnden Personen, GmbHR 2019, 313 ff. (zit. als *Chibanguza/Schubmann*, GmbHR 2019).

Cookson, Graham/Pishue, Bob, Die Folgen der Parkplatzproblematik in den Vereinigten Staaten, Großbritannien und Deutschland, Inrix Research, 2017 (zit. als *Cookson/Pishue*).

Cookson, Graham/Pishue, Bob, Inrix Verbraucherstudie zu autonomen und vernetzten Fahrzeugen, 2017 (zit. als *Cookson/Pishue*).

Cornelius, Kai, Vertragsabschluss durch autonome elektronische Agenten, MMR 2002, 353 ff. (zit. als *Cornelius*).

Cramer, Peter, Straßenverkehrsrecht Kommentar, 2. Auflage, München 1977 (zit. als *Cramer*).

Damböck, Daniel/Farid, Mehdi/Tönert, Lars/Bengler, Klaus, Übernahmezeiten beim hochautomatisierten Fahren, 2013, https://mediatum.ub.tum.de/doc/1142102/1142102.pdf.

Danwerth, Christopher, Analogie und teleologische Reduktion – zum Verhältnis zweier scheinbar ungleicher Schwestern, ZfPW 2017, 230 ff. (zit. als *Danwerth*, ZfPW 2017).

Dauner-Lieb, Barbara/Langen, Werner, BGB Schuldrecht, Band 2/1, §§ 241-610, 3. Auflage, Baden-Baden 2016 (zit. als *Bearbeiter*, in: Dauner-Lieb/Langen).

Dauner-Lieb, Barbara/Langen, Werner, BGB Schuldrecht, Band 2/2, §§ 611-853, 2. Auflage, Baden-Baden 2012 (zit. als *Bearbeiter*, in: Dauner-Lieb/Langen).

Delhaes, Daniel/Murphy, Martin, Das vollkommen autonome Fahren wird vorerst nicht kommen, 2019, https://www.handelsblatt.com/politik/deutschland/hohe-kosten-das-vollkommen-autonome-fahren-wird-vorerst-nicht-kommen/24597246.html?ticket=ST-6631171-3aOlc4W3i9lduahebTvR-ap1.

Denga, Michael, Deliktische Haftung für künstliche Intelligenz, CR 2018, 69 ff. (zit. als *Denga*, CR 2018).

Deutsch, Erwin, Das neue System der Gefährdungshaftungen: Gefährdungshaftung, erweiterte Gefährdungshaftung und Kausal-Vermutungshaftung, NJW 1992, 73 ff. (zit. als *Deutsch*, NJW 1992).

Deutsch, Erwin, Fahrlässigkeit und erforderliche Sorgfalt, 2. Auflage, Köln 1995 (zit. als *Deutsch,* Fahrlässigkeit und erforderliche Sorgfalt).

Deutsch, Erwin, Allgemeines Haftungsrecht, 2. Auflage, Köln 1996 (zit. als *Deutsch,* Allgemeines Haftungsrecht).

Deutsch, Erwin/Ahrens, Hans-Jürgen, Deliktsrecht, Unerlaubte Handlungen, Schadensersatz, Schmerzensgeld, 6. Auflage, München 2014, (zit. als *Deutsch/Ahrens*).

Deutscher Anwaltsverein, Stellungnahme des Deutschen Anwaltsvereins durch den Ausschuss Informationsrecht zum vorläufigen Konzeptpapier der europäischen Kommission zu künftigen Leitlinien zur Produkthaftungsrichtlinie („Preliminary Concept Paper for the future Guidance on the Product Liability Directive 85/374/EEC" vom 18. September 2018), 2018.

Deutscher Bundestag, Wahl zum 19. Deutschen Bundestag, 2018, https://www.bundestag.de/dokumente/textarchiv/2018/kw52-jahresrueckblick-534894.

Deutscher Juristentag, Verhandlungen des 71. Deutschen Juristentages, Band I, München 2016.

Deutscher Juristentag, Verhandlungen des 73. Deutschen Juristentages, Band I, München 2020.

Deutscher Verkehrsgerichtstag, 53. Deutscher Verkehrsgerichtstag, Köln 2015.

Deutscher Verkehrsgerichtstag, 56. Deutscher Verkehrsgerichtstag, Köln 2018.

Diedrich, Kay, Typisierung von Softwareverträgen nach der Schuldrechtsreform, CR 2002, 473 ff. (zit. als *Diedrich*, CR 2002).

Dorfmeister Villalba, Astrid, Die zivilrechtliche Haftung für durch fehlerhafte Produkte entstandene Schäden in Spanien, 2004 (zit. als *Dorfmeister Villalba*).

Dötsch, Jens/Koehl, Felix/Krenberger, Benjamin/Türpe, Andreas, BeckOK Straßenverkersrecht, 2. Auflage, München 2018 (zit. als *Bearbeiter*, in: Dötsch/Koehl/Krenberger/Türpe).

Doukoff, Norman, Grundlagen des Anscheinsbeweises, SVR 2015, 245 ff. (zit. als *Doukoff*, SVR 2015).

Dreier, Thomas, Kompensation und Prävention, Tübingen 2002 (zit. als *Dreier*).

Droste, Johannes, Produktbeobachtungspflichten der Automobilhersteller bei Software in Zeiten vernetzten Fahrens, CCZ 2015, 105 ff. (zit. als *Droste*, CCZ 2015).

Duffy, Sophia H./Hopkins, Jamie Patrick, Sit, Stay, Drive: The Future of Autonomous Car Liability, Sci. & Tech. L. Rev 2013 (Vol. 16 Iss. 3), 453 ff. (zit. als Duffy/Hopkins, Sci. & Tech. L. Rev 2013).

dwds, https://www.dwds.de/wb/Auto; https://www.dwds.de/wb/Automat; https://www.dwds.de/wb/autonom.

Ebenroth, Carsten Thomas/Boujong, Karlheinz/Joost, Detlev/Strohn, Lutz, Handelsgesetzbuch, 3. Auflage, München 2014 (zit. als *Bearbeiter*, in: Ebenroth/Boujong/Joost/Strohn).

Eckel, Philipp, Die Nutzung von Mobiltelefonen beim hoch- und vollautomatisierten Fahren, NZV 2019, 336 ff. (zit. als *Eckel*, NZV 2019).

Economic Commission for Europe, Autonomous Driving, Submitted by the Governments of Belgium and Sweden, 2015.

Eidenmüller, Horst, Effizienz als Rechtsprinzip, 4. Auflage, Tübingen 2015 (zit. als *Eidenmüller*).

Engel, Friedrich-Wilhelm, Produzentenhaftung für Software, CR 1986, 702 ff. (zit. als *Engel*, CR 1986).

Erman, Walter, Erman Bürgerliches Gesetzbuch, 15. Auflage, Köln 2017 (zit. als *Erman*).

Ersoy, Metin/Heißing, Bernd/Gies, Stefan, Fahrwerkhandbuch, Grundlagen – Fahrdynamik – Fahrverhalten- Komponenten – Elektronische Systeme – Fahrerassistenz – Autonomes Fahren- Perspektiven, Wiesbaden 2017 (zit. als *Ersoy/Gies*).

Esser, Josef/Schmidt, Eike, Schuldrecht Allgemeiner Teil. Band I., 8. Auflage, Heidelberg 1995 (zit. als *Esser/Schmidt*).

Esser, Klaus/Kurte, Judith, Autonomes Fahren, Aktueller Stand, Potentiale und Auswirkungsanalyse, 2018 (zit. als *Esser/Kurte*).

Ethik-Kommission, Automatisiertes und vernetztes Fahren, 2017, https://www.bmvi.de/SharedDocs/DE/Publikationen/DG/bericht-der-ethik-kommission.pdf?__blob=publicationFile.

Europäische Kommission, Bericht der Kommission über die Anwendung der Richtlinie 85/374 über die Haftung für fehlerhafte Produkte, 2001.

Europäische Kommission, Bericht der Kommission an das Europäische Parlament, den Rat und den Europäischen Wirtschafts- und Sozialausschuss, über die Anwendung der Richtlinie des Rates zur Angleichung der Rechts- und Verwaltungsvorschriften der Mitgliedsstaaten über die Haftung für fehlerhafte Produkte (85/374/EWG), 2018.

Europäische Kommission, Die Zivilrechtliche Haftung für fehlerhafte Produkte, Grünbuch, 1999.

Europäische Kommission, Liability for Artificial Intelligence, 2019.

Europäische Kommission, Mitteilung der Kommission an das Europäische Parlament, den Rat, den Europäischen Wirtschafts- und Sozialausschuss und den Ausschuss der Regionen, Aufbau einer europäischen Datenwirtschaft, 2017.

Europäische Kommission, Preliminary cocept paper for the future guidance on the Product Liability Directive 85/374/EEC, 2018.

Europäisches Parlament, Zivilrechtliche Regelungen im Bereich der Robotik, 2017.

Farwer, Lukas, Lebensdauer von Autos – alle Infos zu Verschleiß und Haltbarkeit, 2018, https://praxistipps.focus.de/lebensdauer-von-autos-alle-infos-zu-verschleiss-und-haltbarkeit_97525.

Faust, Florian/Schäfer, Hans-Bernd, Zivilrechtliche und rechtsökonomische Probleme des Internet und der künstlichen Intelligenz, Tübingen 2019 (zit. als *Bearbeiter*, in: Faust/Schäfer).

FAZ, Tatort Wiehltalbrücke: Unfallverursacher verurteilt, 2015, https://www.faz.net/aktuell/gesellschaft/kriminalitaet/prozess-tatort-wiehltalbruecke-unfallverursacher-verurteilt-1255628.html.

FAZ, Volvo will für selbstfahrende Autos haften, 2015, https://www.faz.net/aktuell/
wirtschaft/macht-im-internet/volvo-uebernimmt-haftung-fuer-selbstfahrende-
autos-13847238.html.

FAZ, Autos selbst steuern? In 20 Jahren nur mit Sondererlaubnis, 2017, https://
www.faz.net/aktuell/wirtschaft/neue-mobilitaet/angela-merkel-autos-selbst-
steuern-in-20-jahren-nur-mit-sondererlaubnis-15056398.html.

Feldle, Jochen, Notstandsalgorithmen, Dilemmata im automatisierten Straßenverkehr,
Baden-Baden 2018 (zit. als *Feldle*).

Fischer, Thomas, Strafgesetzbuch, 66. Auflage, München 2019 (zit. als *Fischer*).

Fleck, Jörg/Thomas, Alina, Automatisierung im Straßenverkehr, NJOZ 2015, 1393 ff.
(zit. als *Fleck/Thomas*, NJOZ 2015).

Foerste, Ulrich/Westphalen, Friedrich von, Produkthaftungshandbuch, 3. Auflage,
München 2012 (zit. als *Bearbeiter*, in: Foerste/v. Westphalen).

Franke, Ulrich, Rechtsprobleme beim automatisierten Fahren – ein Überblick, DAR
2016, 61 ff. (zit. als *Franke*, DAR 2016).

Fraunhofer Iais, Maschinelles Lernen „on the edge", 2019, https://www.iais.fraunho
fer.de/content/dam/iais/pr/pi/2019/WhitepaperMachineLearningontheedge/
Whitepaper_Machine-Learning-on-the-edge_FraunhoferIAIS.pdf.

Fraunhofer-Allianz Big Data, Zukunftsmarkt künstliche Intelligenz – Potenziale und
Anwendungen, 2017, https://www.iais.fraunhofer.de/content/dam/bigdata/de/
documents/Publikationen/KI-Potenzialanalyse_2017.pdf.

Frenz, Walter, Haftungsfragen bei Fahrerassistenzsystemen, zfs 2003, 381 ff. (zit. als
Frenz, zfs 2003).

Freymann, Hans-Peter/Wellner, Wolfgang, Straßenverkehrsrecht, Saarbrücken 2018
(zit. als *Bearbeiter*, in: Freymann/Wellner).

Fuchs, Andreas, Autonome Landtechnik, ATZheavy duty 2018, 3 ff. (zit. als *Fuchs*,
ATZheavy duty 2018).

Fuchs, Maximilian/Baumgärtner, Alex, Ansprüche aus Produzentenhaftung und Produkthaftung, JuS 2011, 1057 ff. (zit. als *Fuchs/Baumgärtner*, JuS 2011).

Fuchs, Maximilian/Pauker, Werner/Baumgärtner, Alex, Delikts- und Schadensersatz-
recht, 9. Auflage, Berlin 2017 (zit. als *Fuchs/Pauker/Baumgärtner*).

Gail, Uwe, Betrachtungen zur Beurteilung der Betriebsgefahr bei autonomen Fahrzeugen, SVR 2019, 323 ff. (zit. als *Gail*, SVR 2019).

GDV, Übergabe von hochautomatisiertem Fahren zur manuellen Steuerung, 2016,
https://udv.de/sites/default/files/tx_udvpublications/fobe_39_hochautomfah-
ren.pdf.

GDV, Stellungnahme des Gesamtverbandes der Deutschen Versicherungswirtschaft
zum Entwurf eines Gesetzes zur Änderung des Straßenverkehrsgesetzes (Kraftfahrzeuge mit weiterentwickelten automatisierten Systemen), 2017, https://www.
cr-online.de/GDV-Stellungnahme-Gesetzentwurf-automatisiertes-Fahren-2017.
pdf.

Geigel, Reinhart, Der Haftpflichtprozess, 27. Auflage, München 2015 (zit. als *Bearbeiter*, in: Geigel).

Geipel, Andreas, Der Anscheinsbeweis unter besonderer Berücksichtigung des Ver-
kehrsrechts, NZV 2015, 1 ff. (zit. als *Geipel*, NZV 2015).

Geistfeld, Mark A., A Roadmap for Autonomous Vehicles: State Tort Liability, Automobile Insurance, and Federal Safety Regulation, Calif. L. Rev. 2017 (Vol. 105 Iss. 6), 1611 ff. (zit. als *Geistfeld*, Calif. L. Rev. 2017).

Giesberts, Ludger/Gayger, Michael, Sichere Produkte ohne technische Normen, NVwZ 2019, 1491 ff. (zit. als *Giesberts/Gayger*, NVwZ 2019).

Gless, Sabine/Seelmann, Kurt, Intelligente Agenten und das Recht, Baden-Baden 2017 (zit. als *Bearbeiter*, in: Gless/Seelmann).

Gless, Sabine/Janal, Ruth, Hochautomatisiertes und autonomes Autofahren– Risiko und rechtliche Verantwortung, JR 2016, 561 ff. (zit. als *Gless/Janal*, JR 2016).

Gomille, Christian, Herstellerhaftung für automatisierte Fahrzeuge, JZ 2016, 76 ff. (zit. als *Gomille*, JZ 2016).

Graevenitz, Albrecht von, Zwei mal Zwei ist Grün" – Mensch und KI im Vergleich, ZRP 2018, 238 ff. (zit. als *Graevenitz*, ZRP 2018).

Gramespacher, Thomas Ch., Irreführende Werbung mit Tesla-Autopilot, https://medien-internet-und-recht.de/volltext.php?mir_dok_id=3002.

Grapentin, Justin, Die Erosion der Vertragsgestaltungsmacht durch das Internet und den Einsatz Künstlicher Intelligenz, NJW 2019, 181 ff. (zit. als *Grapentin*, NJW 2019).

Grathwohl, Marius/Putzke, Enrico/Hieke, Robert, Produkthaftungsrechtliche Betrachtung autonomer Assistenzsysteme für Ältere, InTeR 2014, 98 ff. (zit. als *Grathwohl/Putzke/Hieke*, InTeR 2014).

Greger, Reinhard, Haftungsfragen beim automatisierten Fahren, NZV 2018, 1 ff. (zit. als *Greger*, NZV 2018).

Greger, Reinhard/Zwickel, Martin, Haftungsrecht des Straßenverkehrs, 5. Auflage, Berlin 2014 (zit. als *Bearbeiter*, in: Greger/Zwickel).

Gruber, Malte-Christian, Gefährdungshaftung für informationstechnologische Risiken, Verantwortungszurechnung im „Tanz der Agenzien", KJ 2013, 356 ff. (zit. als *Gruber*, KJ 2013).

Grünvogel, Thomas, Das Fahren von Autos mit automatisierten Funktionen, MDR 2017, 973 ff. (zit. als *Grünvogel*, MDR 2017).

Grunwald, Armin, Autonomes Fahren: Technikfolgen, Ethik und Risiken, SVR 2019, 81 ff. (zit. als *Grunwald*, SVR 2019).

Grützmacher, Malte, Die deliktische Haftung für autonome Systeme – Industrie 4.0 als Herausforderung für das bestehende Recht?, CR 2016, 695 ff. (zit. als *Grützmacher*, CR 2016).

Grützmacher, Malte, Drum prüfe, was der Hersteller findet, 2017, https://www.lto.de/recht/hintergruende/h/autonomes-fahren-gesetzentwurf-haftung-fahrer-hersteller/.

Grützner, Thomas/Schmidl, Michael, Verjährungsbeginn bei Garantieansprüchen, NJW 2007, 3610 ff. (zit. als *Grützner/Schmidl*, NJW 2007).

Gsell, Beate/Krüger, Wolfgang/Lorenz, Stephan/Reymann, Christoph, beck-online. GROSSKOMMENTAR, München 2018 (zit. als *Bearbeiter*, in: Gsell/Krüger/Lorenz/Reymann, BeckOGK).

Günther, Jan-Philipp, Roboter und rechtliche Verantwortung, München 2016 (zit. als *Günther*).

231

Gurney, Jeffrey, Sue My Car Not Me: Products Liability and Accidents Involving Autonomous Vehicles, U. III.J.L.Tech. & Pol'y 2013 (zit. als *Gurney*, U. III.J.L.Tech. & Pol'y 2013).

Haberstumpf, Helmut, Der Handel mit gebrauchter Software im harmonisierten Urheberrecht, CR 2012, 561 ff. (zit. als *Haberstumpf*, CR 2012).

Hammel, Tobias, Haftung und Versicherung bei Personenkraftwagen mit Fahrerassistenzsystemen, Karlsruhe 2016 (zit. als *Hammel*).

Hammer, Christoph, Automatisierte Steuerung im Straßenverkehr, Frankfurt 2015 (zit. als *Hammer*).

Hans, Armin, Automotive Software 2.0: Risiken und Haftungsfragen, GWR 2016, 393 ff. (zit. als *Hans*, GWR 2016).

Hartmann, Volker, Big Data und Produkthaftung, DAR 2015, 122 ff. (zit. als *Hartmann*, DAR 2015).

Hartmann, Volker, Here come the robots – Produkthaftung und Robotik am Beispiel des automatisierten und autonomen Fahrens (Teil 1: Anforderungen an die Konstruktion), PHI 2017, 2 ff. (zit. als *Hartmann*, PHI 2017).

Hartmann, Volker, Here come the robots – Produkthaftung und Robotik am Beispiel des automatisierten und autonomen Fahrens (Teil 2: Anforderungen an die Produktbeobachtung), PHI 2017, 42 ff. (zit. als *Hartmann*, PHI 2017).

Haus, Klaus-Ludwig/Krumm, Carsten/Quarch, Matthias, Gesamtes Verkehrsrecht, Verkehrszivilrecht, Versicherungsrecht, Ordnungswidrigkeiten- und Strafrecht, Verkehrsverwaltungsrecht, 2. Auflage, Baden-Baden 2017 (zit. als *Bearbeiter*, in: Haus/Krumm/Quarch).

Hauschka, Christoph/Klindt, Thomas, Eine Rechtspflicht zur Compliance im Reklamationsmanagement?, NJW 2007, 2726 ff. (zit. als *Hauschka/Klindt*, NJW 2007).

Hebermehl, Gregor, Zwei Personen im gerammten Honda Civic sterben, 2020, https://www.auto-motor-und-sport.de/elektroauto/tesla-autopilot-unfall-honda-civic/.

Heinrich, Berthold/Linke, Petra/Glöckler, Michael, Grundlagen Automatisierung, Sensorik, Regelung, Steuerung, Wiesbaden 2017 (zit. als *Bearbeiter*, in: Heinrich/Linke/Glöckler).

Helmig, Ekkehard, Die neuen Richtlinien zum europäischen Verbraucherkaufrecht, IWRZ 2019, 200 ff. (zit. als *Helmig*, IWRZ 2019).

Hentschel, Peter/König, Peter/ Dauer, Peter, Straßenverkehrsrecht, 45. Auflage, München 2019 (zit. als *Bearbeiter*, in: Hentschel/König/Dauer).

Herberger, Maximilian, Künstliche Intelligenz und Recht – ein Orientierungsversuch, NJW 2018, 2825 ff. (zit. als *Herberger*, NJW 2018).

Herberger, Maximilian/Martinek, Michael/Rüßmann, Helmut/Weth,Stephan/Würdinger, Markus, Juris Praxiskommentar BGB, 8. Auflage, Saarbrücken 2017 (zit. als *Bearbeiter*, in: Herberger/Martinek/Rüßmann, jurisPK BGB).

Hey, Tim, Die außervertragliche Haftung des Herstellers autonomer Fahrzeuge bei Unfällen im Straßenverkehr, Wiesbaden 2019 (zit. als *Hey*).

Hilgendorf, Eric, Robotik im Kontext von Recht und Moral, Baden-Baden 2014 (zit. als *Bearbeiter*, in: Hilgendorf).

Hilgendorf, Eric, Auf dem Weg zu einer Regulierung des automatisierten Fahrens: Anmerkungen zur jüngsten Reform des StVG, KriPoZ 2017, 225 ff. (zit. als *Hilgendorf*, KriPoZ 2017).

Hilgendorf, Eric, Autonome Systeme und neue Mobilität, Ausgewählte Beiträge zur 3. und 4. Würzburger Tagung zum Technikrecht, Baden-Baden 2017 (zit. als *Bearbeiter*, in: Hilgendorf).

Hilgendorf, Eric, Automatisiertes Fahren und Recht – ein Überblick, JA 2018, 801 ff. (zit. als *Hilgendorf*, JA 2018).

Hilgendorf, Eric, Offene Fragen der neuen Mobilität: Problemfelder im Kontext von automatisiertem Fahren und Recht, RAW 2018, 85 ff. (zit. als *Hilgendorf*, RAW 2018).

Hilgendorf, Eric/Beck, Susanne, Robotik und Gesetzgebung, Baden-Baden 2013 (zit. als *Bearbeiter*, in: Hilgendorf/Beck).

Hoeren, Thomas, Softwareüberlassung als Sachkauf, München 1989 (zit. als *Hoeren*).

Hoeren, Thomas, IT-Vertragsrecht, 1. Auflage, Köln 2007 (zit. als *Hoeren*).

Hoeren, Thomas/Ernstschneider, Thomas, Das neue Geräte- und Produktsicherheitsgesetz und seine Anwendung auf die IT-Branche, MMR 2004, 507 ff. (zit. als *Hoeren/Ernstschneider*, MMR 2004).

Hoffmann, Martin, Tagungsbericht: 2. Fachkonferenz Automatisiertes und autonomes Fahren, NZV 2019, 177 ff. (zit. als *Hoffmann*, NZV 2019).

Hohmann, Harald, Haftung der Softwarehersteller für das "Jahr 2000"-Problem, NJW 1999, 521 ff. (zit. als *Hohmann*, NJW 1999).

Hollmann, Hermann, Die EG-Produkthaftungsrichtlinie, DB 1985, 2389 ff. (zit. als *Hollmann*, DB 1985).

Holzinger, Explainable AI (ex-AI), Informatik-Spektrum 2018 (Vol. 41 Iss. 2), 138 ff. (zit. als *Holzinger*, Informatik-Spektrum).

Horner, Susanne/Kaulartz, Markus, Haftung 4.0, CR 2016, 7 ff. (zit. als *Horner/Kaulartz*, CR 2016).

Hornung, Gerrit/Goeble, Thilo, Die rechtliche Analyse des wirtschaftlichen Werts von Automobildaten und ihr Beitrag zum besseren Verständnis der Informationsordnung, CR 2015, 265 ff. (zit. als Hornung/Goeble, CR 2015).

Huber, Christian, Anhebung der Haftungshöchstbeträge bei teilautomatisiertem Fahren in § 12 StVG ohne Anpassung der Mindestdeckungssumme der Kfz-Haftpflichtversicherung, NZV 2017, 545 ff. (zit. als *Huber*, NZV 2017).

Hucko, Margret, „Selbstfahrende Autos sind eine Chance für die Stadt", 2015, http://www.spiegel.de/auto/aktuell/autonomes-fahren-chance-fuer-die-stadt-a-997393.html.

Internationales Verkehrswesen, Autonomes Parken im Praxistest am Flughafen Hamburg, 2018, https://www.internationales-verkehrswesen.de/autonomes-parken-im-praxistest/.

Jakl, Bernhard, Das Recht der Künstlichen Intelligenz, MMR 2019, 711 ff. (zit. als *Jakl*, MMR 2019).

Jänich, Volker/Schrader, Paul/Reck, Vivian, Rechtsprobleme des autonomen Fahrens, NZV 2015, 313 ff. (zit. als *Jänich/Schrader/Reck,* NZV 2015).

Janker, Helmut, Rechtsfragen beim Einsatz von Telematik-Systemen, DAR 1995, 472 ff. (zit. als *Janker*, DAR 1995).

Jansen, Nils, Die Struktur des Haftungsrechts, Geschichte, Theorie und Dogmatik außervertraglicher Ansprüche auf Schadensersatz, Tübingen 2003 (zit. als *Jansen*).

Jauernig, Othmar, Bürgerliches Gesetzbuch Kommentar, 17. Auflage, München 2018 (zit. als *Bearbeiter*, in: Jauernig BGB).

John, Robert, Haftung für künstliche Intelligenz, Rechtliche Beurteilung des Einsatzes intelligenter Softwareagenten im E-Commerce, Hamburg 2007 (zit. als *John*).

Jourdan, Frank/Matschi, Helmut, Automatisiertes Fahren, NZV 2015, 26 ff. (zit. als *Jourdan/Matschi*, NZV 2015).

Käde, Lisa/Von Maltzan, Stephanie, Die Erklärbarkeit von Künstlicher Intelligenz (KI), CR 2020, 66 ff. (zit. als *Käde/v. Maltzan*, CR 2020).

Kaler, Matthias von/Wieser, Sylvia, Weiterer Rechtsetzungsbedarf beim automatisierten Fahren, NVwZ 2018, 369 ff. (zit. als *Kaler/Wieser*, NVwZ 2018).

Kant, Immanuel, Grundlegung zur Metaphysik der Sitten, Hamburg 1999 (zit. als *Kant*).

Kanz, Christine/Marth, Christina/v. Coelln, Christian, Haftung bei kooperativen Verkehrs- und Fahrerassistenzsystemen, 2012, https://www.bast.de/BASt_2017/DE/Publikationen/Fachveroeffentlichungen/Fahrzeugtechnik/Downloads-Links/F-haftung-assistenzsysteme.pdf?__blob=publicationFile&v=1.

Katzenmeier, Christian, Produkthaftung und Gewährleistung des Herstellers teilmangelhafter Sachen, NJW 1997, 486 ff. (zit. als *Katzenmeier*, NJW 1997).

Kersten, Jens, Menschen und Maschinen, JZ 2015, 1 ff. (zit. als *Kersten*).

Keßler, Oliver, Intelligente Roboter – neue Technologien im Einsatz, MMR 2017, 589 ff. (zit. als *Keßler*, MMR 2017).

Kieler Nachrichten, Autonom fahrender Bus für Enge-Sande, https://www.kn-online.de/Nachrichten/Schleswig-Holstein/Kreis-Nordfriesland-Autonom-fahrender-Bus-fuer-Enge-Sande.

Kilian, Wolfgang/Heussen, Benno, Computerrechts-Handbuch, Informationstechnologie in der Rechts- und Wirtschaftspraxis, 32. Auflage, München 2013 (zit. als *Bearbeiter*, in: Kilian/Heussen).

Kindhäuser, Urs/Neumann, Ulfrid/Paeffgen, Hans-Ulrich, Strafgesetzbuch, 5. Auflage, Baden-Baden 2017 (zit. als *Bearbeiter*, in: Kindhäuser/Neumann/Paeffgen, StGB).

Kirn, Stefan, Kooperierende intelligente Softwareagenten, WI 2002, 53 ff. (zit. als *Kirn*, WI 2002).

Kirn, Stefan/Müller-Hengstenberg, Claus D., Intelligente (Software-)Agenten: Von der Automatisierung zur Autonomie? – Verselbstständigung technischer Systeme, MMR 2014, 225 ff. (zit. als *Kirn/Müller-Hengstenberg*, MMR 2014).

Klauder, Kai, Meilensteine der Fahrzeugsicherheit, 2018, https://www.auto-motor-und-sport.de/reise/abs-esp-co-meilensteine-der-fahrzeugsicherheit/.

Klindt, Thomas, Produktsicherheitsgesetz Kommentar, 2. Auflage, München 2015 (zit. als *Bearbeiter*, in: Klindt, ProdSG).

Klindt, Thomas/Handorn, Boris, Haftung eines Herstellers für Konstruktions- und Instruktionsfehler, NJW 2010, 1105 ff. (zit. als *Klindt/Handorn*, NJW 2010).

Klindt, Thomas/Wende, Susanne, Produktbeobachtungspflichten 2.0 – Social-Media-Monitoring und Web-Screening, BB 2016, 1419 ff. (zit. als *Klindt/Wende*, BB 2016).

Klink-Straub, Judith/Straub, Tobias, Nächste Ausfahrt DS-GVO – Datenschutzrechtliche Herausforderungen beim automatisierten Fahren, NJW 2018 (zit. als *Klink-Straub/Straub*, NJW 2018).

Kluge, Vanessa/Müller, Anne-Kathrin, Autonome Systeme, InTeR 2017, 24 ff. (zit. als *Kluge/Müller*, InTeR 2017).

Koch, Robert, Verteilung des Haftpflichtversicherungs-/Regressrisikos bei Kfz-Unfällen während der Fahrzeugführung im Autopilot-Modus gem. § 1 a Abs. 2 StVG, VersR 2018, 901 ff. (zit. als *Koch*, VersR 2018).

Kollhosser, Helmut, Anscheinsbeweis und freie richterliche Beweiswürdigung, AcP 1965, 46 ff. (zit. als *Kollhosser*, AcP 1965).

König, Carsten, Die gesetzlichen Neuregelungen zum automatisierten Fahren, NZV 2017, 123 ff. (zit. als *König*, NZV 2017).

König, Carsten, Gesetzgeber ebnet Weg für automatisiertes Fahren – weitgehend gelungen, NZV 2017, 249 ff. (zit. als *König*, NZV 2017).

König, Michael, Die Qualifizierung von Computerprogrammen als Sachen i. S. des § 90 BGB, NJW 1989, 2604 ff. (zit. als *König*, NJW 1989).

König, Michael, Zur Sacheigenschaft von Computerprogrammen und deren Überlassung, NJW 1990, 1584 ff. (zit. als *König*, NJW 1990).

Kort, Michael, „Stand der Wissenschaft und Technik" im neuen deutschen und „state of the art" im amerikanischen Produkthaftungsrecht, VersR 1989, 1113 ff. (zit. als *Kort*, VersR 1989).

Kort, Michael, Produkteigenschaft medizinischer Software, CR 1990, 171 ff. (zit. als *Kort*, CR 1990).

Kötz, Hein, Haftung für besondere Gefahr, AcP 1970, 1 ff. (zit. als *Kötz*, AcP 1970).

Kötz, Hein, Tierzucht und Straßenverkehr – Zur Haftung für die Panikreaktion von Tieren, NZV 1992, 218 ff. (zit. als *Kötz*, NZV 1992).

Kötz, Hein/Wagner, Gerhard, Deliktsrecht, 13. Auflage, München 2016 (zit. als *Kötz/Wagner*).

Kraftfahrt-Bundesamt, Jahresbilanz des Fahrzeugbestandes am 1. Januar 2019, 2019, https://www.kba.de/DE/Statistik/Fahrzeuge/Bestand/bestand_node.html.

Kraftfahrt-Bundesamt, Steigendes Durchschnittsalter bei den Personenkraftwagen, 2019, https://www.kba.de/DE/Statistik/Fahrzeuge/Bestand/Fahrzeugalter/fahrzeugalter_node.html.

Kühne, Hans-Heiner, Strafrechtlicher Gewässerschutz, NJW 1991, 3020 ff. (zit. als *Kühne*, NJW 1991).

Kullmann, Hans Josef, Die Produktbeobachtungspflicht des Kraftfahrzeugherstellers im Hinblick auf Zubehör, BB 1987, 1957 ff. (zit. als *Kullmann*, BB 1987).

Kullmann, Hans Josef, Die Rechtsprechung des BGH zum Produkthaftpflichtrecht in den Jahren 1989/90, NJW 1991, 675 ff. (zit. als *Kullmann*, NJW 1991).

Kullmann, Hans Josef, Produkthaftung für Verkehrsmittel – Die Rechtsprechung des Bundesgerichtshofes, NZV 2002, 1 ff. (zit. als *Kullmann*, NZV 2002).

Kullmann, Hans Josef, ProdHaftG, Gesetz über die Haftung für fehlerhafte Produkte, 6. Auflage, Berlin 2010 (zit. als *Kullmann*).

Kullmann, Josef/Pfister, Bernhard/Stöhr, Karlheinz/Spindler, Gerald, Produzentenhaftung, Berlin 2017 (zit. als *Bearbeiter*, in: Kullmann/Pfister/Stöhr/Spindler).

Kunz, Jürgen, Die Produktbeobachtungs- und die Befundsicherungspflicht als Verkehrssicherungspflichten des Warenherstellers, BB 1994, 450 ff. (zit. als *Kunz*, BB 1994).

Kupisch, Berthold, Die Haftung für Verrichtungsgehilfen, JuS 1984, 250 ff. (zit. als *Kupisch*, JuS 1984).

Kütük-Markendorf, Merih/Essers, David, Zivilrechtliche Haftung des Herstellers beim autonomen Fahren – Haftungsfragen bei einem durch ein autonomes System verursachten Verkehrsunfall, MMR 2016, 22 ff. (zit. als *Kütük-Markendorf/Essers*, MMR 2016).

Lämmel, Uwe/Cleve, Jürgen, Künstliche Intelligenz, 4. Auflage, München 2012 (zit. als *Lämmel/Cleve*).

Lamparter, Dietmar, „Wer ist schuld?", 2016, https://www.zeit.de/2016/38/autonomes-fahren-autos-industrie-gesetze-adac/seite-2.

Lange, Ulrich, Automatisiertes und autonomes Fahren – eine verkehrs-, wirtschafts- und rechtspolitische Einordnung, NZV 2017, 345 ff. (zit. als *Lange*, NZV 2017).

Larenz, Karl/Canaris, Claus-Wilhelm, Lehrbuch des Schuldrechts, Zweiter Band, Besonderer Teil, 13. Auflage, München 1994 (zit. als *Larenz/Canaris*).

Lehmann, M., Produkt- und Produzentenhaftung für Software, NJW 1992, 1721 ff. (zit. als *Lehmann*, NJW 1992).

Lenz, Tobias, Produzentenhaftung, München 2014 (zit. als *Lenz*).

Lobe, Adrian, Hacker-Alarm, 2016, https://www.zeit.de/2016/34/elektroautos-steuerung-hacker-gefahr-sicherheit-hersteller.

Lohmann, Melinda, Ein europäisches Roboterrecht – überfällig oder überflüssig?, ZRP 2017, 168 ff. (zit. als *Lohmann*, ZRP 2017).

Lohsse, Sebastian/Schulze, Reiner/Staudenmayer, Dirk, Liability for Robotics and in the Internet of Things, Münster Colloquia on EU Law and the Digital Economy IV, Baden-Baden 2019 (zit. als *Bearbeiter*, in: Lohsse/Schulze/Staudenmayer*).

Looschelders, Dirk, Schuldrecht Besonderer Teil, 14. Auflage, München 2019 (zit. als *Looschelders*).

Lüdemann, Volker, Die Blackbox für das Auto kommt, ZD-Aktuell 2017, 1 (zit. als *Lüdemann*, ZD-Aktuell 2017).

Lüdemann, Volker/Sutter, Christine/Vogelpohl, Kerstin, Neue Pflichten für Fahrzeugführer beim automatisierten Fahren – eine Analyse aus rechtlicher und verkehrspsychologischer Sicht, NZV 2018, 411 ff. (zit. als *Lüdemann/Sutter/Vogelpohl*, NZV 2018).

Lüftenegger, Klaus, Die deliktische Pflicht zum Rückruf von Fahrzeugen, NJW 2018, 2087 ff. (zit. als *Lüftenegger*, NJW 2018).

Lutter, Carina, Fragen der Produkthaftung im Hinblick auf den Betrieb unbemannter Schiffe, RdTW 2017, 281 ff. (zit. als *Lutter*, RdTW 2017).

Lutz, Lennart, Autonome Fahrzeuge als rechtliche Herausforderung, NJW 2015, 119 ff. (zit. als *Lutz*, NJW 2015).

Lutz, Lennart/Tang, Tito/Lienkamp, Markus, Die rechtliche Situation von teleoperierten und autonomen Fahrzeugen, NZV 2013, 57 ff. (zit. als *Lutz/Tang/Lienkamp*, NZV 2013).

Magnus, GPR 2006, 121 ff. (zit. als *Magnus*, GPR 2006).

Magnus, Ulrich, UN-Kaufrecht – Aktuelles zum CISG, ZEuP 2017, 140 ff. (zit. als *Magnus*, ZEuP 2017).

Maier, Helmut, Grundlagen der Robotik, Berlin 2016 (zit. als *Maier*).

Mangoldt, Hermann von/Klein, Friedrich/Starck, Christian, Grundgesetz Kommentar, Band 1, 7. Auflage, München 2018 (zit. als *Bearbeiter*, in: Mangoldt/Klein/Starck, GG).

Marburger, Peter, Grundsatzfragen des Haftungsrechts, AcP 1992, 1 ff. (zit. als *Marburger*, AcP 1992).

Marly, Jochen, Softwareüberlassungsverträge, 4. Auflage, München 2004 (zit. als *Marly*).

Marly, Jochen, Praxishandbuch Softwarerecht, 7. Auflage, München 2018 (zit. als *Marly*).

Martschuk, Irina, Einparkhilfe entbindet nicht von eigener Sorgfaltspflicht, NJW-Spezial 2008, 10 f. (zit. als *Martschuk*, NJW-Spezial 2008).

Matthias, Andreas, Automaten als Träger von Rechten, 2. Auflage, Berlin 2010 (zit. als *Matthias*).

Maurer, Markus/Gerdes, J. Christian/Lenz, Barbara/Winner, Hermann, Autonomes Fahren, Berlin 2015 (zit. als *Bearbeiter*, in: Maurer/Gerdes/Lenz/Winner).

May, Elisa/Gaden, Justus, Vernetzte Fahrzeuge, InTeR 2018, 110 ff. (zit. als *May/Gaden*, InTeR 2018).

Mayer, Kurt, Das neue Produkthaftungsrecht, VersR 1990, 691 ff. (zit. als *Mayer*, VersR 1990).

Mayinger, Samantha Maria, Die künstliche Person, Frankfurt 2017 (zit. als *Mayinger*).

Medicus, Dieter, Gefährdungshaftung im Zivilrecht, Jura 1996, 561 ff. (zit. als *Medicus*, Jura 1996).

Medicus, Dieter, Ungefährlich weil langsam?, DAR 2000, 442 ff. (zit. als *Medicus*, DAR 2000).

Medicus, Dieter/Lorenz, Stephan, Schuldrecht II, München 2018 (zit. als *Medicus/ Lorenz*).

Mehrings, Josef, Zum Wandlungsrecht beim Erwerb von Standardsoftware, NJW 1988, 2438 ff. (zit. als *Mehrings*, NJW 1988).

Meier, Klaus/Wehlau, Andreas, Produzentenhaftung des Softwareherstellers, CR 1990, 95 ff. (zit. als *Meier/Wehlau*, CR 1990).

Meinhardt, Stefan, Flughafen Weeze startet Testbetrieb mit selbstfahrendem Bus, 2019, https://www.wr.de/politik/landespolitik/flughafen-weeze-startet-testbetrieb-mit-selbstfahrendem-bus-id216494935.html.

Meyer, Stephan, Künstliche Intelligenz und die Rolle des Rechts für Innovation, ZRP 2018, 233 ff. (zit. als *Meyer*, ZRP 2018).

Meyer, Oliver/Harland, Hanno, Haftung für softwarebezogene Fehlfunktionen technischer Geräte am Beispiel von Fahrerassistenzsystemen, CR 2007, 689 ff. (zit. als *Meyer/Harland*, CR 2007).

Michalski, Lutz, Produktbeobachtung und Rückrufpflicht des Produzenten, BB 1998, 961 ff. (zit. als *Michalski*, BB 1998).

Ministerium der Justiz des Landes Nordrhein-Westfalen, Bericht der Arbeitsgruppe „digitaler Neustart" der Konferenz der Justizministerinnen und Justizminister der Länder vom 15.04.19, 2019, https://www.justiz.nrw.de/JM/schwerpunkte/digitaler_neustart/zt_fortsetzung_arbeitsgruppe_teil_2/2019-04-15-Bericht_April-2019.pdf.

Miller, Tim, Explanation in Artificial Intelligence: Insights from the Social Sciences, 2018 (zit. als *Miller*).

Moeser, Julian, Starke KI, schwache KI – Was kann künstliche Intelligenz?, 2017, https://jaai.de/starke-ki-schwache-ki-was-kann-kuenstliche-intelligenz-261/.

Moritz, Hans-Werner/Tybusseck, Barbara, Computersoftware: Rechtschutz und Vertragsgestaltung, München 1986 (zit. als *Moritz/Tybusseck*).

Mortsiefer, Henrik, Roboter-LKW bedrohen Millionen Jobs, 2017, https://www.tagesspiegel.de/wirtschaft/autonomes-fahren-roboter-lkw-bedrohen-millionen-jobs/19871754.html.

Müller, Fritz, Straßenverkehrsrecht, 22. Auflage, Berlin 1969 (zit. als *Bearbeiter*, in: Müller, StVR).

Müller-Hengstenberg, Computersoftware ist keine Sache, NJW 1994, 3128 ff. (zit. als *Müller-Hengstenberg*, NJW 1994).

Müller-Hengstenberg, Claus/Kirn, Stefan, Rechtliche Risiken autonomer und vernetzter Systeme, Berlin 2016 (zit. als *Müller-Hengstenberg/Kirn*).

Müller-Hengstenberg, Claus/Kirn, Stefan, Intelligente (Software-)Agenten: Eine neue Herausforderung unseres Rechtssystems – Rechtliche Konsequenzen der „Verselbstständigung" technischer Systeme, MMR 2014, 307 ff. (zit. als *Müller-Hengstenberg/Kirn*, MMR 2014).

Müller-Hengstenberg, Claus/Kirn, Stefan, Kausalität und Verantwortung für Schäden, die durch autonome smarte Systeme verursacht werden, CR 2018, 682 ff. (zit. als *Müller-Hengstenberg/Kirn*, CR 2018).

Münchener Kommentar, Münchener Kommentar zum Bürgerlichen Gesetzbuch, Band 1, 8. Auflage, München 2018 (zit. als *Bearbeiter*, in: MüKo BGB).

Münchener Kommentar, Münchener Kommentar zum Bürgerlichen Gesetzbuch, Band 2, 8. Auflage, München 2019 (zit. als *Bearbeiter*, in: MüKo BGB).

Münchener Kommentar, Münchener Kommentar zum Bürgerlichen Gesetzbuch, Band 4, 8. Auflage, München 2019 (zit. als *Bearbeiter*, in: MüKo BGB).

Münchener Kommentar, Münchener Kommentar zum Bürgerlichen Gesetzbuch, Band 7, 7. Auflage, München 2017 (zit. als *Bearbeiter*, in: MüKo BGB).

Münchener Kommentar, Münchener Kommentar zum Straßenverkehrsrecht, Band 2, München 2017 (zit. als *Bearbeiter*, in: MüKo StVR).

Musielak, Hans-Joachim/Voit, Wolfgang, Zivilprozessordnung, 16. Auflage, München 2019 (zit. als *Bearbeiter*, in: Musielak/Voit, ZPO).

NHTSA, Automated Vehicles for Safety, https://www.nhtsa.gov/technology-innovation/automated-vehicles-safety.

Nitschke, Tanja, Verträge unter Beteiligung von Softwareagenten – ein rechtlicher Rahmen, Frankfurt am Main 2011 (zit. als *Nitschke*).

Noller, Jörg, Die Bestimmung der Freiheit: Kant und das Autonomie-Problem, 2018, https://www.academia.edu/34396195/Die_Bestimmung_der_Freiheit_Kant_und_das_Autonomie-Problem.

Notthoff, Martin, Haftung und Versicherung autonomer Kraftfahrtfahrzeuge – Herausforderungen und Besonderheiten, r+s 2019, 496 ff. (zit. als *Notthoff*, r+s 2019).

OECD, Safer Roads with Automated Vehicles?, 2018, https://www.itf-oecd.org/sites/default/files/docs/safer-roads-automated-vehicles.pdf.

Oppermann, Bernd/Stender-Vorwachs, Jutta, Autonomes Fahren, 1. Auflage, München 2017 (zit. als *Bearbeiter*, in: Oppermann/Stender-Vorwachs).

Oppermann, Bernd/Stender-Vorwachs, Jutta, Autonomes Fahren, 2. Auflage, München 2020 (zit. als *Bearbeiter*, in: Oppermann/Stender-Vorwachs, 2. Auflage).

Orthwein, Matthias/Obst, Jean-Stephan, Embedded Systems – Updatepflichten für Hersteller hardwarenaher Software, CR 2009, 1 ff. (zit. als *Orthwein/Obst*, CR 2009).

Palandt, Otto, Bürgerliches Gesetzbuch, 79. Auflage, München 2020 (zit. als *Bearbeiter*, in: Palandt BGB).

Pataki, Tibor, Die Empfehlungen des Verkehrsgerichtstages 2018 zum automatisierten Fahren aus der Sicht der Versicherer, DAR 2018, 133 ff. (zit. als *Pataki*, DAR 2018).

Paulus, David/Matzke, Robin, Smart Contracts und das BGB – Viel Lärm um nichts?, ZfPW 2018, 431 ff. (zit. als *Paulus/Matzke,* ZfPW 2018).

Pehm, Julian, Systeme der Unfallhaftung beim automatisierten Verkehr, eine rechtsvergleichende Analyse der Haftungsrisiken, IWRZ 2018, 259 ff. (zit. als *Pehm*, IWRZ 2018).

Petermann, Thomas/Lüllmann, Arne/Bradke, Harald/Poetzsch, Maik/Riehm, Ulrich, Was bei einem Blackout geschieht, Folgen eines langandauernden und großflächigen Stromausfalls, 2. Auflage, Baden-Baden 2011 (zit. als *Petermann/Lüllmann/Bradke/Poetzsch/Riehm*).

Pieper, Fritz-Ulli, Die Vernetzung autonomer Systeme im Kontext von Vertrag und Haftung, InTeR 2016, 188 ff. (zit. als *Pieper*, InTeR 2016).

Piltz, Burghard, Neue Entwicklungen im UN-Kaufrecht, NJW 2015, 2548 ff. (zit. als *Piltz*, NJW 2015).

Pohlmann, Petra, Zivilprozessrecht, 4. Auflage, München 2018 (zit. als *Pohlmann*).

Polinsky, A. Mitchell/Shavell, Steven, The Uneasy Case for Product Liability, Harv. L. Rev. 2010 (Vol. 123 Iss. 6), 1437 ff. (zit. als *Polinsky/Shavell*, Harv. L. Rev. 2010).

Pollmer, Cornelius/Das Gupta, Oliver, „Blut muss fließen, viel Blut", 2009, https://www.sueddeutsche.de/politik/die-bizarrsten-zitate-von-kaiser-wilhelm-ii-blut-muss-fliessen-viel-blut-1.470594.

Proff, Heike/Pascha, Werner/Schönharting, Jörg/Schramm, Dieter, Schritte in die künftige Mobilität, Wiesbaden 2013 (zit. als *Proff/Pascha/Schönharting/Schramm*).

Prütting, Hanns/Gehrlein, Markus, Zivilprozessordnung, Kommentar, 10. Auflage, Köln 2018 (zit. als *Bearbeiter*, in: Prütting/Gehrlein, ZPO).

Prütting, Hanns/Wegen, Gerhard/Weinreich, Gerd, BGB Kommentar, 13. Auflage, Köln 2018 (zit. als *Bearbeiter*, in: Prütting/Wegen/Weinreich).

Puppe, Frank, Einführung in Expertensysteme, 2. Auflage, Berlin 1991 (zit. als *Puppe*).

Pütz, Fabian/Maier, Karl, Haftung und Versicherungsschutz bei Cyber-Angriffen auf ein Kfz, r+s 2019, 444 ff. (zit. als *Pütz/Maier*, r+s 2019).

Raab, Thomas, Die Bedeutung der Verkehrspflichten und ihre systematische Stellung im Deliktsrecht, JuS 2002, 1041 ff. (zit. als *Raab*, JuS 2002).

Rainer Freise, Rechtsfragen des automatisierten Fahrens, VersR 2019, 65 ff. (zit. als *Freise*, VersR 2019).

Raith, Nina, Das vernetzte Automobil, Berlin 2019 (zit. als *Raith*).

Ramge, Thomas, Mensch und Maschine, wie künstliche Intelligenz und Roboter unser Leben verändern, was bedeutet das alles?, Ditzingen 2018 (zit. als *Ramge*).

Raue, Benjamin, Haftung für unsichere Software, NJW 2017, 1841 ff. (zit. als *Raue*, NJW 2017).

Rebler, Adolf, Fallgruppen des § 23 Abs. 1 StVO, SVR 2016, 102 ff. (zit. als *Rebler*, SVR 2016).

Reck, Vivian, Autorecht 2017 – Autonomes Fahren – Zwischenstand, ZD-Aktuell 2017, 4271 (zit. als *Reck*, ZD-Aktuell 2017).

Redeker, Helmut, IT-Recht, 6. Auflage, München 2017 (zit. als *Redeker*).

Reeb, Winfried, Lidar auf dem Vormarsch, Markt&Technik 2019, 76 ff. (zit. als *Reeb*, Markt&Technik 2019).

Reese, Jürgen, Produkthaftung und Produzentenhaftung für Hard- und Software, DStR 1994, 1121 ff. (zit. als *Reese*, DStR 1994).

Reichwald, Julian/Pfisterer, Dennis, Autonomie und Intelligenz im Internet der Dinge, CR 2016, 208 ff. (zit. als *Reichwald/Pfisterer*, CR 2016).

Reif, Konrad, Automobilelektronik, Wiesbaden 2014 (zit. als *Reif*).

Reif, Konrad, Grundlagen Fahrzeug- und Motorentechnik, Wiesbaden 2017 (zit. als *Reif*).

Reinicke, Dietrich/Tiedtke, Klaus, Kaufrecht, 8. Auflage, Köln 2009 (zit. als *Reinicke/Tiedtke*).

Rempe, Christoph, Smart Products in Haftung und Regress, CR 2016, 17 ff. (zit. als *Rempe*, CR 2016).

Reusch, Philipp, Künstliche Intelligenz und Produkthaftung, K&R 2019, Beilage 1 zu Heft 7/8/2019, 20 ff. (zit. als *Reusch*, K&R 2019).

Reusch, Philipp, Mobile Updates – Updatability, Update-Pflicht und produkthaftungsrechtlicher Rahmen, BB 2019, 904 ff. (zit. als *Reusch*, BB 2019).

RGRK BGB, Reichsgerichtsrätekommentar, Band §§ 812-831, 12. Auflage, Berlin 1989 (zit. als *Bearbeiter*, in: RGRK BGB).

Riehm, Thomas, Von Drohnen, Google-Cars und Software-Agenten, ITRB 2014, 113 ff. (zit. als *Riehm*, ITRB 2014).

Riehm, Thomas/Meier, Stanislaus, Product Liability in Germany, EuCML 2019 (zit. als *Riehm/Meier*, EuCML 2019).

Rimscha, Markus von, Algorithmen kompakt und verständlich, Lösungsstrategien am Computer, 4. Auflage, Wiesbaden 2017 (zit. als *Rimscha*).

Rockstroh, Sebastian/Kunkel, Hanno, IT-Sicherheit in Produktionsumgebungen, MMR 2017, 77 ff. (zit. als *Rockstroh/Kunkel*, MMR 2017).

Rohe, Mathias, Gründe und Grenzen deliktischer Haftung – die Ordnungsaufgabe des Deliktsrechts (einschließlich der Haftung ohne Verschulden), AcP 2001, 117 ff. (zit. als *Rohe*, AcP 2001).

Rolland, Walter, Produkthaftungsrecht, München 1990 (zit. als *Rolland*).

Rosenberg, Leo/Schwab, Karl Heinz/Gottwald, Peter, Zivilprozessrecht, 18. Auflage, München 2018 (zit. als *Rosenberg/Schwab/Gottwald*).

Rott, Peter, Rechtspolitischer Handlungsbedarf im Haftungsrecht, insbesondere für digitale Anwendungen, Berlin 2018.

Runte, Christian/Potinecke, Harald, Software und GPSG, CR 2004, 725 ff. (zit. als *Runte/Potinecke*, CR 2004).

Ruttloff, Marc/Freytag, Christiane, Automatisiertes Fahren und die StVG-Novelle – Meilenstein oder Trippelschritt?, CB 2017, 333 ff. (zit. als *Ruttloff/Freytag*, CB 2017).

Sack, Rolf, Sittenwidrigkeit, Sozialwidrigkeit und Interessenabwägung, GRUR 1970, 493 ff. (zit. als *Sack*, GRUR 1970).

Sack, Rolf, Das Anstandsgefühl aller billig und gerecht Denkenden und die Moral als Bestimmungsfaktoren der guten Sitten, NJW 1985, 761 ff. (zit. als *Sack*, NJW 1985).

Sack, Rolf, Das Verhältnis der Produkthaftungsrichtlinie der EG zum nationalen Produkthaftungsrecht, VersR 1988, 439 ff. (zit. als *Sack*, VersR 1988).

Saenger, Ingo, Zivilprozessordnung Handkommentar, 8. Auflage, Baden-Baden 2019 (zit. als *Saenger*).

Sander, Günther/Hollering, Jörg, Strafrechtliche Verantwortlichkeit im Zusammenhang mit automatisiertem Fahren, NStZ 2017, 193 ff. (zit. als *Sander/Hollering*, NStZ 2017).

Sassenberg, Thomas/Faber, Tobias, Rechtshandbuch Industrie 4.0, 1. Auflage, München 2017.

Schäfer, Hans-Bernd/Ott, Claus, Lehrbuch der ökonomischen Analyse des Zivilrechts, 2. Auflage, Berlin 1995 (zit. als *Schäfer/Ott*).

Schaub, Renate, Interaktion von Mensch und Maschine, JZ 2017, 342 ff. (zit. als *Schaub*, JZ 2017).

Scherff, Dyrk, Geteiltes Taxi, halber Preis, FAZ 2018 (zit. als *Scherff*, FAZ 2018).

Scherk, Johannes/Pöchhacker-Tröscher, Gerlinde/Wagner, Karina, Künstliche Intelligenz – Artificial Intelligence, 2017, https://www.bmvit.gv.at/innovation/downloads/kuenstliche_intelligenz.pdf.

Schilken, Eberhard, Zivilprozessrecht, 7. Auflage, München 2014 (zit. als *Schilken*).

Schimikowski, Peter, Versicherungsvertragsrecht, 6. Auflage, München 2017 (zit. als *Schimikowski*).

Schirmer, Jan-Erik, Rechtsfähige Roboter?, JZ 2016, 660 ff. (zit. als *Schirmer*, JZ 2016).

Schirmer, Jan-Erik, Augen auf beim automatisierten Fahren! Die StVG-Novelle ist ein Montagsstück, NZV 2017, 253 ff. (zit. als *Schirmer*, NZV 2017).

Schlutz, Joachim H., Haftungstatbestände des Produkthaftungsrechts – Die Haftung des Herstellers fehlerhafter Produkte: Gewährleistung und deliktische Produkthaftung, DStR 1994, 707 ff. (zit. als *Schlutz*, DStR 1994).

Schmid, Alexander, IT- und Rechtssicherheit automatisierter und vernetzter cyber-
physischer Systeme, Event Data Recording und integrierte Produktbeobachtung
als Maßnahmen der IT-Risikominimierung am Beispiel automatisierter und vernetzter Luft- und Straßenfahrzeuge, Berlin 2019 (zit. als *Schmid*).

Schmid, Alexander, Pflicht zur „integrierten Produktbeobachtung" für automatisierte
und vernetzte Systeme, CR 2019, 141 ff. (zit. als *Schmid*, CR 2019).

Schmid, Alexander/Wessels, Ferdinand, Event Data Recording für das hoch- und
vollautomatisierte Kfz – eine kritische Betrachtung der neuen Regelungen im StVG,
NZV 2017, 357 ff. (zit. als *Schmid/Wessels*, NZV 2017).

Schmidt-Salzer, Joachim, Der Fehler-Begriff der EG-Richtlinie Produkthaftung, BB
1988, 349 ff. (zit. als *Schmidt-Salzer*, BB 1988).

Schmidt-Salzer, Joachim/Hollmann, Hermann H., Kommentar EG-Richtlinie Produkthaftung, Heidelberg 1993 (zit. als *Schmidt-Salzer/Hollmann*).

Schneider, Jochen, Handbuch EDV-Recht, IT-Recht mit IT-Vertragsrecht, Datenschutz,
Rechtsschutz und E-Business, 5. Auflage, Köln 2017.

Schneider, Jörg, Softwarenutzungsverträge im Spannungsfeld von Urheber- und Kartellrecht, München 1988 (zit. als *Schneider*).

Schönke, Adolf/Schröder, Horst, Strafgesetzbuch, Kommentar, 30. Auflage, München
2019 (zit. als *Bearbeiter*, in: Schönke/Schröder, StGB).

Schrader, Paul, Haftungsrechtlicher Begriff des Fahrzeugführers bei zunehmender
Automatisierung von Kraftfahrzeugen, NJW 2015, 3537 ff. (zit. als *Schrader*, NJW
2015).

Schrader, Paul, Haftungsfragen für Schäden beim Einsatz automatisierter Fahrzeuge
im Straßenverkehr, DAR 2016, 242 ff. (zit. als *Schrader*, DAR 2016).

Schrader, Paul, Haftung für fehlerhaft zugelieferte Dienste in Fahrzeugen, NZV 2018,
489 ff. (zit. als *Schrader*, NZV 2018).

Schrader, Paul, Herstellerhaftung nach dem StVG-ÄndG 2017, DAR 2018, 314 ff. (zit.
als *Schrader*, DAR 2018).

Schrader, Paul/Engstler, Jonathan, Anspruch auf Bereitstellung von Software-Updates?, MMR 2018, 356 ff. (zit. als *Schrader/Engstler*, MMR 2018).

Schröder, Stephan, Anscheinsbeweis, SVR 2017, 293 ff. (zit. als *Schröder*, SVR
2017).

Schulz, Thomas, Verantwortlichkeit bei autonom agierenden Systemen, Fortentwick-
lung des Rechts und Gestaltung der Technik, Baden-Baden 2015 (zit. als *Schulz*).

Schulz, Thomas, Sicherheit im Straßenverkehr und autonomes Fahren, NZV 2017,
548 ff. (zit. als *Schulz*, NZV 2017).

Schulze, Reiner, Bürgerliches Gesetzbuch Handkommentar, 10. Auflage, Baden-Baden
2019 (zit. als *Bearbeiter*, in: Schulze BGB).

Schwab, Hans-Josef, § 8 Nr. 1 StVG – eine Streichung ist überfällig, DAR 2011, 129 ff.
(zit. als *Schwab*, DAR 2011).

Schweinoch, Martin, Geänderte Vertragstypen in Software-Projekten, CR 2010, 1 ff.
(zit. als *Schweinoch*, CR 2010).

Seher, Dietmar, Die Angst vor neuer Technik ist so alt wie die Menschheit, 2017,
https://www.nrz.de/wochenende/die-angst-vor-neuer-technik-ist-so-alt-wie-die-
menschheit-id209190935.html.

Sesink, Werner, Menschliche und künstliche Intelligenz, 2012, http://www.sesink. de/wordpress/wp-content/uploads/2014/10/Menschliche-künstliche-Intelli genz.pdf.

Sester, Peter/Nitschke, Tanja, Software-Agent mit Lizenz zum...?, CR 2004, 548 ff. (zit. als *Sester/Nitschke*, CR 2004).

Shala, Erduana, Die Autonomie des Menschen und der Maschine – gegenwärtige Definitionen von Autonomie zwischen philosophischem Hintergrund und technologischer Umsetzbarkeit, Karlsruhe 2014 (zit. als *Shala*).

Siefkes, Dirk/Eulenhöfer, Peter/Stach, Heike/Städler, Klaus, Sozialgeschichte der Informatik, 1998 (zit. als *Siefkes/Eulenhöfer/Stach/Städler*).

Singler, Phillipp, Die Kfz-Versicherung autonomer Fahrzeuge, NZV 2017, 353 ff. (zit. als *Singler*, NZV 2017).

Singler, Phillipp, Haftungsprobleme bei autonomen Fahrzeugen, Freilaw 2017, 14 ff. (zit. als *Singler*, Freilaw 2017).

Sodtalbers, Axel, Softwarehaftung im Internet, Frankfurt 2006 (zit. als *Sodtalbers*).

Solmecke, Christian/Jokisch, Jan, Das Auto bekommt ein Update! – Rechtsfragen zu Software in Pkws – Zulassungs- und Haftungsfragen zu softwarebasierten Fahrzeugsystemen, MMR 2016, 359 ff. (zit. als *Solmecke/Jokisch*, MMR 2016).

Sosnitza, Olaf, Das Internet der Dinge – Herausforderung oder gewohntes Terrain für das Zivilrecht?, CR 2016, 764 ff. (zit. als *Sosnitza*, CR 2016).

Specht, Louisa/Herlod, Sophie, Roboter als Vertragspartner?, MMR 2018, 40 ff. (zit. als *Specht/Herlod*, MMR 2018).

Spektrum, Reaktionszeit, 2000, https://www.spektrum.de/lexikon/psychologie/reaktionszeit/12540.

Spiegel online, Dobrindts Schnellschuss, 2017, https://www.spiegel.de/auto/aktuell/alexander-dobrindt-kritik-an-gesetzentwurf-fuer-selbstfahrende-autos-a-1138153.html.

Spindler, Gerald, Verschuldensunabhängige Produkthaftung im Internet, MMR 1998, 119 ff. (zit. als *Spindler*, MMR 1998).

Spindler, Gerald, Rechtsfragen der Open Source Software, Köln 2003 (zit. als *Spindler*).

Spindler, Gerald, IT-Sicherheit und Produkthaftung – Sicherheitslücken, Pflichten der Hersteller und der Softwarenutzer, NJW 2004, 3145 ff. (zit. als *Spindler*, NJW 2004).

Spindler, Gerald, Verantwortlichkeiten von IT-Herstellern, Nutzern und Intermediären, Bonn 2007 (zit. als *Spindler*).

Spindler, Gerald, Roboter, Automation, künstliche Intelligenz, selbst-steuernde Kfz – Braucht das Recht neue Haftungskategorien?, CR 2015, 766 ff. (zit. als *Spindler*, CR 2015).

Spindler, Gerald, Digitale Wirtschaft – analoges Recht: Braucht das BGB ein Update?, JZ 2016, 805 ff. (zit. als *Spindler*, JZ 2016).

Spindler, Gerald, Haftungsfragen bei Nutzung von Robotern und selbststeuernden Kfz, ITRB 2017, 87 ff. (zit. als *Spindler*, ITRB 2017).

Spindler, Gerald/Klöhn, Lars, Fehlerhafte Informationen und Software – Die Auswirkungen der Schuld- und Schadensrechtsreform, VersR 2003, 410 ff. (zit. als *Spindler/Klöhn*, VersR 2003).

Statistische Ämter des Bundes und der Länder, Demografischer Wandel in Deutschland, 2011, https://www.destatis.de/DE/Publikationen/Thematisch/ Bevoelkerung/DemografischerWandel/BevoelkerungsHaushaltsentwicklung5871101119004.pdf?__blob=publicationFile.

Statistisches Bundesamt, https://www.destatis.de/DE/Themen/Gesellschaft-Umwelt/Verkehrsunfaelle/_inhalt.html#sprg230562.

Staudinger, Julius von, Staudinger BGB, §§ 823-825, Berlin 1999 (zit. als *Bearbeiter*, in: Staudinger BGB).

Staudinger, Julius von, Staudinger BGB. §§ 433-480, Berlin 2014 (zit. als *Bearbeiter*, in: Staudinger BGB).

Staudinger, Julius von, Staudinger BGB, §§ 840-853, Berlin 2015 (zit. als *Bearbeiter*, in: Staudinger BGB).

Staudinger, Julius von, Staudinger BGB, §§ 826-829, ProdHaftG, Berlin 2018 (zit. als *Bearbeiter*, in: Staudinger BGB).

Staudinger, Julius von, Staudinger BGB, §§ 830-838, Berlin 2018 (zit. als *Bearbeiter*, in: Staudinger BGB).

Steege, Hans, Autonomes Fahren und die staatliche Durchsetzung des Verbots der Rechtswidrigkeit, NZV 2019, 459 ff. (zit. als *Steege*, NZV 2019).

Stiemerling, Oliver, „Künstliche Intelligenz" – Automatisierung geistiger Arbeit, Big Data und das Internet der Dinge, CR 2015, 762 ff. (zit. als *Stiemerling*, CR 2015).

Stöber, Michael/Möller, Annelie/Pieronczyk, Marc-Christian, Die Schadensersatzhaftung für automatisierte und autonome Fahrzeuge, DAR 2020, 609 ff. (zit. als *Stöber/Möller/Pieronczyk*, DAR 2020).

Stöber, Michael/Möller, Annelie/Pieronczyk, Marc-Christian, Haftungsrechtliche Probleme des autonomen Fahrens, Teil 1, V+T 2019, 161 ff. (zit. als *Stöber/Möller/ Pieronczyk*, V+T 2019).

Stöber, Michael/Möller, Annelie/Pieronczyk, Marc-Christian, Haftungsrechtliche Probleme des autonomen Fahrens, Teil 2, V+T 2019, 217 ff. (zit. als *Stöber/Möller/ Pieronczyk*, V+T 2019).

Stoll, Hans, Zum Rechtfertigungsgrund des verkehrsrichtigen Verhaltens, JZ 1958, 137 ff. (zit. als *Stoll*, JZ 1958).

Stroh, Iris, Lidar versus Kamera, Markt&Technik 2019, 33 ff. (zit. als *Stroh*, Markt&Technik 2019).

Stroh, Iris, Nur was für die Großen?, Markt&Technik 2019, 22 ff. (zit. als *Stroh*, Markt&Technik 2019).

Taeger, Jürgen, Außervertragliche Haftung für fehlerhafte Computerprogramme, Tübingen 1995 (zit. als *Taeger*).

Taeger, Jürgen, Produkt- und Produzentenhaftung bei Schäden durch fehlerhafte Computerprogramme, CR 1996, 257 ff. (zit. als *Taeger*, CR 1996).

Taeger, Jürgen, Internet der Dinge: Digitalisierung von Wirtschaft und Gesellschaft, Edewecht 2015 (zit. als *Taeger*).

Taschner, Hans Claudius, Die künftige Produzentenhaftung in Deutschland, NJW 1986, 611 ff. (zit. als *Taschner*, NJW 1986).

Ternig, Ewald, Automatisiertes Fahren: Wer führt – Mensch oder Maschine?, zfs 2016, 303 ff. (zit. als *Ternig*, zfs 2016).

Tesla Inc., Fahren in der Zukunft, 2019, https://www.tesla.com/de_DE/autopilot.

Teubner, Gunther, Digitale Rechtssubjekte?, AcP 2018, 155 ff. (zit. als *Teubner*, AcP 2018).

Teubner, Gunther, Elektronische Agenten und große Menschenaffen: Zur Ausweitung des Akteurstatus in Recht und Politik, ZRSoz 2006, 5 ff.

Thomas, Heinz/Putzo, Hans, Zivilprozessordnung Kommentar, 39. Auflage, München 2018 (zit. als *Bearbeiter*, in: Thomas/Putzo, ZPO).

Thöne, Meik, Autonome Systeme und deliktische Haftung, Tübingen 2020.

Tiedtke, Klaus, Produkthaftung des Herstellers und des Zulieferers für Schäden an dem Endprodukt seit dem 1. Januar 1990, NJW 1990, 2961 ff. (zit. als *Tiedtke*, NJW 1990).

Tiling, Johann, Software-Güteprüfung und Rechtsproblematik, CR 1987, 80 ff. (zit. als *Tiling*, CR 1987).

Trösterer, Sandra/Meschtscherjakov, Alexander/Mirnig, Alexander/Lupp, Artur/ Gärtner, Magdalena/McGee, Fintan/McCall, Rod/Tescheligi, Manfred/Engel, Thomas, What We Can Learn from Pilots for Handovers and (De)Skilling in Semi-Autonomous Driving: An Interview Study, 2016, http://delivery.acm.org/10.1145/3130000/3123020/p173-trosterer.pdf?ip=134.245.44.21&id=3123020&acc=OA&key=2BA2C432AB83DA15%2ED81A7B3468B3CF FE%2E4D4702B0C3E38B35%2E46352FC344E554B8&__acm__=1553174796_d1b7cc751990cb4a7326f753eb3cafc8.

TÜV Nord, „Funktionale Sicherheit" in der Mobilität – ISO 26262, 2019, https://www.tuev-nord.de/de/funktionale-sicherheit/automotive/.

Ulbrich, Klaus, Die Abgrenzung des privaten Gebrauchs im Verhältnis zum gewerblichen oder sonstigen Gebrauch nach dem Entwurf des Produkthaftungsgesetzes, ZRP 1988, 251 ff. (zit. als *Ulbrich*, ZRP 1988).

Ulmer, Peter, Produktbeobachtungs-, Prüfungs- und Warnpflichten eines Warenherstellers in Bezug auf Fremdprodukte?, ZHR 1988, 564 ff. (zit. als *Ulmer*, ZHR 1988).

Ulmer, Detelef/Hoppen, Peter, Was ist das Werkstück des Software-Objektcodes?, CR 2008, 681 ff. (zit. als *Ulmer/Hoppen*, CR 2008).

Unberath, Hannes, Die richtlinienkonforme Auslegung am Beispiel der Kaufrechtsrichtlinie, ZEuP 2005, 5 ff. (zit. als *Unberath*, ZEuP 2005).

van Lück, Kolja, Kaufrechtliche Ansprüche des Käufers im Diesel-Abgasskandal, VuR 2019, 8 ff. (zit. als *van Lück*, VuR 2019).

VDE, Biomedizinische Technik, 2015, https://www.vde.com/resource/blob/788750/f4aa589a9b1212443106afc9aad8e888/expertenbericht-biomedizinische-technik-data.pdf.

Veith, Jürgen/Gräfe, Jürgen/Gebert, Yvonne, Der Versicherungsprozess, 3. Auflage, Baden-Baden 2016 (zit. als *Bearbeiter*, in: Veith/Gräfe/Gebert).

Verbraucherzentrale Bundesverband e. V., Rechtssicher fahren mit automatisierten Fahrzeugen, Berlin 2017 (zit. als Verbraucherzentrale Bundesverband e. V.).

Verbraucherzentrale Bundesverband e. V., „Safety by Design" – Produkthaftungsrecht für das Internet der Dinge, Berlin 2017 (zit. als Verbraucherzentrale Bundesverband e. V.).

Vogt, Wolfgang, Fahrerassistenzsysteme: Neue Technik – Neue Rechtsfragen?, NZV 2003, 153 ff. (zit. als *Vogt*, NZV 2003).

Voigt, Kai-Ingo, Automatisierung, Definition, https://wirtschaftslexikon.gabler.de/definition/automatisierung-27138/version-250801.

Volkswagen, Car2X: die neue Ära intelligenter Fahrzeugvernetzung, 2019, https://www.volkswagenag.com/de/news/stories/2018/10/car2x-networked-driving-comes-to-real-life.html.

Wagner, Gerhard, Das neue Produktsicherheitsgesetz: Öffentlich-rechtliche Produktverantwortung und zivilrechtliche Folgen (Teil II), BB 1997, 2541 ff. (zit. als *Wagner*, BB 1997).

Wagner, Gerhard, Haftung und Versicherung als Instrumente der Techniksteuerung, VersR 1999, 1441 ff. (zit. als *Wagner*, VersR 1999).

Wagner, Gerhard, Produkthaftung für autonome Systeme, AcP 2017, 707 ff. (zit. als *Wagner*, AcP 2017).

Wagner, Gerhard, Verantwortlichkeit im Zeichen digitaler Techniken, VersR 2020, 717 ff. (zit. als *Wagner*, VersR 2020)

Wagner, Bernd/Goeble, Thilo, Freie Fahrt für das Auto der Zukunft?, ZD 2017, 263 ff. (zit. als *Wagner/Goeble*, ZD 2017).

Wagner, Eric/Ruttloff, Marc/Freytag, Christiane, Automatisiertes Fahren nach der StVG-Novelle: Next Steps – Rechtsverordnung und Haftungsfragen, CB 2017, 386 ff. (zit. als *Wagner/Ruttloff/Freytag*, CB 2017).

Wandt, Manfred, Versicherungsrecht, 6. Auflage, München 2016 (zit. als *Wandt*).

Weichert, Thilo, Car-to-Car-Communication zwischen Datenbegehrlichkeit und digitaler Selbstbestimmung, SVR 2016, 361 ff. (zit. als *Weichert*, SVR 2016).

Weichert, Thilo, Der Personenbezug von Kfz-Daten, NZV 2017, 507 ff. (zit. als *Weichert*, NZV 2017).

Weisser, Ralf/Färber, Claus, Rechtliche Rahmenbedingungen beim Connected Car, Überblick über die Rechtsprobleme der automobilen Zukunft, MMR 2015, 506 ff. (zit. als *Weisser/Färber*, MMR 2015).

Welser, Rudolf, Produkthaftungsgesetz, Wien 1988 (zit. als *Welser*).

Wendt, Janine/Oberländer, Marcel, Produkt- und Produzentenhaftung bei selbstständig veränderlichen Systemen, InTeR 2016, 58 ff. (zit. als *Wendt/Oberländer*, InTeR 2016).

Wenzel, Henning/Wilken, Christiane, Schuldrecht Besonderer Teil I, 7. Auflage, Grasberg 2015 (zit. als *Wenzel/Wilken*).

Westphalen, Friedrich Graf von, Das neue Produkthaftungsgesetz, NJW 1990, 83 ff. (zit. als *v. Westphalen*, NJW 1990).

Westphalen, Friedrich Graf von, Datenvertragsrecht – disruptive Technik – disruptives Recht, IWRZ 2018, 9 ff. (zit. als *v. Westphalen*, IWRZ 2018).

Westphalen, Friedrich Graf von, Haftungsfragen beim Einsatz Künstlicher Intelligenz in Ergänzung der Produkthaftungs-RL 85/374/EWG, ZIP 2019, 889 ff. (zit. als *v. Westphalen*, ZIP 2019).

Wieacker, Franz, Rechtswidrigkeit und Fahrlässigkeit im Bürgerlichen Recht, JZ 1957, 535 ff. (zit. als *Wieacker*, JZ 1957).

Wiebe, Gerhard, Produktsicherheitsrechtliche Pflicht zur Bereitstellung sicherheitsrelevanter Software-Updates, NJW 2019, 625 ff. (zit. als *Wiebe*, NJW 2019).

Wieckhorst, Thomas, Bisherige Produzentenhaftung, EG-Produkthaftungsrichtlinie und das neue Produkthaftungsgesetz, JuS 1990, 86 ff. (zit. als *Wieckhorst*, JuS 1990).

Wieckhorst, Thomas, Vom Produzentenfehler zum Produktfehler des § 3 ProdHaftG (§ 3 ProdHaftG), VersR 1995, 1005 ff. (zit. als *Wieckhorst*, VersR 1995).

Winne, Olaf C./Hafner, Martina, Die IEC 61508 im Überblick, 2019, https://www. elektronikpraxis.vogel.de/die-iec-61508-im-ueberblick-a-752790/.

Winner, Hermann/Hakuli, Stephan/Lotz, Felix/Singer, Christina, Handbuch Fahrerassistenzsysteme, Grundlagen, Komponenten und Systeme für aktive Sicherheit und Komfort, 3. Auflage, Wiesbaden 2015 (zit. als *Bearbeiter* in: Winner/Hakuli/Lotz/Singer).

Wolf, Fabian, Fahrzeuginformatik, Berlin 2018 (zit. als *Wolf*).

Wolfangel, Eva, „Zu viel Assistenz nimmt den Fahrspaß", 2014, https://www. stuttgarter-zeitung.de/inhalt.interview-zum-autonomen-fahren-zu-viel-assistenz-nimmt-den-fahrspass.4df56afa-eeed-4c0d-b92c-242ed16b9b78.html.

Wolfers, Benedikt, Rechtslage geklärt: Automatisiertes Fahren ist möglich, RAW 2017, 86 ff. (zit. als *Wolfers*, RAW 2017).

Wolfers, Benedikt, Regulierung und Haftung bei automatisiertem Fahren: zwei Seiten einer Medaille?, RAW 2018, 94 ff. (zit. als *Wolfers*, RAW 2018).

Zech, Herbert, Gefährdungshaftung und neue Technologien, JZ 2013, 21 ff. (zit. als *Zech*, JZ 2013).

Zech, Herbert, Künstliche Intelligenz und Haftungsfragen, ZfPW 2019, 198 ff. (zit. als *Zech*, ZfPW 2019).

Alle Internetlinks wurden zuletzt am 25.09.2020 abgerufen.